信息技术项目化教程

（WPS Office 2023）

主　编◎王明雄　党娥娥　梁婷婷

副主编◎汤辉博　格桑次仁　许健琼

清華大学出版社

北　京

内 容 简 介

本书从工作实际出发，结合典型工作任务和典型案例，以企事业单位办公应用为主线，对照“WPS 办公应用职业技能等级证书”中级认证要求，采用“项目引导+任务驱动”的方式，将工作过程系统化，按照工作过程组织和讲解知识，培养学生的职业技能和职业素养。

本书所有的项目都是按照【情境描述】→【问题提出】→【任务实施】→【项目总结】的流程进行编写的。本书内容主要以 Windows 10 和 WPS Office 2023 为平台，包括 6 个项目，分别为学习计算机基础知识、Windows 10 操作系统和环境设置、计算机网络基础知识和基本操作、社团文档信息处理（WPS 文字 2023）、员工工资数据处理（WPS 表格 2023）和制作演示文稿（WPS 演示 2023）。

本书既可作为普通高等职业院校和高等专科学校“信息技术”课程的教学用书，也可作为相关领域的培训教材和计算机爱好者的参考用书。

图书在版编目（CIP）数据

信息技术项目化教程：WPS Office 2023 / 王明雄，党娥娥，梁婷婷主编. —北京：清华大学出版社，2024.5
ISBN 978-7-302-66403-1

Ⅰ. ①信… Ⅱ. ①王… ②党… ③梁… Ⅲ. ①办公自动化—应用软件—高等职业教育—教材
Ⅳ. ①TP317.1

中国国家版本馆 CIP 数据核字（2024）第 111270 号

责任编辑：邓　艳
封面设计：刘　超
版式设计：文森时代
责任校对：马军令
责任印制：沈　露

出版发行：清华大学出版社
网　　址：https://www.tup.com.cn，https://www.wqxuetang.com
地　　址：北京清华大学学研大厦 A 座　　邮　　编：100084
社 总 机：010-83470000　　邮　　购：010-62786544
投稿与读者服务：010-62776969，c-service@tup.tsinghua.edu.cn
质量反馈：010-62772015，zhiliang@tup.tsinghua.edu.cn
印 装 者：三河市君旺印务有限公司
经　　销：全国新华书店
开　　本：185mm×260mm　　印　　张：15.75　　字　　数：427 千字
版　　次：2024 年 6 月第 1 版　　印　　次：2024 年 6 月第 1 次印刷
定　　价：59.00 元

产品编号：106274-01

前　言

信息技术已成为经济社会转型发展的主要驱动力，是建设创新型国家、制造强国、网络强国、数字中国、智慧社会的基础支撑。提升学生信息素养，增强个体在信息社会的适应力与创造力，对个人的生活、学习和工作以及全面建设社会主义现代化国家具有重大意义。当前，企事业单位办公正在从信息化向数字化转变，企事业单位对掌握数字化办公技术的专业技术人才需求更为迫切，掌握相关知识和技能可以为日后的学习、生活、工作提供极大的便利。

本书主要用于高等职业院校学生的信息技术基础模块学习，以学生主体、能力目标为导向，在操作过程中努力培养学生的综合应用能力，提高学生的技能水平以及自主学习能力。本书在编写过程中遵循“项目引导+任务驱动”的体例，有利于教师教学和学生自主学习。本书的主要特色有以下几个方面。

（1）本书内容从实际应用出发，结合工作过程和项目，以现代办公应用为主线，采用“项目引导+任务驱动”的方式，将岗位工作过程系统化，按照工作过程重组各技能点和知识点，提升学生学习的针对性。

（2）体现了“教、学、做”一体化的教学理念和实践特点。围绕现代办公应用构建教材内容体系，以学到实用技能、提高职业能力为目标，注重提高学生综合应用和处理复杂办公事务的能力。以“教”为先导、“学”为主体、“做”为中心，“教”和“学”都围绕着“做”展开，在学中做、在做中学，从而完成知识学习、技能训练和提高职业素养的教学目标。

（3）符合高职学生的认知规律，有助于实现有效教学，提高教学的效率、效益和效果。本书打破了传统的学科体系结构，将各知识点与操作技能恰当地融入各个项目（任务）中，突出现代职业教育的职业性和实践性，培养学生的实践动手能力；适应学生的学习特点，在教学过程中注重情感交流，因材施教，调动学生的学习积极性，提高教学效果。

（4）课程学习与职业技能等级证书相结合，适应学生参加“WPS 办公应用职业技能等级证书”中级认证要求，学生学习完本书内容后，可以参加相应的认证，获取相应的证书。

（5）注重学生职业素质的培养。把课程思政的内容无声地融合到课程内容中，找准学生思想需求与教学内容的结合点，掌握信息时代的话语权，促进习近平新时代中国特色社会主义思想进教材、进课堂、进头脑。通过对每个教学项目的全面分析，深度挖掘项目中蕴含的思政元素，使学生在提升基本操作技能的同时，思想认识也得到同步提升。

本书的项目 1 由许健琮编写，项目 2 由格桑次仁编写，项目 3 由汤辉博编写，项目 4 由党娥娥编写，项目 5 由王明雄编写，项目 6 由梁婷婷编写。索旺、美朵曲珍、扎西曲珍、拉巴仓决、周诗雨等编写了课后习题和参考答案。北京金山办公软件股份有限公司黄锦为本书的编写提供了技术指导。

为便于学生自主学习，本书提供了教学课件、配套案例素材等教学资源。由于时间仓促，编者水平有限，书中难免存在不足之处，敬请读者批评指正。

编　者

目　录

项目 1　学习计算机基础知识

随着社会的不断进步，计算机的普及越来越广，从一定程度上来讲，如今如果不懂计算机，也算是半个“文盲”了。

本项目以新生参加“计算机基础知识竞赛”为例，介绍计算机的发展和分类、计算机的软硬件以及计算机数据的表示等计算机基础知识。

【情境描述】

扎西是西藏职业技术学院一年级的新生，对计算机基础知识了解不多，但是他本人对计算机十分感兴趣，非常渴望提高自己的计算机素养。

扎西作为计算机爱好者，最近报名参加了“计算机基础知识竞赛”。此次竞赛的内容为计算机基础知识。扎西对此类相关知识了解甚少，所以他需要对计算机基础知识以及计算机的一些基本操作进行学习。

【问题提出】

根据本次计算机知识竞赛发布的比赛内容，扎西提出了以下问题。

（1）计算机是怎么产生的？

（2）计算机中的信息是如何表示的？

（3）计算机是由哪些部分组成的？各组成部分的功能是什么？

（4）什么是计算机软件，计算机软件有哪些类型？

（5）计算机的基本操作有哪些？

【项目流程】

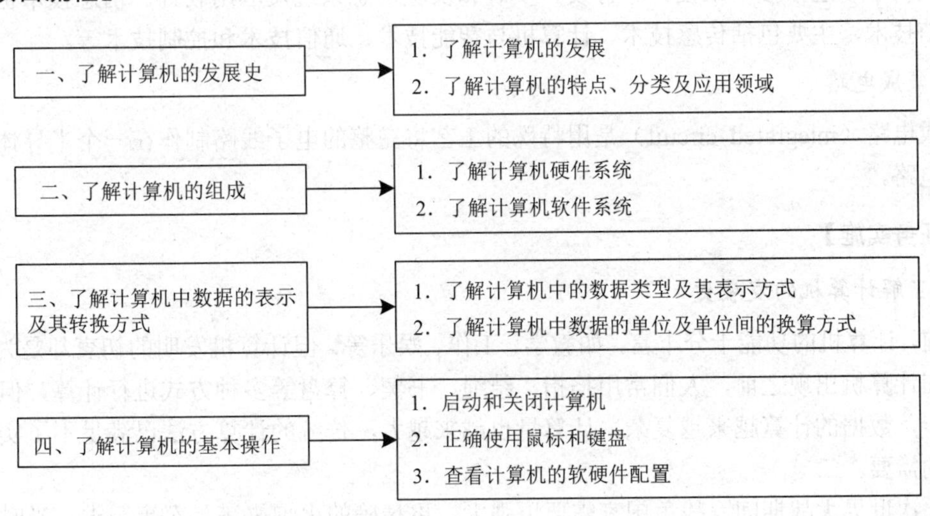

项目 1 课件

1.1 子项目一 了解计算机的发展史

【情境描述】

扎西在学习过程中，想到的第一个问题是“计算机的由来”，计算机是怎么产生的？它的作用是什么？计算机系统是由哪些部分组成的？扎西认为要想在本次比赛中取得好的名次，了解这些问题所包含的计算机基础知识是十分必要的。

【问题提出】

（1）计算机的发展历史是怎样的？
（2）计算机分为哪几类，分类的依据分别是什么？
（3）计算机有什么特点？
（4）计算机的应用领域主要有哪些？

1.1.1 任务一 了解计算机的发展

【情境和任务】

情境：计算机发展到今天，经历了怎样的历史变化？计算机又是如何产生的呢？
任务：了解计算机的发展史。

【相关资讯】

1. 信息技术

信息技术（information technology，IT）是管理和处理信息所采用的各种技术的总称，其应用计算机科学和通信技术来设计、开发、安装和实施信息系统及应用软件。信息技术也称为信息和通信技术，主要包括传感技术、计算机与智能技术、通信技术和控制技术等。

2. 集成电路

集成电路（integrated circuit）是用特殊的工艺将完整的电子线路制作在一个半导体硅片上形成的电路。

【任务实施】

1. 了解计算机的发展史

目前，计算机的功能十分丰富，如教学、工作、娱乐等，但计算机发明的初衷却是为了“计算”。在计算机出现之前，人们常用掐指、结绳、书契、算盘等多种方式进行计算，但随着社会的进步，数据的计算越来越复杂，计算量也越来越大，传统的计算方法已满足不了实际工作和生活的需要。

第二次世界大战期间，战争国家需要更强大、更精确的火炮来满足军事需求。当时，随着火炮的发展，弹道的计算日益复杂，原有的计算器已不能满足使用需求，人们迫切地需要一种快速的计算工具。在当时电子技术已具有记数、计算、传输、存储、控制等功能的基础上，在一些科学家的努力下，电子计算机应运而生。

1946 年，世界上第一台电子计算机 ENIAC（electronic numerical integrator and calculator，电子数字积分计算机）诞生，由美国宾夕法尼亚大学埃克特等人研制。它装有 18 000 多个电子管和大量的电阻、电容，第一次用电子线路实现运算，如图 1-1-1 所示。如果用当时最快的机电式计算机进行 40 点弹道计算，需要 2 h，而 ENIAC 却只需要 3 s，这在当时已是很了不起的成绩。

图 1-1-1　世界上第一台电子计算机 ENIAC

一般情况下，我们习惯以“代”来对计算机的发展进行划分，根据计算机所采用的微电子器件的发展，可将计算机分成四代，如表 1-1-1 所示。

表 1-1-1　四代计算机的发展历程

阶　段	时　间	微电子器件
第一代	1946—1959 年	电子管
第二代	1959—1964 年	晶体管
第三代	1964—1972 年	中小规模集成电路
第四代	1972 年至今	大规模集成电路与超大规模集成电路

第一代计算机是电子管计算机，其内部存储器采用汞延迟线，外部存储器采用穿孔卡片、纸带，存储容量小、运算速度很慢，每秒只能进行几千次运算。这个时期的计算机体积庞大、成本高、稳定性差，多用于军事和国防领域。

第二代计算机是晶体管计算机，其存储器采用磁芯存储器，存储容量从几千存储单元提高到了 10 万存储单元以上，运算速度提高到每秒几十万次。这个时期的计算机体积小、成本低、稳定性高，并逐渐应用到气象等其他科研领域。

第三代计算机是中小规模集成电路计算机，其内部存储器采用半导体存储器，外部存储器采用磁带、磁盘等存储器，运算速度能达到每秒几百万次。与晶体管计算机相比，中小规模集成电路计算机的成本进一步降低，体积进一步减小，性能也提高了很多，因而应用领域也进一步扩大。

第四代计算机是大规模集成电路与超大规模集成电路计算机，内部存储器仍然采用半导体存储器，外部存储器采用磁盘、磁带、光盘、固态盘等大容量存储器，运算速度最高可达到每秒亿亿次，计算机的性能也不断提升。随着操作系统的不断升级，各种应用软件层出不穷，计算机也渗透到了我们生活、学习和工作等方方面面。

2. 了解近年来我国在计算机领域取得的成就

2000 年 1 月 28 日，中国科学院计算技术研究所 863 项目研制的“曙光 2000-II”超级服务器通过测试，其峰值运算速度达到 1100 亿次，机群操作系统等技术进入国际领先行列。同年 6 月 15 日，中国科学院软件研究所在 UltraSPARC 64 位平台上成功开发了第一个 64 位中文 Linux 操作系统 Penguin 64。这是当时起点最高的直接针对具体硬件平台开发的中文 Linux 操作系统。

2002 年 9 月 28 日，中国科学院计算技术研究所宣布中国第一个可以批量投产的通用 CPU“龙芯 1 号”芯片研制成功。其指令系统与国际主流系统 MIPS 兼容，定点字长为 32 位，浮点字长为 64 位，最高主频可达 266 MHz。此芯片的逻辑设计与版图设计具有完全自主知识产权，采用该 CPU 的曙光“龙腾”服务器也同时发布。

2003 年 12 月 9 日，联想公司承担的国家网格主节点“深腾 6800”超级计算机正式研制成功，其实际运算速度达到每秒 4.183 万亿次，全球排名第 14 位。

2009 年 10 月 29 日，我国首台千万亿次超级计算机“天河一号”研制成功，实现了我国自主研制超级计算机能力从百万亿次到千万亿次的跨越，我国成为继美国之后世界上第二个能够研制千万亿次超级计算机系统的国家。

2010 年 11 月 17 日，“天河一号 A”超级计算机以峰值速度每秒 4700 万亿次、持续速度每秒 2568 万亿次每秒浮点运算的优异性能，成为世界上运算速度最快的计算机，荣登第 36 届世界超级计算机 500 强排行榜榜首。

2013 年 6 月 17 日，国防科技大学研制的“天河二号”又以每秒 5.49 亿亿次的峰值运算速度和每秒 3.39 亿亿次实测运算速度，再次登上全球超级计算机 500 强榜首，相比此前排名世界第一的美国“泰坦”超级计算机，其运算速度是后者的 2 倍。

2016 年 6 月 20 日，在法兰克福世界超级计算机大会上，国际 TOP500 组织发布的榜单显示，我国的“神威·太湖之光”超级计算机系统登顶榜单，不仅运算速度比第二名“天河二号”快出近 2 倍，其效率也提高了 3 倍。2020 年 7 月，中国科学技术大学在“神威·太湖之光”上首次实现千万核心并行第一性原理计算模拟。

2021 年 2 月 8 日，中科院量子信息重点实验室发布了具有自主知识产权的量子计算机操作系统“本源司南”，该操作系统能数倍地提升现有量子计算机的运行效率。

1.1.2 任务二 了解计算机的特点、分类及应用领域

【情境和任务】

情境：计算机的应用领域十分广泛，如军事、医疗、教育、生活等，人们使用的计算机都是一样的吗？显然不是，那么，计算机可以分为哪几类呢？其分别又有什么特点呢？

任务：了解计算机的分类、特点及应用领域。

【相关资讯】

计算机（computer）是一种用于高速计算的电子计算机器，其不仅可以进行数值运算，还可以进行逻辑运算，同时还具有存储功能，是能够按照程序运行规律，自动、高速地处理海量

数据的现代化智能电子设备。

【任务实施】

1. 了解计算机的特点

1）运算速度快、计算精度高

现有计算机的运算速度超过每秒10亿亿次，我国“神威·太湖之光”超级计算机运算速度最高可达每秒12.54亿亿次，由此可见，计算机的数据处理速度相当快，是其他工具无法比拟的。

科学技术的发展，特别是尖端科学技术的发展，需要高度精确的计算。计算机的精度取决于机器的字长位数，字长越长，精度越高。目前的计算机在计算时可以有十几位甚至几十位的有效数字，计算精度可达到千分之几到百万分之几，是任何计算工具都望尘莫及的。

2）存储记忆能力

计算机具有强大的存储记忆能力，它可以存储图片、文字、视频等各种类型的数据，记录各行各业方方面面的知识，堪称“最强大脑”。

3）逻辑判断能力

具有可靠的逻辑判断能力是计算机能实现信息处理自动化的重要原因。逻辑判断使计算机不仅能对数值数据进行计算，还能对非数值数据进行处理，这使得计算机能被广泛应用于非数值数据处理领域，如信息检索、图像识别以及各种多媒体应用等。

4）自动化程度高

计算机安装好预先编制好的程序指令，可自动执行相关指令，不需要人工干预，就可自动完成作业，并重复执行。

5）网络与通信功能

计算机网络实现了最大程度上的资源共享，改变了人们的沟通交流方式。它可以将一个单位、一个城市、一个国家，甚至世界各个角落的计算机连接起来，形成一个巨大的“网”，人们可以利用一台计算机，实现信息的获取与传递，使世界变成了“地球村”。

2. 了解计算机的分类

随着计算机的不断发展，计算机家族不断壮大，其类型多种多样，按照不同的方法可将计算机分为不同的类型。常见的分类方式有以下几种。

（1）按照性能、规模、处理能力划分：可分为巨型机、大型机、中型机、小型机、微型机、工作站、单片机、服务器等。这些类型的划分依据通常为体积大小、结构复杂程度、功率消耗、性能指标、数据存储容量、指令系统和设备、软件配置等。

（2）按照用途划分：可分为专用计算机和通用计算机。专用与通用计算机的区别体现在效率、速度、配置、结构复杂程度、造价和适应性等方面。

（3）按照处理数据的方式划分：可分为模拟计算机、数字计算机、数字和模拟混合计算机。

3. 了解计算机的应用领域

当前计算机正朝着巨型化、微型化、智能化、网络化等方向发展，计算机的性能越来越高、运算速度越来越快、使用范围越来越广，涉及生活的方方面面，同时其智能化程度也越来越高，人工智能越来越贴近人类思维。计算机的应用领域主要有以下几种。

1）科学计算

早期的计算机主要用于科学计算。发展至今，科学计算仍然是计算机应用的一个重要领域，如高能物理、工程设计、地震预测、气象预报、航天技术等。由于计算机具有高运算速度、高精度以及逻辑判断能力，因此出现了计算力学、计算物理、计算化学、生物控制论等新的学科。

2）过程检控

利用计算机对工业生产过程中的某些信号自动进行检测，并把检测到的数据存入计算机，再根据需要对这些数据进行处理，这样的系统称为计算机检测系统。特别是在仪器仪表引进计算机技术后，搭载计算机技术的智能化仪器仪表将工业自动化推向了一个更高的水平。

3）信息管理

信息管理是目前计算机应用最广泛的一个领域，即利用计算机来加工、管理与操作任何形式的数据资料，如企业管理、物资管理、报表统计、账目计算、信息检索等。国内许多机构都建设了自己的管理信息系统（MIS）；生产企业也开始采用制造资源规划软件（MRP），商业流通领域则逐步使用电子信息交换系统（EDI），即无纸贸易。

4）辅助系统

计算机辅助系统包括计算机辅助教学（CAI）、计算机辅助设计（CAD）、计算机辅助工程（CAE）、计算机辅助制造（CAM）、计算机辅助测试（CAT）、计算机集成制造（CIMS）等系统。

5）人工智能

开发一些具有人类某些智能的应用系统，用计算机来模拟人的思维判断、推理等智能活动，使计算机具有自学习适应和逻辑推理的功能，如计算机推理、智能学习系统、专家系统、机器人等，帮助人们学习和完成某些推理工作。

6）语言翻译

1947 年，美国的沃伦 · 韦弗与英国的安德鲁 · 布思提出了利用计算机进行翻译（简称“机译”）的设想，机译从此步入历史舞台。机译分为文字机译和语音机译。机译消除了不同文字和语言间的障碍。但机译的质量差一直是个问题，尤其是译文的质量，离理想目标仍相差甚远。

【项目总结】

本子项目主要介绍了计算机的发展史，以及我国近代计算机发展所取得的成就，同时还介绍了计算机的特点、分类和应用领域等。

1.2　子项目二　了解计算机的组成

【情境描述】

计算机的功能很多，用途很广，那么计算机是由什么组成的呢？各组成部分又是如何协调运作的？

【问题提出】

（1）计算机由哪些部分组成？

（2）计算机硬件系统的组成部件有哪些，它们的功能分别是什么？

（3）什么是计算机软件？

（4）什么是计算机病毒？

1.2.1 任务一 了解计算机硬件系统

【情境和任务】

情境：组成计算机的零部件很多，那么它们的名称是什么？又有什么样的功能呢？

任务：了解计算机硬件系统。

【相关资讯】

存储程序的概念是由冯·诺依曼等人提出的，其特点主要有以下三点：一是计算机由运算器、存储器、控制器、输入设备和输出设备五部分构成（也称计算机的冯·诺依曼结构）；二是计算机内部采用二进制进行数据处理；三是将编好的程序和原始数据事先存入存储器中，计算机按照存储程序逐条取出指令加以分析，并执行指令所规定的操作。

【任务实施】

1. 了解计算机系统的组成

计算机系统由软件系统和硬件系统两部分组成，它们通过机器语言交互联系，共同协作运行应用程序，保证计算机的正常运行。计算机硬件是指组成计算机的各种物理设备，是看得见、摸得着的实体设备。计算机软件是指计算机系统中的程序及其文档。硬件是软件的载体，是软件工作的实体支撑；软件是计算机的“灵魂”，没有软件的计算机称为“裸机”，是不能正常使用的。计算机系统的组成如图 1-2-1 所示。

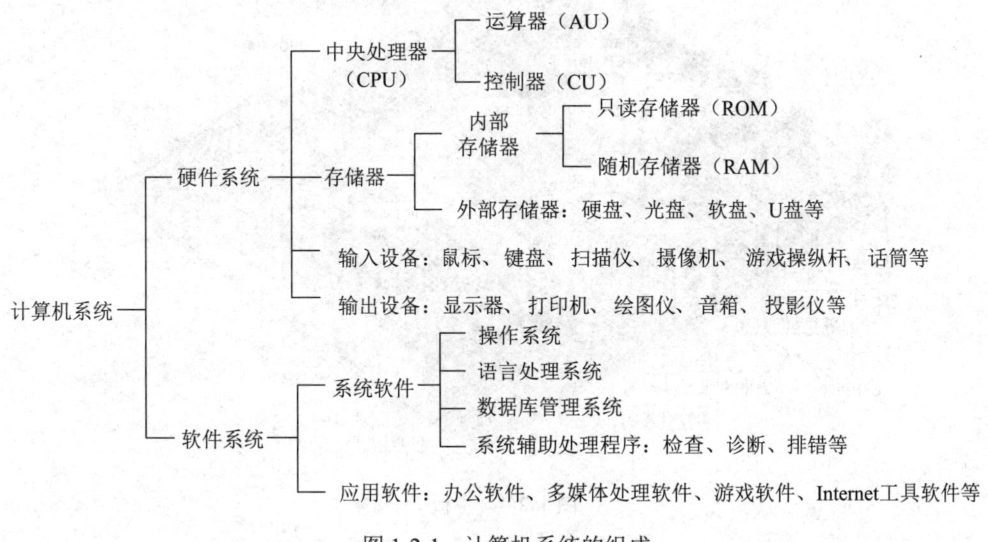

图 1-2-1 计算机系统的组成

2. 了解中央处理器

中央处理器又称微处理器，简称 CPU（见图 1-2-2），是电子计算机的主要设备之一。CPU 包括运算逻辑部件、寄存器部件和控制部件等。其功能主要是解释计算机指令以及处理计算机软件中的数据。计算机中所有操作指令的读取、译码和执行都由 CPU 处理，因此 CPU 也是计算机的核心部件。CPU 的性能指标有很多，主要有主频（时钟频率）、指令周期、字长和 CPU 缓存等。

3. 了解存储器

存储器是存放程序和数据的部件，是计算机实现存储程序概念的基础，是计算机中的记忆设备。现代计算机系统通常把不同的存储设备按一定的体系结构组织起来，以解决存储容量、存储速度和价格之间的矛盾，如图 1-2-3 所示。

图 1-2-2 中央处理器

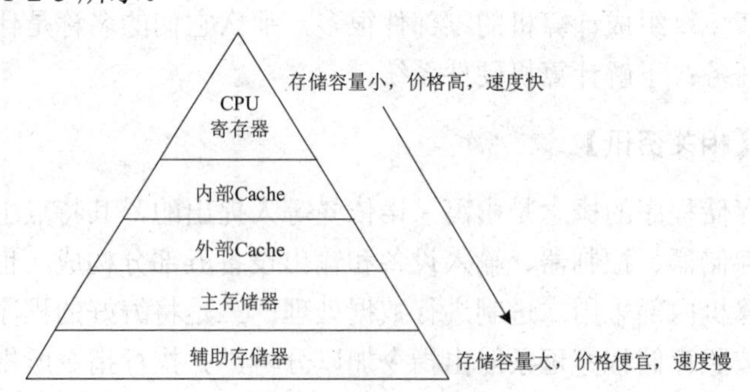

图 1-2-3 多级存储结构

4. 了解主板

从外观上看，主板是一块矩形的印刷电路板，在电路板上分布着各种电容、芯片、插槽等元器件，包括 BIOS 芯片、I/O 控制芯片、面板控制开关接口、各种扩充插槽、供电电源插座、CPU 插座等，如图 1-2-4 所示。主板是计算机主机最重要的部件，计算机中的各种硬件都是通过主板来连接并工作的。其为 CPU、内存和各种功能设备提供了安装插座或接口。

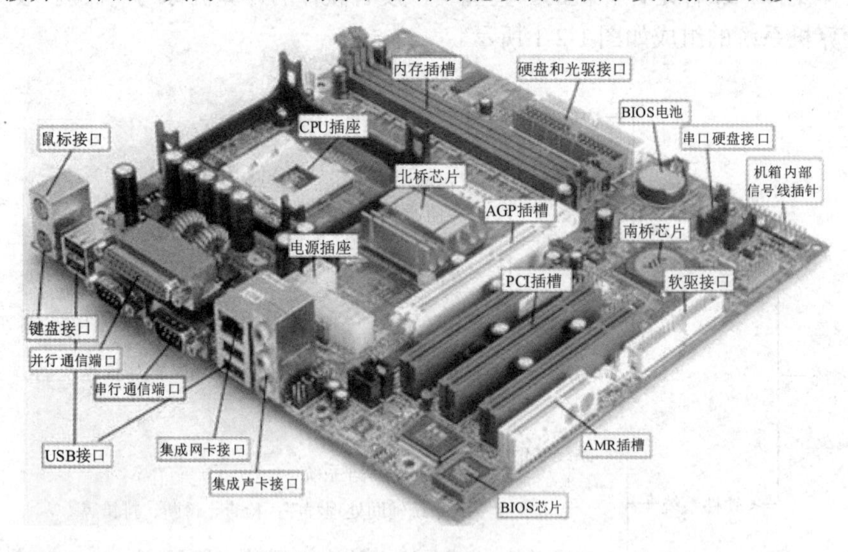

图 1-2-4 主板

5. 了解输入设备

输入设备是向计算机输入数据和信息的设备，是计算机与用户或其他设备通信的桥梁，是用户和计算机系统之间进行信息交换的主要装置之一。键盘、鼠标、摄像头、扫描仪、光笔、手写输入板、游戏杆、语音输入装置等都属于输入设备。输入设备把原始数据和处理这些数据的程序输入计算机中。计算机能够接收各种各样的数据，既可以接收数值型数据，也可以接收各种非数值型数据，如图形、图像、声音等都可以通过不同类型的输入设备输入计算机中。

1）键盘

键盘是最常用也是最主要的输入设备，通过键盘可以将中文、英文字母、数字、标点符号等输入计算机中，从而向计算机发出命令、输入数据等。

目前市场上出现的键盘多是 QWERTY 布局，这种键盘布局不是为了提高打字速度，相反是为了抑制打字速度。最初，打字机的键盘是按照字母顺序排列的，而打字机是全机械结构的打字工具，如果打字速度过快，某些键的组合很容易出现卡键问题。于是克里斯托夫·拉森·肖尔斯发明了 QWERTY 键盘，他将最常用的几个字母安置在相反方向，最大限度地增大重复敲键的时间间隔，因此避免了卡键，QWERTY 键盘一直沿用至今。

从未来发展上来看，市场上也出现了声控输入、手写输入、触摸或单击输入等几种非键盘输入方式，也有科学家正在研发更先进的脑电波识别与输入技术。随着技术的进步，键盘在未来也会进行技术革新，以便更好地为计算机服务，可能会在保留现有键盘功能的基础上，融合其他输入方式。

2）鼠标

鼠标因形似老鼠而得名。其标准称呼应该是“鼠标器”，英文名为“mouse”，鼠标的使用是为了使计算机的操作更加简便快捷，代替键盘烦琐的指令。鼠标是最主要的输入设备之一，是计算机的一种外接输入设备，也是计算机显示系统纵横坐标定位的指示器。鼠标共有移动、拖动、单击、双击、右击五种基本操作。鼠标按照不同的方式可以分为不同的类型。例如，鼠标按其工作原理及其内部结构的不同，可以分为机械式鼠标、光机式鼠标和光电式鼠标；按接口类型的不同，可分为串行鼠标、PS 鼠标、总线鼠标、USB 鼠标四种。

6. 了解输出设备

1）显示系统

微型计算机显示系统由显示器和显卡组成，如图 1-2-5 所示。

图 1-2-5 显示器（左）和显卡（右）

显示器是计算机最基本的输出设备，是一种将一定的电子文件通过特定的传输设备显示到屏幕上再反射到人眼的显示工具。从广义上讲，街头随处可见的大屏幕、电视机、BSV 液晶拼接的荧光屏、手机的显示屏都属于显示器的范畴，但目前显示器一般指与计算机主机相连的显示设备。

显卡是计算机进行数模信号转换的设备，承担着输出显示图形的任务。显卡接在计算机的主板上，它将计算机的数字信号转换成模拟信号后再让显示器显示出来，具有图像处理能力，可协助 CPU 工作，提高计算机的整体运行速度。

2）打印机

打印机（printer）用于将计算机处理结果打印在相关介质上。衡量打印机好坏的指标有 3 项，即打印分辨率、打印速度和噪声。

打印机的种类很多，按打印元件对纸张是否有击打动作，可分为击打式打印机与非击打式打印机；按打印字符结构，可分为全形字打印机和点阵字符打印机；按一行字在纸上形成的方式，可分为串式打印机与行式打印机；按所采用的技术，可分为柱形打印机、球形打印机、喷墨打印机、热敏打印机、激光打印机、静电打印机、磁式打印机、发光二极管打印机等。图 1-2-6 为喷墨打印机和激光打印机。

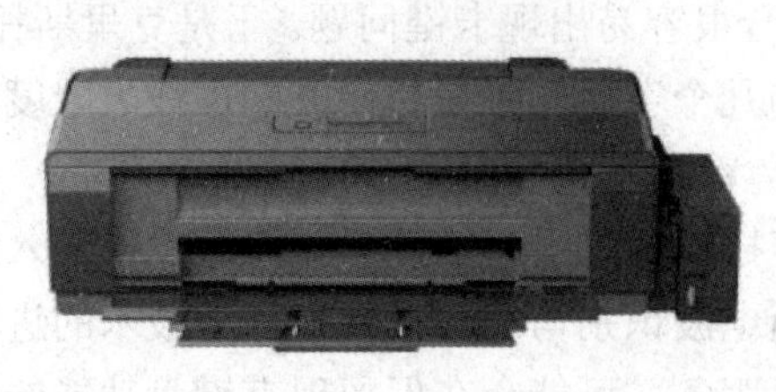

图 1-2-6　喷墨打印机（左）与激光打印机（右）

1.2.2　任务二　了解计算机软件系统

【情境和任务】

情境：仅仅有计算机硬件，计算机就能正常工作了吗？显然是不能的，要正常使用计算机，还必须有软件作为桥梁。我们平时运用计算机进行娱乐、学习、工作等都是通过计算机软件来实现的。那么什么是计算机软件？它的功能是什么？计算机软件又是如何进行分类的呢？

任务：了解计算机软件系统。

【相关资讯】

1．计算机软件

计算机软件（software）是一系列按照特定顺序组织的计算机数据和指令的集合，我们通常所说的软件是指计算机系统中的程序及其文档。

2．软件与硬件的不同点

（1）表现形式不同：硬件有形、有色、有味，看得见、摸得着、闻得到。而软件无形、无色、无味，看不见、摸不着、闻不到。软件大多存在于人们的脑袋里或字面上，它的正确与否，是好是坏，要在计算机上运行后才能知道。这就给软件的设计、生产和管理带来了许多困难。

（2）生产方式不同：软件是开发，是人的智力的高度发挥，不同于传统意义上的硬件制造。尽管软件开发与硬件制造之间有许多共同点，但这两种活动是不同的。

（3）要求不同：硬件产品允许有误差，而软件产品却不允许有误差。

（4）维护不同：硬件是会用旧用坏的；在理论上，软件是不会用旧用坏的，但实际上，软件也会变旧变坏。因此在软件的整个生存期中，一直处于改变维护状态。

【任务实施】

计算机软件分为系统软件和应用软件两类。系统软件包括操作系统、编译程序、数据库管理系统和各种高级语言等；应用软件由通用支援软件和各种应用软件包组成。

1．了解系统软件

系统软件是指控制和协调计算机及外部设备，支持应用软件开发和运行的系统，是无须用户干预的各种程序的集合，其主要功能是调度、监控和维护计算机系统；并负责管理计算机系统中各种独立的硬件，使得它们可以协调工作。系统软件使得计算机使用者和其他软件可以将计算机当作一个整体而不需要考虑底层每个硬件是如何工作的。

1）操作系统

操作系统是管理计算机硬件资源，控制其他程序运行并为用户提供交互操作界面的系统软件的集合。操作系统是计算机系统的关键组成部分，负责管理与配置内存、决定系统资源供需的优先次序、控制输入与输出设备、操作网络与管理文件系统等基本任务。操作系统的种类很多，各种设备安装的操作系统从简单到复杂，从手机的嵌入式操作系统到超级计算机的大型操作系统，均有涉及。

2）语言翻译程序

计算机只能直接识别和执行机器语言，因此想要在计算机上运行高级语言程序，就必须配备程序语言翻译程序。翻译程序本身是一组程序，不同的高级语言都有相应的翻译程序。

3）数据库管理

数据库管理属于数据库维护的范围。从广义而言，数据库管理是数据库设计以后的一切数据库管理活动，包括数据库模型创建、数据加载、数据库系统日常维护活动等。从狭义而言，数据库管理是数据库系统运行期间对数据库采取的活动。数据库管理系统有组织地、动态地存储大量数据，使用户能方便、高效地使用这些数据。数据库管理系统作为一种操纵和管理数据库的大型软件，用于建立、使用和维护数据库。

4）系统辅助处理程序

系统辅助处理程序也称为“软件研制开发工具”“支持软件”“软件工具”，主要有编辑程序、调试程序、装备和连接程序等。

2. 了解应用软件

应用软件是为了某种特定的用途而被开发出来的软件。它可以是一个特定的程序，如一个图像浏览器；也可以是一组功能联系紧密、能互相协作的程序的集合，如微软的 Office 软件；还可以是一个由众多独立程序组成的庞大的软件系统，如数据库管理系统。较常见的应用软件有文字处理软件（如 WPS、Word）、信息管理软件、辅助设计软件（如 AutoCAD）、实时控制软件（如极域电子教室等）、教育与娱乐软件等。

3. 了解计算机病毒

计算机病毒（computer virus）是指编制者在计算机程序中插入的破坏计算机功能或数据，影响计算机正常使用并且能够自我复制的一组计算机指令或程序代码。计算机病毒是人为制造的，隐蔽在其他可执行的程序之中。计算机感染病毒后，轻则影响机器运行速度，重则死机并破坏系统，因此计算机病毒会给用户带来很大的损失。

计算机病毒具有传播性、隐蔽性、感染性、潜伏性、可激发性、表现性和破坏性。计算机病毒的生命周期：开发期→传染期→潜伏期→发作期→发现期→消化期→消亡期。

1）计算机病毒的类型

计算机病毒依据折叠依附的媒体类型可分为如下几类。

（1）网络病毒：通过计算机网络感染可执行文件的计算机病毒。

（2）文件病毒：主要攻击计算机内存储的文件的病毒。

（3）引导型病毒：一种主要攻击和感染驱动扇区和硬盘系统引导扇区的病毒。

计算机病毒依据特定的算法可分为如下几类。

（1）附带型病毒：附带型病毒通常附带于一个 EXE 文件上，其名称与 EXE 文件名相同，但扩展不同，一般不会破坏更改文件本身，但在 DOS 读取时会被首先激活。

（2）蠕虫病毒：蠕虫病毒不会损害计算机文件和数据，它的破坏性主要取决于计算机网络的部署，它通过不停地获得网络中存在漏洞的计算机上的部分或全部控制权来进行传播。

（3）可变病毒：可变病毒可以自行应用复杂的算法，很难被发现，因为其在不同地方表现的内容和长度是不同的。

2）计算机病毒的危害

现如今，计算机已被运用到各行各业中，计算机和计算机网络已经成为人们生活中重要的组成部分，而计算机病毒会对计算机数据进行破坏、篡改或盗取，这会造成严重的网络安全问题，进而影响网络的使用效益。

（1）大部分计算机病毒在激发时会直接破坏计算机中的重要信息数据和 CMOS 设置；会删除重要文件；会格式化磁盘或改写目录区；会用“垃圾”数据来改写文件。

（2）消耗内存以及磁盘空间。计算机病毒是一段计算机代码，会占用计算机的内存空间，有些大的计算机病毒还会在计算机内部进行自我复制，导致计算机内存大幅度减少。比如，用户并没有存取磁盘，但磁盘指示灯狂闪不停，或者其实并没有运行多少程序却发现系统内存已经被占用了不少，这就有可能是计算机病毒在作怪。很多计算机病毒在活动状态下都是常驻于内存中的，一些文件型病毒能在短时间内感染大量文件，使每个文件都不同程度地加长，从而造成磁盘空间的严重浪费。

（3）计算机病毒运行时还会修改中断地址，在中断过程中加入病毒的“私货”，干扰系统的正常运行。

（4）计算机病毒侵入系统后会自动搜集用户的重要数据，窃取、泄露信息和数据，造成用户信息泄露，给用户带来不可估量的损失和严重的后果。

（5）计算机病毒会给用户造成巨大的心理压力。计算机病毒的泛滥使用户提心吊胆，时刻担心遭受病毒的感染，由于大部分用户对计算机病毒并不是很了解，一旦出现诸如计算机死机、软件运行异常等现象，用户往往就会怀疑这些现象可能是由计算机病毒造成的。据统计，用户怀疑“计算机有病毒”是一种常见的现象，很多用户担心自己的计算机遭到了病毒侵入，而实际上计算机发生的种种现象并不全是计算机病毒导致的。

正常的软件往往需要进行多人多次测试来完善，而计算机病毒一般是某个人在一台计算机上完成后快速向外放送的，所以计算机病毒给计算机带来的危害不仅仅是制造者所期望的病毒带来的危害，还有一些是由计算机病毒发生错误而带来的。

3）计算机病毒的传播途径

（1）软盘：通过使用外界被感染的软盘，例如，从不同渠道得来的系统盘、来历不明的软件盘、游戏盘等是最普遍的传染途径。由于使用带有病毒的软盘，计算机感染病毒发病，并传染给未被感染的软盘。大量的软盘交换，合法或非法的程序复制，不加控制地在机器上使用各种软件，这些都是计算机病毒感染、泛滥蔓延的途径。

（2）硬盘：通过硬盘传播也是计算机病毒传播的重要途径。将带有计算机病毒的计算机移到其他地方使用或维修等，就有可能使计算机病毒感染“干净”的软盘并再扩散。

（3）光盘：因为光盘容量大，存储了海量的可执行文件，所以大量的病毒就有可能藏身于光盘中，由于只读式光盘不能进行写入操作，所以光盘上的计算机病毒不能被清除。以牟利为

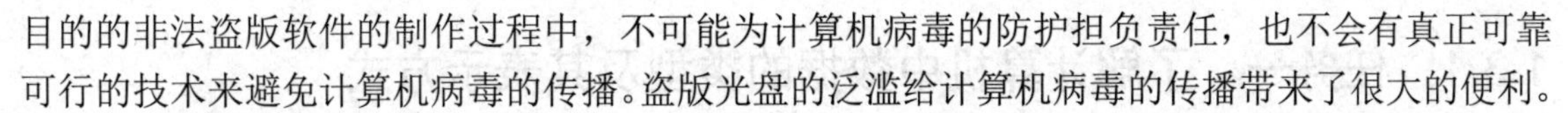

目的的非法盗版软件的制作过程中，不可能为计算机病毒的防护担负责任，也不会有真正可靠可行的技术来避免计算机病毒的传播。盗版光盘的泛滥给计算机病毒的传播带来了很大的便利。

（4）网络：网络传播扩散极快，能在很短时间内传遍网络上的计算机。随着Internet的风靡，计算机病毒的传播又增加了新的途径，Internet的发展使计算机病毒可能成为灾难，计算机病毒的传播更迅速，反病毒的任务更加艰巨。Internet带来了两种不同的安全威胁：一种威胁来自文件的下载，这些被浏览或被下载的文件可能携带计算机病毒；另一种威胁来自电子邮件。大多数 Internet 邮件系统提供了在网络间传送附带格式化文档邮件的功能，因此感染计算机病毒的文档或文件就可能通过网关或邮件服务器涌入企业网络。网络简易性和开放性使得这种威胁越来越严重。

4）计算机病毒的防治

（1）安装最新的杀毒软件，经常升级杀毒软件病毒库，定时对计算机进行病毒查杀，上网时要开启杀毒软件全程监控。培养良好的上网习惯，例如，慎重打开不明邮件及附件，尽量不打开可能带有病毒的网站，尽可能使用较为复杂的密码。推测简单密码是许多网络病毒攻击系统的一种新方式。

（2）不要执行从网络下载后未经杀毒处理的软件；不要随便浏览或登录陌生的网站，加强自我保护。现在有很多非法网站被嵌入了恶意的代码，一旦被用户打开，便会立即向用户的计算机中植入木马或其他病毒。

（3）培养自觉的信息安全意识，在使用移动存储设备时，尽可能不要共享这些设备，因为移动存储设备是计算机病毒传播的主要途径，也是计算机病毒攻击的主要目标。在对信息安全要求比较高的场所，应将计算机上面的USB接口封闭，同时在有条件的情况下应该做到专机专用。

（4）利用Windows Update功能打全系统补丁，同时将应用软件升级到最新版本，如播放器软件、通信工具等，避免病毒以网页木马的方式入侵系统或者通过其他应用软件漏洞进行病毒的传播；将受到病毒侵害的计算机尽快隔离，在使用计算机的过程中，若发现计算机上存在病毒或计算机异常，应该及时中断网络；当发现计算机网络一直中断或者网络异常时，应立即切断网络，以免计算机病毒在网络中传播。

【项目总结】

本子项目介绍了计算机的组成部分、系统软件和应用软件的区别以及计算机病毒等知识。

1.3　子项目三　了解计算机中数据的表示及其转换方式

【情境描述】

情境：扎西在学习了计算机的发展史后，发现计算机语言和人类语言不一样，那么计算机中各种各样的数据是怎样表示的呢？

【问题提出】

（1）计算机中数据的表示方式是什么？

（2）计算机的存储单位有哪些，它们之间的换算进率是多少？

（3）计算机常用的进位计数制有哪几种，它们之间的转换关系是什么？

1.3.1 任务一 了解计算机中数据的类型及其表示方式

【情境和任务】

情境：计算机中的数据类型有哪些？又是怎样进行区分的呢？

任务：了解计算机中的数据类型及其表示方式。

【相关资讯】

1. 数据与信息

数据是计算机加工和处理的对象。数值、文字、语言、图形等都是不同形式的数据。信息既是各种事物变化和特征的反映，又是事物之间相互作用、相互联系的表征，是经过加工处理并对人类客观行为产生影响的数据表现形式。计算机科学中的信息是指能够用计算机处理的有意义的内容或消息。数据是信息的载体，信息是对人有用的数据。

2. 进制

进制就是进位的规则。比如，通常的十进制，9+1 就是 10，即 9 进一位就是两位数 10。十进制的规则就是数量满十就进位，二进制就是数量满二就进位，同理，其他进制以此类推，n 进制即数量满 n 就进位。

【任务实施】

日常生活中我们常用的计数方式是十进制，世界上第一台计算机 ENIAC 也是采用十进制来表示数据，但冯·诺依曼在参与 ENIAC 研发时发现十进制数的表现和实现方式十分麻烦，计算量巨大，故提出了采用二进制来表示数据的想法。至今，计算机内部处理数据采用的一般都是二进制。

二进制只有“0”和“1”两个数。相对于其他进制而言，二进制的运算规则简单，在物理上容易实现，通用性强，所占用的空间和消耗的能量较小，可靠性高。但考虑到二进制位数比较长，书写起来不方便，又引入了八进制和十六进制来表示数据。为了更好地实现人机交互，计算机系统的相关硬件设备和软件会将计算机中的数据转换成人们熟悉的数据形式表现出来，如十进制数、文字、图形图像等数据表现形式。

1. 了解进位计数制

常见的进位计数制有二进制、八进制、十进制、十六进制。各数制包含的数据范围及表示方式如表 1-3-1 所示。

表 1-3-1 常见的进位计数制

进制类型	数据范围	表示形式	运算规则	权（n 为整数）
二进制	0、1	B	逢二进一	2^n
八进制	0、1、2、3、4、5、6、7	O 或 Q	逢八进一	8^n
十进制	0、1、2、3、4、5、6、7、8、9	D	逢十进一	10^n
十六进制	0、1、2、3、4、5、6、7、8、9、A（10）、B（11）、C（12）、D（13）、E（14）、F（15）	H	逢十六进一	16^n

区别一个数是几进制数通常有如下 3 种方式。

第一种方式：将数用小括号括起来，在小括号的右下角标上进制的类型，如（1101.11）$_2$表示的是二进制数，（1101.11）$_8$则表示的是八进制数。

第二种方式：在数据后面添加表示各进制数的字母，通常用字母 B 表示二进制数，用字母 O 表示八进制数（有时也用字母 Q 代替字母 O 表示八进制数），用字母 D 表示十进制数，用字母 H 表示十六进制数，如 1011B 表示二进制数，1011H 则表示十六进制数。

第三种方式：将数用小括号括起来，在小括号的右下角标上代表各个进制的字母，如（1101.11）$_B$表示的是二进制数，（1101.11）$_H$表示的是十六进制数，其他进制以此类推。没有任何标记的数，默认是十进制数。

提示：*当 R 进制小数点向右移动 n 位时，其值扩大了 R^n 倍；当 R 进制小数点向左移动 n 位时，则其值缩小为原来的 $1/R^n$。*

2. 了解常见数制相互转换的方法

1）二进制数、八进制数、十六进制数转换成十进制数

方法：将需要转换的二（或者八、十六）进制数的各位按权展开成多项式，即为对应的十进制数。例如：

$(1101.11)_2=1\times2^3+1\times2^2+0\times2^1+1\times2^0+1\times2^{-1}+1\times2^{-2}=(13.75)_{10}$

$(127.34)_8=1\times8^2+2\times8^1+7\times8^0+3\times8^{-1}+4\times8^{-2}=(87.4375)_{10}$

$(D2A.C)_{16}=13\times16^2+2\times16^1+10\times16^0+12\times16^{-1}=(3370.75)_{10}$

2）十进制数转换成二进制数、八进制数、十六进制数

方法：整数部分采用“除以 2（或者 8、16）取余法”，即用需要转换的十进制数的整数部分多次除以 2（或者 8、16），直到商为 0，取每次相除所得余数，从下往上得出的结果即为转换后的二进制数（或者八进制数、十六进制数）。

例如：（19）$_{10}$=（10011）$_2$，（872）$_{10}$=（1550）$_8$，（8956）$_{10}$=（22FC）$_{16}$，换算过程如下所示：

```
2 | 19    1 ↑        8 | 872    0 ↑        16 | 8956   C ↑
 2 | 9    1 |         8 | 109   5 |          16 | 559   F |
  2 | 4   0 |          8 | 13   5 |           16 | 34   2 |
   2 | 2  0 |           8 | 1   1 |            16 | 2   2 |
    2 | 1 1 |              0                       0
       0
```

小数部分采用“乘以 2（或者 8、16）取整法”，即用需要转换的数的小数部分多次乘以 2（或者 8、16），取所得的积的整数，若某一次小数部分乘以 2（或者 8、16）后的积的整数大于或等于 1，则需将积的整数变成 0 后，再继续与 2（或者 8、16）相乘，依此类推，直到小数部分为 0（当小数部分永远不为 0 时，达到要求的精度即可）；所得的整数自小数点后自左往右排列，取有效精度，第一次相乘取得的整数排在最左边。

提示：*十进制数 2^n 转换成二进制数是 100000…（n 个 0）；十进制数 2^n-1 转成二进制是 111111…（n 个 1）。*

3）二进制数与八进制数、十六进制数相互转换

二进制数、八进制数、十六进制数之间联系比较紧密，且关系特殊：$2^3=8$，$2^4=16$，即 1 位

八进制数相当于 3 位二进制数，1 位十六进制数相当于 4 位二进制数。二进制数、八进制数、十六进制数的相互转换关系如表 1-3-2 所示。

表 1-3-2　二进制数、八进制数、十六进制数的转换关系表

八进制数	对应二进制数	十六进制数	对应二进制数	十六进制数	对应二进制数
0	000	0	0000	8	1000
1	001	1	0001	9	1001
2	010	2	0010	A	1010
3	011	3	0011	B	1011
4	100	4	0100	C	1100
5	101	5	0101	D	1101
6	110	6	0110	E	1110
7	111	7	0111	F	1111

二进制数转换成八进制数、十六进制数的方法：以小数点为中心向左右两边分组，八进制数每 3 位为一组，十六进制数每 4 位为一组，最高位或最低位不足 3 位或 4 位时，在小数点最左或最右补齐。

例如：

$(1110100111100001.1010111)_2=(164741.534)_8$

$(110100111100001.1010111)_2=(69E1.AE)_{16}$

换算过程如下：

$(\boxed{001}\ \boxed{110}\ \boxed{100}\ \boxed{111}\ \boxed{100}\ \boxed{001}.\boxed{101}\ \boxed{011}\ \boxed{100})_2=(164741.534)_8$

1　6　4　7　4　1 . 5　3　4

$(\boxed{0110}\ \boxed{1001}\ \boxed{1110}\ \boxed{0001}.\boxed{1010}\ \boxed{1110})_2=(69E1.AE)_{16}$

6　9　E　1 . A　E

八进制数、十六进制数转换为二进制数的方法类似，1 位八进制数转化为 3 位二进制数，1 位十六进制数转换为 4 位二进制数。

例如：

$(7152)_8=(111001101010)_2$

$(AF18)_{16}=(1010111100011000)_2$

换算过程如下：

$(7152)_8=(\boxed{111}\ \boxed{001}\ \boxed{101}\ \boxed{010})_2$

7　1　5　2

$(AF18)_{16}=(\boxed{1010}\ \boxed{1111}\ \boxed{0001}\ \boxed{1000})_2$

A　F　1　8

提示：八进制数转换成十六进制数，需要将八进制数先转化为二进制数（或者十进制数），再由二进制数（或者十进制数）转成为十六进制数，十六进制数转换成八进制数的方法也是同理。

1.3.2　任务二　了解计算机中数据的单位及单位间的换算方式

【情境和任务】

情境：日常生活中，物体的质量单位有克、千克等；时间单位有分、时等；长度单位有米、千米等。那么，计算机中数据的存储单位又是怎样的呢？

任务：了解计算机中数据的存储单位及单位间的换算方式。

【相关资讯】

1．存储单位

存储单位是一种计量单位，指在某一领域以一个特定量或标准作为一个记录（计数）点，再以此点的某个倍数去定义另一个点，而这个点的代名词就是计数单位或存储单位。如卡车的载重量是吨，也就是这辆卡车能存储货物的质量，“吨”就是它的单位量词。

2．换算进率

目前计算机都是二进制的，只有2的整数幂时计算机计算才非常方便，故计算机存储单位的换算进率是1024。但在日常生活中，人们习惯使用十进制，所以存储器厂商一般使用1000作为进率。如100 GB的硬盘，其实际容量为100×1000×1000×1000/（1024×1024×1024）≈93.1 GB。

【任务实施】

计算机中数据的最小单位是位（bit），存储容量的基本单位是字节（Byte）。

1）位

计算机采用二进制来表示数据，二进制只有0和1两个数码。我们通常用多个0或1组合到一起来表示某个数，其中的一个0或1数码称为1位。

2）字节

字节是计算机数据处理和存储容量的基本单位，一个字节由8个位组成，即1 B=8 bit。

为了衡量存储器的大小，出现了以字节为基本单位的其他各种存储单位，字节容量之间的单位换算如下。

- ❖ 千字节（KB）：1KB=1024B=2^{10}B。
- ❖ 兆字节（MB）：1MB=1024KB=1024×1024B=2^{20}B。
- ❖ 吉字节（GB）：1GB=1024MB=1024×1024×1024B=2^{30}B。
- ❖ 太字节（TB）：1TB=1024GB=1024×1024×1024×1024B=2^{40}B。

随着计算机技术的不断发展和进步，计算机的存储容量也在不断变大，除了以上几个常见的容量单位，也出现了一些更大的容量单位，如PB、EB、ZB、YB、BB、NB、DB等，每个容量单位之间按照进率1024计算。

3）字长

字长是指计算机中参与运算的数的基本位数，是计算机的主要性能指标之一。字长代表着精度，字长越长，计算机的精度就越高。计算机字长一般是字节的整倍数，如1字节是8位，2字节是16位，4字节是32位。计算机发展到今天，个人计算机的字长一般为64位，大型机字长一般为128位。

【项目总结】

本子项目主要介绍了计算机中的数据类型及其表示方式、计算机中的数据单位及单位间的换算方式。

1.4 子项目四 了解计算机的基本操作

【情境描述】

计算机的操作有很多，一些常见的基本操作，如鼠标键盘的使用、计算机病毒的查杀、计算机软硬件配置的查看等，都是怎样实现的呢？

【问题提出】

（1）计算机是如何启动和关闭的？

（2）鼠标和键盘是怎么使用的？

（3）计算机的软硬件配置是如何查看的？

1.4.1 任务一 启动和关闭计算机

【情境和任务】

情境：我们在使用计算机前都要先启动计算机，使用完后需要关闭计算机。那么，怎样启动和关闭计算机才是正确的呢？

任务：启动和关闭计算机。

【相关资讯】

计算机的整个启动过程分成 4 个阶段：启动 BIOS→主引导记录→启动硬盘→启动操作系统。

【任务实施】

1. 启动计算机

计算机启动的最终目的是把操作系统从磁盘装入内存之中，并且在屏幕上给出提示符（DOS 系统）或者在屏幕上出现桌面。

我们通常所说的启动计算机是指计算机在没有通电的状态下初始通电，一般原则如下：先开外设电源，后开主机电源。而关闭计算机时正好相反，应该在关闭计算机程序后，先关闭主机后关闭外设。操作步骤如下：

步骤①：按下计算机显示器的电源按钮，显示器指示灯亮则表示显示器已打开。

步骤②：按下计算机主机箱上的开关按钮，电源指示灯亮，同时主机箱内发出“滴”响声，表示主机电源接通，计算机开始启动。

步骤③：计算机开始启动后，显示器上会显示计算机启动的进程，直到 Windows 登录界面出现，选择相应的用户，输入密码，即可进入系统，如图 1-4-1 所示。

图 1-4-1 Windows 10 登录界面

2. 关闭计算机

1）正常关机

Windows 10 操作系统提供了多种关机方式，以方便用户根据自己的喜好选择。下面介绍利用开关按钮进行关机的方法。

步骤①：单击“开始”按钮（即 Windows 按钮），弹出 Windows 10 开始菜单，选择左下角的“电源”按钮，如图 1-4-2 所示。

步骤②：在出现的弹框中选择“关机”选项，就可以关闭计算机，如图 1-4-3 所示。

图 1-4-2　“电源”按钮

图 1-4-3　“关机”选项

2）定时关机

如果有事需要出门，不方便关机（如正在下载文件）时，就可以将计算机设置成定时关机。

步骤①：单击“开始”按钮，打开“运行”对话框（或者在键盘上按 Win+R 快捷键，打开“运行”对话框），如图 1-4-4 所示。

步骤②：在输入框内输入命令“shutdown -s -t 5400”，“5400”为关机剩余时间，即多长时间后关机，单位为秒。此命令表示 1.5 h 后关机，如图 1-4-5 所示。

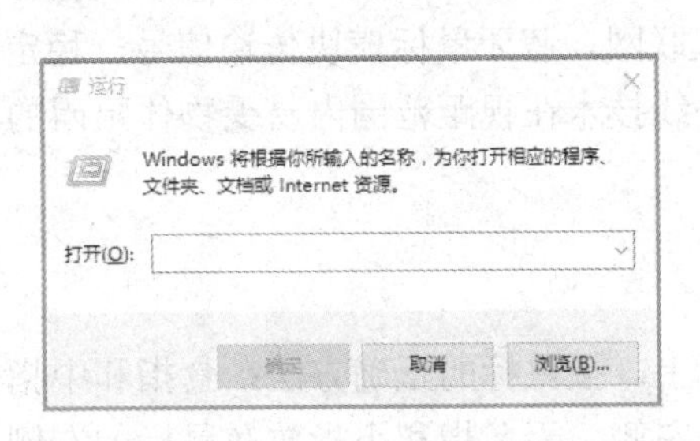

图 1-4-4　“运行”对话框

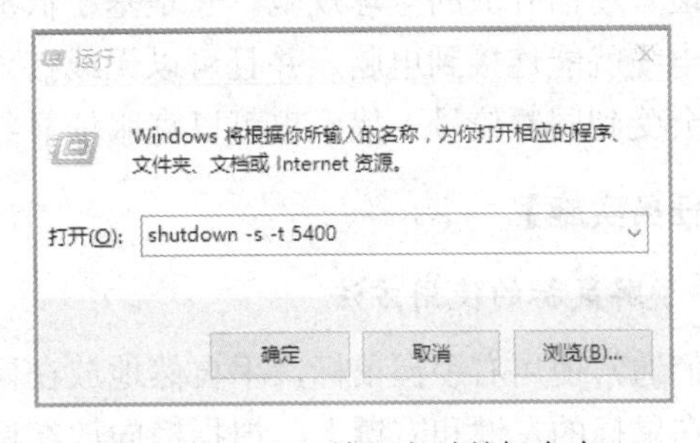

图 1-4-5　输入定时关机命令

提示：“shutdown -s -t 5400”命令输入时中间有空格。

步骤③：单击“确定”按钮，即可完成自动关机设置，并会出现关机剩余时间提示，如图 1-4-6 所示。

步骤④：取消自动关机。在“运行”对话框里输入“shutdown -a”命令，即可取消自动关机设置，并出现取消定时关机提示，如图 1-4-7 所示。

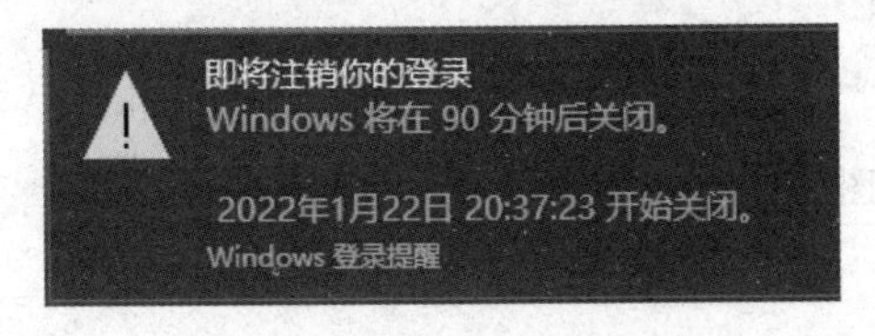

图 1-4-6　关机剩余时间提示

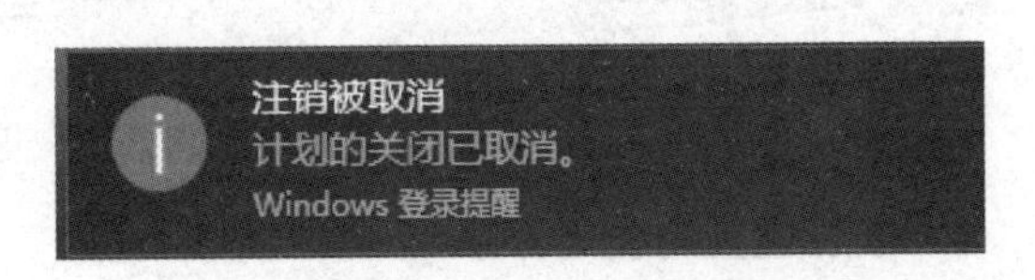

图 1-4-7　取消定时关机提示

3）非法关机

计算机有时会出现死机现象，就连复位开关都无法使用，此时可以采取强行关机的办法实施关机，即非正常关机，或称非法关机。方法有两种，具体如下。

方法一：按下主机电源开关 5 s 左右，电源会自动关闭，随后，主机会因为没有了电源的供应而突然停止所有工作。

方法二：直接拔掉电源线。

计算机非正常关机后，下一次启动系统通常会默认进入自检模式。

1.4.2 任务二 正确使用鼠标和键盘

【情境和任务】

情境：鼠标和键盘是计算机最基本的输入设备，熟练掌握鼠标和键盘的正确使用方法，对提高计算机的操作速度很有帮助。前面我们学习了鼠标和键盘的基本概念，那么它们是怎么使用的呢？

任务：掌握鼠标和键盘操作方法。

【相关资讯】

蓝牙键盘与鼠标的应用：键盘、鼠标是常见的计算机输入设备，人们使用最多的通常是有线鼠标和键盘。而普通鼠标、键盘与主机局限于线缆的连接，使操作人员仅可以在线缆的有限范围内操作，使得操作受限，而蓝牙鼠标和蓝牙键盘可以突破这个缺点。蓝牙技术是一种无线数据和语音通信开放的全球规范，它是基于低成本的近距离无线连接。蓝牙可以使鼠标与键盘不需要电缆就能连接到电脑，并且可以无线接入互联网。蓝牙鼠标模块传输信号，稳定采用跳频，不会受到同频信号干扰，也可以克服依靠红外线技术在视距范围内易受物体阻碍的缺点。

【任务实施】

1. 了解鼠标的使用方法

人们通常使用右手握鼠标，手自然地放在鼠标上。握鼠标的正确方法：食指和中指分别自然地放在鼠标的左键和右键上，拇指横向放在鼠标左侧，无名指和小指放在鼠标的右侧，拇指与无名指及小指轻轻握住鼠标，手掌轻轻贴住鼠标后部，手腕自然垂放在桌面上。当我们移动右手时，鼠标指针也随之移动。通过敲击键盘和单双击鼠标来完成一系列的操作。握鼠标的正确姿势如图 1-4-8 所示。

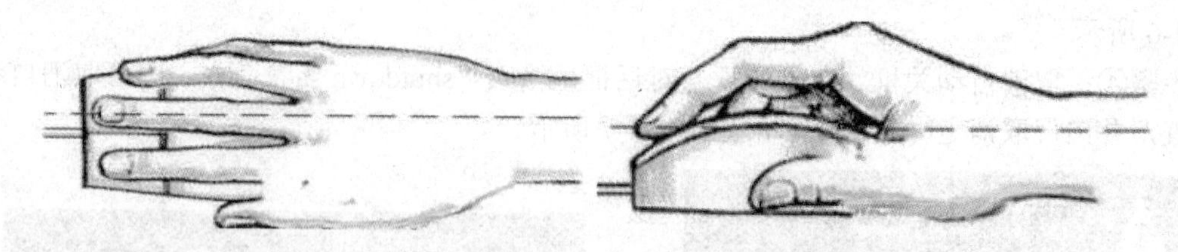

图 1-4-8 握鼠标的正确方式：正面图（左）和侧面图（右）

2. 了解键盘的使用方法

键盘分为 5 个区：主键盘区、功能键区、控制键区、状态指示区、数字键区，如图 1-4-9 所示。

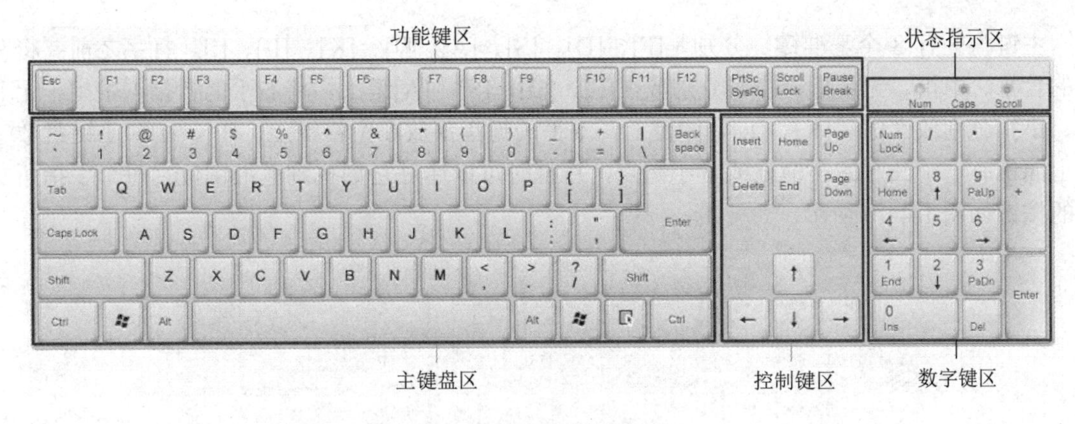

图 1-4-9　键盘的 5 个区

键盘的主键盘区是主要的数据输入区域，由字母键、数字键、符号键以及一些其他特殊控制键组成；功能键区位于键盘的最上方，包括 Esc、F1～F12 键；控制键区位于主键盘区的右侧，包括所有的对光标进行操作的按键以及一些操作功能键；数字键区位于键盘的右侧，又称为“小键盘区”，包括数字键和常用的运算符号键；状态指示区位于数字键区的上方，包括 3 个状态指示灯，分别是 NumLock 灯、CapsLock 灯和 ScrollLock 灯。

键盘常用键说明如下。

回车键（Enter）：用于对输入动作的一种确认以及用于文字处理软件中的换行等操作。

退格键（Backspace）：在 Enter 键上方，作用是使光标插入点向左移动一格，常用于删除光标插入点前面的字符。

上档键（Shift）：键盘中的上档键有两个，分别位于主键盘区的左右两侧。上档键的作用是输入上档符号。在键盘中有一些按键上有两个符号，其中上面的字符就叫上档符号，如“1”上面的“！”和“=”上面的“+”等。按住上档键不松手，去按有两个字符的按键，则输入上档符号。

制表键（Tab）：用以将光标插入点移动到下一个定位点上。

窗口键（Win）：用于打开计算机的系统开始菜单。

Ctrl 键（控制键）和 Alt 键（转换键）：一般作为组合键使用，比如，Ctrl+C 组合键的作用是复制；Alt+F4 组合键的作用是关闭当前窗口等。

插入键（Insert）：用于切换插入/改写两种输入状态。

删除键（Delete）：用于删除光标插入点后面的字符，以及对文件及文件夹等进行删除操作。

翻页键（PageUP 和 PageDown）：用于对当前页面进行前翻页和后翻页操作。

Home 键和 End 键：用于把光标插入点移动到当前内容的开头或者结尾位置。

NumLock 键：按下数字锁定键，该键对应的指示灯亮起，这时按小键盘区按键，可以输入相对应的数字，当再次按下该键时，则数字键盘区被锁定，不可使用。

CapsLock 键：按下大写字母锁定键，则输入的是大写字母，再次按下此键，大写字母锁定取消，可输入小写字母或者汉字等。

方向键（↑、↓、←、→）：用于控制光标上、下、左、右移动。

F1～F12 键：一共 12 个按键，这 12 个键在不同的计算机以及不同的应用软件有不同的作用。比如，按下 F1 键可以打开当前程序的帮助窗口，按下 F2 键会对选定的文件或文件夹进行重命名。

主键盘区有 8 个基准键，分别是[F]、[D]、[S]、[A]、[J]、[K]、[L]、[;]。打字之前要将左手的食指、中指、无名指、小指分别放在[F]、[D]、[S]、[A]键上，将右手的食指、中指、无名指、小指分别放在[J]、[K]、[L]、[;]键上，双手的拇指都放在空格键上。[F]、[J]和小键盘数字 5 上面都有一个凸起的小横杠或者小圆点，盲打时可以通过它们找到基准键位。每个手指所负责的按键如图 1-4-10 所示。

图 1-4-10　键盘的手指键位图

1.4.3　任务三　查看计算机的软硬件配置

【情境和任务】

情境：计算机的配置决定了一台计算机的性能好坏，如果计算机配置没有达到软件的要求，软件则无法流畅运行。那么如何查看计算机软硬件配置呢？

任务：掌握查看计算机软硬件配置的方法。

【相关资讯】

计算机系统包括硬件系统和软件系统，是为实现计算机的某种应用，从现有计算机系统和设备中选取一组设备组合在一起，构成一个计算机应用系统。

【任务实施】

查看计算机配置的方法通常有两种：通过硬件检测类软件或直接在系统中查看。这里主要介绍使用系统自带功能查看计算机软硬件配置的方法。

步骤①：选择桌面上的“此电脑”图标，右击，在弹出的快捷菜单中选择“属性”命令，如图 1-4-11 所示。

步骤②：在打开的“系统”窗口中查看计算机的 CPU 和内存信息，如图 1-4-12 所示。

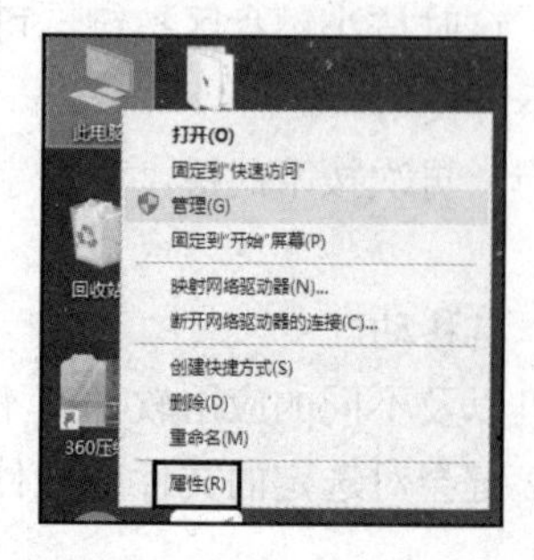

图 1-4-11　选择“属性”命令

图 1-4-12　查看处理器、内存信息

步骤③：查看完毕后，选择左边的“设备管理器”选项，在弹出的“设备管理器”界面中选择“处理器”和“显示适配器”选项即可查看详细的 CPU 和显卡设备等信息，如图 1-4-13 所示。

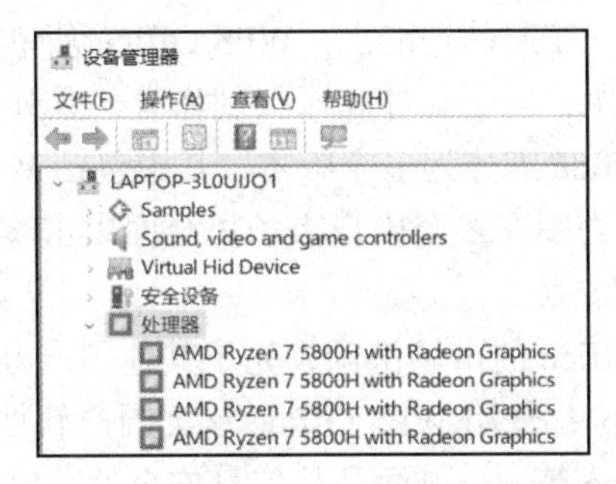

图 1-4-13　查看详细的处理器等设备信息

提示：查看其他软件版本信息时，可通过“控制面板”下的“程序和功能”选项进行查看。

【项目总结】

本子项目主要介绍了计算机常见的一些基本操作：计算机开关机、键盘和鼠标的使用以及如何查看计算机软硬件配置等。

【知识拓展】

1. 文字处理软件 WPS Office

（1）功能介绍：1988 年 5 月，求伯君写出了 WPS（Word Processing System）1.0，从此开创了中文字处理时代。WPS Office 是由金山软件股份有限公司自主研发的一款办公软件套装，可以实现办公软件最常用的文字、表格、演示等多种功能。具有内存占用低、运行速度快、体积小巧、强大插件平台支持、免费提供海量在线存储空间及文档模板、支持阅读和输出 PDF 文件、全面兼容微软 Microsoft Office 格式等独特优势，覆盖 Windows、Linux、Android、iOS 等多个平台。

不同于当时汉化后的 Word Star，WPS 是以汉字作为核心支持的元素，因此在其他软件中出现的半个汉字以及乱码的现象在 WPS 中被杜绝。WPS Office 个人版对个人用户永久免费，包含 WPS 文字、WPS 表格、WPS 演示三大功能模块与 MS Word、MS Excel、MS PowerPoint 一一对应。应用 XML 数据交换技术无障碍兼容 doc、xls、ppt 等文件格式。可以直接保存和打开 Microsoft Word、Excel 和 PowerPoint 文件，也可以用 Microsoft Office 轻松编辑 WPS 系列文档。

（2）发展历程：1988 年到 1995 年的 7 年间，WPS 迅速发展。1994 年，WPS 用户超过千万，占领了中文文字处理市场的 90%。同年，微软的 Office 进入国内，MS Office 使用方便，再加上盗版横行，使用成本低，短时间内就抢走了 WPS 的大量份额，成为 WPS 由盛到衰的转折点。1996 年，随着 Windows 操作系统的普及，通过各种渠道传播的 Word 6.0 和 Word 97 成功地将大部分 WPS 过渡为自己的用户，WPS 的发展进入历史最低点。

1998 年 8 月，联想公司注资金山，WPS 开始了新的腾飞。1999 年 3 月 22 日，金山公司隆重发布 WPS 2000，开始集成文字办公、电子表格、多媒体演示制作和图像处理等多种功能。从此，WPS 走出了单一字处理软件的定位。

2001 年，WPS 2000 获国家科技进步二等奖（一等奖空缺），同时金山公司还推出了《WPS 2000 繁体版（香港版、台湾版）》，该版本一经推出就大受欢迎，WPS 凭借这个版本迅速打开了香港、台湾和澳门等使用繁体字地区的市场。同年 5 月，WPS 正式采取国际办公软件通用定名方式，更名为 WPS Office。在产品功能上，WPS Office 从单模块的文字处理软件升级为以文字处理、电子表格、演示制作、电子邮件和网页制作等一系列产品为核心的多模块组件式产品。在用户需求方面，WPS Office 细分为多个版本，其中包括 WPS Office 专业版、WPS Office 教师版和 WPS Office 学生版，力图在多个用户市场里全面出击。同时为了满足少数民族的办公需求，还推出了 WPS Office 蒙文版。

经过多年的努力，WPS Office 的市场份额领先于其他国产办公软件产品，覆盖了全球 220 多个国家。现在很多企事业单位都使用 WPS Office 这类国产软件，不再使用国外的办公软件，比如微软公司的 Microsoft Office 等，一方面是从信息安全的角度考虑，一方面也是为了倡导大家使用国产产品、支持民族产业。

项目 2 Windows 10 操作系统和环境设置

本项目是以“Windows 10 操作系统和环境设置”为例，介绍如何安装操作系统、安装及卸载常用应用软件、设置桌面背景、设置区域语言、设置用户账户等相关知识。

【情境描述】

买回一台裸机后，没有安装操作系统就无法正常使用；或者当计算机安装的操作系统不符合用户要求时，就需要重新安装新版本的操作系统；还有当计算机系统崩溃，无法进行任何操作时，除了重装系统没有其他办法。除此之外，还有许多情况也需要安装或者重装操作系统。那么，什么是计算机操作系统？操作系统有哪些种类？如何安装操作系统？这些将是本项目的主要内容。

【问题提出】

（1）如何安装操作系统？
（2）如何进行 Windows 10 环境设置？
（3）在 Windows 10 操作系统环境下如何管理文件及文件夹？
（4）怎样提高文字录入速度？

【项目流程】

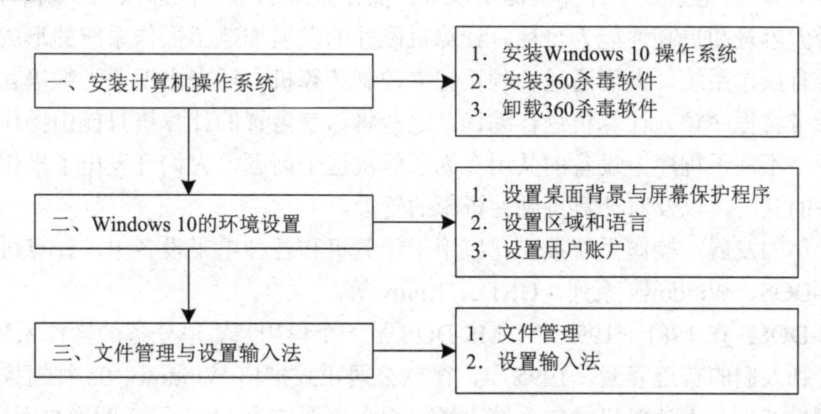

2.1 子项目一 安装计算机操作系统

项目 2 课件

【情境描述】

刚上大学的扎西在买到计算机之后，发现计算机运行的是 Windows 7 操作系统，根据学习需要现在需要重新安装 Windows 10 操作系统，那么，如何安装 Windows 10 操作系统，又如何卸载计算机上不需要的软件呢？

【问题提出】

（1）安装 Windows 操作系统需要做的准备工作有哪些？
（2）如何安装 Windows 10 操作系统？

（3）安装应用软件的路径怎么选择？

（4）如何卸载应用软件？

2.1.1 任务一 安装 Windows 10 操作系统

【情境和任务】

情境：扎西购买的计算机安装的是 Windows 7 操作系统。但扎西对 Windows 7 操作系统的使用不熟悉，想换成自己熟悉的 Windows 10 操作系统，可是扎西从来没有安装过操作系统，那么应该如何安装 Windows 操作系统呢？

任务：安装 Windows 10 操作系统。

【相关资讯】

1. 操作系统的概念、发展与分类

1）操作系统的概念

操作系统（operation system，OS）是用于管理计算机全部硬件资源和软件资源，控制计算机程序运行，改善人机交互界面，为其他系统软件和应用软件提供支持的、最重要的系统软件。操作系统通常是最靠近硬件的一层系统软件，它通过图形、图像及命令的方式，使计算机系统的使用和管理更加方便，使计算机资源的利用效率更高，上层的应用程序可以获得更多的支持。

2）操作系统的发展与分类

从 1946 年第一台电子数字计算机诞生以来，操作系统的每一代都以减少成本、缩小体积、降低功耗、增大容量和提高性能为目标。计算机硬件的发展加速了操作系统的形成和发展。最初的计算机没有操作系统，人们通过各种按钮来控制计算机，后来出现了汇编语言，操作人员通过有孔的纸带将程序输入计算机进行编译。这些将语言内置的计算机只能由操作人员自己编写程序并运行，不利于程序、设备的共用。为了解决这个问题，人们开发出了操作系统，这样就能实现程序的共用，以及对计算机硬件资源的管理。

经过几十年的发展，操作系统被广泛应用于计算机和各种电子设备中。计算机中常见的操作系统有 MS-DOS、Windows 系列、UNIX、Linux 等。

（1）MS-DOS：在 1981—1995 年，MS-DOS 是一个单用户、单任务的操作系统。MS-DOS 非常实用，受到人们的普遍喜爱。1995 年，微软公司正式推出 Windows 95 视窗操作系统后，MS-DOS 才逐步淡出个人计算机操作系统市场。现在主要作为 Microsoft 图形界面操作系统。

（2）Windows：由美国微软公司（Microsoft）研发的一套桌面操作系统，问世于 1985 年。起初是 MS-DOS 模拟环境，后续由于微软对其进行不断更新升级，提升易用性，使 Windows 成为应用最广泛的操作系统。

1995 年 8 月，微软公司正式发布 Windows 95 视窗操作系统，这是一款在微软公司历史上具有里程碑式意义的操作系统。相对于之前的版本，Windows 95 专注于桌面，并几乎对所有元素都引入了图形按钮，可以说，Windows 95 开启了真正的图形界面时代。

进入 21 世纪，微软公司陆续推出 Windows XP、Windows 7、Windows 8 等多款操作系统。Windows XP 以 Windows 2000 的源代码为基础，具有稳定性、安全性、可管理性等优点。Windows 7 是继 Windows XP 之后推出的版本。Windows 7 使用了 WindowsServer 2003 的底层核心编码，继续保留了 Windows XP 整体的优良特性，受到了广大用户的青睐。与其他操作系统相比，

Windows 7 在安全性、可靠性及互动体验性三大功能方面也更为突出和完善。

2014 年 10 月 1 日，微软公司在旧金山召开新品发布会，对外展示了新一代 Windows 操作系统，并将它命名为“Windows 10”，新操作系统的名称跳过了数字“9”。

2015 年 7 月 29 日，微软公司发布 Windows 10 正式版。与之前的操作系统相比，Windows 10 的最大特点是具有任务视图和多虚拟桌面。除此之外，它还具有自己的新增功能，如可与附近的设备共享图片、连接移动设备等。

（3）UNIX：一个通用的多用户分时系统，采用时间分片的方式对用户的服务请求予以响应，轮流为终端用户服务。UNIX 是一个开发性源代码系统，具有开放性、多用户、多任务环境和丰富的网络功能等特性。

（4）Linux：全称为 GNU/Linux，是一种免费使用和自由传播的类 UNIX 操作系统，其内核由林纳斯 • 本纳第克特 • 托瓦兹于 1991 年 10 月 5 日首次发布，它主要受到 MINIX 和 UNIX 思想的启发，是一个基于 POSIX 的多用户、多任务、支持多线程和多 CPU 的操作系统。

3）设置 BIOS 从 U 盘启动

在计算机上插入制作好的启动 U 盘，重启计算机时快速不间断地按 F12、F11、Esc 或 F7 等快捷键。下面是各种品牌主板、台式一体机的 U 盘启动热键一览表，根据不同的计算机品牌，选择对应的按键即可调出启动菜单选择界面，如表 2-1-1 所示。

表 2-1-1　U 盘启动热键一览表

组装机主板		品牌笔记本		品牌台式机	
主 板 品 牌	启 动 按 键	笔记本品牌	启 动 按 键	台式机品牌	启 动 按 键
华硕主板	F8	联想笔记本	F12	联想台式机	F12
技嘉主板	F12	宏基笔记本	F12	惠普台式机	F12
微星主板	F11	华硕笔记本	Esc	宏碁台式机	F12
映泰主板	F9	惠普笔记本	F9	戴尔台式机	Esc
梅捷主板	Esc 或 F12	联想 Thinkpad	F12	神舟台式机	F12
七彩虹主板	Esc 或 F11	戴尔笔记本	F12	华硕台式机	F8
华擎主板	F11	神舟笔记本	F12	方正台式机	F12
斯巴达卡主板	Esc	东芝笔记本	F12	清华同方台式机	F12
昂达主板	F11	三星笔记本	F12	海尔台式机	F12
双敏主板	Esc	IBM 笔记本	F12	明基台式机	F8
翔升主板	F10	富士通笔记本	F12		
精英主板	Esc 或 F11	海尔笔记本	F12		
冠盟主板	F11 或 F12	方正笔记本	F12		
富士康主板	Esc 或 F12	清华同方笔记本	F12		
顶星主板	F11 或 F12	微星笔记本	F11		
铭瑄主板	Esc	明基笔记本	F9		
盈通主板	F8	技嘉笔记本	F12		
捷波主板	Esc	Gateway 笔记本	F12		
Intel 主板	F12	eMachines 笔记本	F12		
杰微主板	Esc 或 F8	索尼笔记本	Esc		
致铭主板	F12				
磐英主板	Esc				

续表

组装机主板		品牌笔记本		品牌台式机	
主 板 品 牌	启 动 按 键	笔记本品牌	启 动 按 键	台式机品牌	启 动 按 键
磐正主板	Esc				
冠铭主板	F9				

注：其他机型请尝试或参考以上品牌常用启动热键

这时会弹出“启动菜单”选择框，一般会显示 USB 字样或 U 盘的名称，如 SanDisk Cruzer Pop 1.26 或 KingstonData Traveler G2 1.00 或 General UDisk 5.00 或 USB HDD 选项，这些都是 U 盘启动项，其中带 UEFI 的是 UEFI 启动，不带 UEFI 的是 legacy 启动，选择你需要的 U 盘选项后按 Enter 键。如果要在 UEFI 模式下安装 Windows 8/Windows 10，必须选择带 UEFI 的选项，如图 2-1-1 所示。

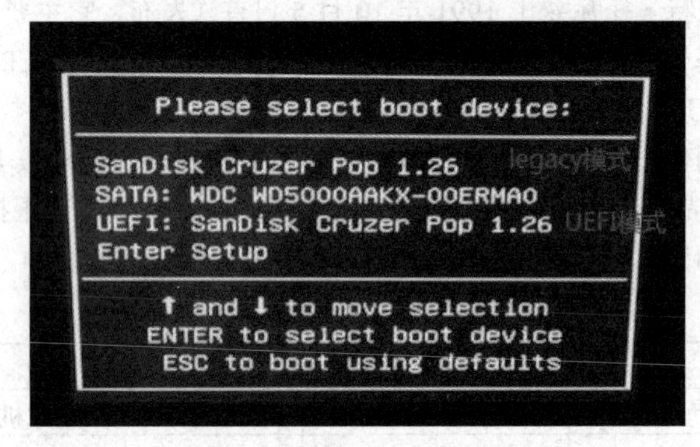

图 2-1-1 “启动菜单”选择框

【任务实施】

1. U 盘安装

步骤①：Windows 10 操作系统安装之前的设备基本配置。处理器为 CPU 1 GHz 64 位处理器、显卡带有 WDDM 1.0 或更高版本的驱动程序 Direct×9 图形设备、内存 2 GB 及以上、显示器要求分辨率在 1024×768 像素及以上或可支持触摸技术的显示设备、硬盘可用空间为 20 G（主分区，NTFS 格式）。

步骤②：在安装系统前，请备份 C 盘上的重要数据，系统重装会格式化 C 盘。

步骤③：下载并运行云净装机大师，插入 U 盘等待软件成功读取到 U 盘之后，单击制作 U 盘启动盘。

步骤④：安装云净 U 盘启动盘制作工具。双击打开已下载好的安装包，单击窗口中“一键安装”按钮即可，如图 2-1-2 所示。

步骤⑤：等待安装完成后，可以单击“立即体验”按钮打开云净 U 盘启动盘制作工具，如图 2-1-3 所示。

步骤⑥：使用云净 U 盘启动工具制作启动 U 盘。打开云净 U 盘启动盘制作工具，将准备好的 U 盘插入计算机 USB 接口，等待软件自动识别所插入的 U 盘，这里使用默认参数即可制作出兼容所有计算机的 U 盘工具，如图 2-1-4 所示。

制作格式：制作格式有 HDD（U 盘模拟硬盘）和 ZIP（U 盘模拟大容量软盘）两种，ZIP 是早期计算机使用的格式，如果是近 10 年内生产的计算机，选择 HDD 格式即可。

分区格式：制作成启动盘后的 U 盘还是可以正常使用的，这里选择了可使用分区的文件系统格式，NTFS 支持单个文件超过 4 G 大小。

启动模式：系统需要由主板固件引导启动，目前有两种固件，即 BIOS 和 UEFI，只需选择 BIOS+UEFI 选项即可兼容所有计算机。

步骤⑦：单击“开始制作”按钮，这时会出现一个弹窗警告，如果 U 盘中有重要资料需要先备份，单击“确定”按钮，开始制作后所有数据都会被格式化，如图 2-1-5 所示。

图 2-1-2　单击“一键安装”按钮

图 2-1-3　安装完成后界面

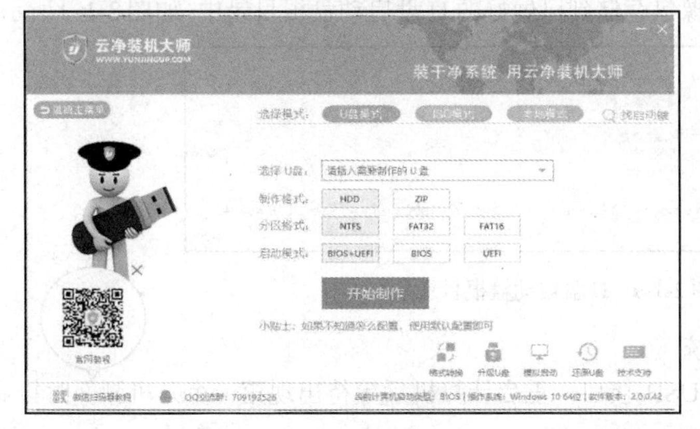

图 2-1-4　云净 U 盘启动盘制作工具

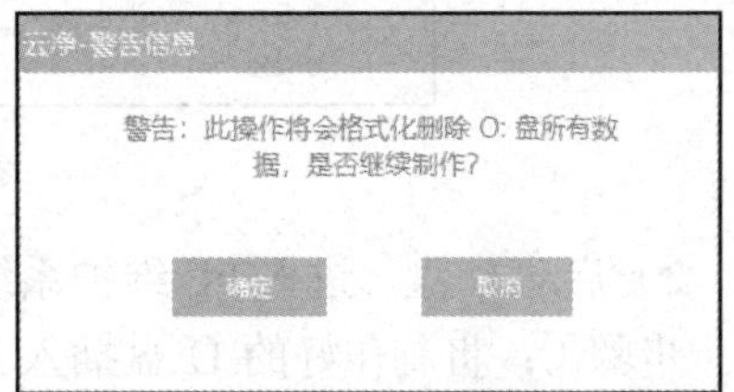

图 2-1-5　弹窗警告

步骤⑧：制作过程大概需要 2 min，如果使用的是 USB 3.0 U 盘 1 min 内即可制作完毕，如图 2-1-6 所示。

步骤⑨：U 盘启动盘制作完成后，会弹出确认信息提示窗口，可以单击“确定”按钮，测试 U 盘启动盘是否制作成功，如图 2-1-7 所示。

图 2-1-6　制作过程

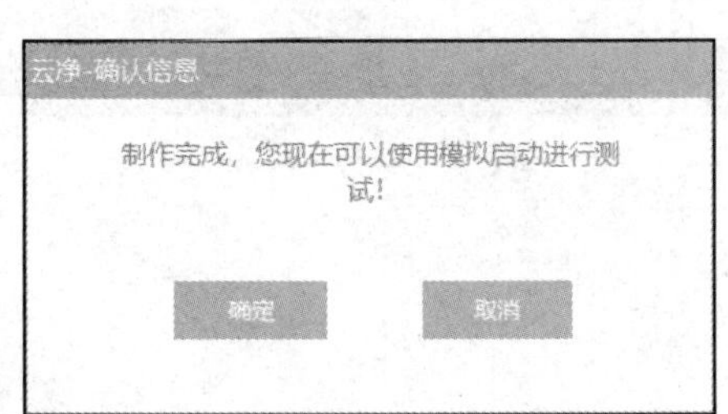

图 2-1-7　制作完成

步骤⑩：若在模拟启动中看到如下界面，说明U盘启动盘已制作成功（注意：模拟启动界面仅供测试使用，请勿进一步操作），最后按Ctrl+Alt组合键释放鼠标，单击右上角的“关闭”按钮退出模拟启动界面，如图2-1-8所示。

图2-1-8　模拟启动界面

2. 使用U盘安装Windows 10系统

1）将准备好的Windows 10系统镜像复制到U盘中

将准备好的Windows 10系统镜像包存储到已做好的U盘启动盘根目录中，如图2-1-9所示。

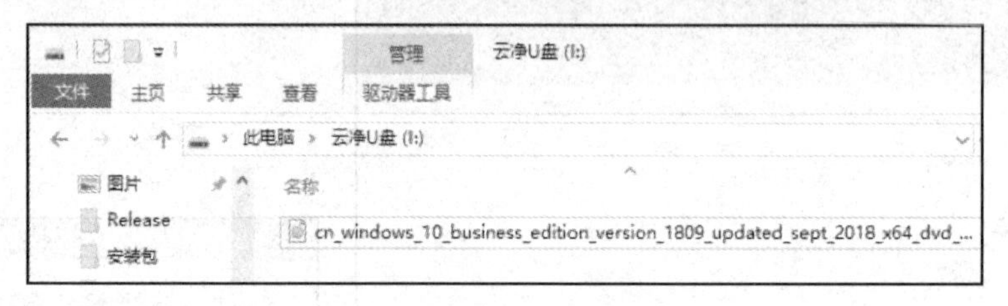

图2-1-9　U盘启动盘根目录

2）启动U盘，进入PE维护系统

步骤①：将制作好的U盘插入USB接口，重启计算机后等待出现第一个开机画面时按启动快捷键。

步骤②：以联想计算机为例，开启启动键是F12。单击“找启动键”按钮，即可在云净U盘工具主界面查询对应品牌的计算机启动按键，如图2-1-10所示。

步骤③：在重启的第一个界面持续按多次启动快捷键，之后就会进入PE界面，如图2-1-11所示。

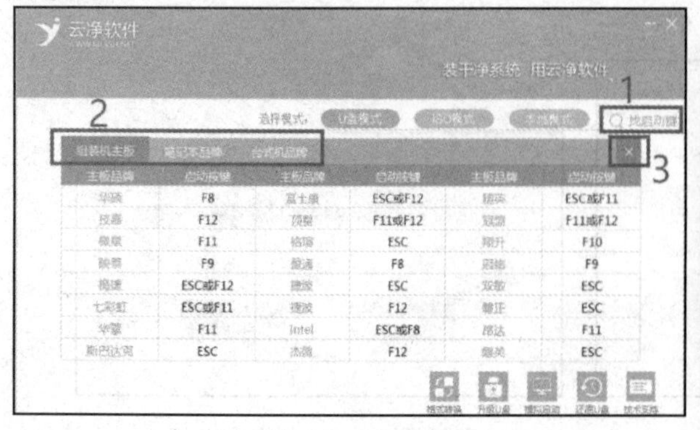

图2-1-10　开启启动键

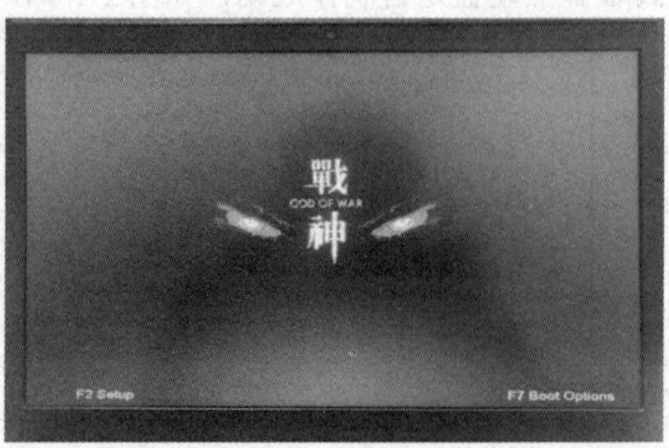

图2-1-11　PE界面

步骤④：稍等就会进入启动项选择界面，选择“SanDisk”选项，即选择 U 盘启动，如图 2-1-12 所示。

步骤⑤：使用键盘上的↑、↓键选择接入的 U 盘，然后按 Enter 键即可进入云净 U 盘工具菜单选择界面，如图 2-1-13 所示。

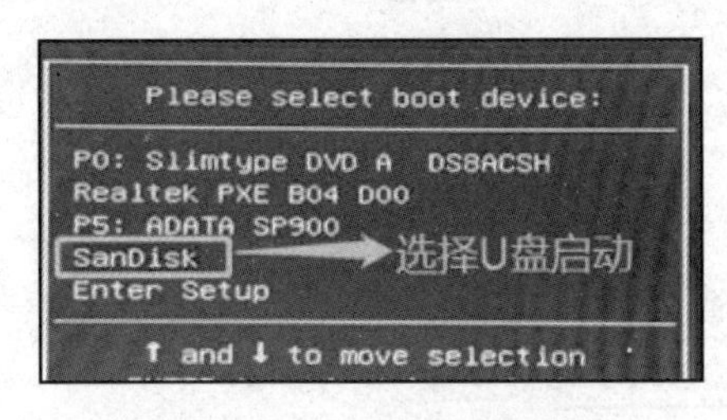

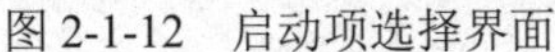
图 2-1-12　启动项选择界面

图 2-1-13　U 盘工具菜单选择界面

步骤⑥：同样使用键盘上的↑、↓键，选择 PE 系统（2008 年以前生产的计算机选择 Windows 2003 PE 系统，2008 年以后生产的计算机选择 Windows 10 PE 系统），选中后按 Enter 键进入 PE 系统。

3）进入 PE 系统后计算机会自动运行云净一键装机工具

首先单击“浏览”按钮添加保存在 U 盘的系统镜像，接着选择一个安装系统的分区（一般为 C 盘），单击“确定”按钮即可，如图 2-1-14 所示。

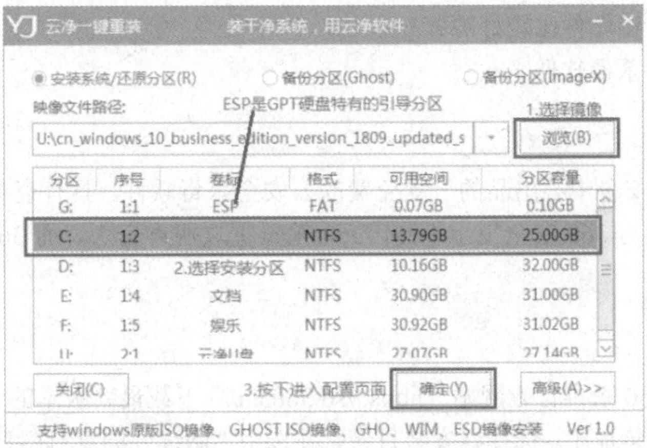

图 2-1-14　选择安装系统的分区

4）选择操作系统安装版本

完成上述操作后进入确认配置页面，安装版本选择 Windows 10 专业版，如图 2-1-15 所示。使用默认配置即可，单击“安装”按钮即可开始安装系统。

注意事项如下。

（1）GPT 分区格式的特性注定了其无法安装 32 位操作系统，如果安装了 32 位系统会出现计算机无法启动的情况，如果硬盘是 MBR 分区，则此处会显示 MBR，可以完美支持 32 位系统。

（2）对于“添加引导”选项，软件已经智能为推荐最佳操作，若对启动原理不熟悉，使用软件默认设置即可，避免出现安装后无法启动的情况。

5）等待安装完毕后重启计算机

等待安装完毕后会弹出对话框，自动倒计时重启计算机。

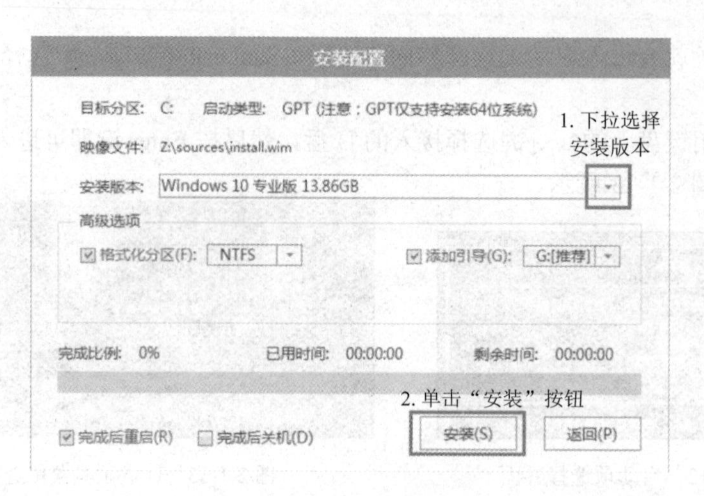

图 2-1-15　确认配置页面

2.1.2　任务二　安装 360 杀毒软件

【情境和任务】

情境：扎西同学在进行计算机学习的过程中，发现计算机上存储的一些前期收集的关于计算机基础知识的文件打不开了，根据已学知识，扎西知道这是计算机中病毒了，那么他该怎样查杀病毒？用哪个杀毒软件比较好呢？

任务：安装 360 杀毒软件。

【相关资讯】

360 杀毒是 360 安全中心出品的一款免费的云安全杀毒软件，具有查杀率高、资源占用少、升级速度快等优点。与 360 安全卫士不同，360 杀毒主攻病毒查杀，而 360 安全卫士主攻计算机防护。

【任务实施】

步骤①：通过 360 杀毒官方网站“https://sd.360.cn/”下载最新版本的 360 杀毒安装程序。

步骤②：运行安装程序。选择好安装目录，并选中“阅读并同意 许可使用协议和隐私保护说明”复选框，然后单击“立即安装”按钮，如图 2-1-16 所示。

步骤③：安装完成后会显示安装完成窗口。然后单击“完成”或“打开”按钮，360 杀毒软件就安装成功了，如图 2-1-17 所示。

图 2-1-16　360 杀毒软件的安装

图 2-1-17　360 杀毒软件的工作界面

2.1.3　任务三　卸载 360 杀毒软件

【情境和任务】

情境：扎西的计算机安装 Windows 10 操作系统之后，扎西对新系统的很多东西都不熟悉，找不到 Windows 10 卸载界面，扎西应该在哪里卸载软件呢？

任务：卸载 360 杀毒软件。

【任务实施】

1. 卸载软件方法一

步骤①：单击桌面左下角的“开始”→“设置”按钮，如图 2-1-18 所示。

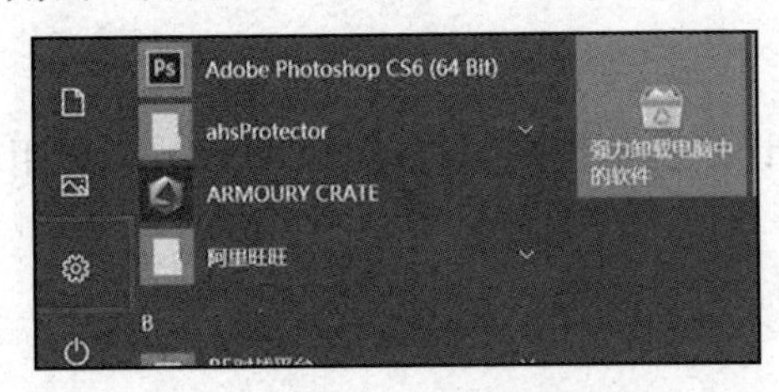

图 2-1-18　“设置”按钮

步骤②：在打开的“Windows 设置”界面中，选择“应用”选项，双击打开，如图 2-1-19 所示。

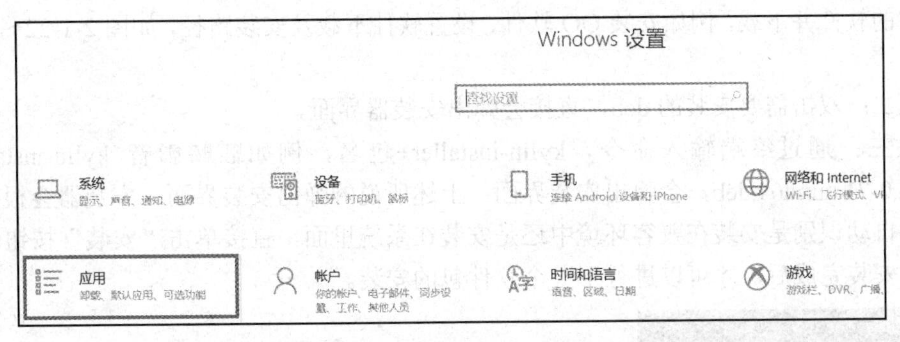

图 2-1-19　“Windows 设置”界面

步骤③：在“应用和功能”栏目中，可以看到已安装的软件，选择“360 杀毒”选项，单击右下角的“卸载”按钮，如图 2-1-20 所示。

图 2-1-20　卸载界面

2. 卸载软件方法二

借助360软件管家、腾讯软件管家进行卸载，这里以360软件管家为例。打开该软件后，单击“卸载”按钮，然后找到360杀毒软件并单击“卸载”按钮，如图2-1-21所示。

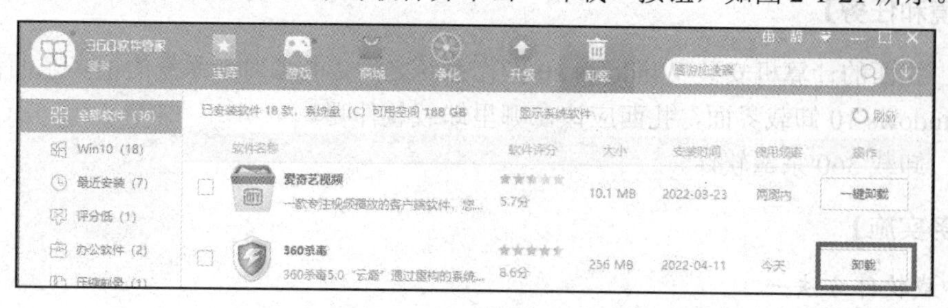

图 2-1-21　360软件管家中卸载程序

【项目总结】

本子项目主要介绍安装计算机操作系统的方法，以及安装应用软件及卸载计算机软件的方法等。

【知识拓展】

银河麒麟桌面操作系统V10（SP1）应用软件安装及卸载方式。

1. 安装软件

方法一：银河麒麟桌面操作系统自带软件商店，单击“开始”菜单，打开软件商店窗口，搜索所需的软件并下载，例如安装QQ软件，设置软件下载及安装路径，如图2-1-22～图2-1-26所示。

方法二：双击需要安装的deb，直接会弹出安装器界面。

方法三：通过终端输入命令，kylin-installer+包名，例如麒麟影音 kylin-installerkylin-video_3.1.0-71_amd64.deb，会弹出安装界面；上述所说的弹出安装界面，安装器会根据软件包的属性，自动识别是安装在兼容环境中还是安装在系统里面，直接单击“安装”按钮即可。

注：安装完成后，才可以进行下一个软件包的安装。

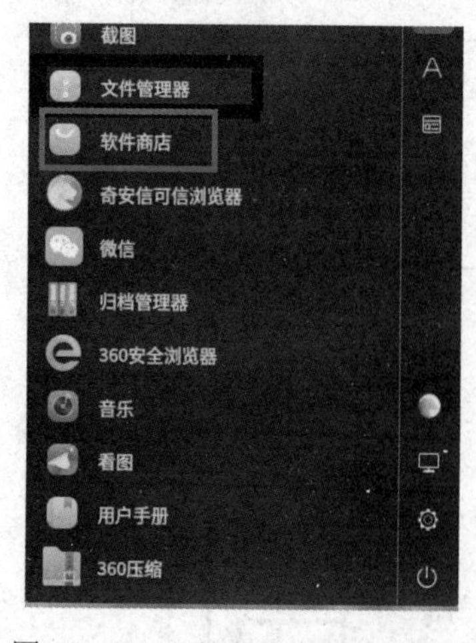

图 2-1-22　开始菜单找到软件商店

图 2-1-23　安装软件界面

图 2-1-24　安装 QQ 软件

图 2-1-25　设置下载路径

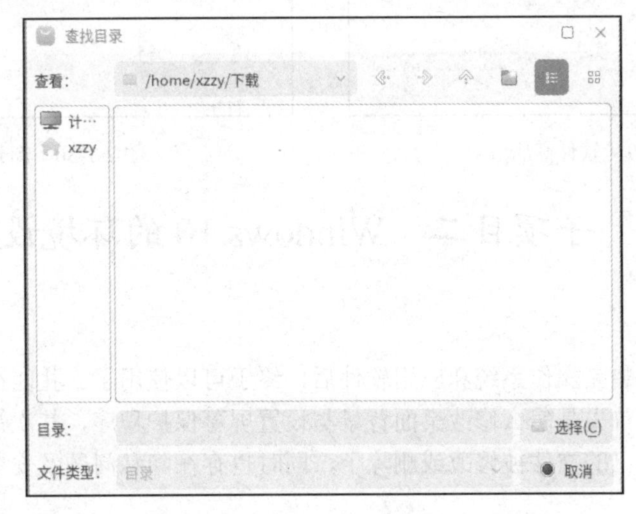

图 2-1-26　设置软件下载、安装路径

2. 卸载软件

1）卸载软件方法一

在开始菜单中搜索需要卸载的软件，选中软件后，右键选择“卸载”命令，弹出警告单击“确定”按钮，如图 2-1-27、图 2-1-28 所示。

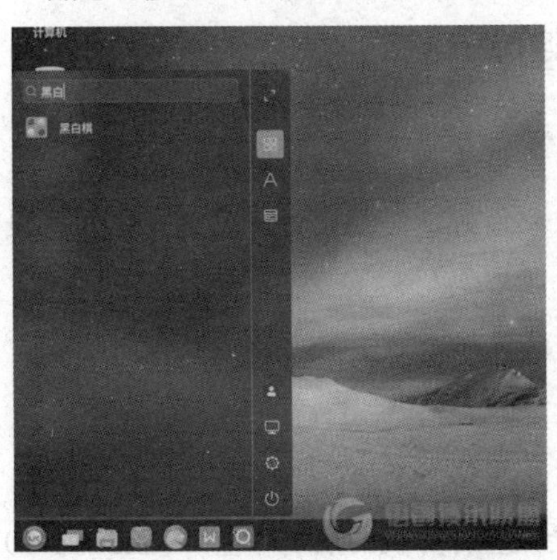

图 2-1-27　在开始菜单中搜索需要卸载的软件

图 2-1-28　卸载界面

2）卸载软件方法二

借助软件商店进行卸载，打开软件商店后，单击“卸载软件”按钮，然后找到所需的软件，以 QQ 软件为例，并单击“卸载”按钮，如图 2-1-29、图 2-1-30 所示。

图 2-1-29　软件商店

图 2-1-30　卸载 QQ 软件

2.2　子项目二　Windows 10 的环境设置

【情境描述】

扎西的计算机安装完操作系统和应用软件后，终于可以使用了。扎西在使用计算机的过程中遇到了一些问题，首先是怎么修改桌面背景与设置屏幕保护程序，其次是当把自己的计算机借给同学使用后，自己的文件被修改或删除了，同时也存在隐私问题及安全问题。那么这些问题该如何解决呢？

【问题提出】

（1）如何设置桌面背景和屏幕保护程序？

（2）如何设置区域和语言？

（3）如何设置用户账户及密码？

2.2.1　任务一　设置桌面背景与屏幕保护程序

【情境和任务】

情境：扎西在使用计算机的过程中，根据自己的需求和爱好，需要设置计算机的桌面背景与屏幕保护程序；扎西应该怎样重新更换桌面背景和屏幕保护呢？

任务：设置桌面背景与屏幕保护程序。

【相关资讯】

1. 设置计算机系统环境的两种方式

为了能更好地操作和使用计算机，用户需要了解并学会设置计算机的系统环境。Windows 10 提供了“控制面板”和“Windows 设置”两种不同的方式供用户对计算机的系统环境进行设置。通过这两种方式，用户可以对 Windows 10 的系统设置、账户管理、时间和语言等进行设置和管理。

2. 屏幕保护程序的作用

计算机中屏幕保护程序的作用很多，作用之一为省电，有的显示器在屏幕保护作用下屏幕的亮度小于工作时的亮度，这样有助于省电；作用之二为保护显示器，在未启动屏保的情况下，长时间不使用计算机时，显示器屏幕长时间显示不变的画面，将会使屏幕发光器件疲劳变色，甚至烧毁，最终使屏幕某个区域偏色或变暗。

【任务实施】

1. 桌面背景设置

步骤①：单击“开始”→“设置”按钮，如图 2-2-1 所示。

步骤②：在弹出的“Windows 设置”界面中，选择“个性化”选项，双击打开，如图 2-2-2 所示。

图 2-2-1　“设置”按钮

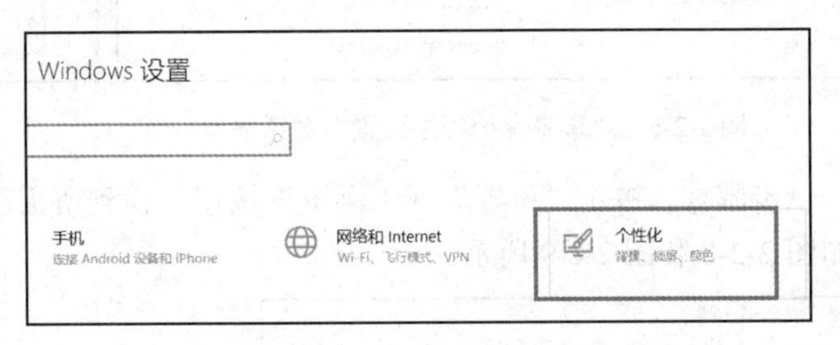

图 2-2-2　“Windows 设置”界面

步骤③：单击“锁屏界面”按钮，在“背景”下拉列表中选择“图片”选项。也可选择“幻灯片放映”选项，“幻灯片放映”选项需要选择一个图库，而“图片”选项只需要选择一张图片即可。然后单击“浏览”按钮，从计算机中选择一张图片，单击“选择图片”按钮即可，如图 2-2-3 和图 2-2-4 所示。

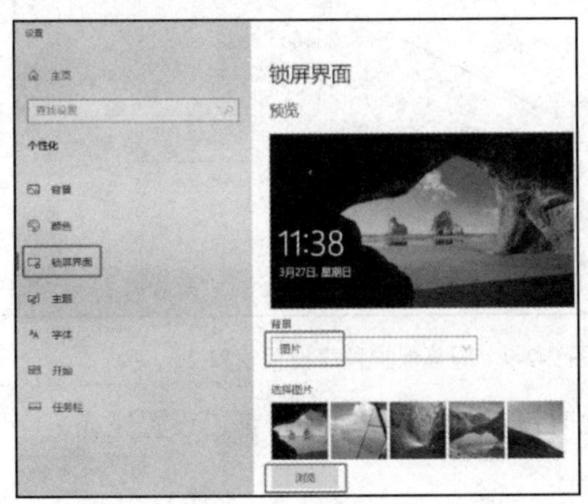

图 2-2-3　锁屏界面

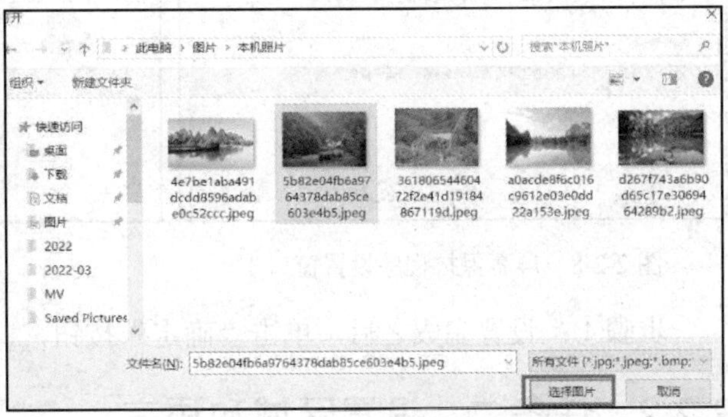

图 2-2-4　选择背景图片

2. 屏幕保护程序设置

步骤①：选择设置锁屏壁纸下面的“屏幕保护程序设置”选项，打开“屏幕保护程序设置”对话框，如图 2-2-5、图 2-2-6 所示。

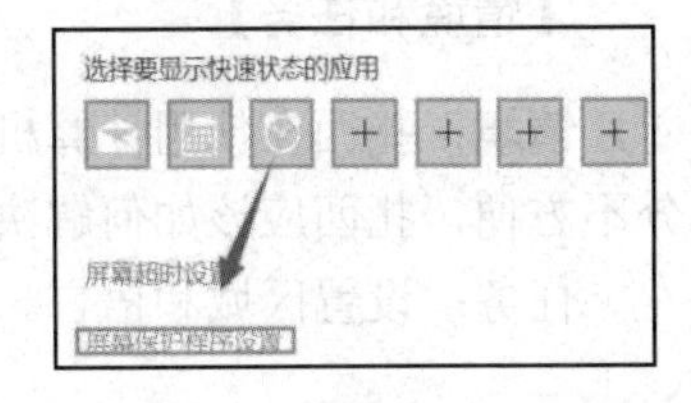

图 2-2-5　屏幕保护设置

步骤②：在“屏幕保护程序设置”对话框中用户可以选择自

己喜欢的屏保，这里以“照片”作为屏保进行演示，如图 2-2-7 所示。

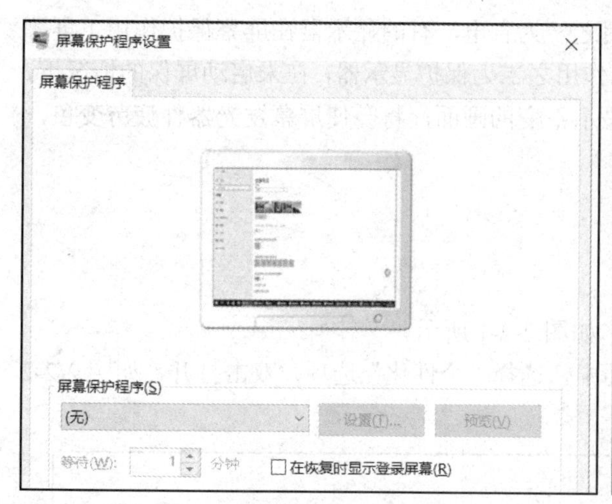

图 2-2-6 “屏幕保护程序设置”对话框

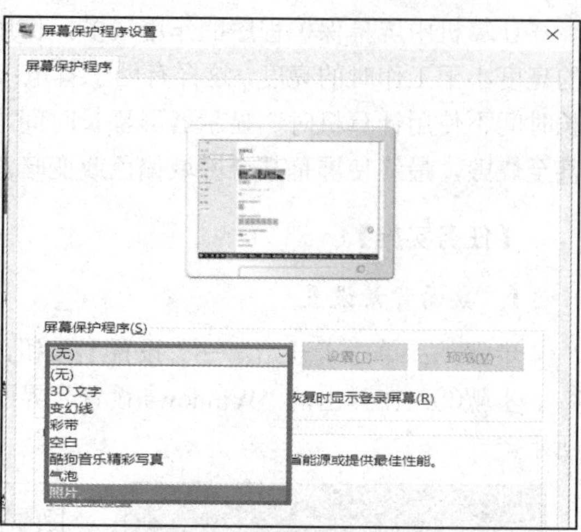

图 2-2-7 选择“照片”选项

步骤③：单击“设置”→“浏览”按钮，找到所需图片，单击“确定”→“保存”按钮，如图 2-2-8 和图 2-2-9 所示。

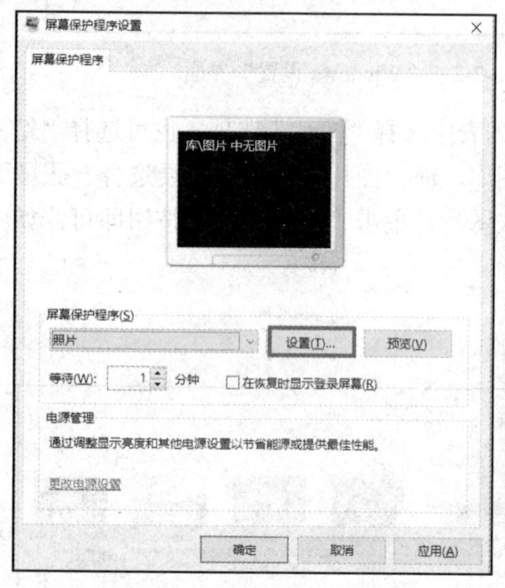

图 2-2-8 屏幕保护程序设置窗口 1

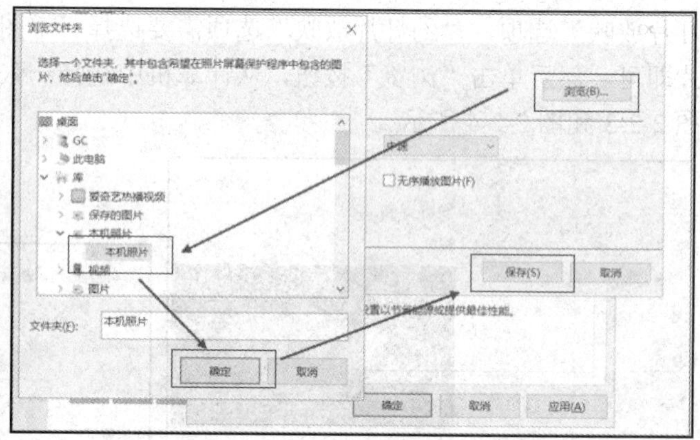

图 2-2-9 屏幕保护程序设置窗口 2

步骤④：设置完成之后，单击“确定”按钮，此时锁屏壁纸和屏幕保护都已设置完成。

2.2.2 任务二 设置区域和语言

【情境和任务】

情境：扎西在使用计算机时，发现计算机中没有自己常用的输入法，导致扎西使用起来十分不方便，扎西应该如何解决这个问题呢？

任务：设置区域和语言。

【任务实施】

设置区域和语言的步骤如下。

步骤①：打开“Windows 设置”界面，在“Windows 设置”界面中选择“时间和语言”→“区域和语言”选项，如图 2-2-10 和图 2-2-11 所示。

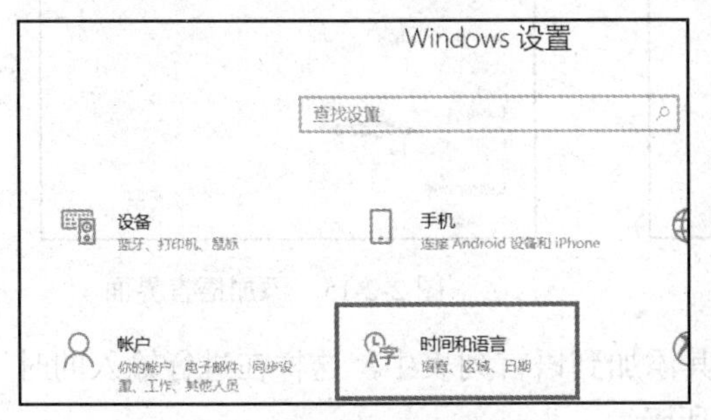

图 2-2-10　“Windows 设置”界面

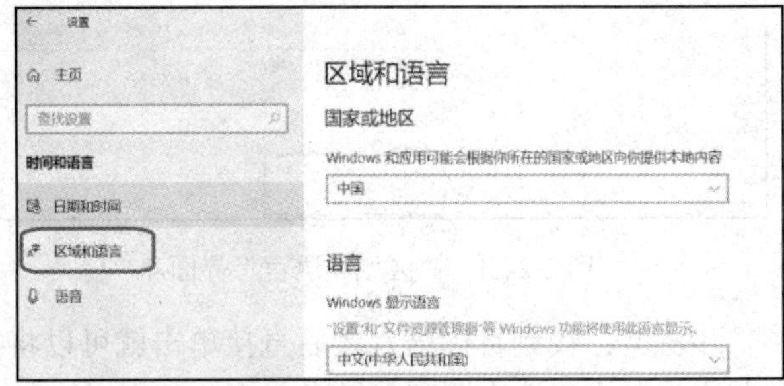

图 2-2-11　“区域和语言”界面 1

步骤②：切换到“区域和语言”设置界面之后，首先在“国家或地区”选项下方找到区域下拉列表，对区域进行选择，如图 2-2-12 所示。

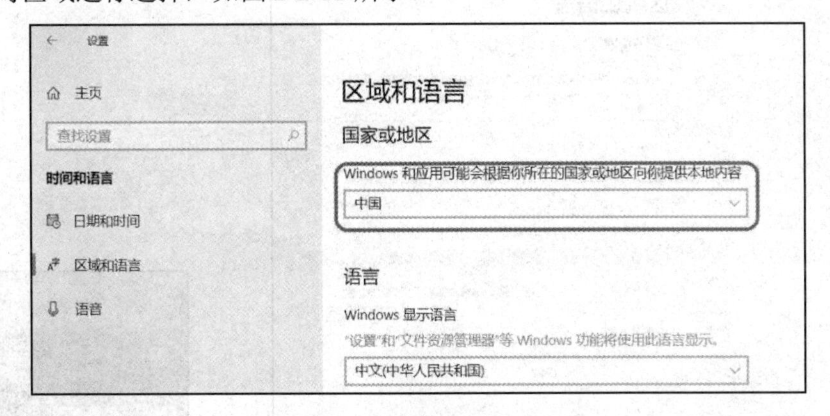

图 2-2-12　“区域和语言”界面 2

步骤③：在打开的区域下拉列表中，选择想要修改的区域即可，如图 2-2-13 所示。

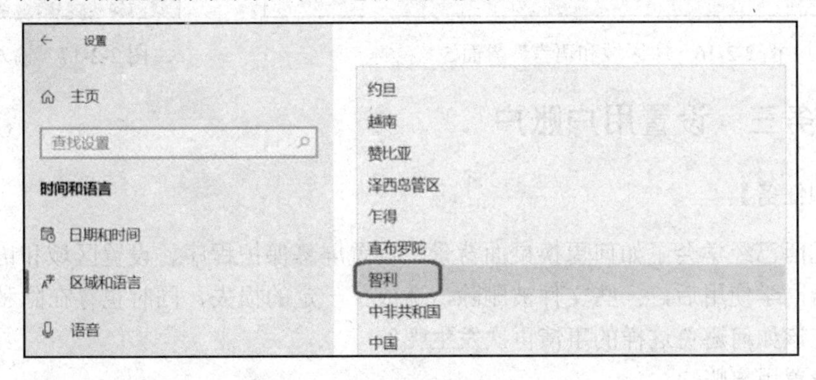

图 2-2-13　“区域和语言”界面 3

步骤④：在语言设置模块，单击“添加语言”按钮，添加需要的语言，如图 2-2-14 所示。

步骤⑤：完成上述操作后，进入“选择要安装的语言”界面，此时滑动鼠标可以查看更多语言类型，如图 2-2-15 所示。

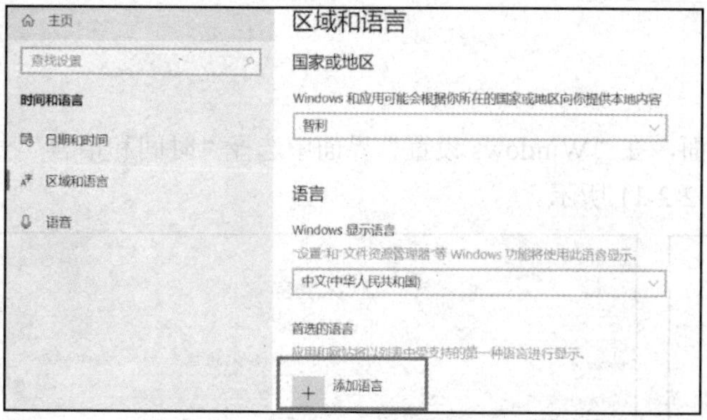

图 2-2-14 “区域和语言”界面 4

图 2-2-15 添加语言界面

步骤⑥：找到目标语言之后直接单击就可以将其添加到语言列表中，这样在进行输入的时候就会自动出现这个语言的键盘类型，如图 2-2-16 所示。

步骤⑦：成功添加语言之后，单击右下角“语言栏”按钮，就可以看到添加的这个语言的键盘选项，想要使用这个语言输入文字，直接单击即可切换，如图 2-2-17 所示。

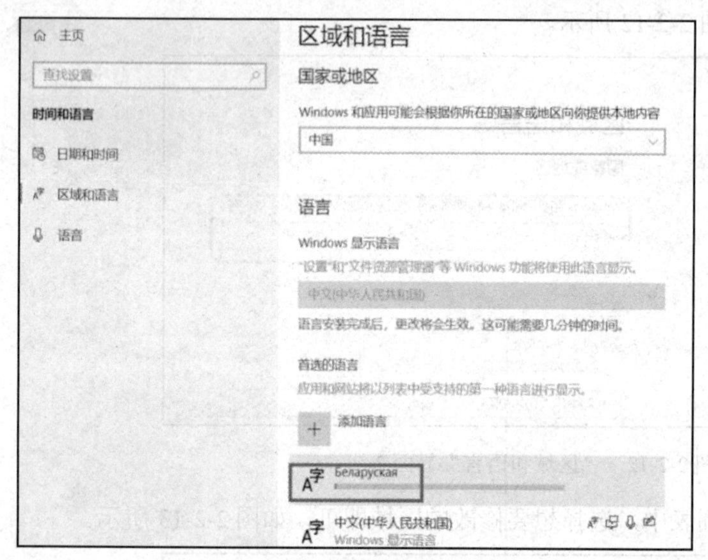

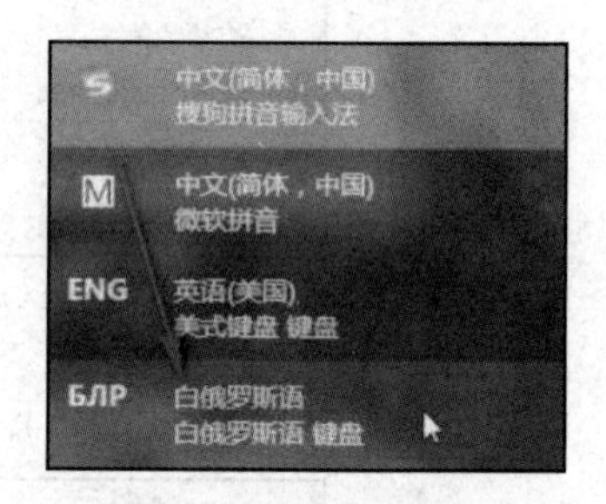

图 2-2-16 “区域和语言”界面 5

图 2-2-17 输入法界面

2.2.3 任务三 设置用户账户

【情境和任务】

情境：扎西已经学会了如何更换桌面背景、设置屏幕保护程序、设置区域和语言等。但他把计算机借给同学使用后，一些文件被删除，造成了一定的损失，同时也存在隐私问题及安全问题。扎西应该如何避免这样的事情再次发生呢？

任务：设置用户账户。

【任务实施】

1. 更改用户账户

步骤①：进入“Windows 设置”界面，选择“账户”选项，如图 2-2-18 所示。

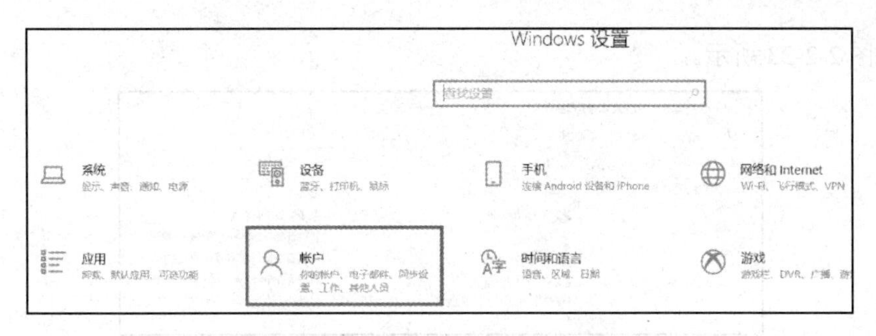

图 2-2-18　“Windows 设置”界面

步骤②：在弹出的“账户”界面中可以查看当前登录用户的账户信息，如图 2-2-19 所示。

步骤③：选择左侧列表中的“其他人员”选项，可以在右侧的列表中查看其他用户的信息，单击“将其他人添加到这台电脑”按钮，可以添加账户，如图 2-2-20 所示。

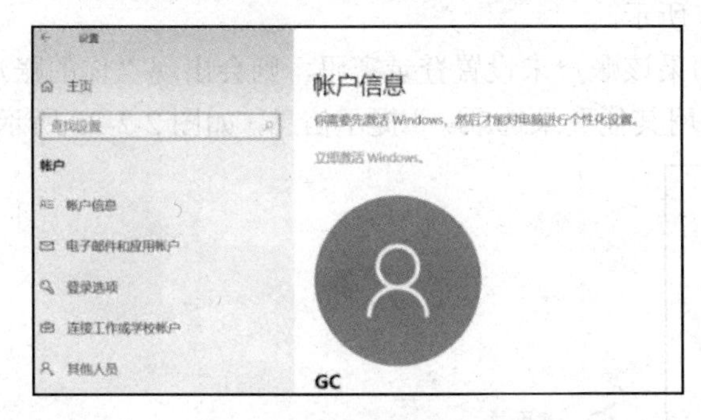

图 2-2-19　“账户”界面

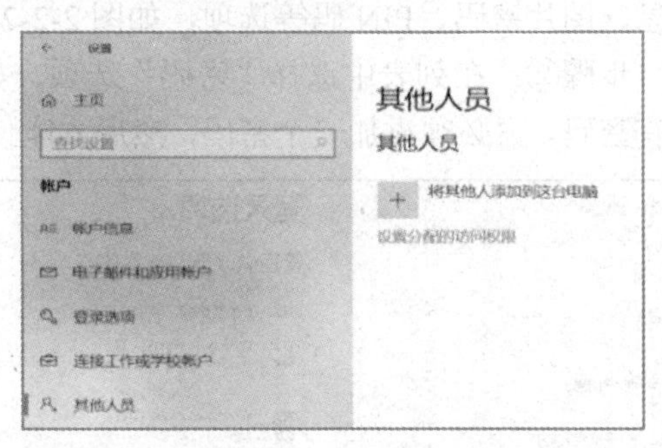

图 2-2-20　添加账户

步骤④：在弹出的“本地用户和组”对话框中选择 “用户”选项并右击，在弹出的快捷菜单中选择“新用户”选项，如图 2-2-21 所示。

步骤⑤：在弹出的“新用户”对话框中输入用户名、全名、描述等基本信息，此时的用户名等信息均为“扎西”，在“密码”和“确认密码”框中输入账户登录密码，然后单击“创建”按钮，即可添加一个名为“扎西”的新用户。如果不需要设置登录密码，添加信息时“密码”和“确认密码”选项可以不填，如图 2-2-22 所示。

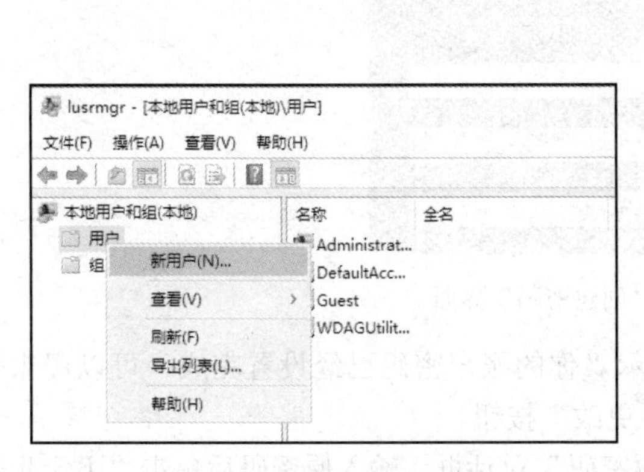

图 2-2-21　“新用户”选项

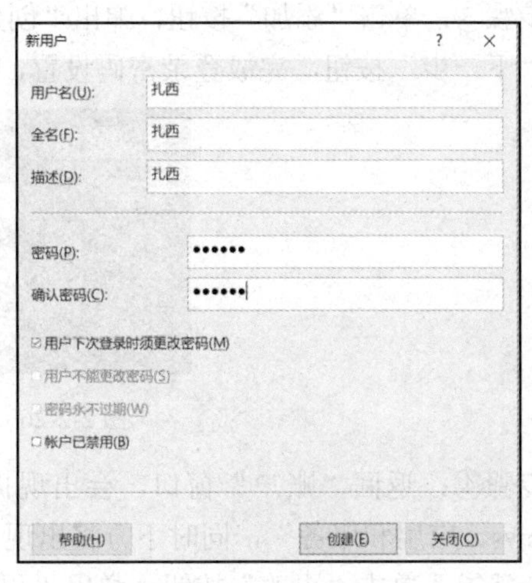

图 2-2-22　添加信息

步骤⑥：返回“本地用户和组”对话框，此时在“用户”列表中多了一个名为“扎西”的新用户，如图 2-2-23 所示。

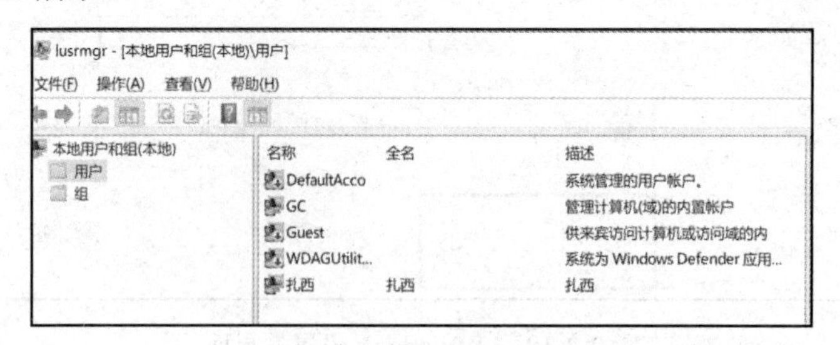

图 2-2-23　显示用户账户

2. 设置、修改登录密码

步骤①：在“账户”界面左侧的列表中选择“登录选项”选项，窗口右侧会显示该账户的信息、图片密码、PIN 码等选项，如图 2-2-24 所示。

步骤②：在列表中选择“密码”选项，如果该账户未设置登录密码，则会出现“你的账户没有密码。你必须添加一个密码，然后才能使用其他登录选项。”提示信息，如图 2-2-25 所示。

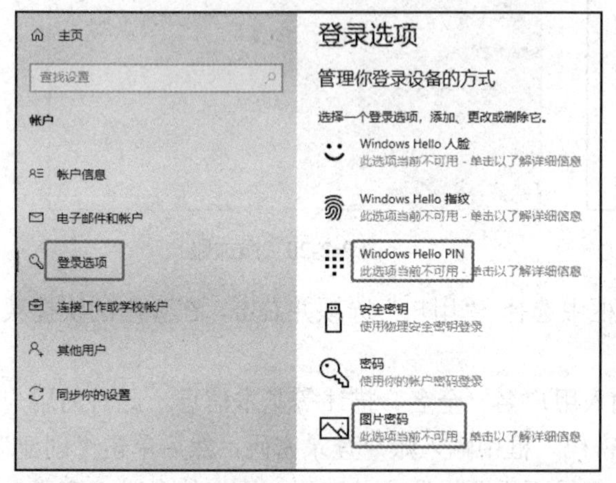

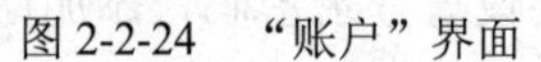
图 2-2-24　“账户”界面

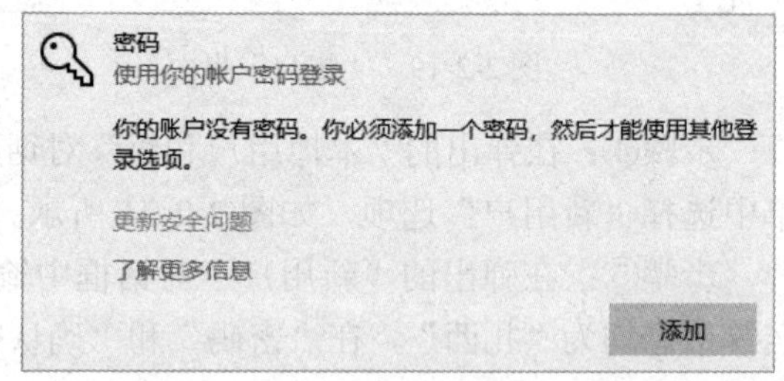

图 2-2-25　选择添加密码

步骤③：单击“添加”按钮，弹出“创建密码”对话框，输入两次密码和密码提示信息后，单击“下一步”按钮，完成登录密码设置，如图 2-2-26 所示。

图 2-2-26　“创建密码”界面

步骤④：返回“账户”窗口，会出现提示“你的账户密码已经设置完成，可以用来登录 Windows、应用和服务”，同时下方将出现“更改”按钮。

步骤⑤：单击“更改”按钮，弹出“更改密码”对话框，输入原密码后单击“下一步”按钮，进入新密码的设置界面，如图 2-2-27 所示。

步骤⑥：按提示输入新的密码和密码提示后，单击“下一步”按钮即可完成密码的修改，如图 2-2-28 所示。

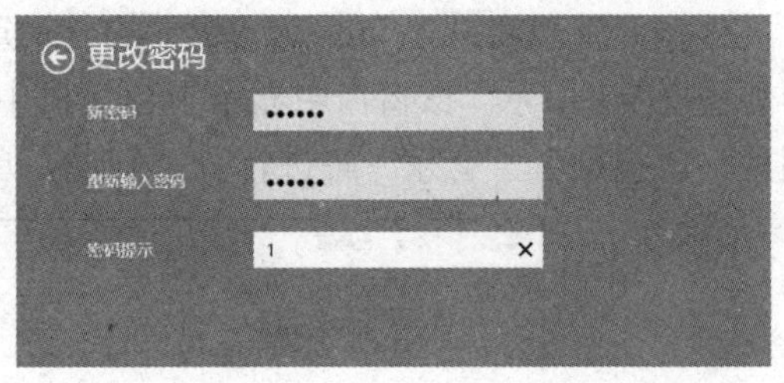

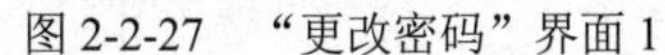

图 2-2-27　“更改密码”界面 1　　图 2-2-28　“更改密码”界面 2

【项目总结】

本子项目主要介绍了桌面背景与屏幕保护设置、设置区域和语言、设置用户账户以及设置密码等。

2.3　子项目三　文件管理与设置输入法

【情境描述】

扎西在使用计算机的过程中发现了很多问题，如文件的命名不规则导致不能更改文件名称、系统文件与文件存放杂乱无章导致不方便查找、计算机运行速度越来越慢、输入法太多等问题，扎西应该如何解决这些问题呢？

【问题提出】

（1）下载的大量文件没有进行合理分类，应如何管理？
（2）如何设置输入法？
（3）如何安装需要的输入法？

2.3.1　任务一　文件管理

【情境和任务】

情境：扎西使用了一段时间计算机后，计算机上存放的文件越来越多。由于扎西没有对文件进行有序存放，计算机上的文件变得杂乱无章，使用时需要花费很长的时间寻找目标文件。同时，扎西发现计算机的运行速度明显变慢，扎西应该如何解决这些问题呢？

任务：文件管理。

【相关资讯】

1. 文件

文件是相关信息的集合，是存储在存储介质（如磁盘、光盘等）上的一组相关数据信息的集合，文件是 Windows 10 中最基本的信息存储单位。文件名称由主文件名和扩展名两部分构成，一般主文件名表示文件的名称，扩展名表示文件的类型。

2. 文件夹

文件夹是在计算机中存放的一组相关文件或文件夹的集合，文件夹没有扩展名。

3. 文件资源管理器

文件资源管理器是 Windows 10 中的一个重要工具，用于管理文件和文件夹。文件资源管理器如图 2-3-1 所示。该窗口中显示了计算机中所有经过分类的文件资源，按“桌面”“下载”“图片”“视频”“音乐”等进行分类归纳，单击对应的图标即可进行访问和管理。

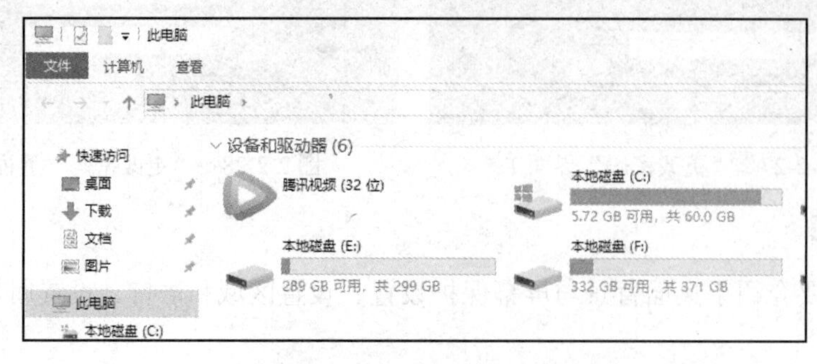

图 2-3-1　文件资源管理器

4. 文件的命名

（1）每个文件都有名称，文件名称由文件主名和扩展名（也称后缀名）组成，文件主名与扩展名之间用“.”分隔开，如“setUp.exe”。

（2）Windows 系统对文件和文件夹的命名做了限制，文件名称中不能包含\、/、:、*、?、"、<、>、| 9 个特殊字符，当输入非法的文件名称时会出现提示。

（3）主文件名可使用最多 255 个字符的长文件名（可包含空格），除了没有扩展名，文件夹的命名规则与文件的命名规则相同。

（4）扩展名标明了文件的类型，不同类型的文件用不同的应用程序打开，一些常用文件类型的扩展名如表 2-3-1 所示。

表 2-3-1　常用文件类型及其扩展名

文 件 类 型	扩　展　名
文本文件	txt、rtf
压缩文件	zip、rar
Office 文档	doc、docx、xls、xlsx、ppt、pptx
图片文件	bmp、gif、jpg、jpeg、png、tiff
声音文件	mp 3、mid、wav
视频文件	avi、mpg、rm、mkv

（5）操作系统为了便于对一些标准的外部设备进行管理，已经对这些外部设备做了专门的命名，因此用户不能使用这些设备名作为文件名，如表 2-3-2 所示。

表 2-3-2　常见的设备名及其含义

设 备 名	含　义	设 备 名	含　义
CON	控制台：键盘/显示器	LPT1/PRN	第 1 台并行打印机
COM1/AUX	第 1 个串行接口	COM2	第 2 个串行接口

5. 常用的快捷键

计算机系统会提供一些常用的快捷键，用户通过键盘可以将英文字母、数字、标点符号等输入计算机，从而向计算机发出命令、管理数据等。操作计算机时适当地使用快捷键，可以提

高操作速度，从而提高工作效率。Windows 10 中常用的快捷键及其功能描述如表 2-3-3 所示。

表 2-3-3　Windows 10 中常用的快捷键及其功能描述

快　捷　键	功 能 描 述
Alt+Tab	在最近打开的两个程序窗口之间切换
Alt+Esc	按照打开的时间顺序，在窗口之间循环切换
Ctrl+Esc 或 Win	打开“开始”菜单
Alt+空格键	打开控制菜单
Alt+F4	退出程序
Ctrl+Shift	在计算机安装的输入法之间切换
Ctrl+ Alt+Delete	打开任务管理器
Ctrl+A	全部选中
Ctrl+X	剪切
Ctrl+C	复制
Ctrl+V	粘贴
Ctrl+Z	撤销

【任务实施】

1. 新建文件和文件夹

在 Windows 10 中，用户可以通过双击“此电脑”图标打开文件资源管理器，以对计算机内的文件或文件夹进行管理。下面利用 Windows 10 的文件管理功能来管理文件资源。要求如下：在计算机的 D 盘中新建一个名为“社团”的文件夹，该文件夹中包含 3 个子文件夹，分别命名为“社团简介”“社团资料”“社团人员”，如图 2-3-2 所示。

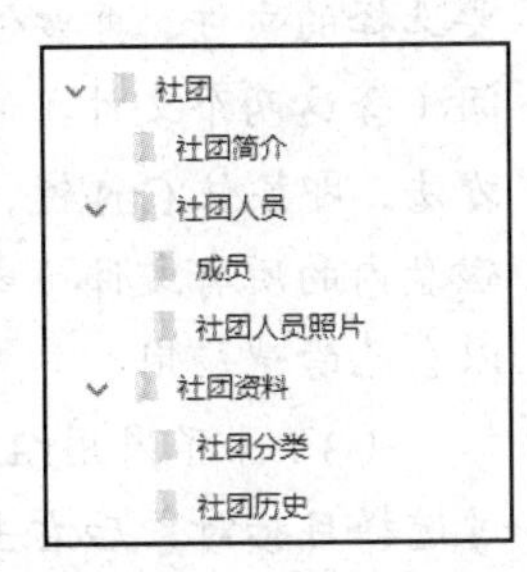

图 2-3-2　文件夹

步骤①：双击桌面上的“此电脑”图标，打开“此电脑”窗口，在窗口左侧的导航窗格中选择“本地磁盘 D:”选项，进入 D 盘根目录，在空白处右击，在弹出的快捷菜单中选择“新建”→“文件夹”选项，如图 2-3-3 所示，在“新建文件夹”的框内输入中文“社团”即可。

步骤②：如果想要修改文件夹的名称，则在文件夹名称上右击，在弹出的快捷菜单中选择“重命名”选项，重命名文件夹名称即可，如图 2-3-4 所示。

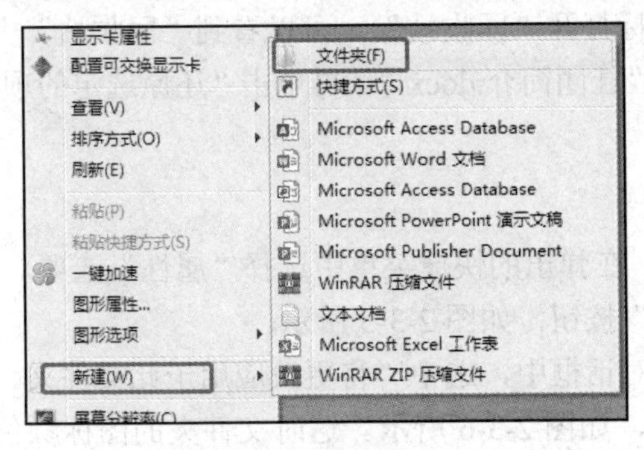

图 2-3-3　新建文件夹

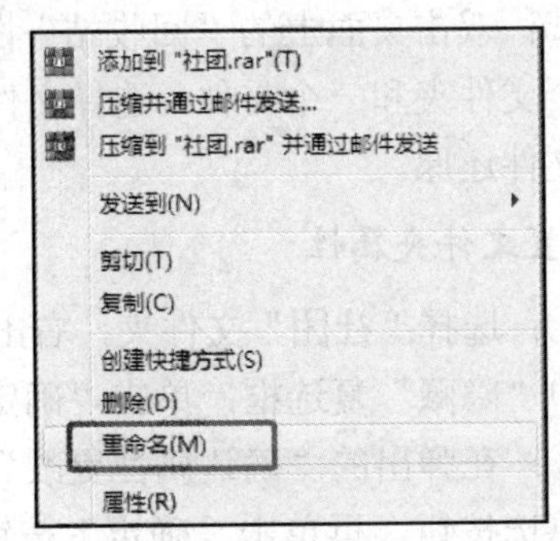

图 2-3-4　重命名文件夹

步骤③：用相同的方法，完成其他文件夹的创建。

2. 复制、剪切、粘贴文件和文件夹

步骤①：在“社团简介”文件夹中，单击选择“社团简介.docx”文件，右击，在弹出的快捷菜单中选择“复制”选项（或按Ctrl+C组合键）；然后打开目标文件夹“社团分类”，在空白处右击，在弹出的快捷菜单中选择“粘贴”选项（或按Ctrl+V组合键），即可将复制的文件粘贴到目标文件夹中。

步骤②：在“社团资料”文件夹中，单击选择文件夹“社团历史”，右击，在弹出的快捷菜单中选择“剪切”选项（或按Ctrl+X组合键），打开目标文件夹“社团”，在空白处右击，在弹出的快捷菜单中选择“粘贴”选项。

步骤③：在文件夹“社团人员照片”上右击，在弹出的快捷菜单中选择“重命名”选项，将文件夹的名称改为“一寸照片”。

步骤④：打开文件夹“社团资料”，按住Ctrl键，连续选择2个子文件夹，按下鼠标左键拖动到“计算机”左侧导航窗格中的“社团简介”文件夹上，释放鼠标。

提示：

（1）在Windows中，对文件和文件夹的操作必须遵循的原则是“先选择，后操作”。一次可以选择一个或多个文件或文件夹，选择后的文件或文件夹以突出方式显示。

（2）选择一个文件（文件夹）或连续多个文件（文件夹）的操作方法如下：先单击第一个要选择的文件，再按住Shift键，单击最后一个要选择的文件，这样就能快速选择这两个文件之间（含这两个文件）的多个连续的文件。如果是选择任意几个不连续的文件，则采用步骤④的方法，即按住Ctrl键，然后依次单击想要选择的文件。若是直接按Ctrl+A组合键，则将选择该磁盘内的所有文件（或文件夹）。另外，“编辑”菜单下还有一种“反向选择”命令，读者可以自己尝试应用。

（3）除了采用组合键以及“编辑”菜单中的相关命令来进行剪切、复制、粘贴，还可以通过选择目标对象后右击，在弹出的快捷菜单中选择相关命令来进行操作。

3. 删除文件与回收站操作

步骤①：在“社团简介”文件夹中，选择文件“社团简介.docx”，按Delete键，在弹出的“删除文件”对话框中单击“是”按钮，则该文件被删除（放在回收站中），选择文件夹“一寸照片”，按Shift+Delete组合键，可以永久性地删除此文件夹（不放在回收站中）。

步骤②：双击桌面上的“回收站”图标打开“回收站”，可以看到“回收站”中有刚才被删除的一个文件夹和一个文件，选择文件“社团简介.docx”，再单击“还原选定的项目”按钮，即可将该文件还原。

4. 设置文件夹属性

步骤①：选择“社团”文件夹，右击，在弹出的快捷菜单中选择“属性”选项，在“常规”标签下选中“隐藏”复选框，单击“确定”按钮，如图2-3-5所示。

步骤②：在弹出的“确认属性更改”对话框中，选中“将更改应用于此文件夹、子文件夹和文件”单选按钮，再单击“确定”按钮，如图2-3-6所示。这时文件夹的图标颜色变淡，然后在窗口空白处右击，在弹出的快捷菜单中选择“刷新”选项，“社团”文件夹就隐藏完成。

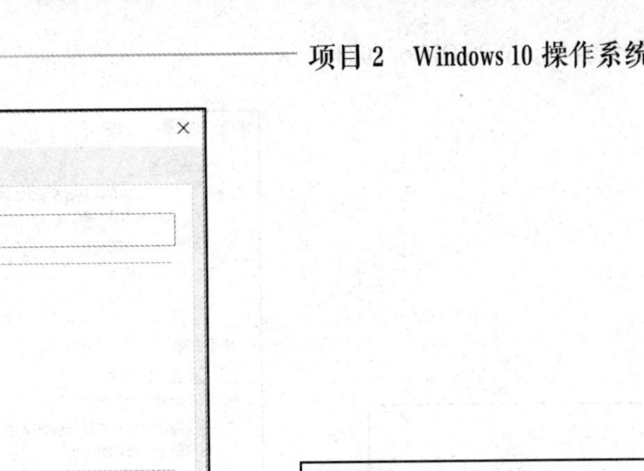

图 2-3-5　设置文件夹属性

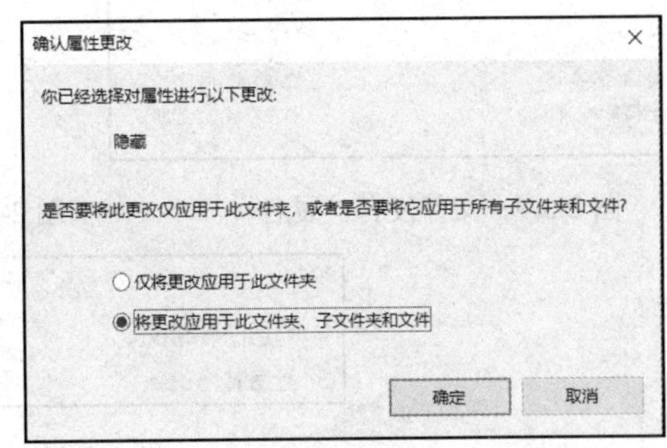

图 2-3-6　属性更改

步骤③：在菜单栏中选择“查看”→“选项”选项，如图 2-3-7 所示，在弹出的“文件夹选项”对话框中选择“查看”标签，再选中“显示隐藏的文件、文件夹和驱动器”单选按钮，然后单击“应用”按钮，即可显示隐藏的文件和文件夹，如图 2-3-8 所示。

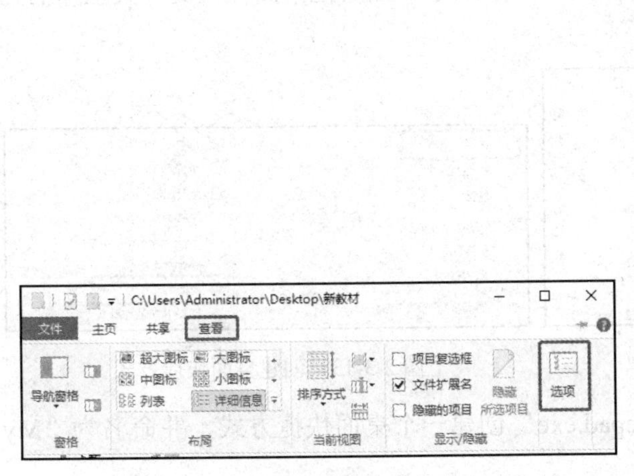

图 2-3-7　文件管理

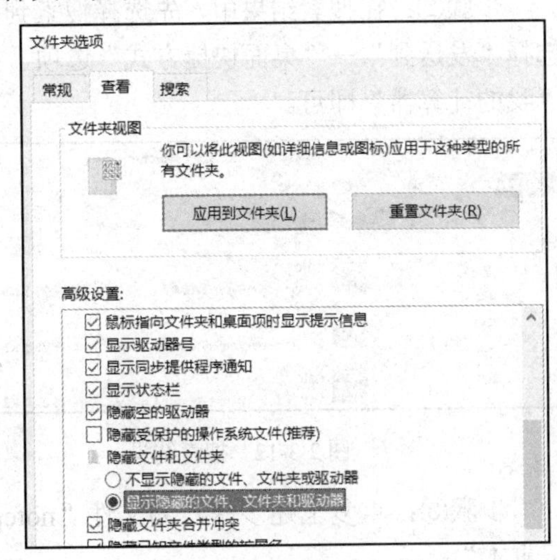

图 2-3-8　显示隐藏文件和文件夹

5. 显示/隐藏文件扩展名

“社团简介”文件夹中的两个文件是没有扩展名的，如图 2-3-9 所示。因为 Windows 10 默认隐藏已知文件类型的扩展名。选择菜单栏中的“查看”→“选项”选项，在打开的对话框中选择“查看”标签，并取消选中“隐藏已知文件类型的扩展名”复选框，如图 2-3-10 所示。再次回到“社团简介”文件夹，文件夹中的两个文本文档的扩展名就已经完整地显示出来了，如图 2-3-11 所示。

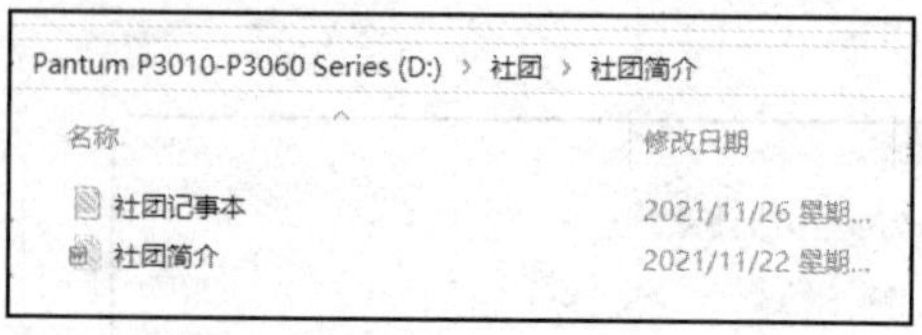

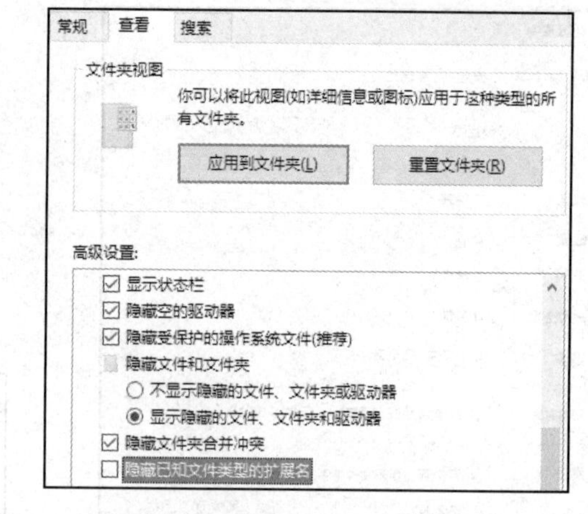

图 2-3-9　文件没有扩展名

图 2-3-10　取消选中“隐藏已知文件类型的扩展名”复选框

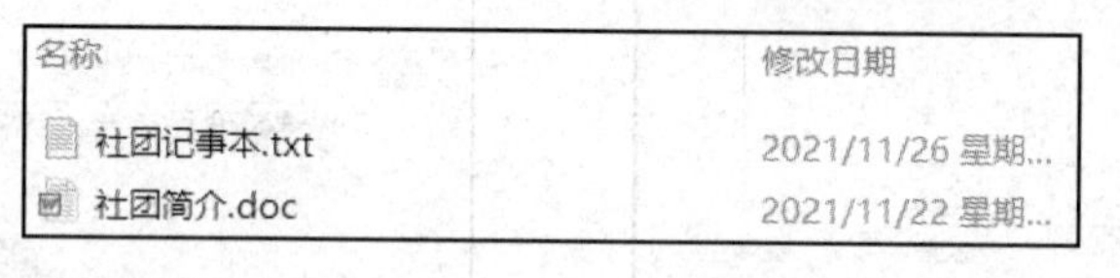

图 2-3-11　显示文件扩展名

6. 搜索文件与建立快捷方式

步骤①：在“此电脑”窗口中打开“本地磁盘 C:”，在窗口右上角的“搜索”栏中输入“calc.exe”，便会出现搜索结果，如图 2-3-12 所示。

步骤②：在搜索结果中，先选择搜索到的文件“calc.exe”，再右击，在弹出的快捷菜单中选择“发送到”→“桌面快捷方式”选项，如图 2-3-13 所示。然后把桌面上的文件夹重命名为“我的计算器”即可。

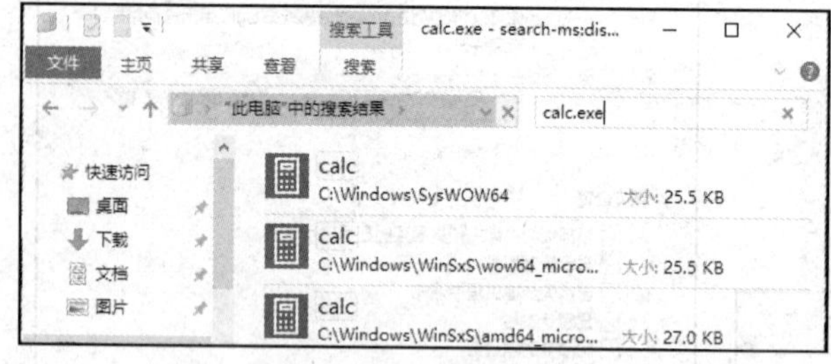

图 2-3-12　搜索结果

图 2-3-13　创建桌面快捷方式

步骤③：重复上述步骤，为文件“notepad.exe”创建一个桌面快捷方式，并命名为“My 记事本”。

步骤④：选择“My 记事本”快捷方式，拖动到“开始”→“所有程序”→“启动”程序组中，然后释放鼠标，最后将桌面上遗留的“My 记事本”快捷方式删除。

2.3.2　任务二　设置输入法

【情境和任务】

情境：扎西的文件通过整理变得有条理了，计算机的运行速度也恢复了正常，但是扎西却发现了一个棘手的问题：在输入文档时发现自己常用的输入法找不到了。扎西应该怎样将不需

要的输入法删除，并添加自己需要的输入法呢？

任务：设置输入法。

【任务实施】

1. 添加中文输入法

步骤①：选择“开始”→“设置”→“时间和语言”选项，在打开的界面中选择“区域和语言”标签，然后在右侧的窗口中单击选择语言首选项，下方会出现“选项”和“删除”两个按钮。单击“选项”按钮，进入“语言”窗口，如图 2-3-14 所示。

步骤②：窗口中显示了已经安装的输入法，用户可以根据需要进行管理。单击“添加键盘”按钮可以将系统中已经安装的输入法添加到该语言的输入键盘中，供用户切换调用。当不需要某输入法时可以删除。例如，不再需要“微软拼音”输入法时，可以在列表中选择“微软拼音”选项，再单击“删除”按钮即可，如图 2-3-15 所示。

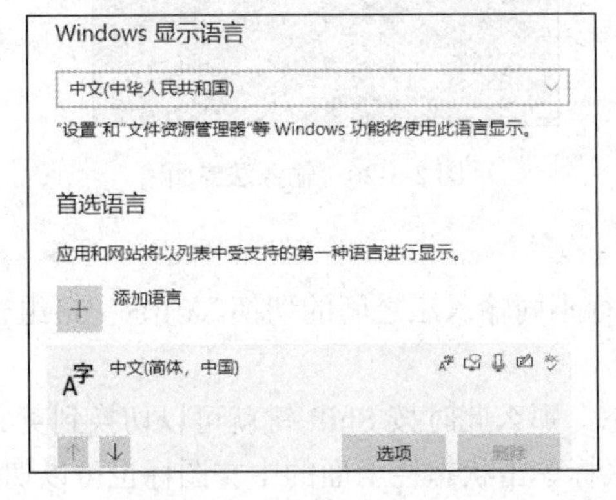

图 2-3-14　单击“选项”按钮

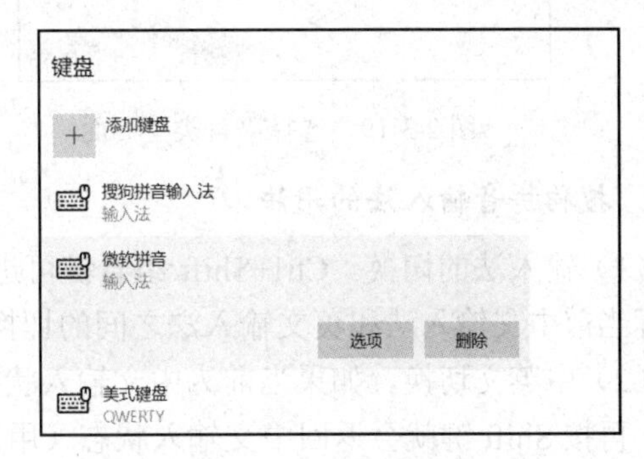

图 2-3-15　输入法界面

2. 添加藏文输入法

步骤①：选择“区域和语言”选项，单击“添加语言”按钮，如图 2-3-16 所示。

步骤②：进入“选择要安装的语言”窗口，搜索藏语，找到该语言后单击“下一步”按钮，进入“安装语言功能”对话框，单击“安装”按钮即可，如图 2-3-17 和图 2-3-18 所示。

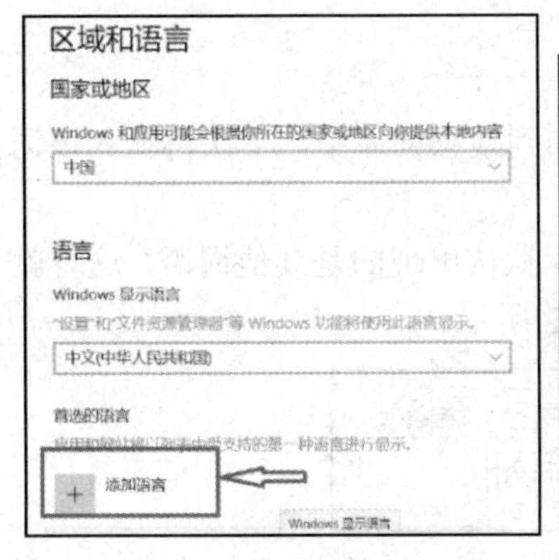

图 2-3-16　“区域和语言”界面

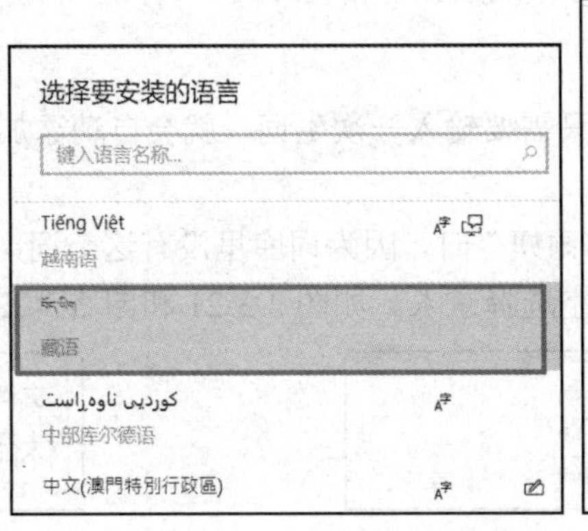

图 2-3-17　选择语言

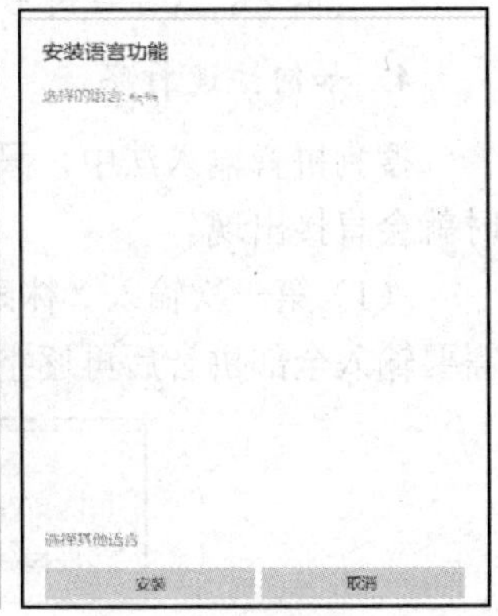

图 2-3-18　安装语言

步骤③：安装成功后，单击“添加”按钮，之后进入选择语言类型的界面，如图 2-3-19 所示。

步骤④：成功添加该语言后，单击桌面右下角的“语言栏”按钮就可以看到添加的语言的键盘选项了，想要使用这个语言输入文字，直接单击即可切换使用，如图 2-3-20 所示。

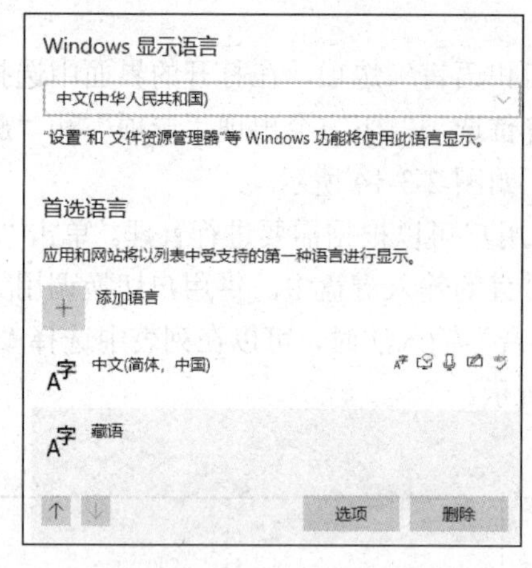

图 2-3-19　选择语言类型界面

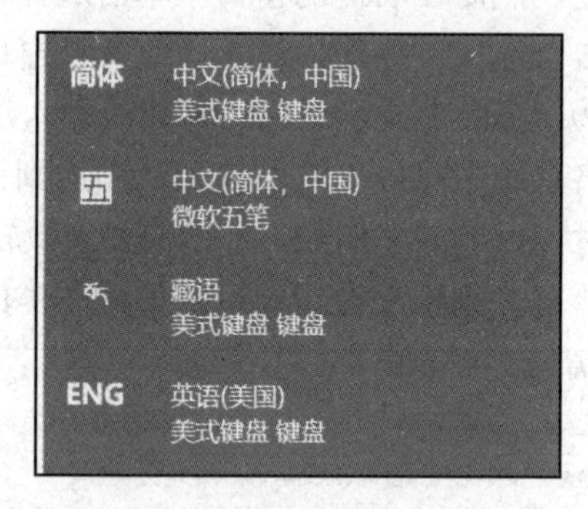

图 2-3-20　输入法界面

3. 搜狗拼音输入法的用法

（1）输入法的切换。Ctrl+Shift 组合键可进行不同输入法之间的切换。Ctrl+空格组合键可以进行当前中文输入法和英文输入法之间的切换。

（2）中英文切换。如果当前为中文输入状态，那么此时按 Shift 键就可以切换到英文输入状态，再按 Shift 键就会返回中文输入状态（用鼠标单击状态栏上面的中文图标也可以切换）。

除使用 Shift 键切换以外，搜狗拼音输入法也支持按“回车输入英文”和“V 模式输入英文”方式，具体使用方法如下。

- ❖ 所谓的“回车输入英文”，就是在中文输入状态下，输入英文字母后，直接按 Enter 键输入英文即可。
- ❖ 所谓的“V 模式输入英文”，就是先输入“V”，再输入所需要的英文，可以包含@、+、*、/、-等符号，然后按空格键即可。

4. 如何快速打字

搜狗拼音输入法中，只需要输入一次生词，就会自动添加到搜狗词库中，下次再输入该词时就会直接出现。

（1）第一次输入“林雨妍”时，因为词库里没有这个词，默认出现的是其他词语，这时就需要输入全部拼音后再逐字选择录入，如图 2-3-21 和图 2-3-22 所示。

图 2-3-21　输入全拼逐字选择

图 2-3-22　录入所需文字

（2）第二次再输入“林雨妍”时，由于前面录入过一次，词库里已经有了这个词，所以就会直接出现“林雨妍”三个字，不需要逐字选择，如图 2-3-23 所示。

（3）输入“林雨妍”三个字的拼音缩写也会直接出现“林雨研”三个字，如图 2-3-24 所示。拼音缩写是指需要输入的词语的首字母的简拼，能够大大减少击键次数，大大提高打字速度。

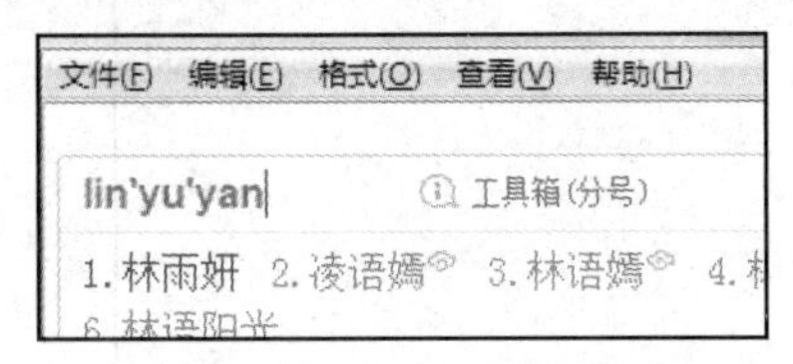

图 2-3-23　自动出现录入过的词语

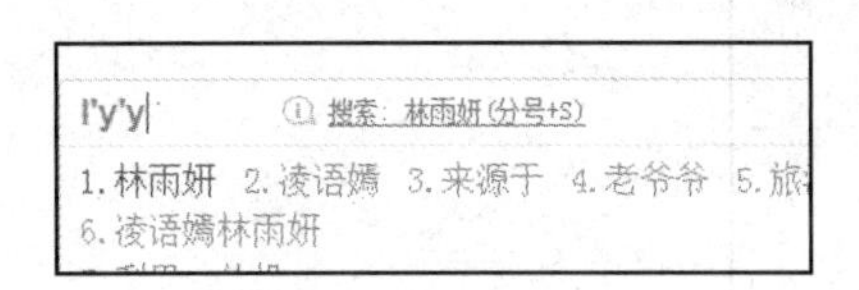

图 2-3-24　拼音缩写

【项目总结】

本子项目主要介绍了文件的管理、显示/隐藏文件扩展名、切换输入法及添加输入法等。

【知识拓展】

1. 银河麒麟桌面操作系统 V10（SP1）文件夹属性的设置

步骤①：选择“社团”文件夹，右击，在弹出的快捷菜单中选择“属性”选项，在“基本”标签下选中“隐藏”复选框，单击“确定”按钮，如图 2-3-25 所示。

步骤②：在菜单栏中选择“编辑”→“选项”选项，在弹出的“选项”对话框中取消选中“显示隐藏文件”标签，即可隐藏文件和文件夹，再勾选“显示隐藏文件”标签，显示隐藏的文件和文件夹，如图 2-3-26 所示。

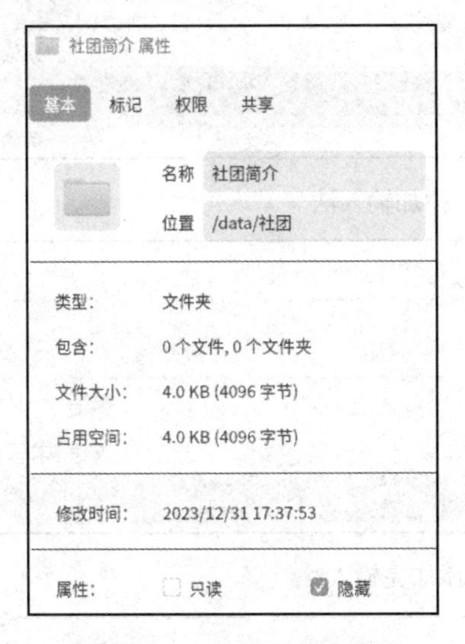

图 2-3-25　设置文件夹属性

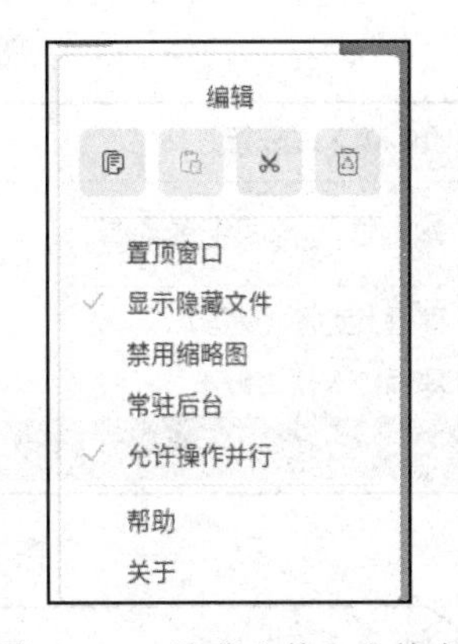

图 2-3-26　隐藏文件和文件夹

2. 银河麒麟桌面操作系统 V10（SP1）输入法的添加

选择“桌面右下角语言右击”→“配置”→“输入法配置”选项，单击左下角的“加号”按钮，在打开的界面中选择需要的输入法，例如选择“汉语拼音”输入法，这时输入法界面会出现多个输入法，如果想删除不需要的输入法，在输入法界面选择相应的输入法按“减号”按钮即可删除该输入法，如图 2-3-27～图 2-3-31 所示。

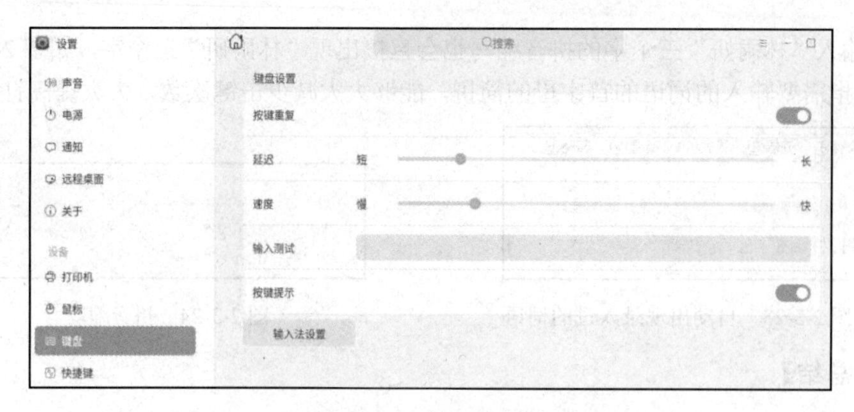

图 2-3-27　输入法配置

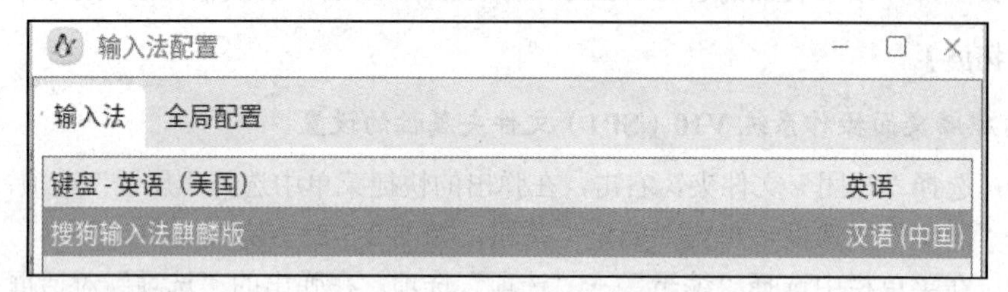

图 2-3-28　输入法配置界面

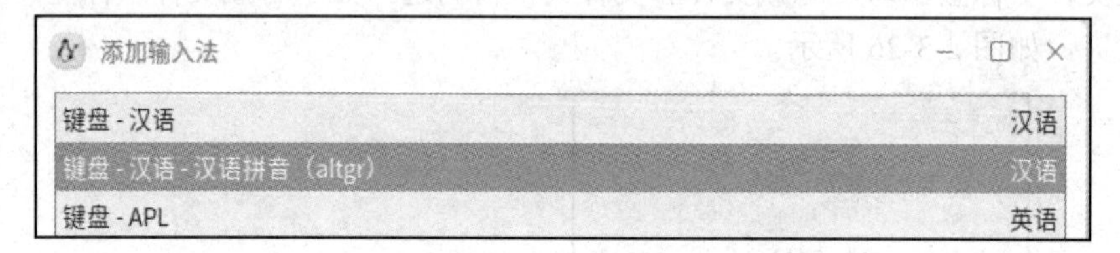

图 2-3-29　添加输入法

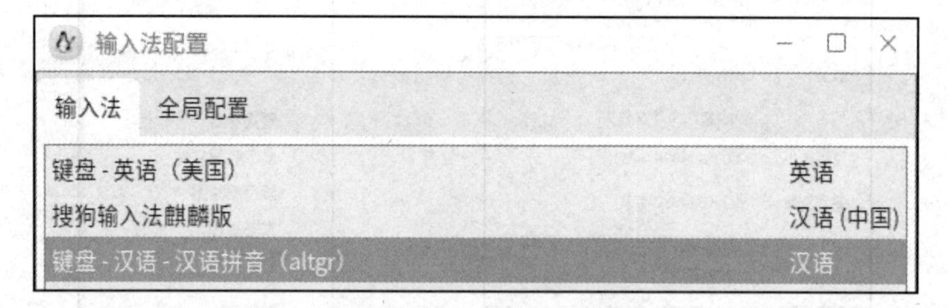

图 2-3-30　添加完输入法

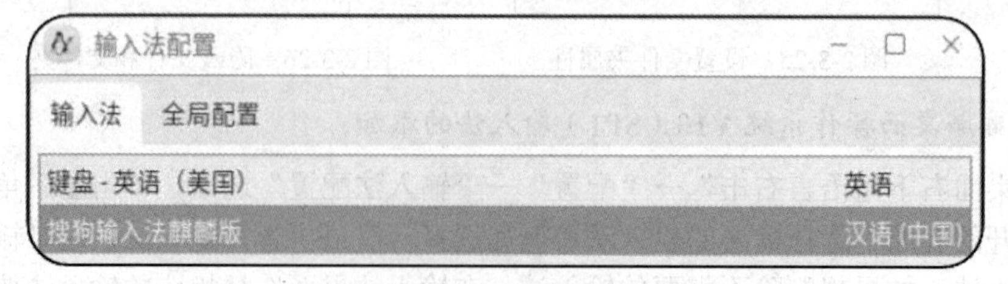

图 2-3-31　删除完输入法

项目 3　计算机网络基础知识和基本操作

随着时代的进步和发展，计算机网络已经成为人们日常生活的重要组成部分。计算机网络信息技术已经一点一滴地渗入人们的生活中，从电子邮件、QQ、微信等，还有主题网站的出现，各式各样便利的互联网工具逐渐走进了人们的日常生活，所以计算机网络对社会的整体面貌和人们的观念都产生了巨大的影响。在计算机网络的支持下，通过点播、选学，学生想学什么就学什么，有问题也可以及时反馈，形成了个体化、自主化的学习环境。

【情境描述】

次仁作为一个刚刚入职某市科技馆的高校毕业生，被安排明天带领一群高中生参观互联网展馆，为了更好地完成此次领队讲解任务，次仁需要了解计算机网络的定义、计算机网络的发展、计算机网络的分类和家用路由器的配置等相关知识和技能。

【问题提出】

（1）计算机网络的基本定义及发展历程是怎样的？

（2）计算机网络的分类有哪些？

（3）TCP/IP 网络参考模型是什么？

（4）Internet 的一些基础应用有哪些，它们都是如何操作的？

【项目流程】

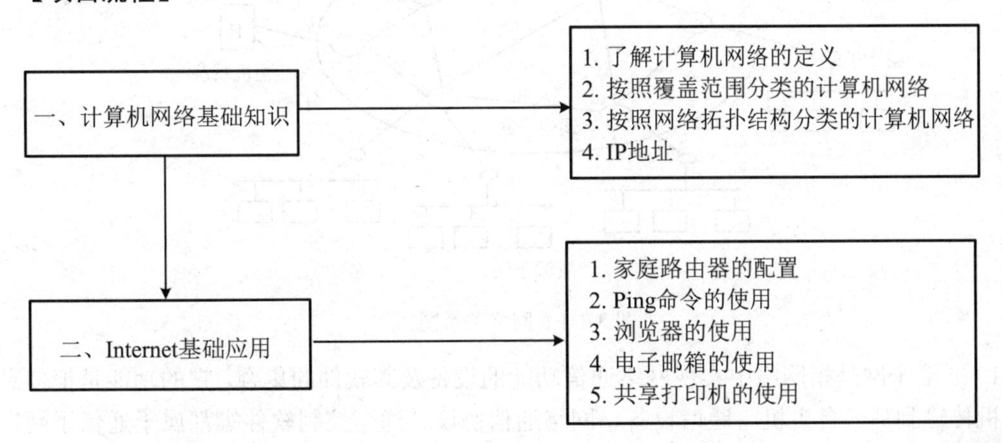

3.1　子项目一　计算机网络基础知识

项目 3 课件

【情境描述】

计算机网络近年来有了飞速的发展，计算机通信网络以及 Internet 已成为社会结构的一个重要组成部分。计算机网络被应用于工作、生活、学习、娱乐等各个方面，深深地融入人们的生活中。次仁首先就要向高中生们介绍计算机网络的定义、计算机网络的分类以及 TCP/IP 协议簇。

【问题提出】

（1）计算机网络是什么？

（2）计算机网络是怎样发展的？

（3）如何评价网络的好坏？

3.1.1 任务一 了解计算机网络的定义

【情境和任务】

情境：计算机网络已经与人们的生活密不可分，那么什么是计算机网络？人与人之间的关系网是不是计算机网络？超市收银系统是不是计算机网络？

任务：了解计算机网络的定义，了解通信子网和资源子网，了解一些常见的传输介质。

【任务实施】

计算机网络是指将地理位置不同的具有独立功能的多台计算机及其外部设备，通过通信线路连接起来，在网络操作系统、网络管理软件及网络通信协议的管理和协调下，实现资源共享和信息传递的计算机系统。接下来我们一起来学习什么是通信子网，什么是资源子网，以及一些常见的传输介质。

从以上定义不难看出，计算机网络（见图 3-1-1）由通信子网、资源子网两部分组成。

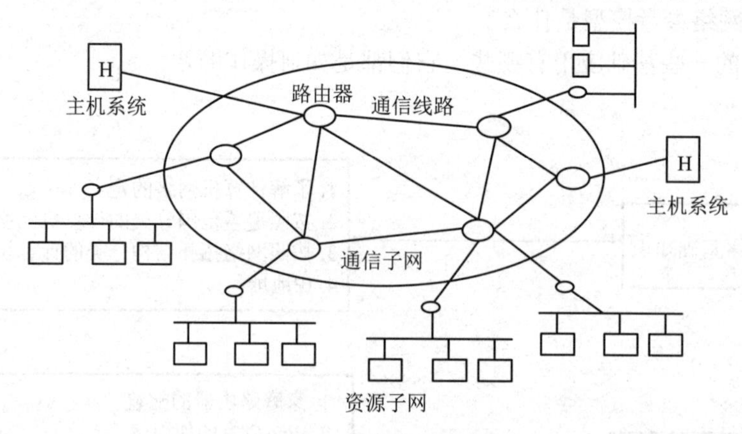

图 3-1-1 网络关系图

（1）通信子网是指网络中实现网络通信功能的设备及其软件的集合，它的功能是把信息从一台主机传输到另一台主机。通信设备、网络通信协议、通信控制软件等都属于通信子网，是网络的内层，负责信息的传输，主要为用户提供数据的传输、转接、加工和变换等。

（2）资源子网主要负责全网的信息处理和数据处理业务，向网络用户提供各种网络资源、网络服务和资源共享功能等。它主要包括网络中所有的主计算机、I/O 设备和终端、各种网络协议、网络软件和数据库等。

3.1.2 任务二 按照覆盖范围分类的计算机网络

【情境和任务】

情境：互联网又称国际网络，是指网络与网络之间互联组成的庞大网络，那么按照不同网

络覆盖范围可以将网络划分为哪些网络？

任务：了解按照覆盖范围分类的计算机网络。

【任务实施】

按照计算机网络所覆盖的地理范围，计算机网络可以分为局域网（LAN）、城域网（MAN）和广域网（WAN）。接下来我们一起来学习什么是局域网，什么是城域网，什么是广域网，以及它们之间的相同点和不同点。

（1）局域网（LAN）又称为局部网，是指在某一区域内由多台计算机互联成的计算机组，一般所涉及的地理范围只有几公里。局域网可以实现文件管理、应用软件共享、打印机共享、工作组内的日程安排、电子邮件和传真通信服务等功能。局域网是封闭型的，可以由办公室内的两台计算机组成，也可以由一个公司内的上千台计算机组成。局域网专用性非常强，具有比较稳定和规范的拓扑结构。局域网具有简单、灵活、组建方便、规模小、速度快、误码率低、可靠性高等特点。

（2）城域网（MAN）是在一个城市范围内建立的计算机通信网，属宽带局域网。由于采用具有有源交换元件的局域网技术，网中传输时延较小，它的传输媒介主要采用光缆，传输速率在100Mb/s以上。城域网的一个重要用途是用作骨干网，通过它将位于同一城市内不同位置的主机、数据库，以及局域网等互相连接起来，这与WAN的作用有相似之处，但两者在实现方法与性能上有很大差别。

（3）广域网（WAN）同时也被称为外网、公网，是连接不同地区局域网的或城域网的计算机通信的远程网。广域网通常覆盖很大的物理范围，所覆盖的范围从几十公里到几千公里，它能连接多个地区、城市和国家，或横跨几个洲并能提供远距离通信，形成国际性的远程网络，但广域网并不等同于互联网。

局域网、城域网和广域网的区别如表3-1-1所示。

表3-1-1　局域网、城域网和广域网的区别

属　性	类　型		
	局域网（LAN）	城域网（MAN）	广域网（WAN）
英文名称	Local Area Network	Metropolitan Area Network	Wide Area Network
覆盖范围	10公里以内	10～100公里	几十到几千公里
协议标准	IEEE 802.3	IEEE 802.6	IMP
结构特征	物理层	数据链路层	网络层
典型设备	集线器	交换器	路由器
终端组成	计算机	计算机或局域网	计算机、局域网、城域网
特点	连接范围窄，用户数量少，配置简单	实质上是一个大型局域网，传输速率高，技术先进，安全	主要提供面向通信的服务，覆盖范围广，通信距离远，技术复杂

3.1.3　任务三　按照网络拓扑结构分类的计算机网络

【情境和任务】

情境：计算机网络按照线路电器连接的逻辑结构不同又可以分为哪些不同的网络结构？

任务：了解按网络拓扑结构分类的计算机网络。

【相关资讯】

计算机网络的拓扑结构是引用拓扑学中研究与大小、形状无关的点和线之间关系的方法。如果把网络中的计算机和通信设备抽象为一个点，把传输介质抽象为一条线，那么由这些点和线组成的几何图形就是计算机网络的拓扑结构。

【任务实施】

拓扑结构是借用数学上的一个词汇 Topology 音译而来。拓扑学是数学中一个重要的、基础性的分支。它最初是几何学的一个分支，主要研究几何图形在连续变形下保持不变的性质，现在已成为研究连续性现象的重要数学分支。计算机网络的拓扑结构指网络传输介质和节点的连接形式，即线路构成的几何形状。

计算机网络的拓扑结构通常有 3 种，即总线型、环型和星型。需要说明的是，这 3 种形状是指线路连接原理，即逻辑结构，实际铺设线路时可能与画的形状完全不同。常见的拓扑图形如图 3-1-2 所示。接下来我们就一起来看看这三种拓扑结构在实际应用中的优缺点。

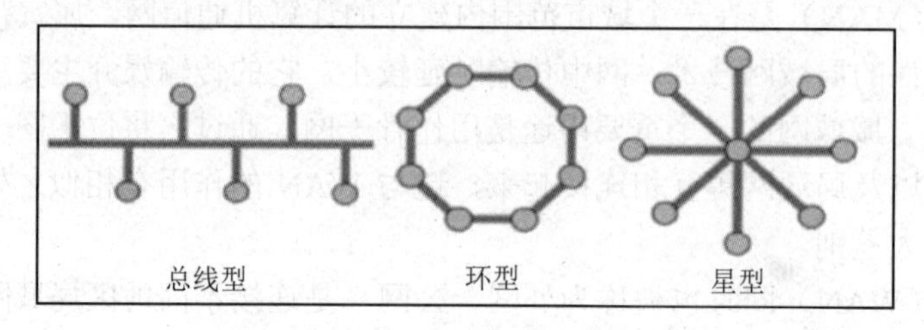

图 3-1-2　常见的三种网络拓扑结构

1. 总线型

总线型拓扑结构如图 3-1-3 所示。

图 3-1-3　总线型拓扑结构

由图 3-1-3 可以看出，该结构采用一条公共总线作为传输介质，每台计算机通过相应的硬件接口接入网络，信号沿总线进行广播式传输。最流行的以太网采用的就是总线型结构，以同轴电缆作为传输介质。

总线型的网络是一种典型的共享传输介质的网络。总线型局域网结构从信源发送的信息会传送到介质长度所及之处，并被其他所有站点看到。如果有两个以上的节点同时发送数据，就会造成冲突，如图 3-1-4 所示。

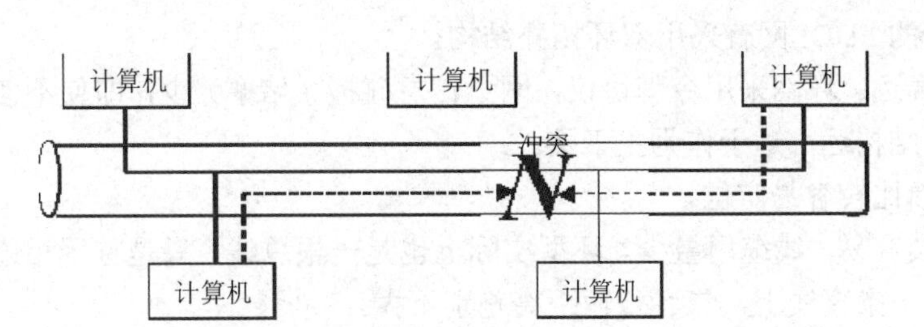

图 3-1-4　数据冲突

（1）总线型拓扑结构的主要优点如下。

① 布线容易。无论是连接几个建筑物或是楼内布线，都容易施工。

② 增删容易。如果需要向总线上增加或撤下一个网络站点，只需增加或拔掉一个硬件接口即可实现。需要增加长度时，可通过中继器加上一个支段来延伸距离即可。

③ 节约线缆。只需要一根公共总线，两端的终结器就安装在两端的计算机接口上，线缆的使用量最少。

④ 可靠性高。由于总线采用无源介质，结构简单，十分可靠。

（2）总线型拓扑结构的主要缺点如下。

① 任何两个站点之间传送数据都要经过总线，总线成为整个网络的瓶颈，当计算机站点多时，容易产生信息堵塞，传递不畅。

② 计算机接入总线的接口硬件发生故障，例如拔掉粗缆上的收发器或细缆上的 T 形接头，会使整个网络瘫痪。

③ 当网络发生故障时，故障诊断困难，故障隔离更困难。

总体而言，总线结构投资少、安装布线容易、可靠性较高，是最常见的网络结构。

2. 环型

环型拓扑结构为封闭的环，如图 3-1-5 所示。

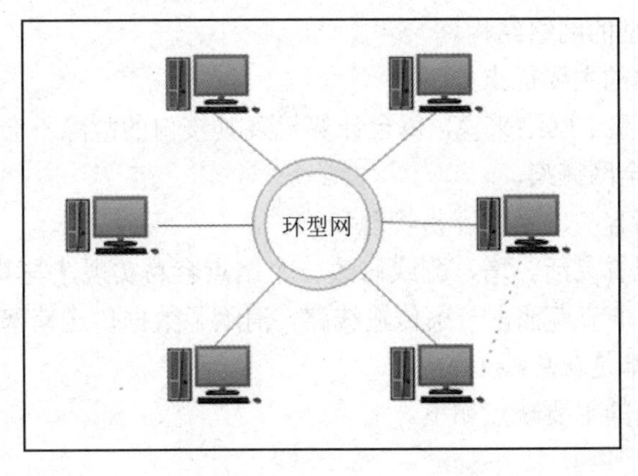

图 3-1-5　环型拓扑结构

接入环型网络的计算机也有一个硬件接口入网，这些接口首尾相连形成一条链路，信息传送也是广播式的，沿着一个方向（例如逆时针方向）单向逐点传输。

（1）环型拓扑结构的主要优点如下。

① 适用于光纤连接。环型是点到点连接，且沿一个方向单向传输，非常适合使用光纤作为

传输介质。著名的FDDI网就采用双环拓扑结构。

② 传输距离远。环网采用令牌协议，网上信息碰撞（堵塞）少，即使不使用光纤，传输距离也比其他拓扑结构远，适于作为主干网。

③ 故障诊断比较容易定位。

④ 初始安装容易，线缆用量少。环型实际上也是一根总线，只是首尾相连，对于一般建筑群，排列不会在一条直线上，二者传输距离差别不大。

（2）环型拓扑结构的主要缺点如下。

① 可靠性差。除FDDI之外，一般环型网都是单环，网络上任何一台计算机的入网接口发生故障都会使全网瘫痪。FDDI 采用双环后，遇到故障时有重构功能，虽然提高了可靠性，但付出的代价却很大。

② 网络的管理比较复杂，投资费用较高。

③ 重新配置困难。当环网需要调整结构，如增、删或修改某一个站点时，一般需要将全网停止运行进行重新配置，可扩性、灵活性差，维护困难。

3. 星型

星型拓扑结构如图3-1-6所示。

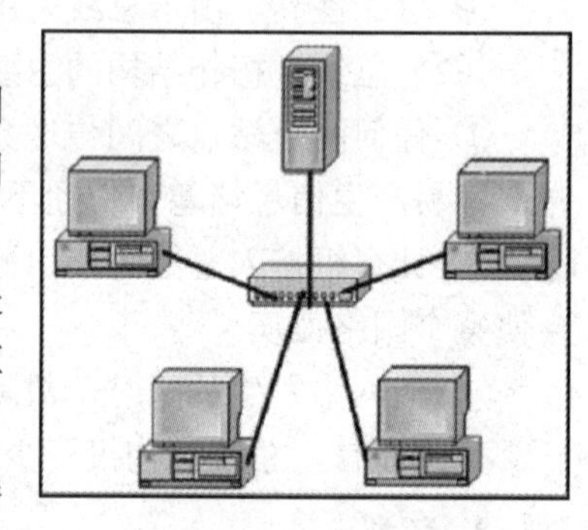

图3-1-6　星型拓扑结构

由图3-1-6可以看出，星型拓扑结构由一台中央节点和周围的从节点组成。中央节点可与从节点直接通信，而从节点之间必须经过中央节点转接才能通信。

中央节点有两类：一类是一台功能很强的计算机，它既是一台信息处理的独立计算机，又是信息转接中心，早期的计算机网络多采用这种类型；另一类中央节点并不是一台计算机，而是一台网络转接或交换设备，如交换机（Switch）或集线器（Hub），目前的星型网络拓扑结构都是采用这种类型，由一台计算机作为中央节点已经很少采用了。比较大的网络往往采用几个星型组合成扩展星型的网络结构。

（1）星型拓扑结构的主要优点如下。

① 可靠性高。对于整个网络来说，每台计算机及其接口的故障不会影响其他计算机，不会影响网络，也不会引起全网瘫痪。

② 故障检测和隔离容易，网络容易管理和维护。

③ 可扩展性好，配置灵活。增、删或修改一个站点容易实现，与其他节点没有关系。

④ 传输速率高。每个节点独占一条传输线路，消除了数据传送堵塞的现象。而总线型和环型结构的数据传输瓶颈都是在总线上。

（2）星型拓扑结构的主要缺点如下。

① 线缆使用量大。

② 布线、安装工作量大。线缆管道粗细不均，大厦楼内布线管道设计、施工比较困难。

③ 网络可靠性依赖于中央节点，若交换机或集线器设备选择不当，一旦出现故障就会造成全网瘫痪。交换机、集线器这类设备结构很简单，一般情况下不会出现故障。

实际生活中使用的网络拓扑结构，可能是总线型、环型、星型；也可能是这3种结构的组合，如总线型加星型、星型加星型、环型加总线型、环型加星型等。

3.1.4　任务四　IP 地址

【情境和任务】

情境：在日常生活中，朋友之间写信是否需要知道对方的地址？该地址是不是唯一的呢？试想一下，如果一封信有两个不同的邮寄地址，信件还能准确无误地投递吗？其实在计算机网络中也有一种标识，用于标识每台终端在网络中的位置，确保数据准确无误地送达目标位置。接下来我们就一起来学习 IP 地址的相关内容。

任务：了解 IP 地址。

【相关资讯】

1. TCP/IP 协议族

TCP/IP 协议族是一组协议的集合，也叫互联网协议族，用来实现互联网上主机与主机之间的相互通信。TCP 和 IP 只是其中的两个协议，也是很重要的两个协议，所以用 TCP/IP 来命名这个互联网协议族，实际上，它还包括其他协议，如 UDP、ICMP、IGMP、ARP/RARP 等。

2. IP 地址

（1）IP 地址是指互联网协议地址，也翻译为网际协议地址。

（2）IP 地址就像家庭住址一样，如果你要写信给一个人，你就需要知道他（她）的住址，这样邮递员才能把信送到。计算机发送信息就好比是邮递员，它必须知道唯一的“家庭地址”才能把信息送到正确的地方。只不过家庭住址是用文字表示的，而计算机的地址是用二进制数字表示的。

（3）IP 地址被用来给 Internet 上的计算机一个编号。每台联网的计算机上都需要有 IP 地址，才能正常通信。我们可以把“个人计算机”比作“电话”，那么“IP 地址”就相当于“电话号码”，而 Internet 中的路由器，就相当于电信局的“程控式交换机”。

（4）IP 地址由四个字段组成，每个字段为 8 字节，最大值是 255。

（5）IP 地址由两部分组成，即网络地址和主机地址。网络地址表示其属于互联网的哪一个网络，主机地址表示其属于该网络中的哪一台主机，二者是主从关系。

（6）IP 地址的四大类型标识的是网络中的某台主机。IPv4 的地址长度为 32 位，共 4 字节，但实际中我们用点分十进制记法。

（7）IP 地址根据网络号和主机号来分，可分为 A、B、C 三类常规地址及 D、E 两类特殊地址（见图 3-1-7）。全 0 和全 1 的都保留不用。

① A 类地址：（1.0.0.0-126.0.0.0）（默认子网掩码：255.0.0.0 或 0xFF000000）第一字节为网络号，后三字节为主机号。该类 IP 地址的最前面为“0”，所以地址的网络号取值为 1～126，一般用于大型网络。

② B 类地址：（128.0.0.0-191.255.0.0）（默认子网掩码：255.255.0.0 或 0xFFFF0000）前两字节为网络号，后两字节为主机号。该类 IP 地址的最前面为“10”，所以地址的网络号取值为 128～191，一般用于中等规模网络。

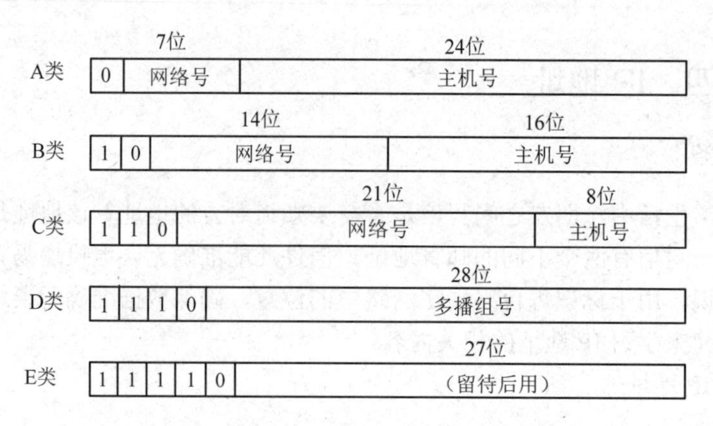

图 3-1-7　IP 地址分类

③ C 类地址：（192.0.0.0-223.255.255.0）（子网掩码：255.255.255.0 或 0xFFFFFF00）前三字节为网络号，最后一字节为主机号。该类 IP 地址的最前面为“110”，所以地址的网络号取值为 192～223，一般用于小型网络。

④ D 类地址：是多播地址。该类 IP 地址的最前面为“1110”，所以地址的网络号取值为 224～239，一般用于多路广播用户

⑤ E 类地址：是保留地址。该类 IP 地址的最前面为“1111”，所以地址的网络号取值为 240～255。

IP 地址的 3 种常规地址类型中，各保留了 3 个区域作为私有地址，其地址范围如下。

A 类地址：10.0.0.0～10.255.255.255。

B 类地址：172.16.0.0～172.31.255.255。

C 类地址：192.168.0.0～192.168.255.255。

回送地址：127.0.0.1 也是本机地址，效用等同于 localhost 或本机 IP，一般用于测试。例如，用 ping 127.0.0.1 来测试本机 TCP/IP 是否正常。

各类 IP 地址的范围如表 3-1-2 所示。

表 3-1-2　各类 IP 地址的范围

类　型	范　围
A	0.0.0.0～127.255.255.255
B	128.0.0.0～191.255.255.255
C	192.0.0.0～223.255.255.255
D	224.0.0.0～239.255.255.255
E	240.0.0.0～247.255.255.255

【任务实施】

IP 地址是计算机极为重要的配置，接下来我们将一起来学习如何为计算机配置 IP 地址。

步骤①：选择“开始”→“设置”→“网络和 Internet”→“网络和共享中心”→“以太网”命令，如图 3-1-8～图 3-1-11 所示。

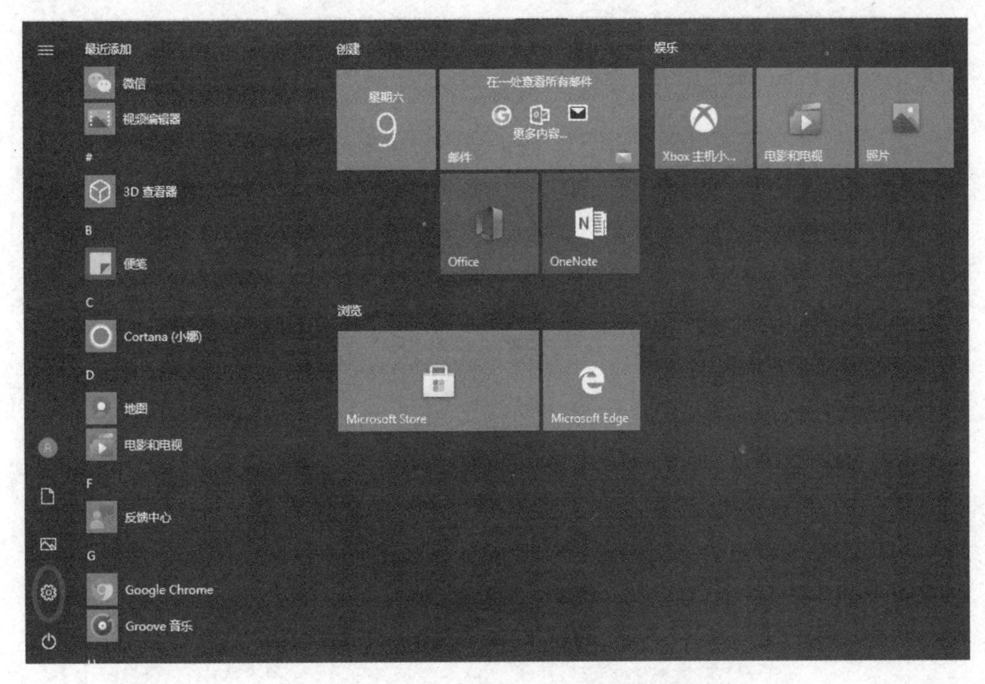

图 3-1-8　单击“开始”→“设置”按钮

图 3-1-9　选择“网络和 Internet”选项

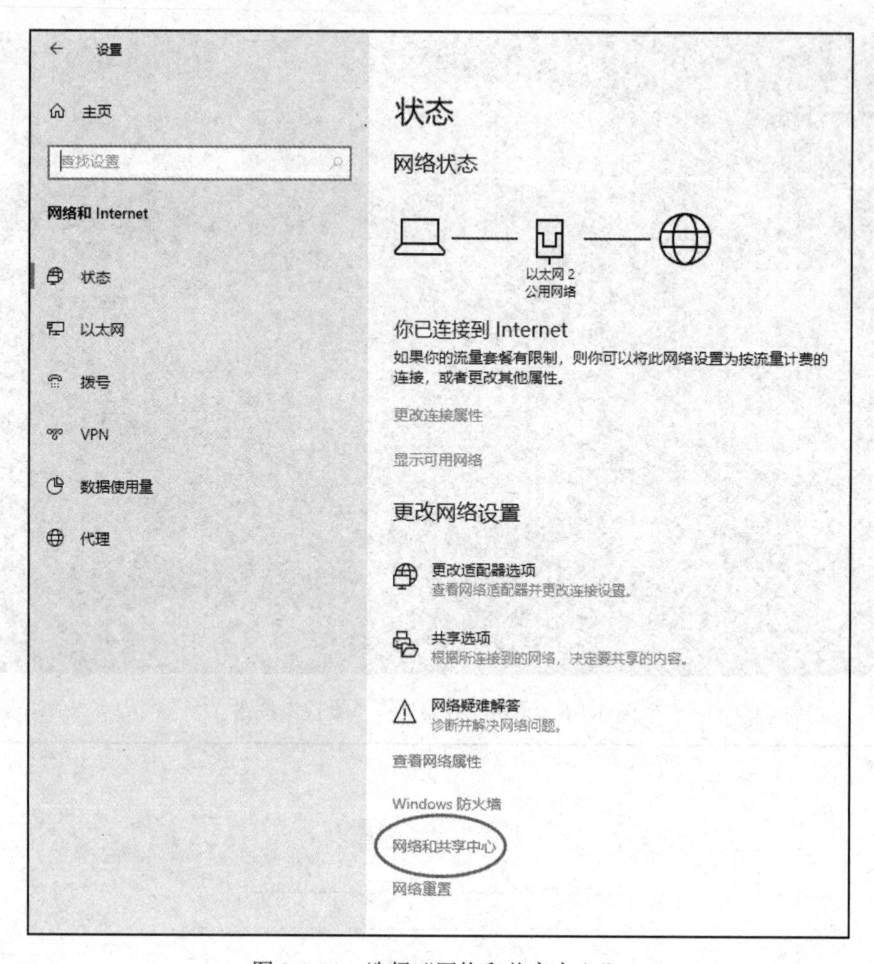

图 3-1-10　选择“网络和共享中心”

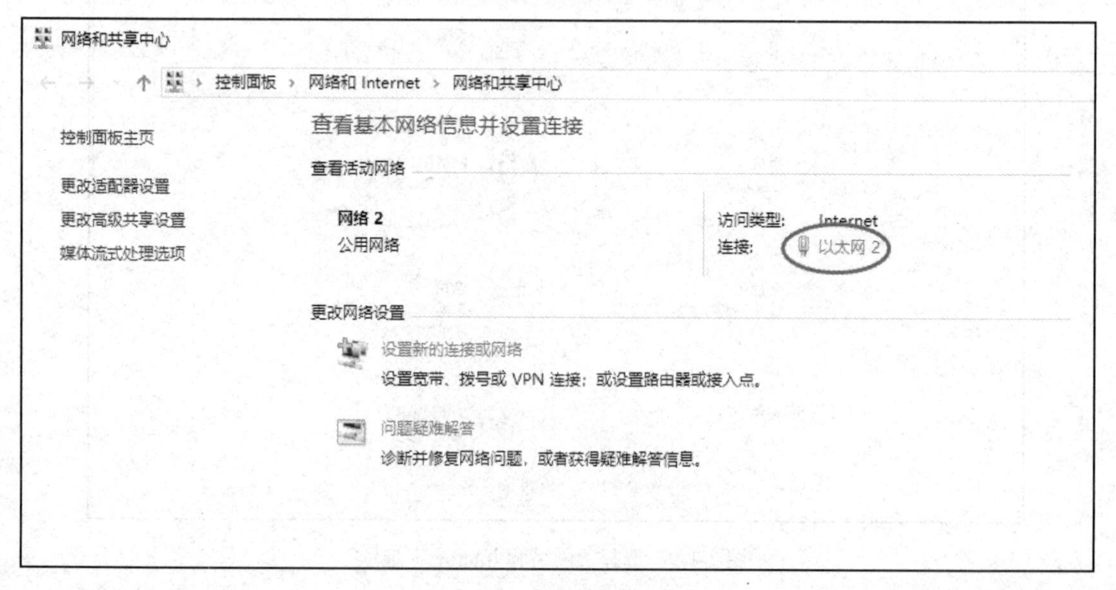

图 3-1-11　选择“以太网”

步骤②：在“以太网状态”对话框内单击“属性”按钮，在弹出的“以太网属性”对话框中选择“Internet 协议版本 4（TCP/IPV4）”，如图 3-1-12 和图 3-1-13 所示。

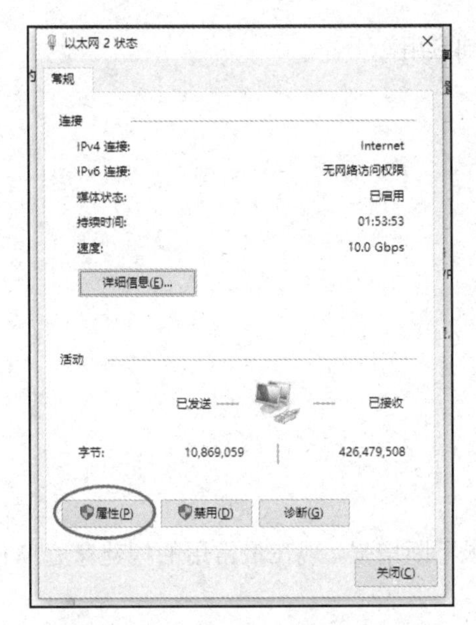

图 3-1-12　“以太网状态”对话框

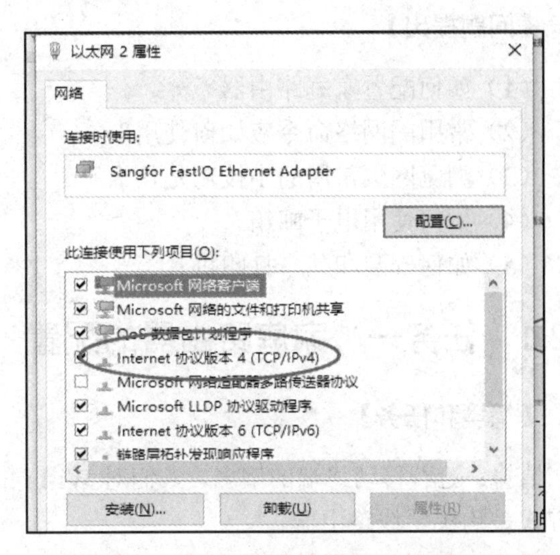

图 3-1-13　“以太网属性”对话框

步骤③：Internet 协议版本 4（TCP/IPV4）包含自动获得 IP 地址及手动配置 IP 地址两种方式，使用者可以根据要求选择合适的配置方式，如图 3-1-14 所示。

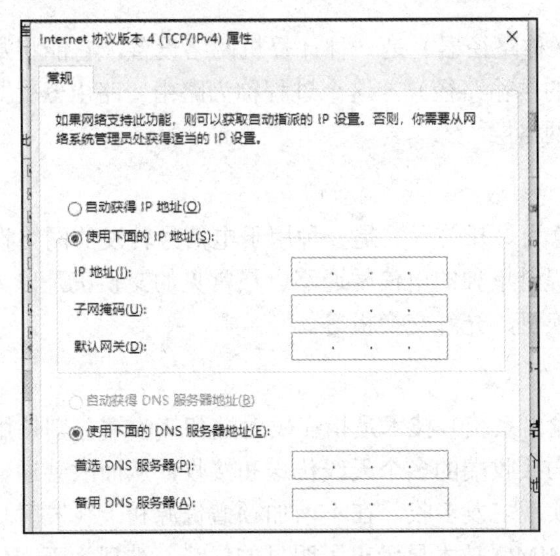

图 3-1-14　Internet 协议版本 4（TCP/IPV4）属性

【项目总结】

本项目主要介绍了计算机网络的定义及计算机网络的组成、计算机网络按照地域与按照拓扑结构的分类、IP 地址的定义、IP 地址的类型以及 IP 地址的配置。

3.2　子项目二　Internet 基础应用

【情境描述】

次仁向参观互联网展馆的高中生介绍了互联网的一些基本情况后，现在次仁准备结合自己的所学给所有学生们简单演示一下 Internet 的一些基础应用。

【问题提出】

（1）如何配置家庭路由器？
（2）常用的网络命令应如何使用？
（3）浏览网页常用的小技巧是什么？
（4）如何使用电子邮箱？
（5）如何安装和共享打印机？

3.2.1 任务一 家庭路由器的配置

【情境和任务】

情境：随着移动终端的增多，人们对 Wi-Fi 的需求不断增强，现在最常用的构建家庭 Wi-Fi 的方式是购买无线路由器。

任务：家庭路由器的配置。

【相关资讯】

1. 路由器

路由器（Router，又称路径器）是一种计算机网络设备，它能将数据通过打包一个一个传送至目的地（选择数据的传输路径），这个过程称为路由。路由器就是连接两个及两个以上网络的设备，路由工作在网络层。

2. 交换机

交换机（Switch，意为“开关”）是一种用于电信号转发的网络设备。它可以为接入交换机的任意两个网络节点提供单独的电信号通路。最常见的交换机是以太网交换机，其他常见的交换机还有电话语音交换机、光纤交换机等。

3. MIMO 技术

MIMO（多输入多输出系统）技术是指在发射端和接收端分别使用多个发射天线和接收天线，使信号通过发射端与接收端的多个天线传送和接收，从而改善通信质量。它能充分利用空间资源，通过多个天线实现多发多收，在不增加频谱资源和天线发射功率的情况下，可以成倍地提高系统信道容量。MIMO 技术显示出了明显的优势，被视为下一代移动通信的核心技术。

【任务实施】

中国互联网络信息中心（CNNIC）发布的第 47 次《中国互联网络发展状况统计报告》（简称《报告》）显示，截至 2020 年 12 月，我国网民规模达 9.89 亿，2021 年 12 月，我国网民规模已达 10.32 亿。在我国人们的生活已经与互联网密不可分，从一个学生的日常学习到高考报名以及志愿填报，从学生的日常衣食住行，到休闲娱乐，互联网已经成为每个学生乃至整个社会不可或缺的工具，那么我们在营业厅办理好了宽带业务，且业务员帮我们把互联网连通到家里后我们该如何完成后续工作，以求能获得较好的网络体验呢？

如果只有三台以下的计算机有上网需求，那么可以直接从光调制解调器的 LAN 接口连接网线直接上网（一般设备安装人员已经将光调制解调器设置好，包括账号密码）。但光调制解调器一户只有一个，一般放置于房屋的弱电箱内，网络覆盖范围有限，很难满足用户全屋覆盖的需求，可以在房间内增加路由器以满足家庭 Wi-Fi 覆盖的需求。接下来我们一起来学习如何选购及设置路由器。

选购好路由器后，我们该如何设置才能正常使用路由器呢？这里我们以目前最常用的路由器为例，路由器可以将连入家庭的宽带共享给更多的设备使用，那么家用路由器要怎么设置呢？今天我们就一起来学习家用路由器的简单配置。

新购置的路由器一般包含一台路由器、一个电源适配器和一根网线。

1. 使用计算机设置路由器

步骤①：将路由器连接好。首先将电源适配器插在插线板上与路由器连接好，并将家庭宽带中光调制解调器接口连接网线再接入路由器 WAN 接口。

步骤②：连接路由器。使用网线将路由器 LAN 接口与计算机连接。

步骤③：按照路由器说明书登录地址，打开浏览器，登录管理地址（本书以 TP-LINK AC1200 为例）“tplogin.cn”。进入管理页面。按照设置向导要求创建管理员密码，管理员密码为登录管理页面的密码，如图 3-2-1 所示。

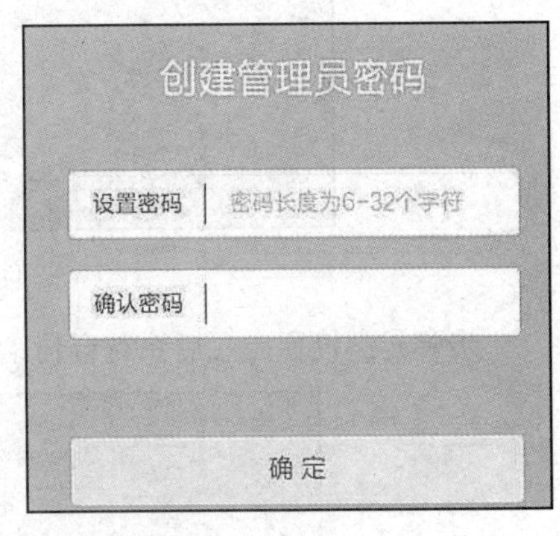

图 3-2-1　登录界面

步骤④：创建完管理员密码，单击“确定”按钮后，进入上网设置页面，在该页面可以选择上网方式，以自动获得 IP 地址为例，选择自动获得 IP 地址，如图 3-2-2 所示。

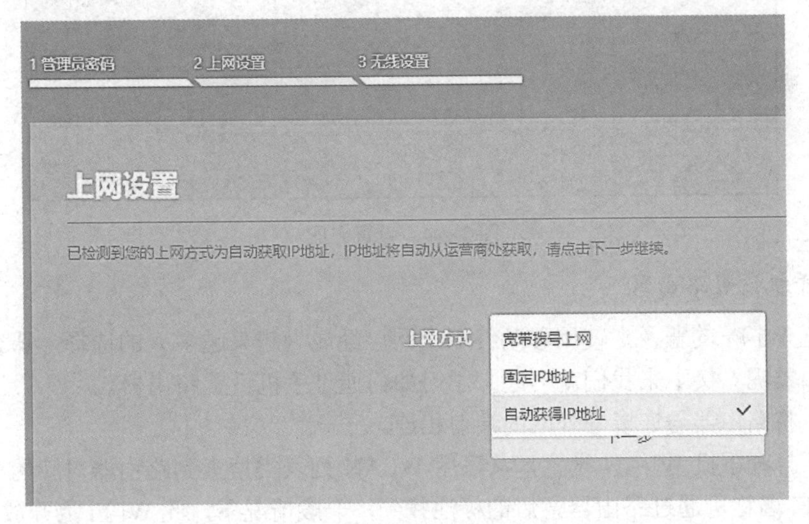

图 3-2-2　选择上网方式

步骤⑤：上网设置选择完成后，将会跳转到“无线设置”页面，如图 3-2-3 所示，该路由器可以发射两个频段的信号分别为 2.4G 和 5G，同时可以将两个频段整合，路由器会根据网络情况自动为终端选择最佳上网频段。在无线设置页面可根据个人需求选择 Wi-Fi 多频合一功能是否打开，在无线设置一栏可以设置 Wi-Fi 名称以及密码，Wi-Fi 名称为该路由器发射的 Wi-Fi 的名称，Wi-Fi 密码为连接该 Wi-Fi 的验证密码。

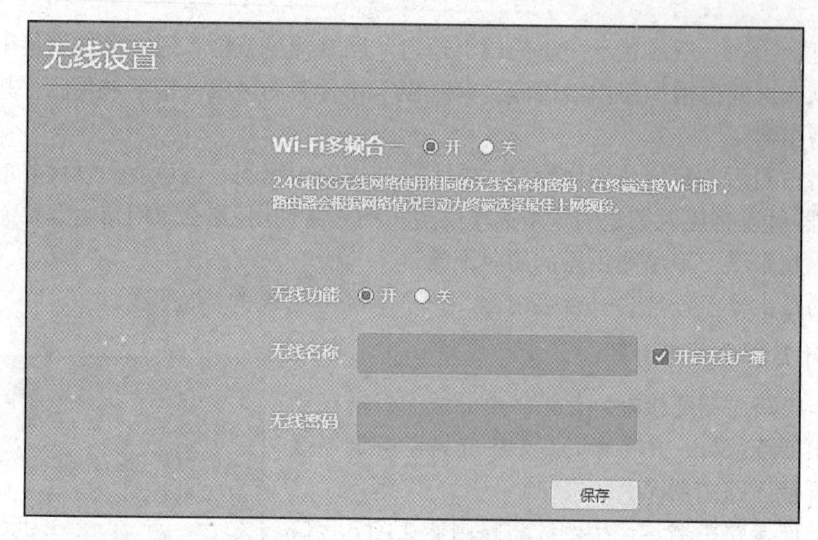

图 3-2-3 “无线设置”界面

步骤⑥：设置完成后系统会自动跳转到完成设置界面，如图 3-2-4 所示。

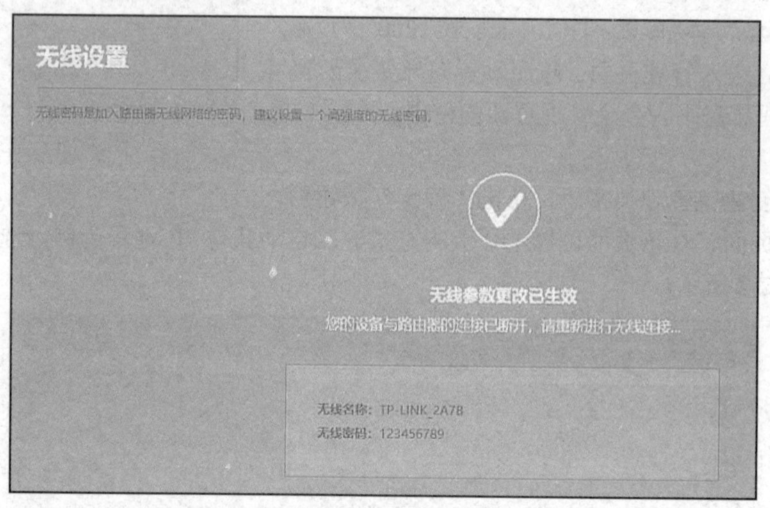

图 3-2-4 设置完成

2. 使用手机设置路由器

随着家庭 Wi-Fi 的普及，使用移动终端上网已经成为越来越多人的选择，那么要如何使用手机设置路由器呢？接下来我们就一起来学习如何通过手机设置路由器。

步骤①：将路由器与连接好外网的端口相连。

步骤②：打开手机 WLAN 设置，从可用 WLAN 列表类搜索到路由器对应的 Wi-Fi 名后单击连接，Wi-Fi 名称可通过路由器背后的标注找到，一般情况下，此 Wi-Fi 为开放式 Wi-Fi，没有密码。

步骤③：打开手机浏览器，接下来的步骤和用计算机设置一样，在这就不再复述。

3. 重置路由器

如果登录路由器的 Wi-Fi 密码及管理员密码都忘记了，那么这台路由器是不是就没用了呢？其实不是的，忘记密码可以通过重置路由器来恢复路由器到默认状态，接下来我们就一起来学习如何重置路由器。

步骤①：接通路由器电源，如图 3-2-5 所示。

图 3-2-5　接通路由器电源

步骤②：找到路由器的 Reset 按钮，使用工具长按 Reset 按钮。直至路由器所有指示灯全部亮起后释放 Reset 按钮，届时路由器将被重置。Wi-Fi 名为记录在路由器背面的默认 Wi-Fi 名称，管理员密码将被删除，连接上 Wi-Fi 后就可以按照上述路由器的设置方法设置路由器，如图 3-2-6 所示。

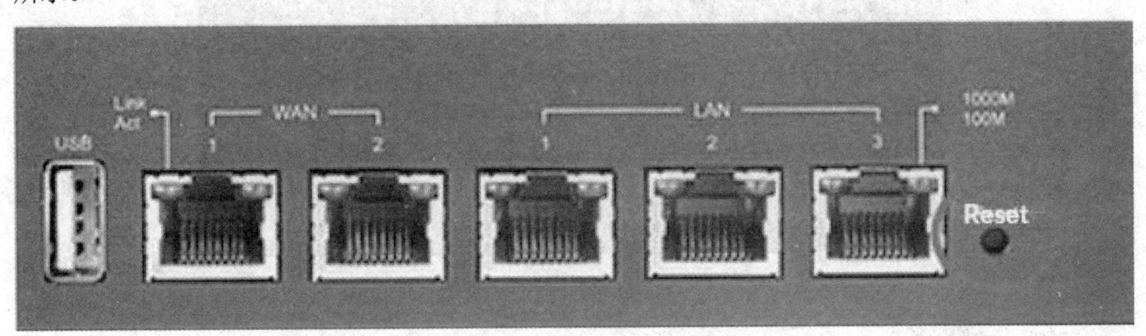

图 3-2-6　重置路由器

3.2.2　任务二　Ping 命令的使用

【情境和任务】

情境：家庭网络调试好后，有没有什么办法可以测试我们的网络是否正常？如果不正常，能否利用现有设备查询问题所在？

任务：了解 Ping 命令的使用。

【相关资讯】

Ping（Packet Internet Groper）是一种因特网包探索器，用于测试网络连接量。Ping 是工作在 TCP/IP 网络体系结构中应用层的一个服务命令，主要是向特定的目的主机发送 ICMP（Internet Control Message Protocol，因特网报文控制协议）Echo 请求报文，测试目的主机是否可达以及了解其相关状态。

【任务实施】

Ping 是一个使用频率极高的实用程序，主要用于确定网络的连通性。接下来我们一起来学习这个命令的使用方法。

1. Ping 命令

Ping 命令对确定网络是否正确连接，以及网络连接状况十分有用。简单地说，Ping 就是一个测试程序，如果 Ping 运行正常，基本上就可以排除网络访问层、网卡、Modem 的输入输出线路、电缆和路由器等存在故障，从而缩小问题的范围。

Ping 能够以毫秒为单位显示发送请求到返回应答之间的时间。若应答时间短，则表示数据报不必通过太多的路由器或网络，连接速度比较快。

2. Ping 命令的使用

（1）单击“开始”→“运行”，在“运行”对话框中输入 cmd 命令，进入 DOS 窗口，然后在 DOS 窗口输入 ping 命令，出现如图 3-2-7 所示界面。

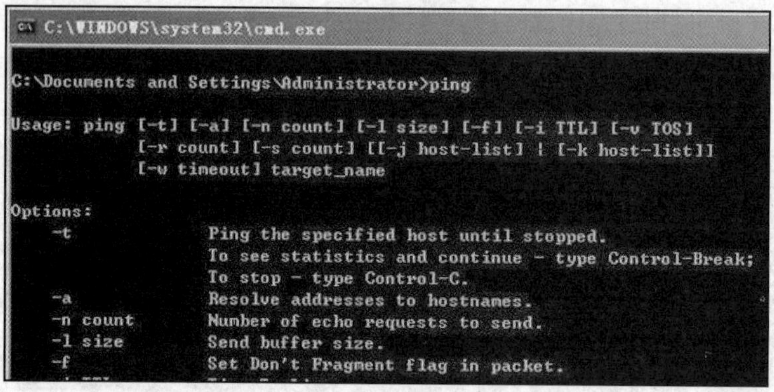

```
C:\WINDOWS\system32\cmd.exe

C:\Documents and Settings\Administrator>ping

Usage: ping [-t] [-a] [-n count] [-l size] [-f] [-i TTL] [-v TOS]
            [-r count] [-s count] [[-j host-list] | [-k host-list]]
            [-w timeout] target_name

Options:
    -t             Ping the specified host until stopped.
                   To see statistics and continue - type Control-Break;
                   To stop - type Control-C.
    -a             Resolve addresses to hostnames.
    -n count       Number of echo requests to send.
    -l size        Send buffer size.
    -f             Set Don't Fragment flag in packet.
```

图 3-2-7　ping 命令的使用

说明：命令格式

Ping 主机名、Ping 域名、Ping IP 地址三个命令格式都是正确的。

（2）Ping 命令的基本应用。

一般情况下，用户可以通过使用一系列的 Ping 命令来查找问题出现的地方，或检验网络的运行情况。下面即为一个典型的检测次序以及对应的可能故障。

① Ping 127.0.0.1。

若测试成功，则表明网卡、TCP/IP 的安装、IP 地址、子网掩码的设置正常。若测试不成功，则表明 TCP/IP 的安装或设置存在问题。

② Ping 本机 IP 地址。

若测试不成功，则表示本地配置或安装存在问题，应当对网络设备和通信介质进行测试、检查并排除。

③ Ping 局域网内的其他 IP。

若测试成功，则表明本地网络中的网卡和载体运行正常。但如果收到 0 个回送应答，那么表明子网掩码不正确或网卡配置错误或电缆系统存在问题。

④ Ping 网关 IP。

若应答正确，则表明局域网中的网关路由器正在运行并能够做出应答。

⑤ Ping 远程 IP。

若收到正确应答，则表明成功地使用了默认网关。对于拨号上网用户则表示能够成功地访问 Internet。

如果上面所列出的所有 ping 命令都能正常运行，那么计算机就基本能进行本地和远程通信了。

（3）Ping 命令的常用参数选项。

❖ Ping IP -t：连续对 IP 地址执行 Ping 命令，直到被用户以 Ctrl+C 组合键中断。

❖ Ping IP -L2000：指定 Ping 命令中的特定数据长度（此处为 2000 字节），而不是默认的 32 字节。

❖ Ping IP - n20：执行特定次数（此处是 20）的 Ping 命令。

（4）使用 Ping 命令 Ping 百度的域名。

步骤①：使用 Win+R 组合键或在“开始”菜单中单击“运行”，在打开的“运行”对话框中输入 cmd，单击“确定”按钮，进入 DOS 窗口。

步骤②：在 DOS 窗口内输入“ping www.baidu.com”后按 Enter 键，如图 3-2-8 所示。

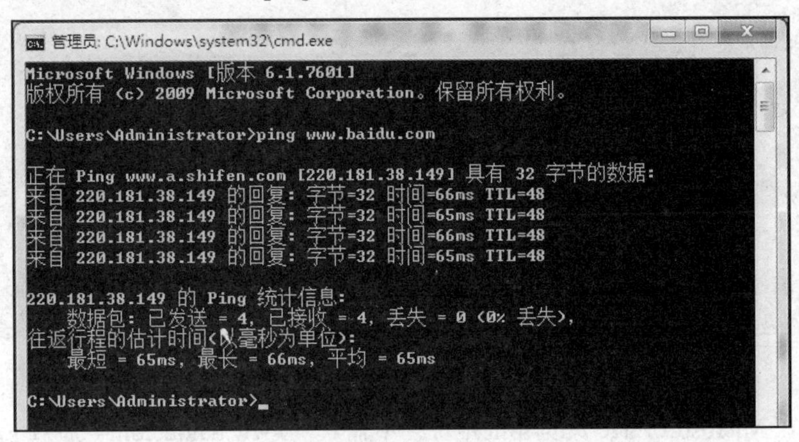

图 3-2-8　Ping 百度

图 3-2-8 中的 220.181.38.149 便是百度的其中一台主机的地址，字节表示发送数据包的大小，默认为 32 字节；时间表示从发出数据包到返回数据包所用的时间；TTL 表示生存时间值，该字段指定 IP 包被路由器丢弃之前允许通过的最大网段数量。

3.2.3　任务三　浏览器的使用

【情境和任务】

情境：网络连接好后，我们就可以在网上“冲浪”了，在使用浏览器浏览网页时我们需要注意些什么呢？碰到自己感兴趣的网站我们该怎么保存它呢？

任务：使用浏览器。

【相关资讯】

浏览器是用来检索、展示以及传递 Web 信息资源的应用程序。Web 信息资源由统一资源标识符（Uniform Resource Identifier，URI）所标记，它是一张网页、一张图片、一段视频或任何在 Web 上所呈现的内容。使用者可以借助超级链接（Hyperlinks），通过浏览器浏览互相关联的信息。

【任务实施】

1. 浏览网页

其实连接好网络后，计算机就可以正常上网了，要浏览网页，需要浏览器的帮助，Windows10 系统里自带了 Microsoft Edge 浏览器，通过该浏览器，可以浏览网页。下面以浏览“学习强国”官网为例，介绍操作步骤。

步骤①：在桌面上找到 Microsoft Edge 浏览器图标，双击，进入 Microsoft Edge 默认首页，如图 3-2-9 所示。

图 3-2-9　打开浏览器

步骤②：在 Microsoft Edge 浏览器的地址栏中输入“www.baidu.com”后按 Enter 键进入百度官网，如图 3-2-10 所示。

图 3-2-10　百度官网

步骤③：在百度搜索栏中输入“学习强国”，单击“百度一下”按钮，搜索“学习强国”网址。

步骤④：在搜索结果里，单击带有官方认证标志的网站 学习强国 官方，如图 3-2-11 所示，进入“学习强国”官网（如果知道“学习强国”官网地址，也可以直接在地址栏输入“学习强国”官网地址，进入“学习强国”网站）。

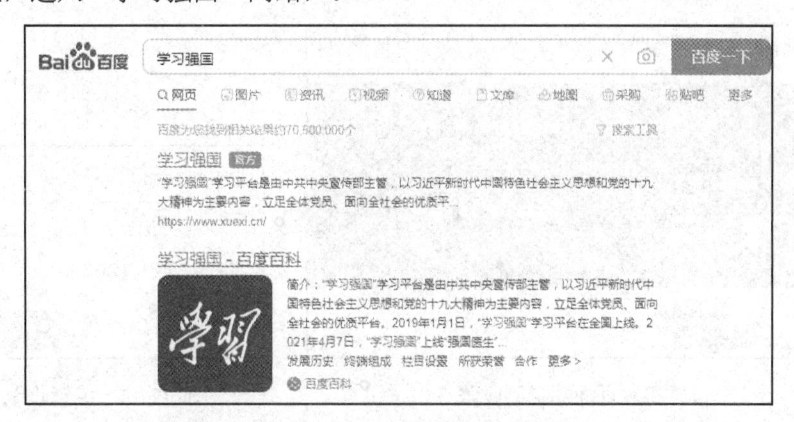

图 3-2-11　搜索“学习强国”官网

步骤⑤：打开“学习强国”官网后，就可以正常浏览“学习强国”网站了，如图 3-2-12 所示。

图 3-2-12　“学习强国”官网

2. 添加收藏夹

在关闭“学习强国”官网后，如果我们下次想快速进入“学习强国”官网学习，应该怎么操作呢？有同学会说，我们可以把“学习强国”官网的网址记住，下次再想浏览“学习强国”网页时，直接在浏览器地址栏直接输入网址打开就可以了。这不失为一个很好的方法，但浏览器为了方便我们浏览网页，设置了一个叫“收藏夹”的功能，我们可以将在浏览网页时感兴趣的任何网页添加到收藏夹，以后再想访问该网页时，直接从收藏夹里找到该网址直接单击就能访问相应网页了。那么收藏夹功能该如何使用呢？接下来我们就以“学习强国”官网为例来介绍收藏夹的使用方法。

步骤①：打开“学习强国”官网，单击浏览器右上角的“将此页面添加到收藏夹”按钮，如图 3-2-13 所示。

单击按钮后会弹出“已添加至收藏夹”对话框，如图 3-2-14 所示，在该对话框中，可以根据个人需求更改名称，也可以根据自己的需求把该网站收藏到自己命名的文件夹中，方便查找，然后单击“完成”按钮即可。

步骤②：添加完成后，当我们以后需要再次打开该网站时，可以单击 Microsoft Edge 右上角的“收藏夹”按钮，如图 3-2-15 所示。进入收藏夹后，在收藏夹里找到“学习强国”网址，单击就能进入“学习强国”网站，如图 3-2-16 所示。

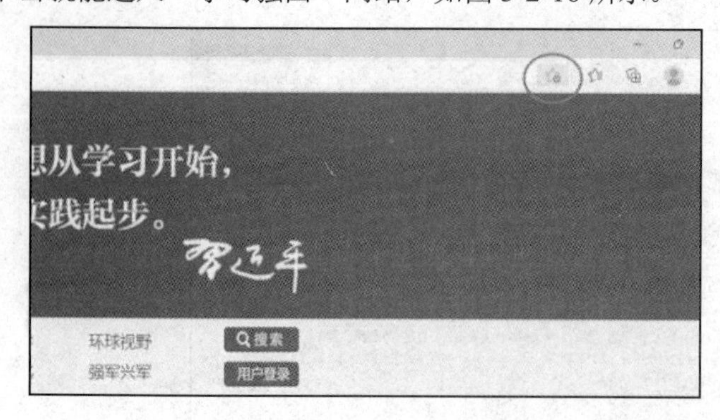

图 3-2-13 单击“将此页面添加到收藏夹”按钮

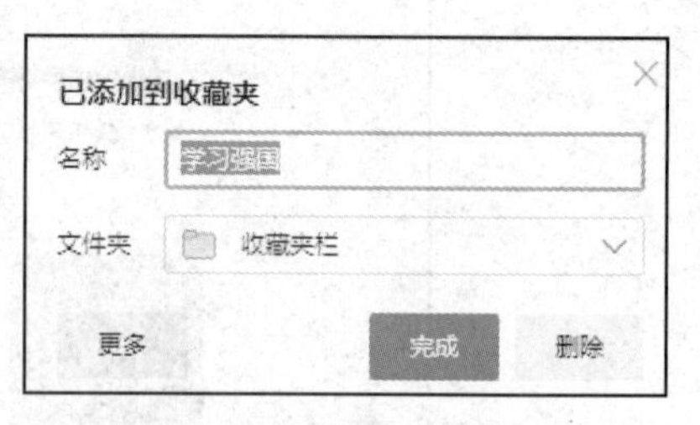

图 3-2-14 编辑收藏夹名称

图 3-2-15 “收藏夹”按钮

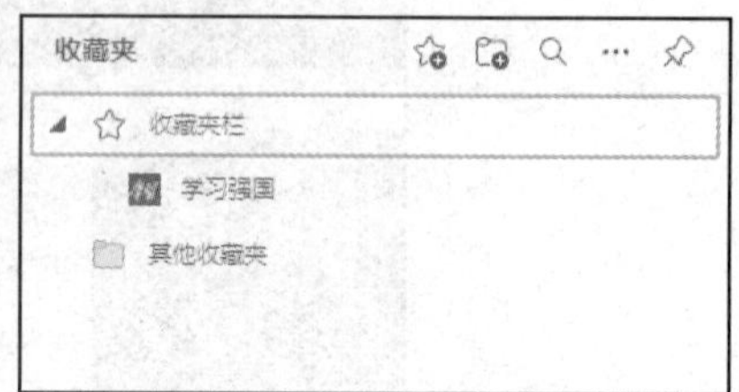

图 3-2-16 “学习强国”收藏夹

如果我们的收藏夹里面网址比较多，不方便找到收藏的网站，该怎么删除收藏的网址呢？

首先打开“收藏夹”，然后选中需要删除的网址，右击，选择“删除”命令，就可以把网址从收藏夹中删除。

3.2.4 任务四 电子邮箱的使用

【情境和任务】

情境：电子邮箱是互联网提供的一个常用的非实时通信手段，它能实现与互联网上所有已知邮箱人员的通信，接下来我们就一起来学习电子邮箱的使用方法。

任务：掌握电子邮箱的使用方法。

【相关资讯】

电子邮件（E-mail）是雷·汤姆林森于 1971 年对已有的传输文件程序以及信息程序进行研究，研制出的一套程序。

电子邮箱是指通过网络为用户提供交流的电子信息空间，既可以为用户提供发送电子邮件的功能，又能自动地为用户接收电子邮件，同时还能对收发的邮件进行存储，但在存储邮件时，电子邮箱对邮件的大小有严格的规定。

【任务实施】

学会使用浏览器后，下面我们一起来学习如何收发电子邮件。本书以 163 邮箱为例，在收发电子邮件前，我们必须拥有电子邮箱，如果没有可以注册电子邮箱。

1. 注册电子邮箱

步骤①：打开浏览器，登录网易官网“www.163.com”，在官网的右侧单击“注册免费邮箱”按钮，如图 3-2-17 所示。进入注册窗口，如图 3-2-18 所示。

步骤②：网易邮箱共有三种邮箱，分别为 163 邮箱、126 邮箱以及雅虎（yeah）邮箱，如图 3-2-19 所示，选择任意一种邮箱注册即可。

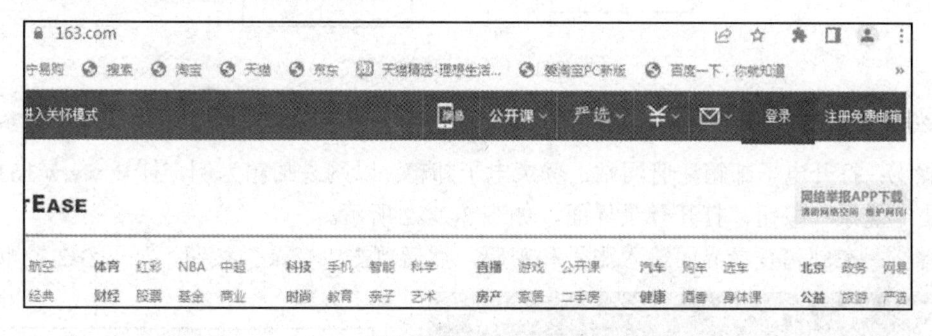

图 3-2-17　网易官网

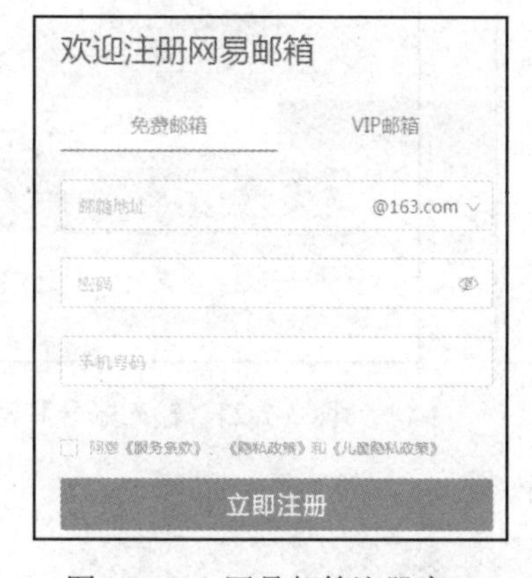

图 3-2-18　网易邮箱注册窗口

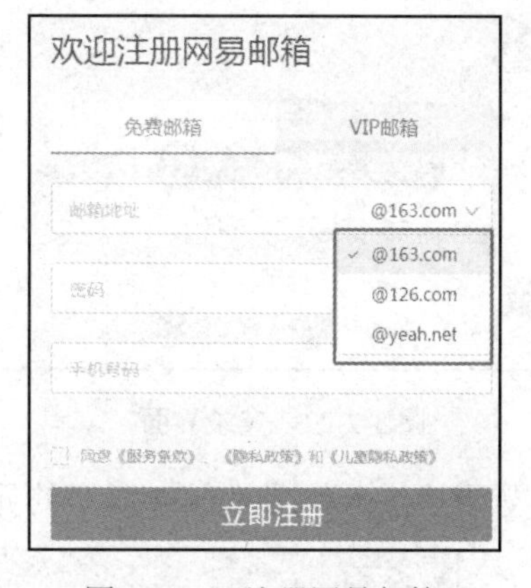

图 3-2-19　注册网易邮箱

步骤③：当出现提示注册成功后就说明邮箱已注册完成，可以正常使用该电子邮箱了，如图 3-2-20 所示。

图 3-2-20　注册成功提示

2. 电子邮箱的格式

在发送电子邮件前，应确保自己有电子邮箱，且知道对方电子邮箱的地址。

电子邮箱地址由两部分组成，前面部分为注册的用户名，后面部分为提供邮箱服务的网站域名地址，@为分隔符，如图 3-2-21 所示。

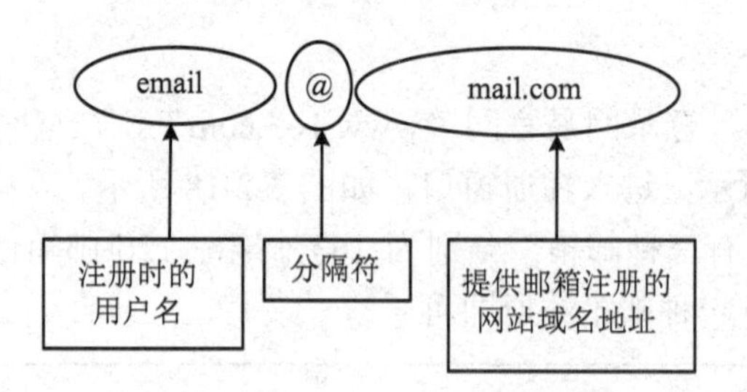

图 3-2-21　电子邮箱格式

3. 发送电子邮件

步骤①：打开电子邮箱注册网站，登录电子邮箱。以网易邮箱为例，打开 www.163.com 网站，单击“登录”按钮，打开登录界面，如图 3-2-22 所示。

步骤②：在邮箱登录界面输入账号和密码，然后单击“登录”按钮，如图 3-2-23 所示。

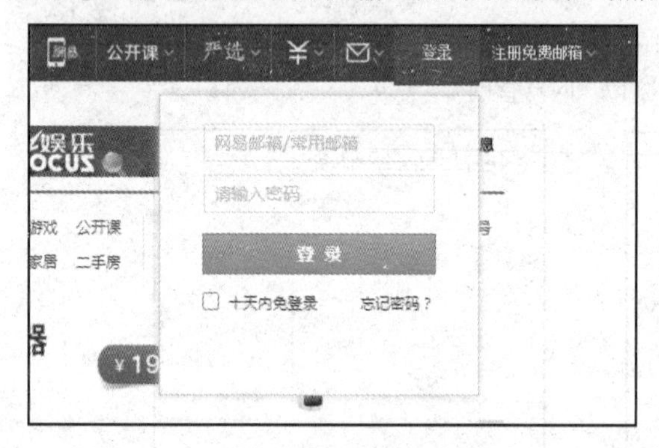

图 3-2-22　登录界面

图 3-2-23　输入账号和密码

步骤③：登录后进入如图 3-2-24 所示的界面。

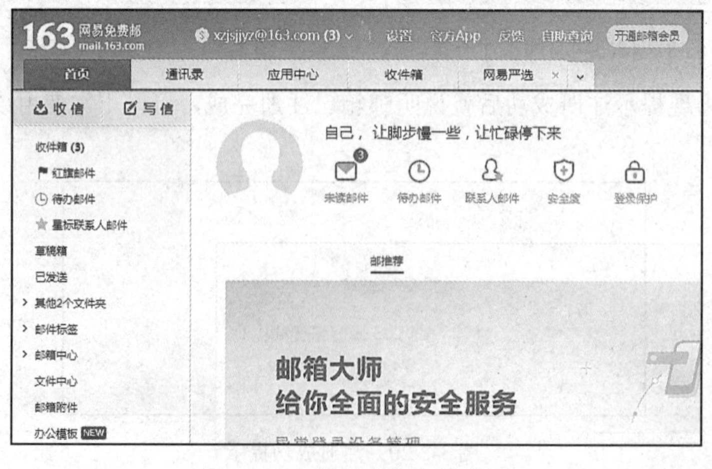

图 3-2-24　网易个人邮箱首页

步骤④：单击个人邮箱左上角的“写信”按钮，进入电子邮件编辑界面，如图 3-2-25 所示。

图 3-2-25　163 邮箱写信界面

步骤⑤：在收件人一栏中填写完整的收件人电子邮箱地址，如图 3-2-26 所示。

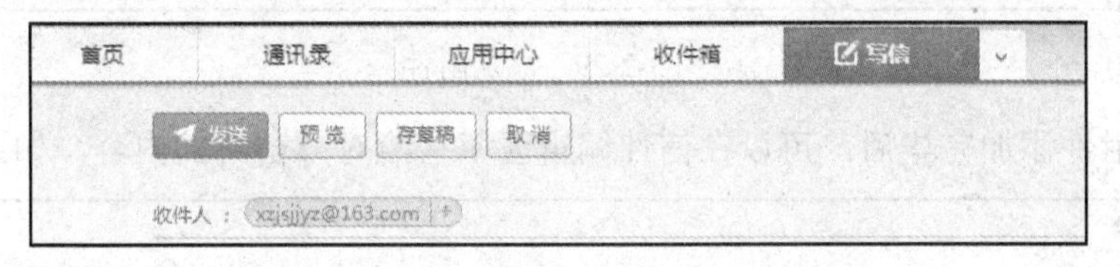

图 3-2-26　填写收件人电子邮箱地址

步骤⑥：在主题一栏中填写该邮件的主题，如图 3-2-27 所示。

图 3-2-27　填写邮件主题

步骤⑦：如果需添加附件，可单击“添加附件”按钮，如图 3-2-28 所示。在打开的界面中，即可添加不超过规定大小的附件，如图 3-2-29 所示。

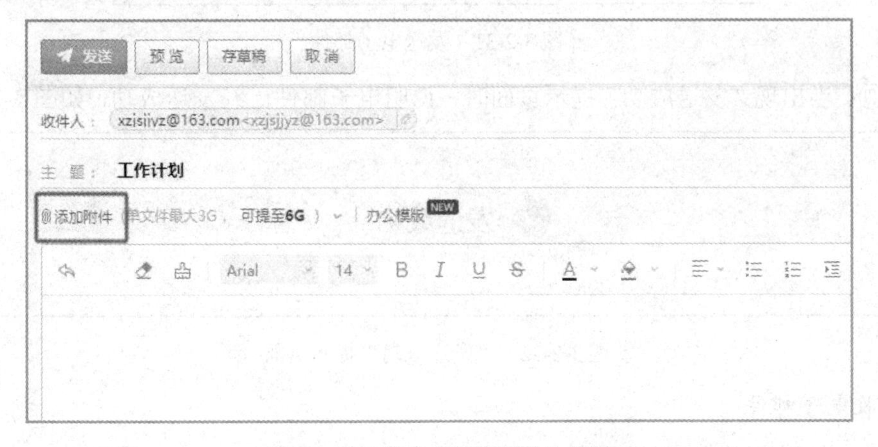

图 3-2-28　单击“添加附件”按钮

图 3-2-29　添加附件

步骤⑧：附件添加完毕后，可以在信件编辑区填写给对方留言的内容，如图 3-2-30 所示。

图 3-2-30　邮件正文

步骤⑨：所有内容填写完毕后，单击电子邮箱左下角的“发送”按钮，如图 3-2-31 所示。

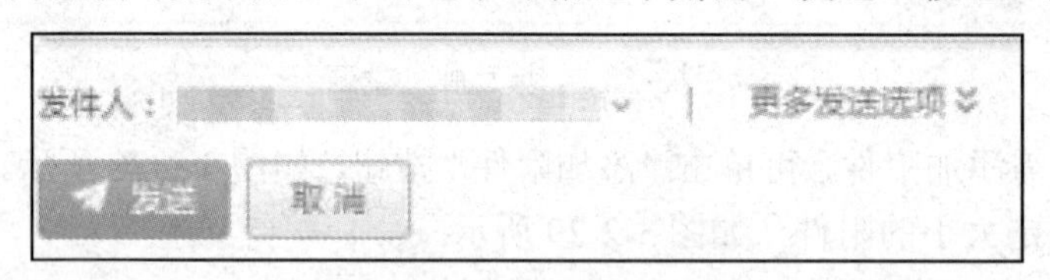

图 3-2-31　发送电子邮件

步骤⑩：当出现“发送成功”提示页面时，说明电子邮件已经发送成功，如图 3-2-32 所示。

图 3-2-32　“发送成功”提示页面

4. 接收电子邮件

步骤①：打开电子邮箱注册网站，登录电子邮箱。

步骤②：进入个人电子邮箱界面，如图 3-2-33 所示。

图 3-2-33　个人电子邮箱界面

步骤③：单击“未读邮件”按钮，进入未读邮件界面，如图 3-2-34 所示。

图 3-2-34　未读邮件界面

步骤④：单击想阅读的电子邮件就完成电子邮件的收取了。

3.2.5　任务五　共享打印机的使用

【情境和任务】

情境：网络能实现软件资源的共享，现在以打印机为例，介绍如何通过网络将一台打印机共享给多人使用。

任务：学会共享打印机的使用。

【相关资讯】

1. 资源和共享

（1）资源是指网络中所有的软件、硬件和数据资源。

（2）共享是指网络中的用户都能够部分或全部地享用这些资源。例如，某些地区或企业的机票、酒店可供全网使用；某些企业设计的软件可有偿调用或办理一定手续后调用；一些外部设备，如打印机，可面向多用户，使不具有这些设备的地方也能使用这些硬件设备。

2. 资源共享

资源共享即多个用户共用计算机系统中的硬件和软件资源。在网络系统中终端用户可以共享的主要资源包括处理机时间、共享空间、各种软件设备和数据资源等。资源共享是计算机网络实现的主要目标之一。

【任务实施】

在现在的办公环境中，打印机已经成为一个不可或缺的工具。如果有一台打印机已正确连接并安装好了打印驱动，有多人需要共用这台打印机，这时要如何设置才能将本地打印机共享给其他人使用呢？接下来一起学习共享打印机的操作方法。

1. 取消禁用 Guest 用户

步骤①：选中“此电脑”图标右击，在弹出的列表中选择“管理”命令，如图 3-2-35 所示。

步骤②：进入“计算机管理”界面，选择“本地用户和组”→“用户”选项，在右侧的窗口中找到 Guest 用户，如图 3-2-36 所示。

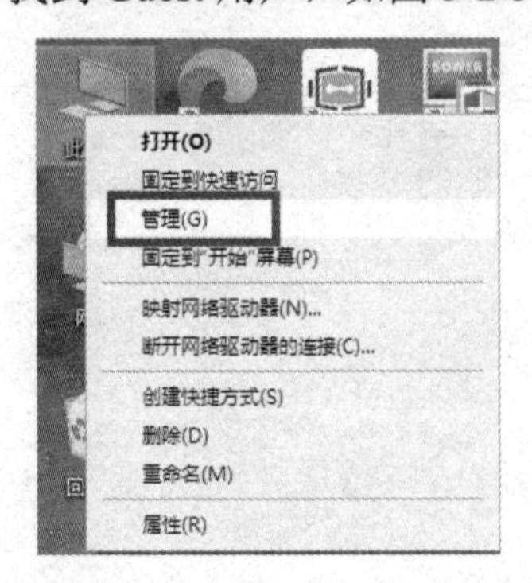

图 3-2-35　选择“管理”命令

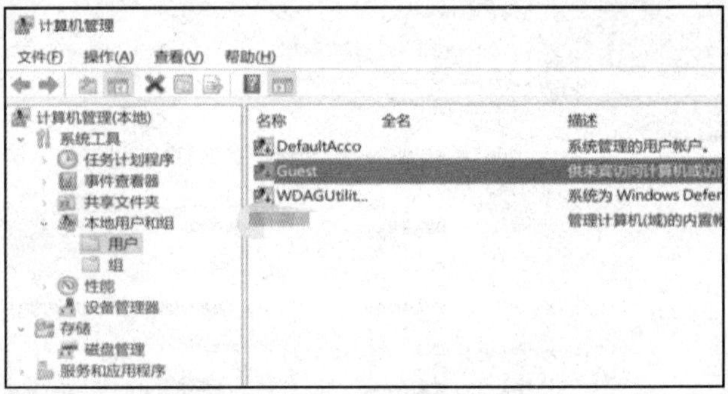

图 3-2-36　找到 Guest 用户

步骤③：双击 Guest 选项，打开“Guest 属性”对话框，取消选中“账户已禁用”复选框，如图 3-2-37 所示。

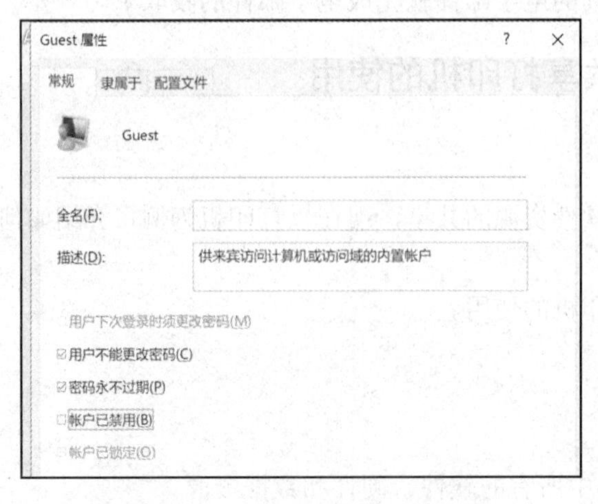

图 3-2-37　“Guest 属性”对话框

2. 共享目标打印机

步骤①：单击“开始”→“设置”→“设备”按钮，进入设备界面，如图3-2-38所示，然后选择“设备和打印机”选项，如图3-2-39所示。

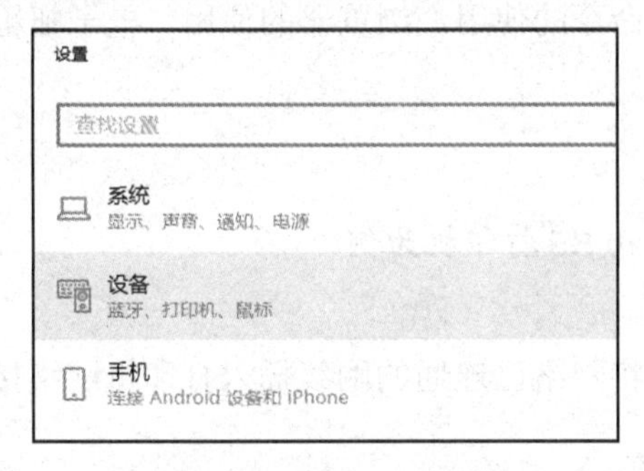

图3-2-38　设备界面

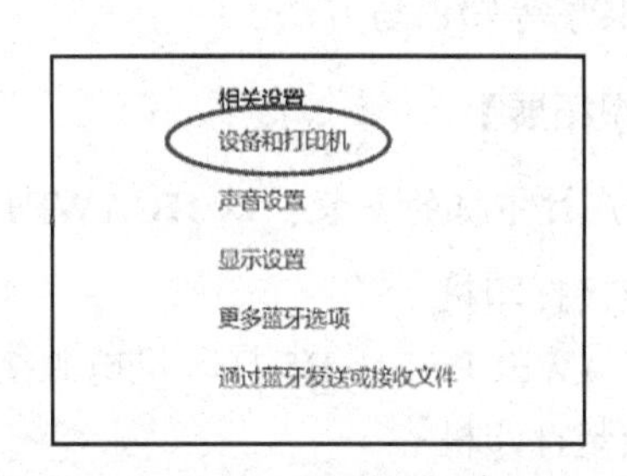

图3-2-39　选择“设备和打印机”选项

步骤②：在弹出的窗口中找到要共享的打印机图标（前提是打印机已正确连接，驱动已正确安装），选中该打印机图标，右击，选择“打印机属性”命令，如图3-2-40所示。

步骤③：选择“共享”标签，选中“共享这台打印机”复选框，并且设置一个共享名（要记住该共享名，后面的设置中可能会用到），如图3-2-41所示。

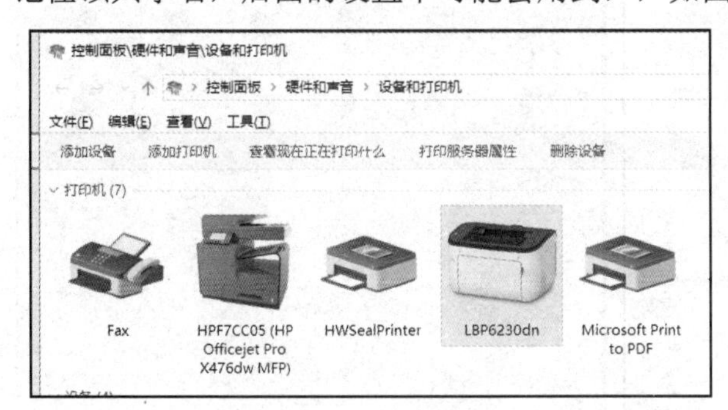

图3-2-40　打印机界面

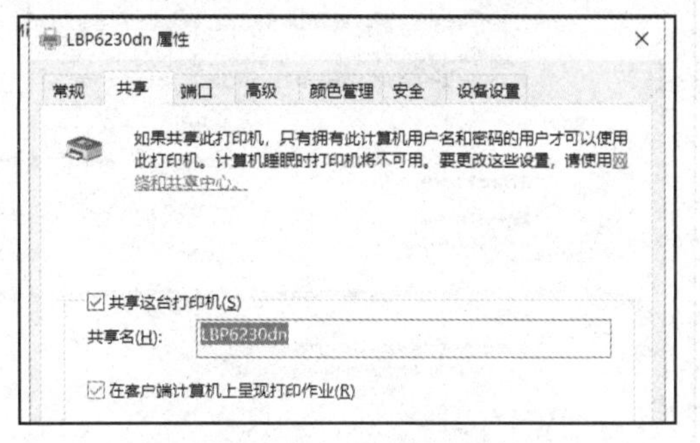

图3-2-41　共享界面

3. 进行高级共享设置

步骤①：在桌面右下角系统托盘的网络连接图标上右击，选择“打开‘网络和 Internet’设置”选项，如图3-2-42所示，在弹出的对话框中选择“网络和共享中心”选项，如图3-2-43所示。

图3-2-42　选择“打开‘网络和 Internet’设置”选项

高级网络设置

更改适配器选项

查看网络适配器并更改连接设置。

网络和共享中心

根据所连接到的网络，决定要共享的内容。

网络疑难解答

诊断并解决网络问题。

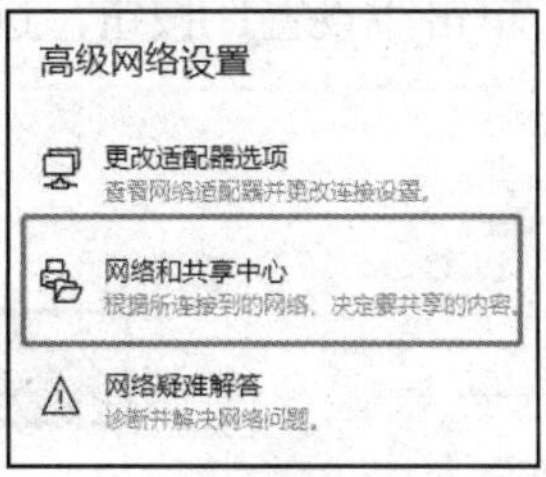

图3-2-43　选择“网络和共享中心”选项

步骤②：选择界面中的“更改高级共享设置”选项，如图3-2-44所示。

步骤③：选中“无密码保护的共享”单选按钮，如图3-2-45所示，至此打印机的共享设置已完成。

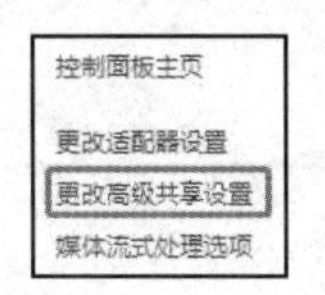

图3-2-44　选择“更改高级共享设置”选项

提示： 如果是工作或专用网络，具体设置和上述情况类似，相应地选择设置选项即可。

【项目总结】

本子项目主要介绍了路由器的设置、Ping 命令的使用、浏览器的使用、电子邮箱的使用和打印机的共享等知识与方法。

【知识拓展】

1. 国产打印机的安装：以 HUAWEI PixLab B5 打印机为例

1）连接打印机

将 HUAWEI PixLab B5 打印机电源接通并将网络已连通的网线插入打印机网络接口。

2）安装打印机

（1）打开同一网段的计算机（此处需注意打印机需要与计算机处于同一网段），单击 Windows“开始”按钮，进入“开始”界面，如图 3-2-46 所示。

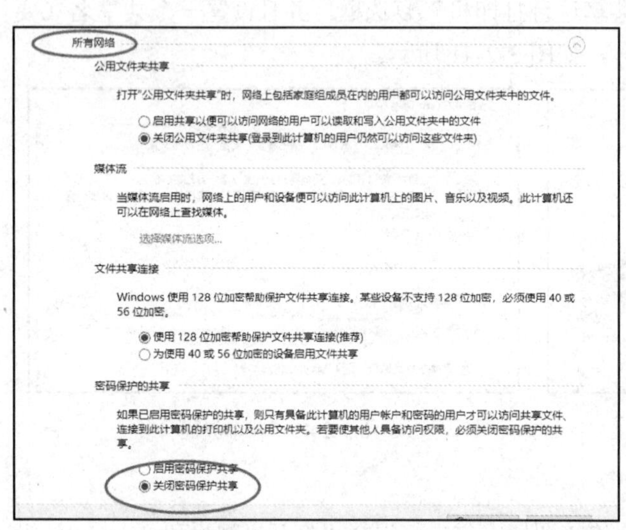

图 3-2-45　关闭密码保护共享

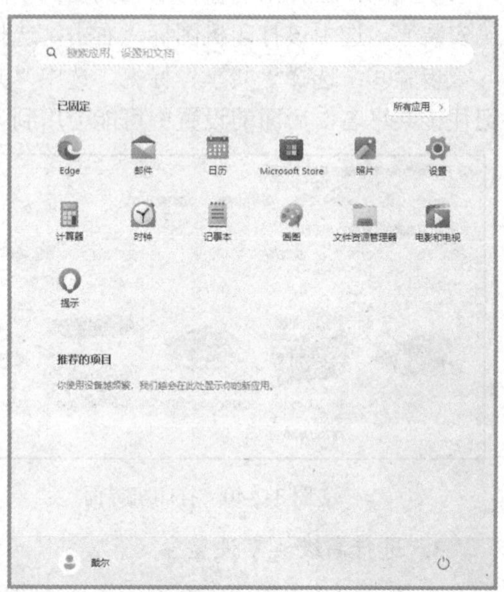

图 3-2-46　“开始”界面

（2）单击“设置”按钮，进入“Windows 设置”界面，如图 3-2-47 所示。

图 3-2-47　Windows 设置界面

（3）单击“Windows 设置”界面左边的“蓝牙和其他设备”选项卡，然后单击右边界面中的“打印机和扫描仪”选项卡，进入“打印机和扫描仪”界面，如图 3-2-48 所示。

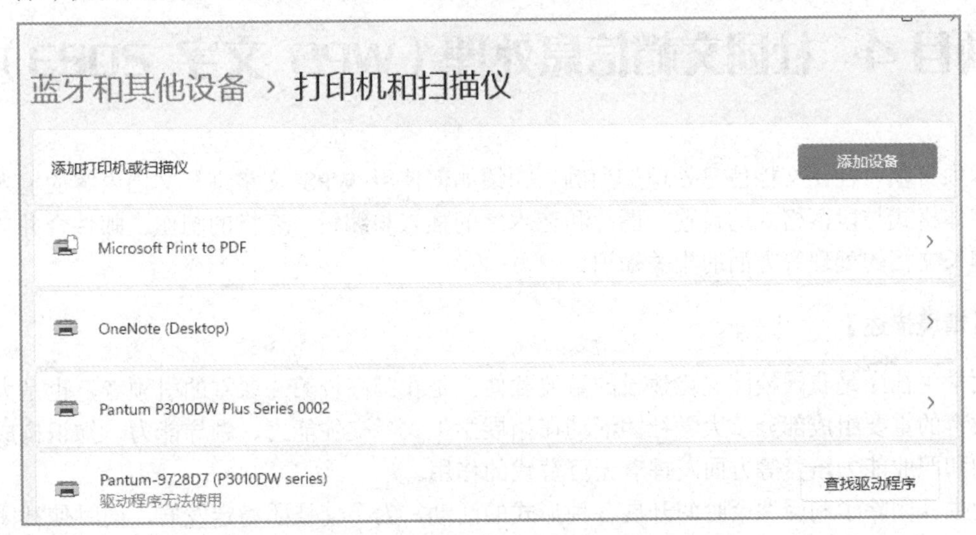

图 3-2-48　打印机和扫描仪界面

（4）单击“添加设备”按钮，进入“添加打印机或扫描仪”界面，如图 3-2-49 所示。单击所需添加的 HUAWEI PixLab B5 打印机。

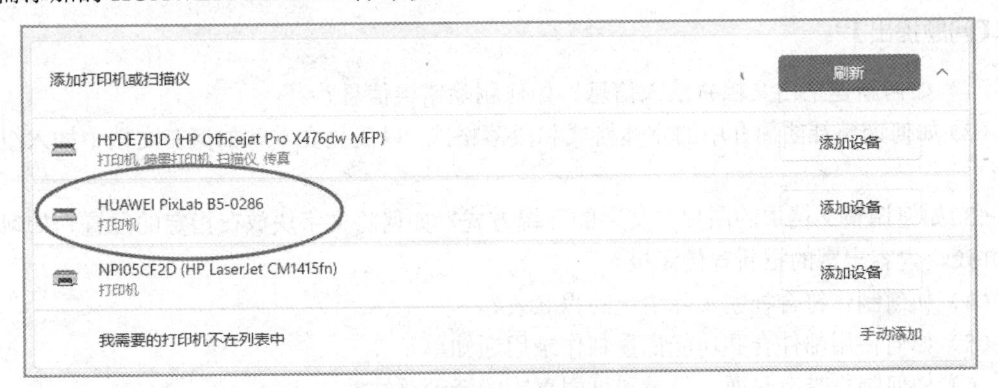

图 3-2-49　添加打印机或扫描仪界面

（5）打印机会进入自动安装（因为该打印机自带存储，存储内含打印机驱动程序，因此不需要安装盘或从网上下载驱动程序），待安装进度条读取完毕后，如图 3-2-50 所示，打印机就安装完成可以正常使用了。

图 3-2-50　打印机安装进度条

至此打印机安装完毕，同一网段的其他计算机需要使用该打印机的用户只需按照上述步骤在计算机上安装该打印机即可使用该打印机，这样就实现了打印机的共享。

HUAWEI PixLab B5 打印机还支持手机无线远程打印功能，同学们可以在课后练习如何在手机上安装该打印机，并打印手机中的文件。

项目4　社团文档信息处理（WPS 文字 2023）

本项目以“社团文档信息处理”为例，介绍如何使用 WPS 文字进行文档内容的输入与编辑、字体格式与段落格式的设置、图片和艺术字的插入与编辑、表格的制作、邮件合并功能的使用和长文档的处理等方面的相关知识。

【情境描述】

大学生社团是我国校园文化建设的重要载体，是我国高校第二课堂的引领者，也是大学生素质教育的重要组成部分。大学社团活动在拓展学生人际交往能力、领导能力、知识构成及自我认知和职业能力培养等方面发挥着无可替代的作用。

学生社团除了利用课余时间开展各种形式的活动，为了使社团稳定发展，同时使社团文化更好地传承下去，社团每年还需要开展招新活动。在开展招新活动时，社团要通过文字、图片等形式让广大学生了解自己的社团，并为报名的学生提供登记表，以方便收集信息和进行选拔。那么社团招新中的系列文档该如何制作、编辑呢？

【问题提出】

（1）如何新建空白文档并录入信息？如何删除错误信息？

（2）如何调整社团简介中的字体格式和段落格式，以美化文本？如何在文档中插入组织结构图？

（3）如何调整文档中的图片与文字的环绕方式？如何将文字块放在指定的位置？如何制作图文并茂、内容丰富的招新宣传海报？

（4）如何制作符合社团实际情况的报名表？

（5）如何使用邮件合并功能批量制作录用通知单？

（6）如何制作带有封面、目录和页眉页脚的活动总结？

（7）如何进行文档的修订？

【项目流程】

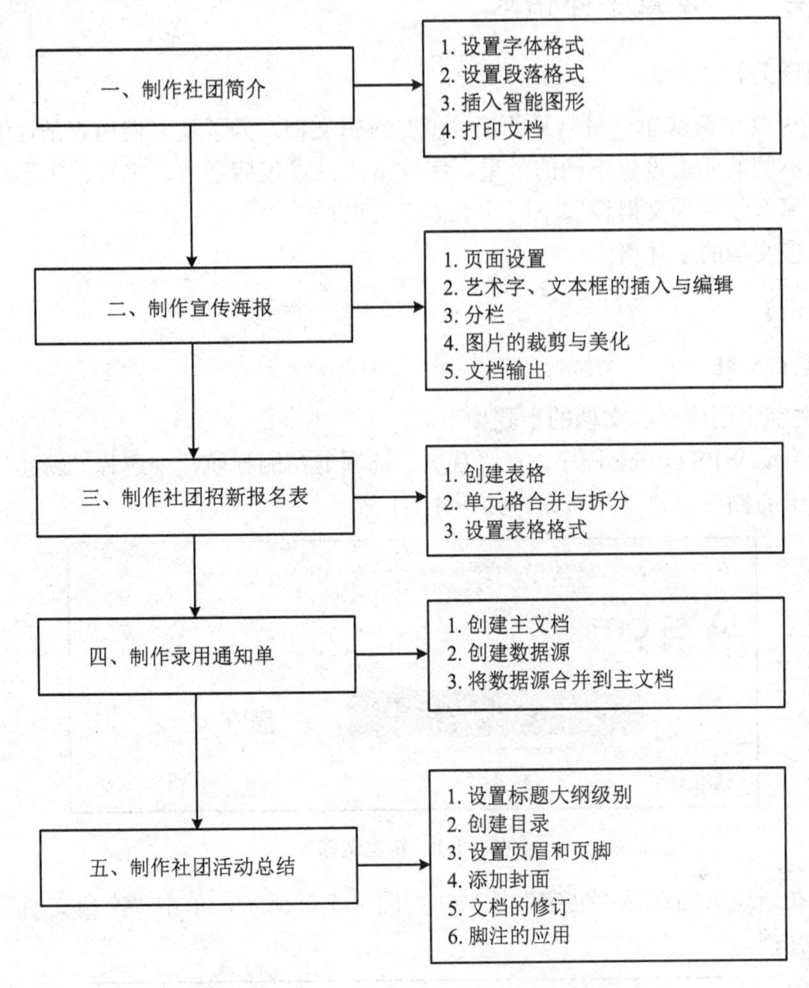

4.1 子项目一 制作社团简介

4.1 子项目一课件

【情境描述】

多吉入校时，凭借自己在计算机操作方面的特长顺利加入了“老西藏精神学习与传承”社团，成为社团秘书处的一员。近期，社团指导老师张老师给多吉发了一份社团简介，要求多吉进行排版，并按照社团组成结构进行内容补充。

【问题提出】

（1）如何将未经排版的社团简介内容复制到一个新的文档中，以免在排版中因为操作失误导致原文档内容丢失？

（2）如何为正文和标题设置不同的字体格式和段落格式，以美化文本内容？

（3）如何为段落添加边框、底纹和项目符号？

（4）如何在文档中插入智能图形？

（5）如何查看文档的打印效果并进行打印设置？

4.1.1 任务一 设置字体格式

【情境和任务】

情境：WPS 文字最简单、最常见的用途就是编辑文档。为了使文档内容条理清晰、页面美观，我们要为不同的元素设置不同的效果。字体格式设置包括字体、字号、字形和字体颜色等格式的设置，那么如何为文档设置不同的字体格式呢？

任务：设置文档的字体格式。

【相关资讯】

1. 创建空白文档

在 WPS 文字中创建空白文档的步骤如下。

步骤①：启动 WPS Office 程序，在“首页”选项卡左侧导航栏中选择“新建”命令，或在“首页”选项卡右侧单击“＋”按钮，如图 4-1-1 所示。

图 4-1-1 新建文档

步骤②：在新建页面选择“文字”选项，如图 4-1-2 所示，单击“空白文档”按钮，即可创建一个空白文档。

图 4-1-2 创建空白文档

提示：为了方便用户更加快速地创建文档，WPS 内置了大量的文档模板，用户可以根据需要创建的文档类型，在右边的模板搜索栏中输入模板关键字下载模板（部分模板需要开通会员才可以下载），通过在模板的基础上修改，可迅速创建自己所需的文档。

2. 保存文档

在要保存的新建文档中，单击快速访问工具栏中的“保存”按钮，在弹出的“另存为”对话框中设置文档的存储路径和文件名称，然后单击“保存”按钮即可保存当前文档。

当用户首次对新建的文档进行保存时，会弹出“另存为”对话框提示设置文档的存储路径以及文件名称。

3. 文本的选择

将光标插入点定位到需要选择的文本的开始位置，然后按住鼠标左键不放，拖动鼠标至需要选择的文本的结尾处，释放鼠标即可。

选择词组：将光标插入点定位到要选择的词语的开始位置或中间，双击即可。

4. 文本的复制和粘贴

（1）通过功能区执行复制/粘贴操作：选中需要复制的文本，单击“开始”→“复制”按钮，如图 4-1-3 所示；然后将光标插入点定位到需要粘贴的目标位置，单击“开始”→“粘贴”按钮，如图 4-1-4 所示；通过上述操作便可将所选内容进行复制和粘贴。

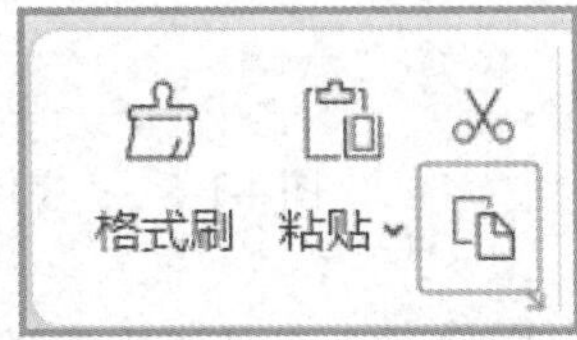

图 4-1-3　复制按钮　　图 4-1-4　粘贴按钮

（2）通过快捷键执行复制和粘贴操作：选中文本后，按 Ctrl+C 组合键，即可快速对所选文本进行复制操作；将光标插入点定位到需要粘贴的目标位置，按 Ctrl+V 组合键，即可快速实现粘贴操作。

【任务实施】

1. 创建社团简介文档

步骤①：在桌面新建一个名为“社团简介”的文档。

步骤②：将“社团简介-素材”内容复制并粘贴到“社团简介”文档中。

提示： WPS 文字默认保存的文件类型为“.docx”格式，如果要将文档保存为其他格式，可以在“另存为”对话框中单击“文件类型”下拉按钮，在下拉列表中选择对应的文件类型即可。

2. 设置字体格式

步骤①：选中正文内容，选择“开始”→“字体”和“字号”选项，将字体格式设置为“宋体，小四”，如图 4-1-5 所示。

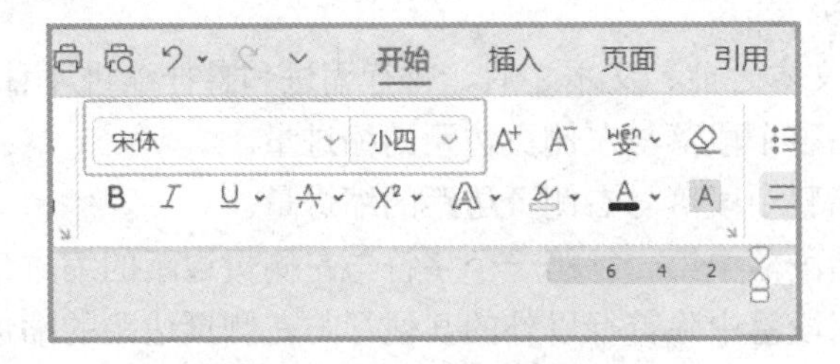

图 4-1-5　字体、字号的设置

步骤②：选中文字“老西藏精神学习与传承社团简介”，选择“开始”→“字体”和“字号”选项，将字体格式设置为“微软雅黑”“三号”；单击“开始”→“字体”功能扩展按钮，在弹出的“字体”对话框中设置“字符间距”选项卡中的间距为“加宽”，值为“1 磅”，单击“确定”按钮，如图 4-1-6 所示。

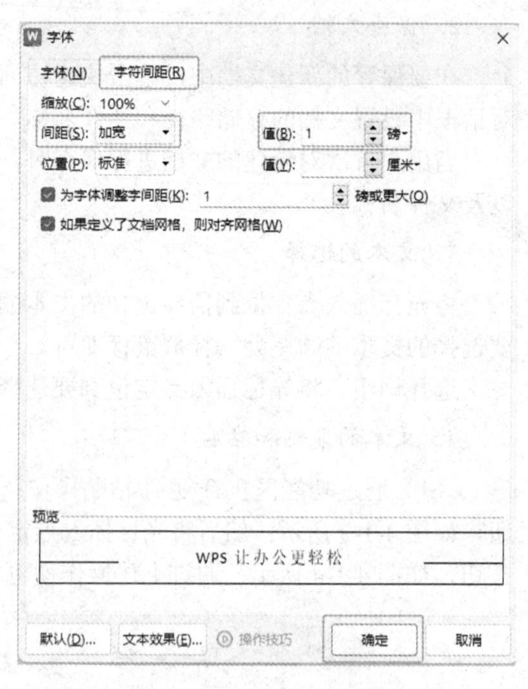

图 4-1-6　“字体”对话框

步骤③：选中文字“社团工作宗旨”“社团组织机构”“社团活动概况”，将该内容字体格式设置为“黑体，四号”。

步骤④：选中文字“谭冠三纪念园义务讲解”“开展各类主题教育活动”“组织特色读书会”，将该内容字体格式设置为“宋体，小四，加粗”。

4.1.2　任务二　设置段落格式

【情境和任务】

情境：一篇好的文档必定有一个好的段落格式，段落格式也是文档排版中主要操作的对象之一。通常，在书写或排版时，标题要居中，段落首行需要缩进两个字符。那么如何为文档的不同段落设置不同的格式呢？

任务：设置文档的段落格式。

【相关资讯】

1. 段落的对齐方式

段落的对齐方式是指段落在页面上的分布规则，也是 WPS 文字排版的基础单位。在“开始”选项卡下，有 5 种水平对齐方式设置按钮，从左至右分别是左对齐、居中对齐、右对齐、两端对齐和分散对齐。WPS 文字默认的段落对齐方式为两端对齐。

（1）左对齐：使内容与左边距对齐，通常用于正文文本排版。

（2）居中对齐：使内容以页面中间为基准对齐，通常用于封面、引言等，有时也用于标题。

（3）右对齐：使内容与右边距对齐，通常用于一小部分内容，如落款或页眉页脚中的文本。

（4）两端对齐：使内容在左右边距之间均匀分布，并自动调整字符间距。

（5）分散对齐：使内容在左右边距之间均匀分布，若段落中的最后一行较短，则将在字符之间添加空格，使内容填满页面。

2. 段落的缩进方式

段落的缩进方式有文本之前、文本之后、首行缩进和悬挂缩进 4 种。

（1）文本之前：指整个段落与左侧页边距的缩进量。

（2）文本之后：指整个段落与右侧页边距的缩进量。

（3）首行缩进：指段落中第一行第一个字符与左侧页边距的缩进量。

（4）悬挂缩进：指段落中除首行以外的其他行与左侧页边距的缩进量。

3. 段落间距

段落间距是指相邻两个段落之间的距离。

4. 行距

行距是指段落中相邻两行之间的距离。

5. 项目符号

项目符号是指添加在段落前的符号，一般用于并列关系的段落。添加项目符号可以让列举的条目清晰美观。

6. 编号

编号是指添加在段落前的编号，一般用于具有一定顺序或层次结构的段落，如公司规章制度、合同条款等，添加编号可以使内容层次更加分明。

7. 格式刷

格式刷是一种快速应用格式的工具，能够将某文本对象的格式复制到另一个对象上，从而避免重复设置格式的麻烦。

【任务实施】

1. 设置段落格式

步骤①：选中文字“老西藏精神学习与传承社团简介”，单击“开始”→“段落”功能扩展按钮，在弹出的“段落”对话框中的“缩进和间距”选项卡中设置对齐方式为“居中对齐”，间距为段前“0.5 行”和段后“0.5 行”，然后单击“确定”按钮，如图 4-1-7 所示。

步骤②：选中正文，单击“开始”→“段落”功能扩展按钮，在弹出的“段落”对话框中的“缩进和间距”选项卡中设置“特殊格式”为“首行缩进 2 字符”，行距为“固定值 28.8 磅”，然后单击“确定”按钮，如图 4-1-8 所示。

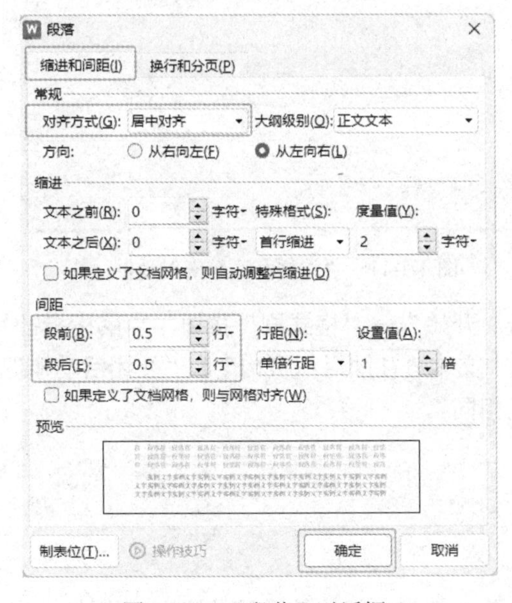

图 4-1-7　“段落”对话框 1

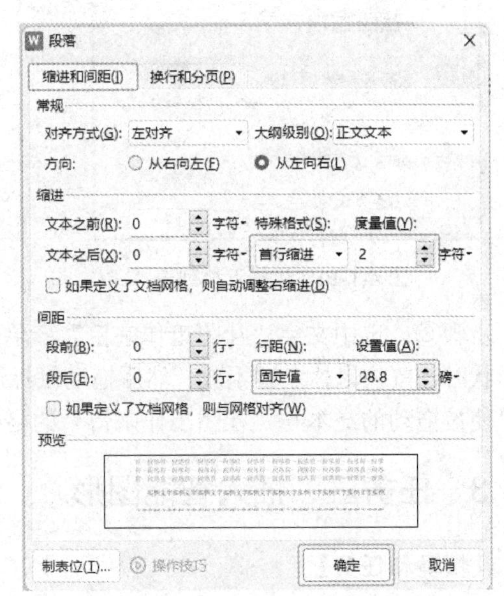

图 4-1-8　“段落”对话框 2

步骤③：选中文字“社团工作宗旨”“社团组织机构”“社团活动概况”，将其段落间距设置为段前“0.5 行”和段后“0.5 行”。

提示：（1）如果要设置某个段落的格式，只需要将光标定位到该段落任意位置即可，不必选中整个段落。

（2）在段落中右击，选择快捷菜单中的“段落”命令也可以打开“段落”对话框。

2. 为标题添加编号

选中文字“社团工作宗旨”“社团组织机构”“社团活动概况”，单击“开始”→“编号”下拉按钮，在弹出的下拉列表中选择相应的编号样式，即可添加编号，如图 4-1-9 所示。

图 4-1-9 “编号”下拉列表

3. 为标题设置字体颜色和底纹

步骤①：选中文字“社团工作宗旨”，单击“开始”→“边框”下拉按钮，在弹出的下拉列表中选择“边框和底纹”命令，如图 4-1-10 所示，在打开的“边框和底纹”对话框中的“底纹”选项卡中单击“填充”下拉按钮，在弹出的下拉列表中选择底纹颜色为“标准色 浅蓝”，并选择应用于“段落”，然后单击“确定”按钮，如图 4-1-11 所示；最后单击“开始”→“字体颜色”下拉按钮，在弹出的下拉列表中选择“白色，背景 1”。

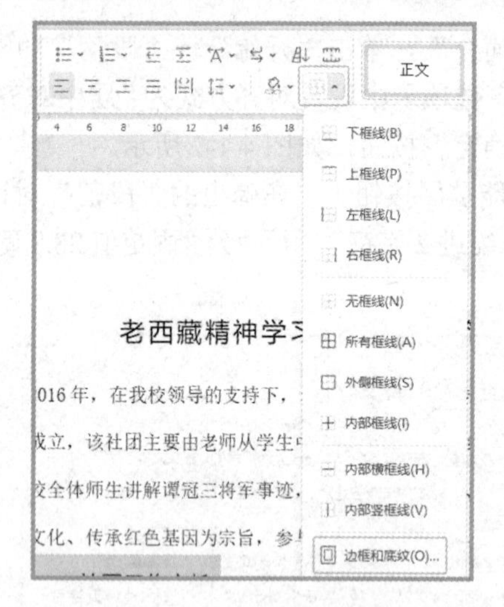

图 4-1-10 边框下拉列表

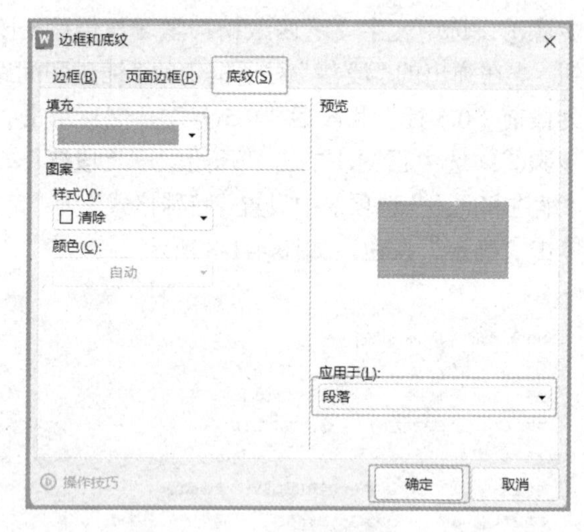

图 4-1-11 “边框和底纹”对话框

步骤②：选中文字“社团工作宗旨”，单击“开始”→“格式刷”按钮，当鼠标指针呈刷子形状时，按住鼠标左键不放，然后拖动鼠标选中文本“社团组织机构”和“社团活动概况”，即可使被拖动的文本与“社团工作宗旨”的格式相同。

4.1.3 任务三 插入智能图形

【情境和任务】

情境：在这份社团简介中，社团的组织机构及各部门之间的关系只是用文字描述，不利于读者快速理解，那么如何在文档中制作组织结构图呢？

任务：制作社团组织结构图。

【相关资讯】

智能图形是信息和观点的视觉表示形式，包括列表、流程、循环等多种类型的复杂图形。用户可以在多种布局中选择适合自己的图形，从而快速、轻松、有效地传达信息。

【任务实施】

1. 插入组织结构图

步骤①：将光标插入点定位在需要插入 SmartArt 图形的位置。

步骤②：选择“插入”→“智能图形”选项，在弹出的“智能图形”窗口中选择“SmartArt”→“组织结构图”选项，如图 4-1-12 所示。

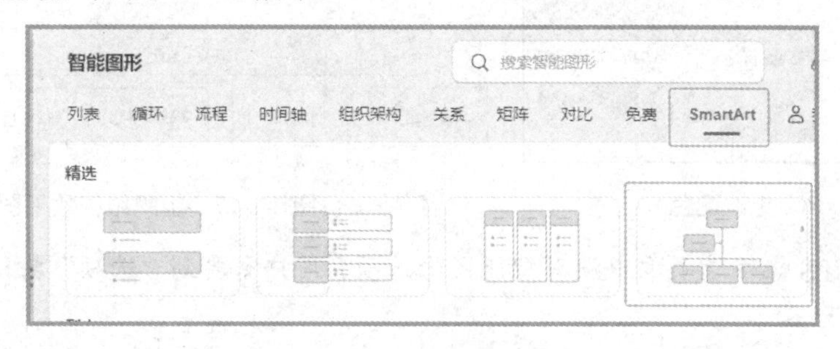

图 4-1-12　“智能图形”窗口

2. 调整组织结构图

步骤①：在插入的图形中，选中第二行的形状，按 Delete 键将其删除；然后选中上方第一个形状，单击“设计”→“添加项目”按钮，在弹出的下拉列表中选择“在上方添加项目”命令，如图 4-1-13 所示。

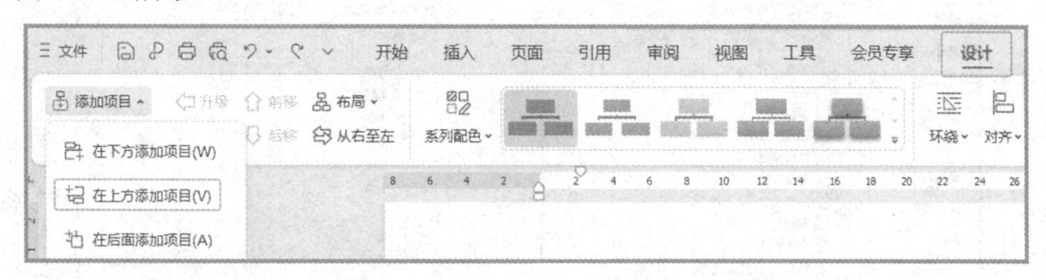

图 4-1-13　选择“在上方添加项目”命令

步骤②：选中最下方的形状，单击“添加项目”按钮，在弹出的下拉列表中选择“在后面添加项目”命令。然后选中第二个形状，选择“更改布局”→“标准”命令，如图 4-1-14 所示，修改完成后效果如图 4-1-15 所示。

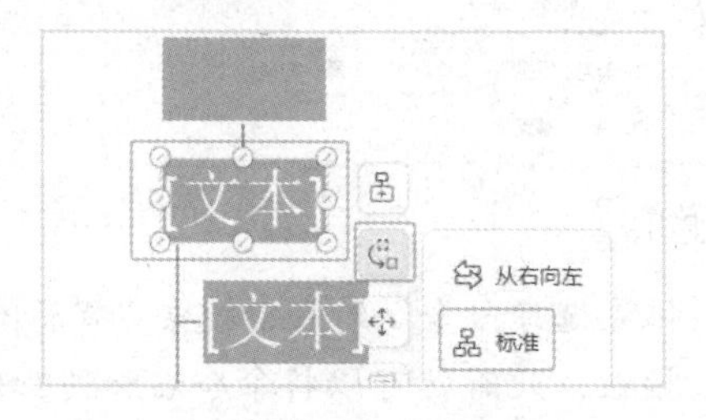

图 4-1-14　更改 SmartArt 图形布局

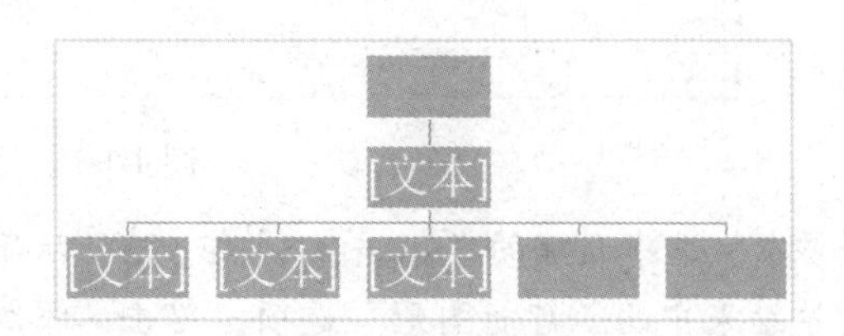

图 4-1-15　SmartArt 图形布局调整后的效果图

3. 录入文本并为组织结构图设置格式

步骤①：录入文本内容。选中形状直接录入文字即可。

步骤②：选中 SmartArt 图形，单击“设计”→“系列配色”按钮，在弹出的列表中选择“着色 1”命令，如图 4-1-16 所示。

步骤③：选中 SmartArt 图形，单击“开始”选项卡，将形状中的文本格式设置为“黑体”“10 磅”，最终效果如图 4-1-17 所示。

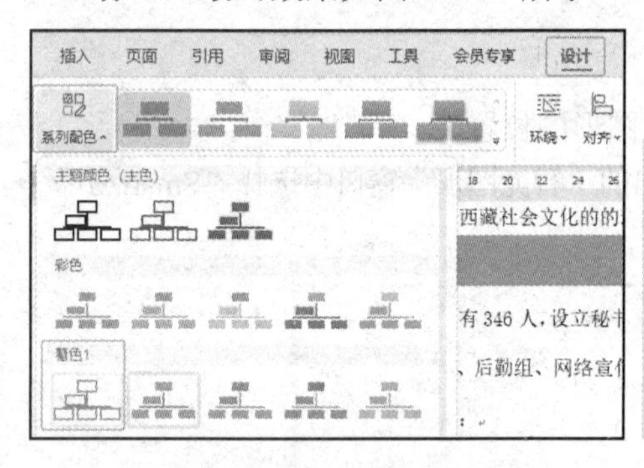

图 4-1-16　更改配色

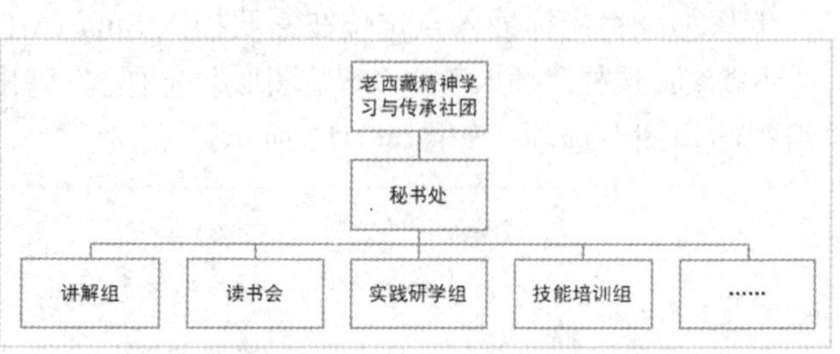

图 4-1-17　组织结构效果图

提示：如果 WPS 文字选项卡中没有智能图形选项，用户需要到“选项”对话框中进行添加。具体操作步骤如下。

步骤①：选择“文件”菜单→“选项”命令，打开“选项”对话框。在“主选项卡”中选中“插入”选项卡，单击“新建组”→“重命名”按钮，在“重命名”对话框中输入新的名字，单击“确定”按钮，如图 4-1-18 所示。

图 4-1-18　新建组

步骤②：选中新建的“SmartArt”组，在“从下列位置选择命令”列表中搜索“智能图形”，选中所搜结果中的“智能图形”选项，单击“添加”按钮，此时就可以将命令添加到新建的组中了。最后，单击“确定”按钮，即可完成命令的添加，如图 4-1-19 所示。

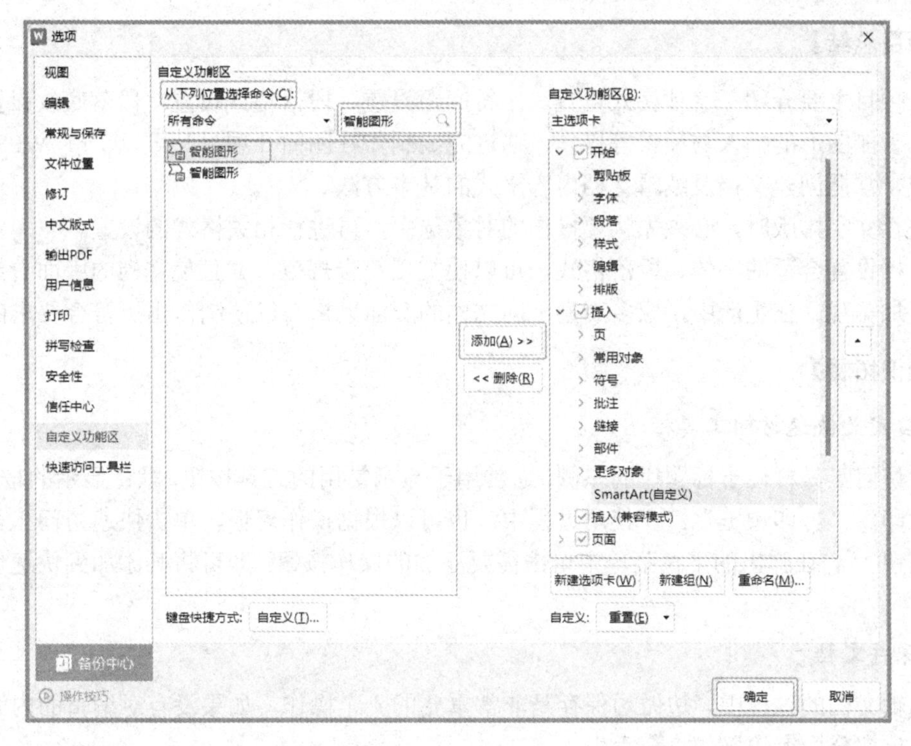

图 4-1-19　添加命令

4.1.4　任务四　打印文档

【情境和任务】

情境：为了让社团成员第一时间了解社团的情况，张老师让多吉把完善后的简介发给社团的所有成员浏览，但很多同学没有计算机，不方便查看邮件，于是多吉需要把社团简介打印出来，多吉该如何完成这项工作呢？

任务：打印文档。

【相关资讯】

打印预览是指通过“打印预览”和“打印”按钮，预先查看文档的打印效果。通过打印操作，可将文档内容输出到纸张上，常用的打印方法有直接打印、指定页面内容打印、选中内容打印和在一页纸上打印多页内容。

【任务实施】

打印文档的操作步骤如下。

步骤①：单击“文件”菜单中的“打印”命令。

步骤②：在“打印机”下拉列表中选择可以执行打印任务的打印机，如图 4-1-20 所示。根据实际需要，还可以对“页码范围”“份数”等进行设置。

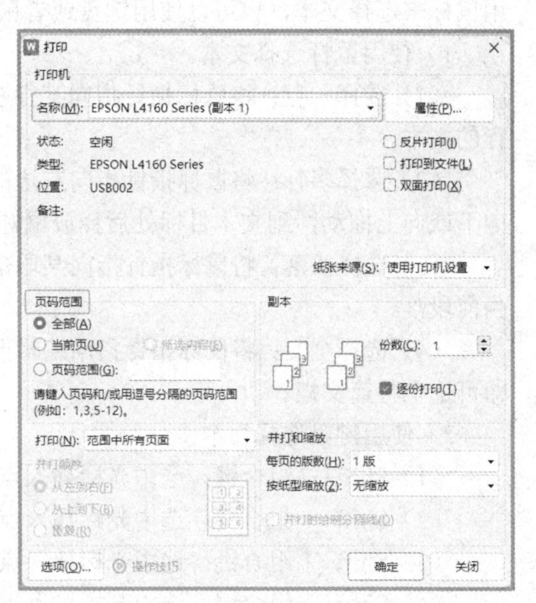

图 4-1-20　“打印”对话框

【项目总结】

本子项目主要介绍了字体格式设置、字符间距设置、段落格式设置、段落底纹设置、编号的使用、智能图形的插入与编辑等操作，通过完成制作社团简介项目，可以了解 WPS 文字界面的组成，掌握创建文档及编辑文档内容格式的基本方法。

在进行文字排版时，必须先将要操作的对象选中，再进行相关格式的设置。

为文档设置合适的字体、段落格式，可以使文档符合规范，并且使文档的版面看起来层次分明，更加美观。在生活中，应多观察不同文档的版面风格，以便制作出更符合要求的文档。

【知识拓展】

1. 自定义快速访问工具栏

快速访问工具栏位于标题栏的左侧，通常用于显示常用的工具按钮，默认显示的按钮有“保存”“打印”“打印预览”。在使用过程中，也可以根据操作习惯，单击快速访问工具栏右侧的下拉按钮 ˅，在弹出的下拉菜单中单击需要添加的操作按钮，即可将其添加到快速访问工具栏中。

2. 保存文档

在编辑文档的过程中，边做边保存是非常重要的一个操作，如果没有对编辑的内容进行保存，则对该部分内容的操作将会丢失。

对原有文档进行编辑后，可以直接按 Ctrl+S 组合键，或者单击“保存”按钮进行保存。

如果需要将编辑后的文档以新的文件名保存到原有路径或新的路径，可以直接按 F12 功能键或者选择“文件”菜单中的“另存为”命令，在弹出的对话框中设置文档的名称、保存的位置和文件类型，然后单击“确定”按钮即可。

3. 选择文本

若要对文档中的文本进行操作，必须先选中需要操作的文本对象。在文档编辑时，通常使用鼠标来选择文本，也可以使用键盘或者鼠标+键盘结合的方式来选择文本。

1）使用鼠标选择文本

（1）选择一行：将鼠标指针指向某行左边的空白处，当指针呈↗形状时，单击即可选中该行的文本。

（2）选择多行：将鼠标指针指向左边的空白处，当指针呈↗形状时，按住鼠标左键不放并向下或向上拖动，到文本目标处后释放鼠标，即可选中多行。

（3）选择段落：将鼠标指针指向某段落左边的空白处，当指针呈↗形状时，双击即可选中当前段落。

（4）选择全文：将鼠标指针指向编辑区左边的空白处，当指针呈↗形状时，连续单击三次即可选中整篇文档。

2）使用键盘选择文本

（1）Shift+→组合键：选中光标插入点所在位置右侧的一个或多个字符。

（2）Shift+←组合键：选中光标插入点所在位置左侧的一个或多个字符。

（3）Shift+↑组合键：选中光标插入点所在位置至上一行对应位置处的文本。

（4）Shift+↓组合键：选中光标插入点所在位置至下一行对应位置处的文本。

4.2　子项目二　制作宣传海报

4.2　子项目二
课件

【情境描述】

大学生社团是校园文化建设的重要载体，为保证社团生活的多样性和丰富性，老西藏精神学习与传承社团准备吸纳一批新成员。为达到良好的宣传效果，使社团能够招募到更多人才，多吉要制作一张社团招新的宣传海报。

【问题提出】

（1）如何将纵向页面改为横向？
（2）如何让标题艺术化？
（3）如何将文字块放到指定的位置？
（4）如何将页面中的文字分成两栏？
（5）如何在文档中插入图片？
（6）如何在文档中插入形状？

4.2.1　任务一　页面设置

【情境和任务】

情境：当我们对文档进行排版时，所有的操作都是在页面中完成的，页面的大小、方向、页边距等直接决定了页面中内容的多少及位置。那么应该如何设置页边距、纸张方向和页面背景呢？

任务：页面设置。

【相关资讯】

1. 页边距

页边距是指版心的 4 个边缘与页面的 4 个边缘之间的区域。版心的大小决定了可以在一页中输入的内容量，而版心大小是由页面大小和页边距大小决定的。

（1）版心的宽度=纸张宽度-左边距-右边距。
（2）版心的高度=纸张高度-上边距-下边距。

2. 纸张方向

纸张的方向主要包括“纵向”和“横向”两种，文档的默认方向为“纵向”，用户可根据需要自行设置适合的纸张方向。

【任务实施】

1. 设置页边距

步骤①：在桌面新建一个名为“社团招新海报”的文档。
步骤②：打开“社团招新海报”文档，单击“插入”→“分页”→“分页符”按钮。
步骤③：单击“页面”→“页面设置”功能扩展按钮 ，如图 4-2-1 所示。

步骤④：在弹出的“页面设置”对话框中，选择“页边距”选项卡，在“方向”栏中设置纸张为“横向”；在“页边距”栏中通过“上”“下”“左”“右”微调框设置上、下边距各为 1.5 厘米，左、右边距各为 2.5 厘米，然后单击“确定”按钮，如图 4-2-2 所示。

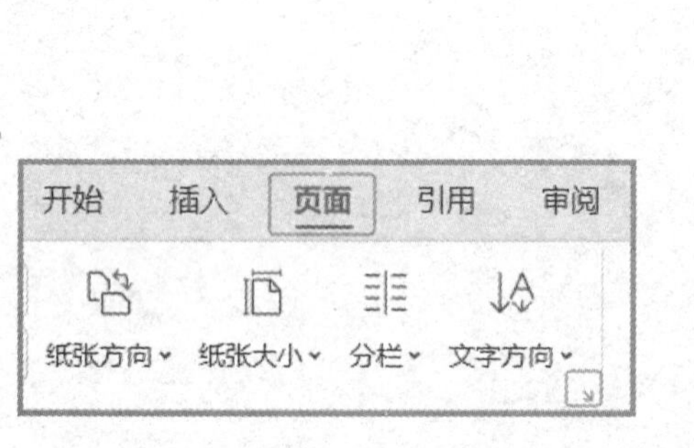

图 4-2-1 “页面”选项卡

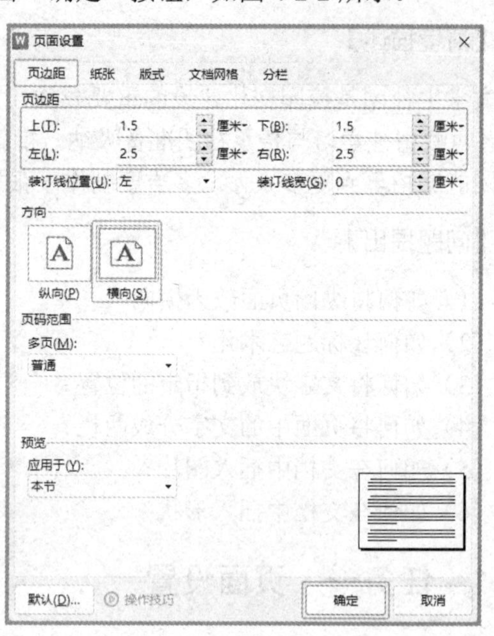

图 4-2-2 “页面设置”对话框

2. 设置页面背景

将光标定位在页面中，单击“页面”→“背景”按钮，在弹出的下拉列表中选择“白色，背景 1，深色 5%”选项，如图 4-2-3 所示。

提示：文档默认的页面背景颜色为白色，除了为页面设置纯色填充效果，还可以根据需要进行渐变填充、纹理填充、图案填充和图片填充。操作方法如下。

步骤①：单击“页面”→“背景”按钮，在弹出的下拉列表中选择“其他背景”命令。

步骤②：在级联列表中，选择任意一项，打开“填充效果”对话框，然后切换到想要填充的选项卡，即可设置对应的填充效果。

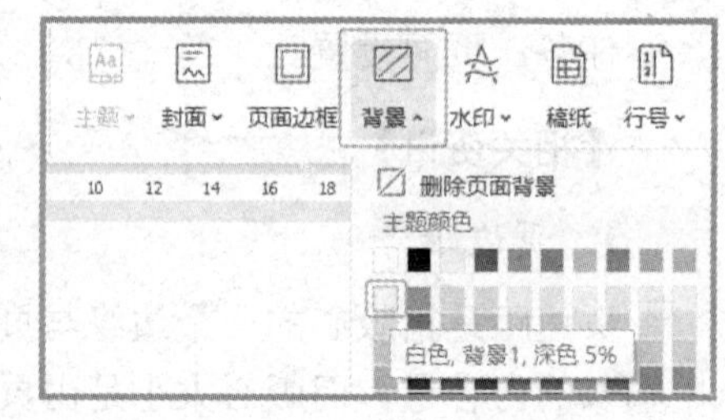

图 4-2-3 页面颜色下拉列表

4.2.2 任务二 制作海报的第一版面

【情境和任务】

情境：海报设计是视觉传达的表现形式之一，主要目的是通过版面的构成在第一时间内吸引观众的目光。在招新海报中，为了使标题更加醒目，多吉决定使用艺术字来制作海报标题，并且配合图片、形状和文字，丰富海报画面。

任务：制作海报的第一版面。

【相关资讯】

1. 艺术字

艺术字是一种特殊的图形，它以图形的方式来展示文字，具有美观有趣、易认易识、醒目张扬等特性，被广泛应用于宣传、广告、商标、标语、黑板报、企业名称、会场布置、展览会、商品包装和装潢、报刊和书籍的装帧上等。

在制作海报、宣传广告等类型的文档时，通常会使用艺术字作为标题，以达到强烈、醒目的效果。之所以选择艺术字作为海报的标题，是因为艺术字在创建时就具有特殊的字体效果，可以直接使用而无须做太多额外的设置。

2. 字体

字体是指文字的外观形态，如宋体、楷体、黑体等。对文本设置不同的字体，显示出的效果也就不同。

3. 文本框

文本框是一种可移动、可调节大小的文字或图形容器。在编辑与排版文档时，文本框是最常用的工具之一。若要在文档的任意位置插入文本，可以通过插入文本框来实现。

4. 形状

WPS 文字中的形状有线条、矩形、基本形状、箭头总汇等，为满足用户在制作文档时的不同需要，用户可从不同类别中找到需要的形状。

5. 图片格式

WPS 文字的图片功能非常强大，可以支持的图片格式有 jpg、jpeg、wmf、png、bmp、gif、tif、emf、wdp 等。

6. 图片环绕方式

WPS 文字提供了嵌入型、四周型、紧密型、穿越型、上下型、衬于文字下方和浮于文字上方 7 种文字环绕方式，不同的环绕方式可以为读者带来不一样的视觉感受。

嵌入型的图片，在 WPS 文字中被看作一个字符嵌入在段落当中，和文字一样，会受到行间距和文档网格设置的影响。若将图片插入包含文字的段落中，该行的行高将以图片的高度为准。

四周型的图片，文字会环绕在图片周围，当拖动图片时，文字会根据图片的位置调整环绕。

浮动型（衬于文字下方，浮于文字上方）的图片，脱离了段落文字的排版，无论怎么移动图片，文字排版都不会受到任何影响。

【任务实施】

1. 编辑艺术字

步骤①：将光标定位在页面中，单击“插入”→“艺术字”按钮，在弹出的下拉菜单中选择第 1 行第 1 列的艺术字样式，如图 4-2-4 所示。

此时，在文档的光标插入点所在位置会出现一个艺术字编辑框，占位符“请在此放置您的文字”为选中状态，如图 4-2-5 所示。

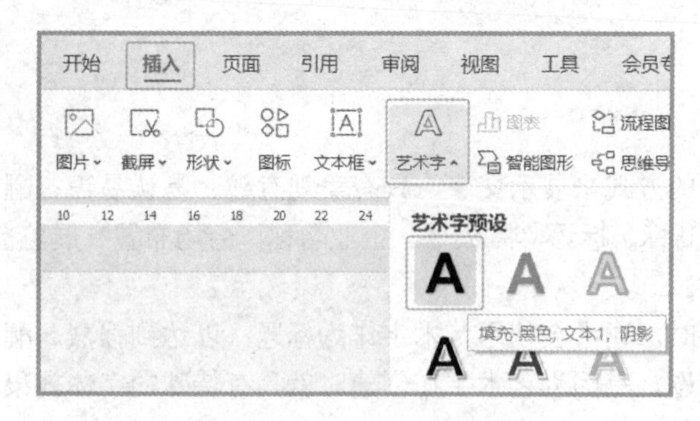

图 4-2-4　艺术字样式选择

图 4-2-5　艺术字编辑框

步骤②：输入艺术字内容“社团招新”，将“社团招新”的字号更改为 140 磅，然后将艺术字拖动到合适的位置。

步骤③：选中艺术字“社团招新”，单击“文本工具”→“文本填充”下拉按钮，在弹出的下拉列表中选择“渐变”命令，如图 4-2-6 所示。

步骤④：在“属性”面板中，选择“文本填充”方式为“渐变填充”，将“渐变样式”设置为“射线渐变”，将“停止点 1”的“色标颜色”设置为“红色”，“位置”设置为“0%”，如图 4-2-7 所示。

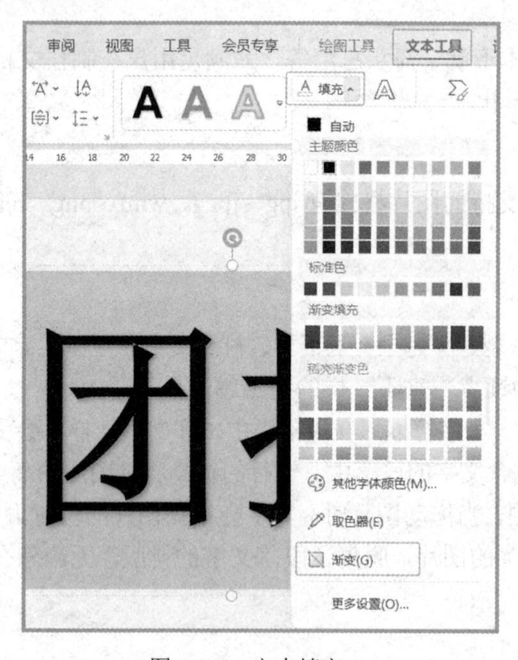

图 4-2-6　文本填充

图 4-2-7　设置艺术字格式

步骤⑤：根据上述操作，将剩下的 3 个停止点依次设置如下：“色标颜色”为“红色”，“位置”为“37%”；“色标颜色”为“钢蓝，着色 1，深色 25%”，“位置”为“69%”；“色标颜色”为“钢蓝，着色 1，深色 50%”，“位置”为“100%”。设置完成后效果如图 4-2-8 所示。

图 4-2-8　“社团招新”效果图

渐变光圈的数量、颜色和位置都会影响艺术字效果，以上数据仅供参考，可根据实际需要进行不同的设置。

步骤⑥：使用上述方法，插入艺术字“Join Us！”，选中艺术字“社团招新”，单击“开始”→“格式刷”按钮，如图 4-2-9 所示，当鼠标指针呈刷子形状时，按住鼠标左键不放，然后拖动鼠标选中艺术字“Join Us！”，使之与艺术字“社团招新”应用相同的格式，然后将“Join Us！”字号设置为 36 磅。

步骤⑦：选中艺术字“Join Us！”，选择“文本工具”→“文字效果”→“转换”→“下弯弧”命令。

步骤⑧：调整艺术字至合适的位置，调整完成后效果如图 4-2-10 所示。

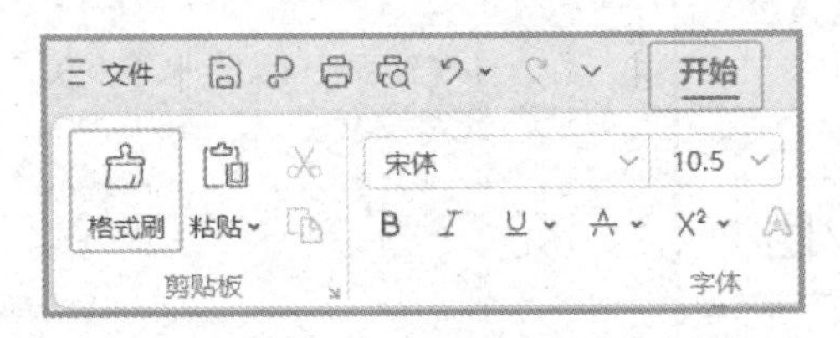

图 4-2-9　“格式刷”按钮

图 4-2-10　调整位置后的效果图

2. 安装并使用新字体

海报标题制作完成后，多吉对标题的效果不是很满意，他决定自行安装字体，使标题更加艺术化。

步骤①：选中要进行安装的字体文件，右击，在弹出的菜单中选择“安装”命令即可，如图 4-2-11 所示。

步骤②：选中艺术字“社团招新”和“Join us！”，单击“开始”→“字体”下拉按钮→“Aa 西瓜大郎”，适当调整艺术字位置，设置完成后效果如图 4-2-12 所示。为突出招新这个主题，可适当将标题中的“招”字字号设置得更大一些。

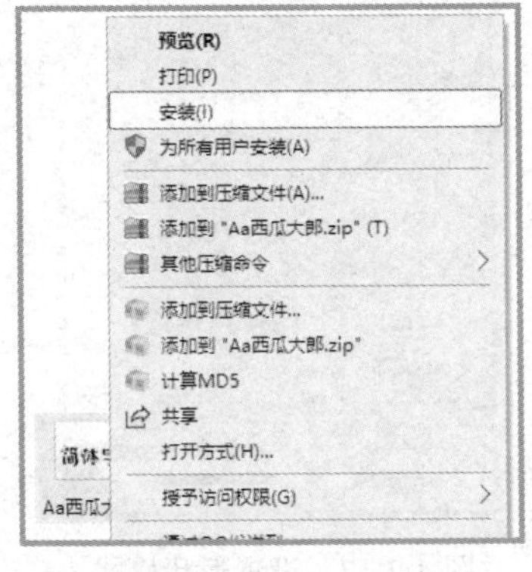

图 4-2-11　字体安装菜单

图 4-2-12　艺术字最终效果

3. 插入文本框与形状，将信息放在页面指定位置

步骤①：将光标定位在页面中，单击“插入”→“文本框”下拉按钮，在弹出的下拉列表中选择“横向”命令，如图 4-2-13 所示。

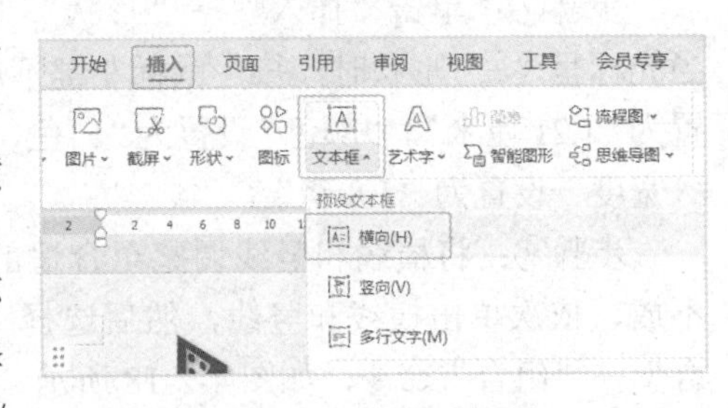

图 4-2-13　插入文本框

步骤②：光标呈“+”形状时，按住鼠标左键不放，然后拖动鼠标绘制文本框，绘制到合适大小时释放鼠标，然后输入文本“老/西/藏/精/神/学/习/与/传/承/社/团”。

步骤③：选中文本“老/西/藏/精/神/学/习/与/传/承/社/团”，将其字体格式设置为“黑体，28 磅”，设置完成后效果如图 4-2-14 所示。

步骤④：单击“插入”→“形状”下拉按钮，在弹出的下拉列表中选择“直线”命令，如图 4-2-15 所示。

老/西/藏/精/神/学/习/与/传/承/社/团

图 4-2-14　绘制文本框并录入文字

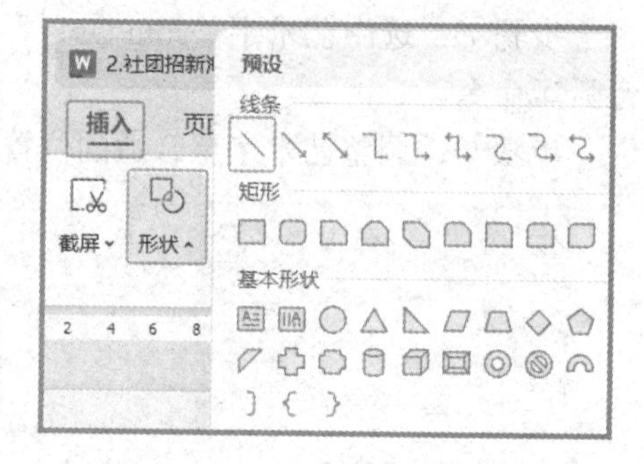

图 4-2-15　插入“直线”

步骤⑤：当光标呈“+”形状时，按住鼠标左键不放，然后向右拖动鼠标绘制横线。

步骤⑥：选中绘制好的横线，在“绘图工具”选项卡中设置横线的“宽度”为“6.26 厘米”，如图 4-2-16 所示；选中横线，单击“设置形状格式”按钮，在右侧的属性面板中设置“颜色”为“白色，背景 1，深色 50%”，“宽度”为“1.75 磅”，如图 4-2-17 所示。

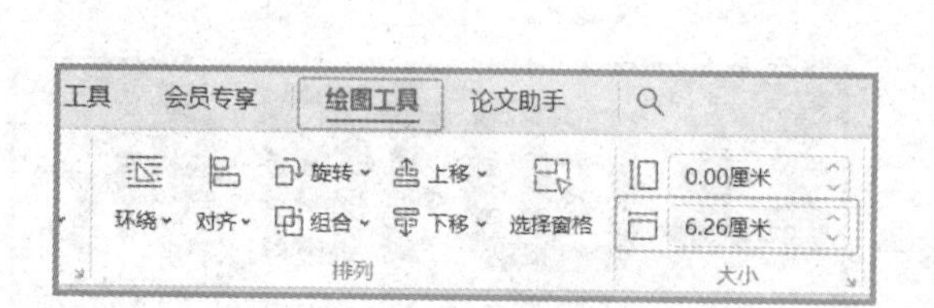

图 4-2-16　设置形状大小

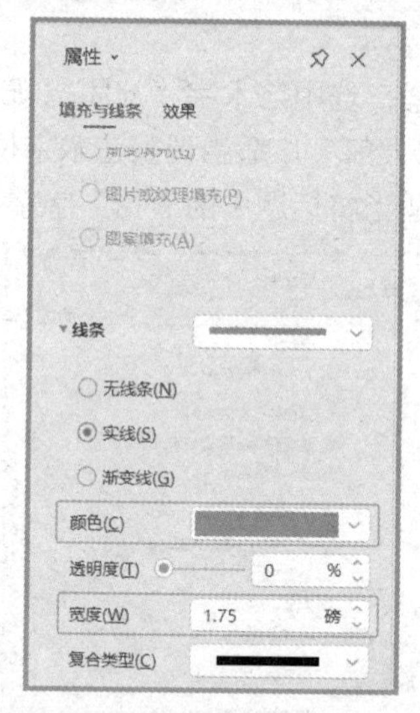

图 4-2-17　设置形状格式

步骤⑦：单击“插入”→“形状”下拉按钮，在弹出的下拉列表中选择“直线”命令，当光标呈“+”形状时，按住鼠标左键不放，然后向下拖动鼠标绘制竖线。将竖线“高度”设置为“1.21 厘米”，“颜色”设置为“白色，背景 1，深色 50%”，“宽度”设置为“1.8 磅”。

步骤⑧：将横线和竖线调整至合适的位置，按住 Ctrl 键不放，依次单击横线和竖线，然后选择“绘图工具”→“组合”→“组合”命令，如图 4-2-18 所示。

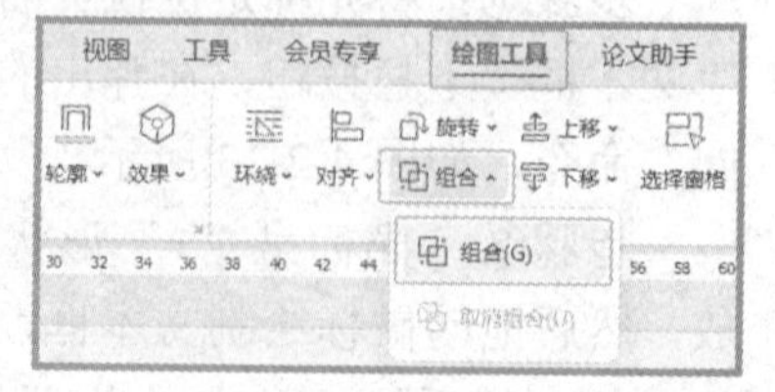

图 4-2-18　形状组合

步骤⑨：对组合后的形状执行复制和粘贴操作，然后单击

“绘图工具”→“旋转”下拉按钮，在弹出的下拉列表中依次选择“水平翻转”和“垂直翻转”命令，如图 4-2-19 所示。

步骤⑩：选中“老/西/藏/精/神/学/习/与/传/承/社/团”所属文本框，单击“绘图工具”→“填充”按钮，选择“无填充颜色”命令，如图 4-2-20 所示。单击“绘图工具”→“轮廓”按钮，选择“无边框颜色”命令。

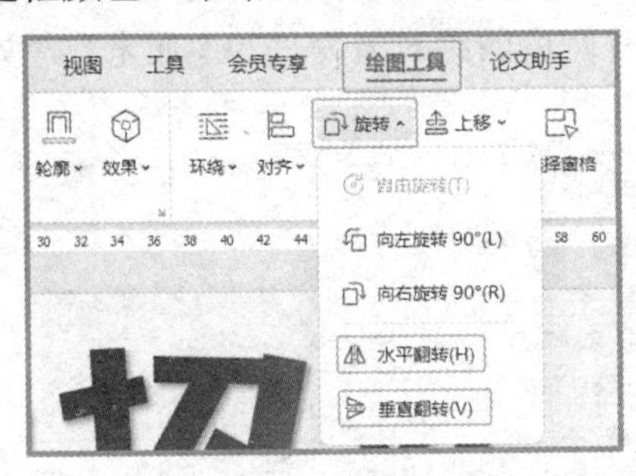

图 4-2-19　旋转形状

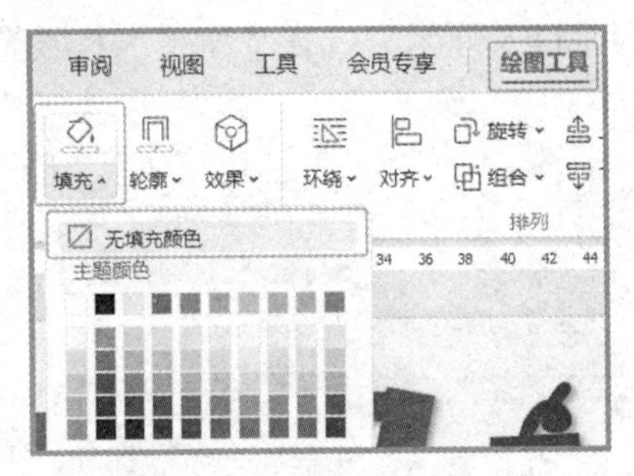

图 4-2-20　设置文本框格式

步骤⑪：调整组合线条与文本框的位置，效果如图 4-2-21 所示。

图 4-2-21　组合线条与文本框后的效果

步骤⑫：绘制文本框，输入文本“缺氧不缺精神　艰苦不怕吃苦　海拔高境界更高”，将文本格式设置为“幼圆”“14”“加粗”，字体颜色改为“白色，背景 1，深色 50%”；文本框格式设置“填充”为“无填充颜色”，“轮廓”为“无边框颜色”。

步骤⑬：绘制直线，将直线格式设置“宽度”为“1.43 厘米”，“颜色”为“白色，背景 1，深色 50%”，“粗细”为“1 磅”。对形状执行复制和粘贴操作，将两直线调整至“缺氧不缺精神　艰苦不怕吃苦　海拔高境界更高”所属文本框两端，效果如图 4-2-22 所示。

缺氧不缺精神　艰苦不怕吃苦　海拔高境界更高

图 4-2-22　调整线条位置后的效果

4. 插入图片美化页面

步骤①：将光标定位到需要插入图片的位置，单击“插入”→“图片”按钮，选择“本地图片”命令，如图 4-2-23 所示，弹出“插入图片”对话框。

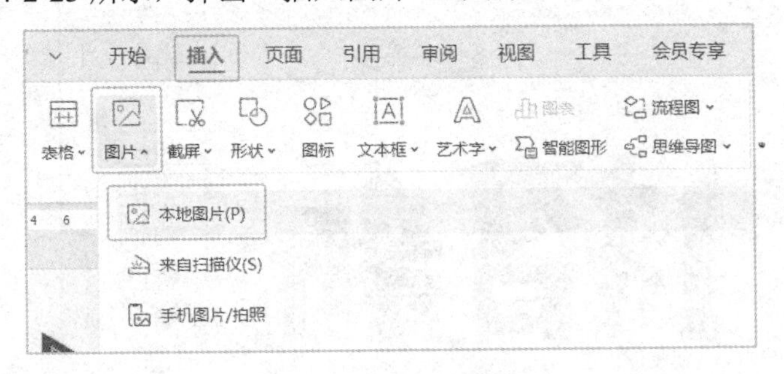

图 4-2-23　插入图片

步骤②：选择需要插入的“背景”图片，单击“打开”按钮。

步骤③：选中插入的图片，单击“图片工具”→“环绕”下拉按钮，在弹出的下拉列表中选择“衬于文字下方”命令，如图 4-2-24 所示。

步骤④：选中“背景”图片，单击“图片工具”→“大小和位置”按钮，在弹出的“布局”对话框的“大小”选项卡中，取消选中“锁定纵横比”复选框。在“高度”栏中设置图片高度的绝对值为“11.5 厘米”，在“宽度”栏设置图片宽度的绝对值为“29.7 厘米”，如图 4-2-25 所示。

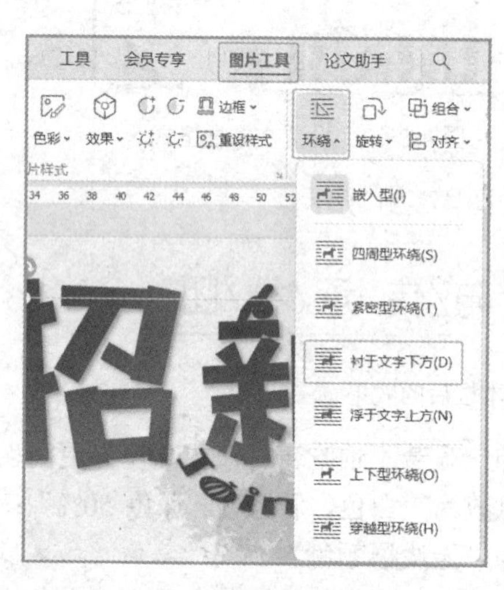

图 4-2-24 设置图片环绕方式

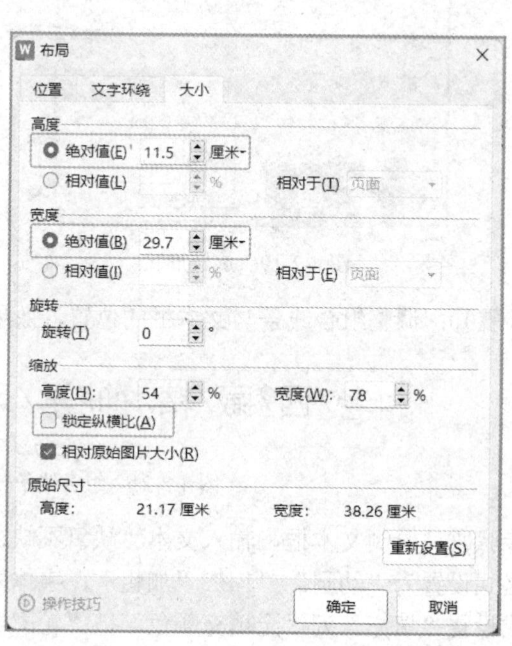

图 4-2-25 图片大小设置

提示：在“布局”对话框的“大小”选项卡中，“锁定纵横比”复选框默认为选中状态，所以通过功能区或对话框调整图片大小时，无论是高度还是宽度的值发生改变，另一个值就会按前面的图片的比例自动更正；若取消选中“锁定纵横比”复选框，则调整图片大小时，图片不会按照比例进行自动更正，但容易出现图片变形的情况。

步骤⑤：单击“图片工具”→“对齐”按钮，依次选择“水平居中”和“底端对齐”命令，如图 4-2-26 所示。

图 4-2-26 设置背景图片对齐方式

4.2.3　任务三　制作海报的第二版面

【情境和任务】

情境：“社团简介”内容在页面中呈单栏排列，为提高阅读性，多吉想将“社团简介”板块的内容分为两栏，该如何操作呢？

任务：制作海报的第二版面。

【相关资讯】

1. 分栏

分栏是指将文档中的文本分成两栏或多栏，是文档编辑中的一个基本方法。在文档中，一段文字通常是按从上到下、从左到右的顺序排列，为了达到某种特殊的排版效果，使用分栏功能，可以控制栏数、栏宽以及栏间距，还可以方便地设置分栏长度。

2. 文本框链接

文本框链接可以使文本从一个文本框流向另一个文本框。

在文本框的大小有限制的情况下，如果要放置到文本框中的内容过多，则一个文本框可能无法完全显示这些内容。这时，可以创建多个文本框，然后将它们链接起来，链接之后的多个文本框中的内容可以连续显示。

【任务实施】

1. 设置标题“社团简介/About US”格式

步骤①：复制“社团简介”素材至第二版面。

步骤②：选中标题“社团简介/About US”，单击“开始”→“字体”下拉按钮，在弹出的下拉列表中选择“Aa 西瓜大郎”；单击“字号”下拉按钮，在弹出的下拉列表中选择 36 磅；然后单击“开始”→“加粗”按钮 B。

步骤③：单击“开始”→“边框”下拉按钮，在弹出的下拉列表中选择“边框和底纹”命令，在“边框和底纹”对话框中选择“底纹”→“填充”→“更多颜色”选项，如图 4-2-27 所示。在“颜色”对话框中选择“自定义”选项卡，将 RGB 值调整为“181，27，23”，单击“确定”按钮，如图 4-2-28 所示。

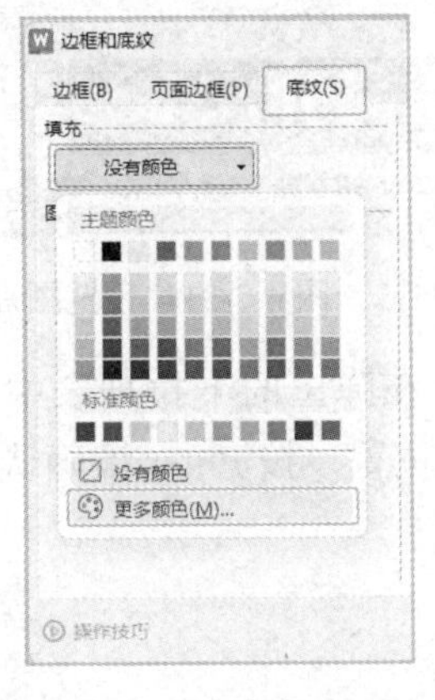

图 4-2-27　“边框和底纹”对话框

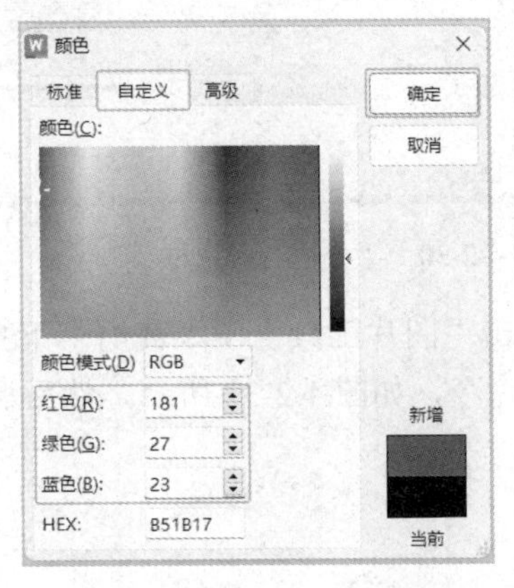

图 4-2-28　自定义底纹颜色

步骤④：单击“开始”→“字体颜色”下拉按钮，在弹出的下拉列表中选择“白色 背景 1”选项。

步骤⑤：单击“开始”→“居中”按钮。

完成上述操作后，标题效果如图 4-2-29 所示。

社团简介/About Us

图 4-2-29　标题效果

2. 给社团简介正文设置分栏

步骤①：选中社团简介正文部分，设置“字号”为 14 磅，段落格式设置为“特殊格式”首行缩进 2 字符。

步骤②：单击“页面”→“分栏”下拉按钮，在弹出的下拉列表中选择“更多分栏”命令，弹出“分栏”对话框，将“栏数”调整为“2”，选中“分隔线”复选框，单击“确定”按钮，如图 4-2-30 所示。

3. 在社团简介正文中插入图片

步骤①：单击“插入”→“图片”下拉按钮，在弹出的下拉列表中选择“本地图片”命令，弹出“插入图片”对话框，选择需要插入的图片，单击“打开”按钮。

步骤②：选中插入的图片，单击“图片工具”→“环绕”下拉按钮，在弹出的下拉列表中选择“紧密型环绕”命令，如图 4-2-31 所示。

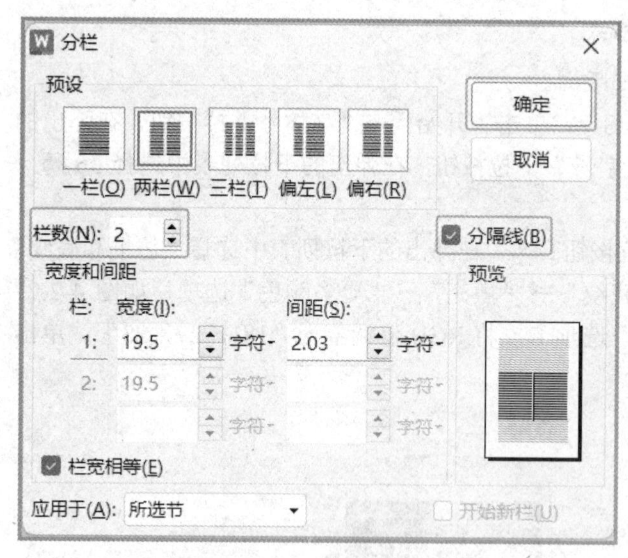

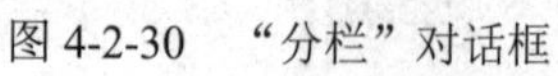
图 4-2-30　“分栏”对话框

图 4-2-31　设置图片环绕方式

步骤③：单击“图片工具”→“裁剪”下拉按钮，在弹出的下拉列表中选择“按形状裁剪”→“椭圆”命令，如图 4-2-32 所示，然后调整裁剪位置，按 Enter 键确认。

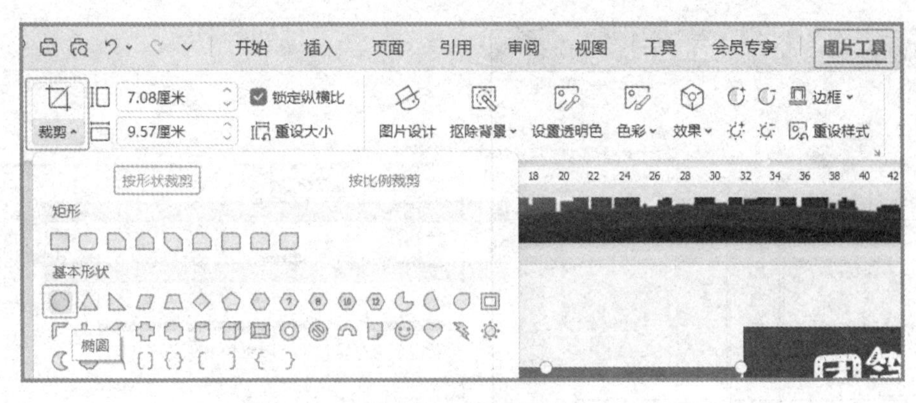

图 4-2-32　裁剪图片

步骤④：调整“插图”位置，使两边文字相等。

提示：图片呈可裁剪状态时，按 Esc 键可退出裁剪状态。

4. 制作“社团特色活动”

步骤①：单击“插入”→“文本框”下拉按钮，在弹出的下拉列表中选择“横向”命令，当光标呈“+”形状时，按住鼠标左键不放，然后拖动鼠标绘制文本框，并输入文本“社团特色活动”，如图 4-2-33 所示。

步骤②：将光标定位在“社团特色活动”文本框内，依次绘制两个横向文本框和一个竖向文本框，如图 4-2-34 所示。

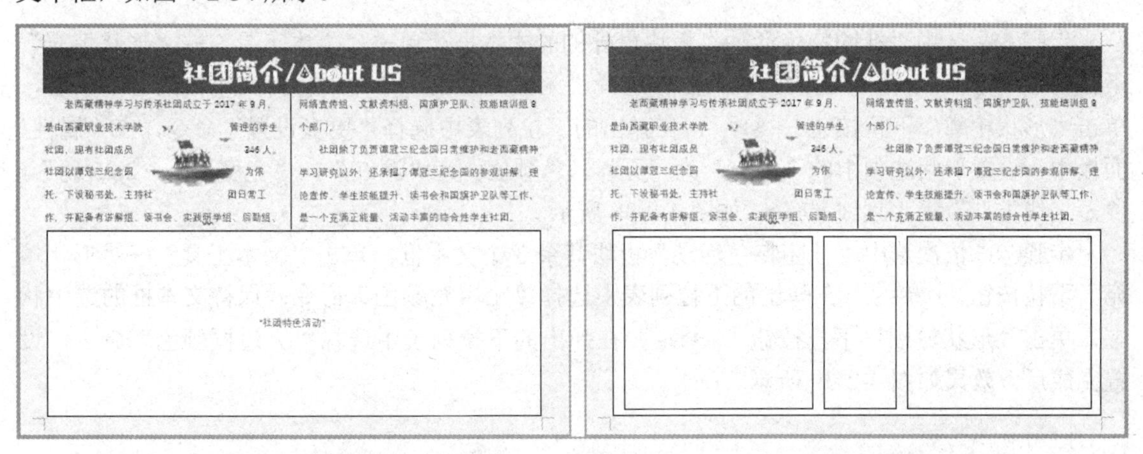

图 4-2-33　绘制“社团特色活动”文本框　　图 4-2-34　绘制横向文本框和竖向文本框

步骤③：将光标定位在竖向文本框内，输入文本“社团特色活动”。选中该文本，在“文本工具”选项卡中，将其字体格式设置为“华文行楷，34 磅，深红”；段落对齐方式设置为“居中对齐”。

步骤④：复制“社团特色活动”素材内容至左侧文本框中，如图 4-2-35 所示。

步骤⑤：选中“社团特色活动”左侧文本框，选择“文本工具”→“文本框链接”→“创建文本框链接”命令，如图 4-2-36 所示。将鼠标指针移动到“社团特色活动”右侧的文本框上，当鼠标指针变为形状时，单击，即可在两个文本框之间创建链接，如图 4-2-37 所示。

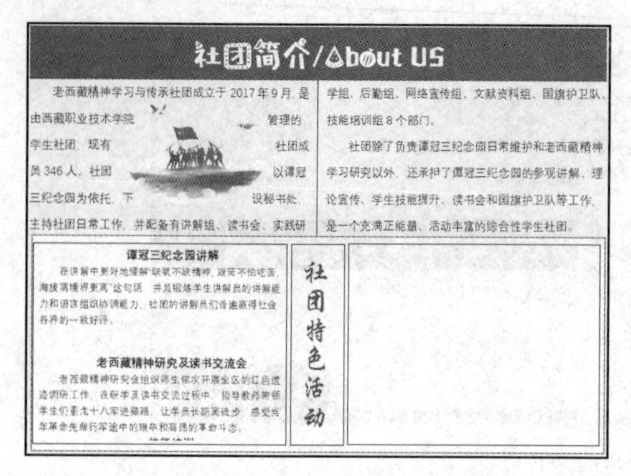

图 4-2-35　复制文本至文本框

图 4-2-36　创建文本框链接

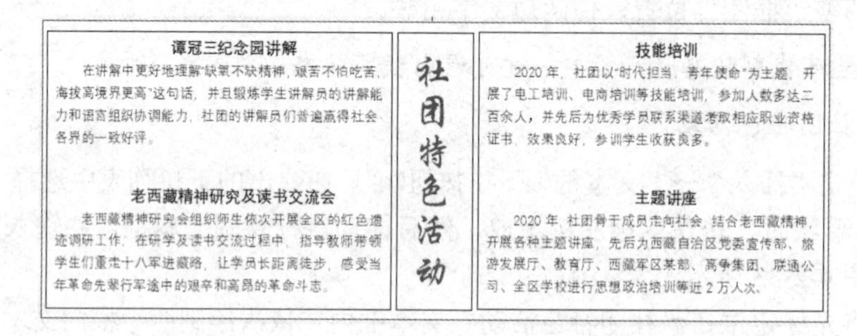

图 4-2-37　创建文本框链接后的效果图

步骤⑥：选中“社团特色活动”板块最外侧的文本框，单击“文本工具”→“形状填充”下拉按钮 填充，在弹出的下拉列表中选择“无填充颜色”命令；保持文本框的选中状态，单击“形状轮廓”下拉按钮 轮廓，在弹出的下拉列表中选择“更多设置”命令，在“属性”面板中，设置形状选项中的“填充”为“无”，“颜色”为“深红”，“宽度”为“2.25 磅”，“短划线类型”为“划线-点”，如图 4-2-38 所示。

步骤⑦：依次选中“社团特色活动”板块其余 3 个文本框，单击“文本工具”→“形状填充”下拉按钮 填充，在弹出的下拉列表中选择“无填充颜色”命令；保持文本框的选中状态，单击“形状轮廓”下拉按钮 轮廓，在弹出的下拉列表中选择“无边框颜色”命令，设置完成后，效果如图 4-2-39 所示。

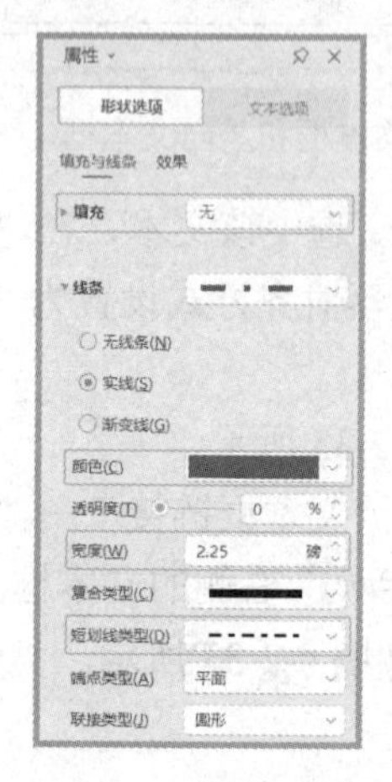

图 4-2-38　文本框格式设置

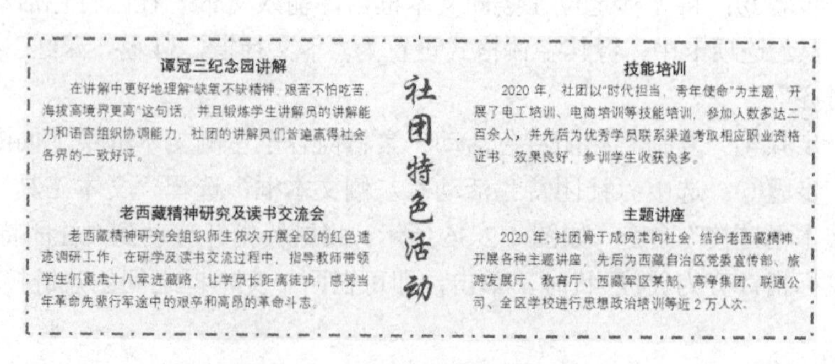

图 4-2-39　设置样式后的效果图

步骤⑧：将光标定位到“老西藏精神研究及读书交流会”前的段落标记处，清除段落标记缩进。选择“插入”→“图片”→“本地图片”命令，弹出“插入图片”对话框，选择需要插入的“花边”图片，单击“打开”按钮。图片插入后效果如图 4-2-40 所示。

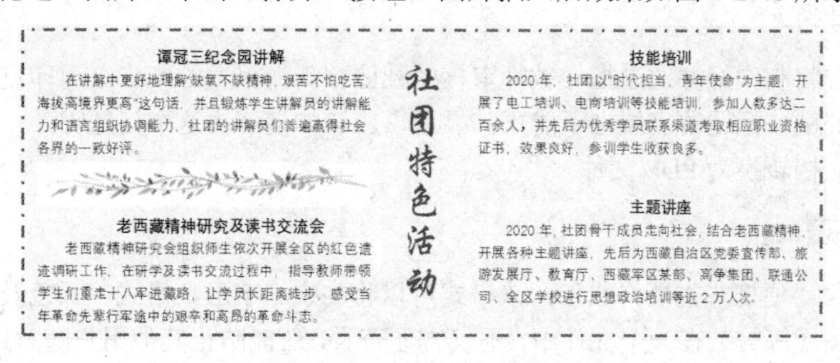

图 4-2-40 图片插入后的效果图

步骤⑨：选中图片，单击“图片工具”→“设置透明色”按钮，然后单击图片中任意白色位置即可，设置透明色后的图片效果如图 4-2-41 所示。

图 4-2-41 设置透明色后的效果图

提示： 设置透明色的效果会因图片背景的复杂程度不同而有所差异。该软件毕竟不是专业的图形图像处理软件，对于一些背景非常复杂的图片，可使用专业的图形图像处理软件进行处理。

步骤⑩：将设置完成后的图片进行复制，并粘贴到“主题讲座”前的段落标记处，效果如图 4-2-42 所示。

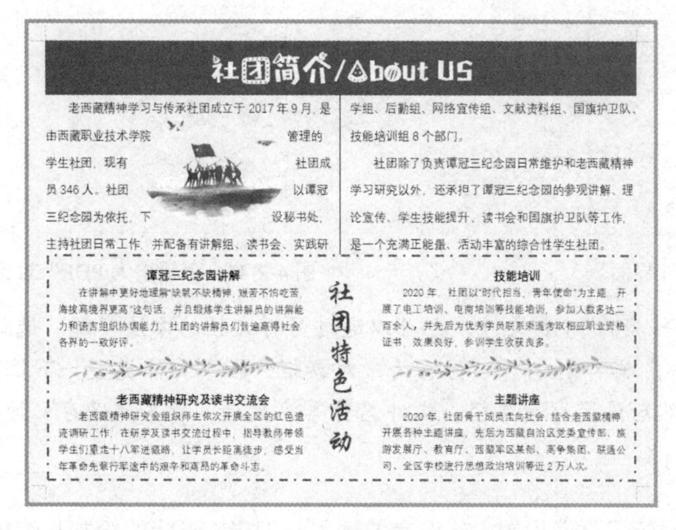

图 4-2-42 社团特色活动的效果图

4.2.4 任务四 文档输出

【情境和任务】

情境：多吉将制作好并通过指导教师审核的社团招新海报发给广告公司印刷，但对方说打开的文件格式混乱，标题的字体也不能正常显示，应该如何解决这个问题呢？

任务：将文档转换为 PDF 文件。

【相关资讯】

PDF 是一种“便携式文档格式”，该格式可以将文字、字形、格式、颜色及独立于设备和分辨率的图形图像等封装在一个文件中，不仅方便查看，还能防止其他用户随意修改文件内容。

PDF 文件在 Windows 操作系统、UNIX 操作系统以及苹果公司的 macOS 中都是通用的，并且无论在哪种打印机上都可精确地再现原稿的每一个字符、颜色以及图像，保证精确的颜色和准确的打印效果。

现在越来越多的电子图书、产品说明、网络资料、电子邮件等都在使用 PDF 格式文件。

【任务实施】

将文档转换为 PDF 文件的操作步骤如下。

步骤①：选择“文件”→“输出为 PDF”命令，如图 4-2-43 所示。

步骤②：在弹出的“输出为 PDF”对话框中，设置文件的保存位置和输出范围等，单击“开始输出”按钮，即可将当前文档转换为 PDF 文件，如图 4-2-44 所示。

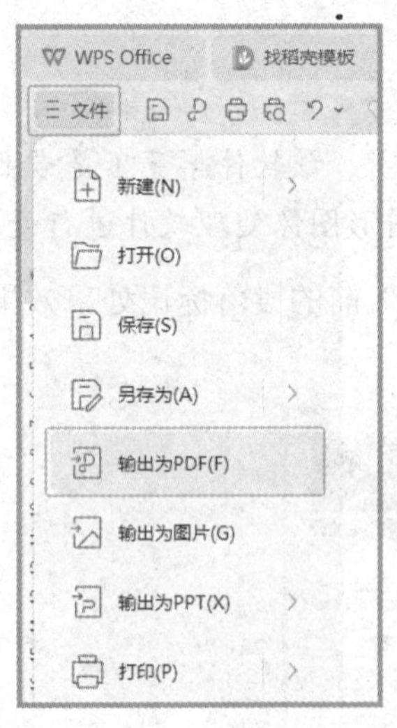

图 4-2-43 文件界面

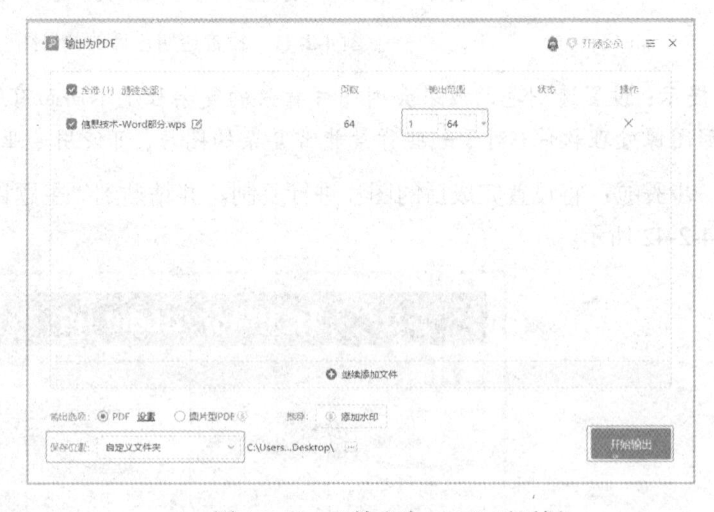

图 4-2-44 “输出为 PDF”对话框

提示：要将文档转换为 PDF 文件，也可以通过另存文档的方法实现。选择“文件”→“另存为”→“其他格式”命令，打开“另存为”对话框，在“文件类型”下拉列表中选择“PDF（*.pdf）”选项，然后设置存放路径、文件名称等参数后，单击“保存”按钮即可。

【项目总结】

本子项目主要介绍了页面设置、艺术字的插入与编辑、形状的绘制与编辑、文本框的使用、

图片的插入与编辑、分栏以及形状组合等操作，通过完成制作社团招新海报项目，可以了解 WPS 文字的图文混排操作，掌握各种图形对象在 WPS 文字中的应用，并能够制作出各种图文并茂的文档。

【知识拓展】

1. 调整图片与文字之间的距离

对图片设置四周型、紧密型、穿越型、上下型 4 种环绕方式后，还可以调整图片与文字之间的距离，操作方法如下。

选中图片，切换到“图片工具”选项卡，单击“大小”功能扩展按钮，弹出“布局”对话框，在“文字环绕”选项卡的“距正文”栏中通过“上”“下”“左”“右”微调框进行调整即可。

2. 如何在 WPS 文字中实现证件照背景更换

步骤①：选中 WPS 文字中的证件照后，在“图片工具”选项卡的功能区中单击“抠除背景”下拉按钮，并在下拉列表中选择“抠除背景”命令。

步骤②：在弹出“智能抠图”对话框时，软件会自动完成图片背景的抠除。

步骤③：如果对“自动抠图”效果不满意，可以单击下方的“上一步”按钮还原图片，然后切换到“手动抠图”模式，使用保留工具涂抹需要保留的位置，使用去除工具涂抹需要清除的位置，软件就会根据涂抹区域进行抠除。

步骤④：单击“换背景”按钮，选择蓝色背景，最后单击“完成抠图”按钮即可。

3. 设置插入图片的默认版式

嵌入型环绕方式是在文档中插入图片的默认环绕方式。如果在文档中经常需要为图片设置其他环绕方式，如紧密型，用户可以直接将紧密型设定为插入图片的默认版式，操作方法如下。

选择“文件”→“选项”命令，打开“选项”对话框，切换到“编辑”选项卡，在“剪切和粘贴选项”栏的“将图片插入/粘贴为”下拉列表中选择“紧密型”选项（用户可根据需要自由设置默认版式的选项），如图 4-2-45 所示，然后单击“确定”按钮即可。

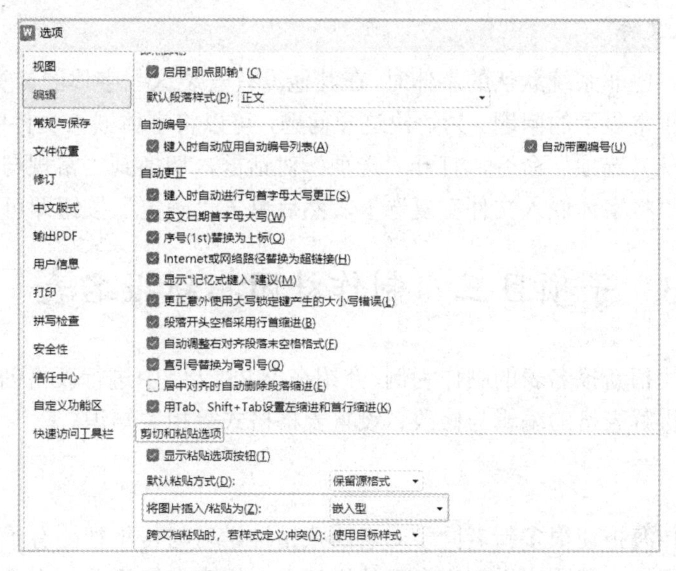

图 4-2-45　更改插入图片的默认版式

4. 让图片完整显示

在文档编辑时，有时插入的图片不能完整显示，如图 4-2-46 所示。出现这种情况，是因为图片所在段落的行距被设置了固定值，而所设的行距固定值小于图片的高度，所以导致图片不能完全显示。

如果要让图片完全显示，可以将图片所在段落的行距设置为除“固定值”以外的任意一种行距选项即可，如图 4-2-47 所示。

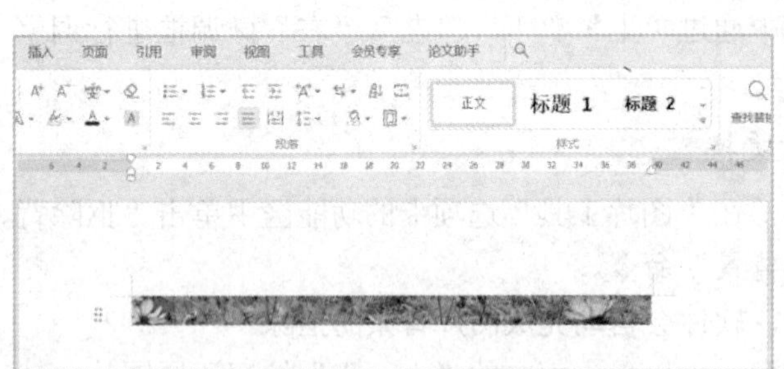

图 4-2-46　未完全显示的图片

图 4-2-47　完全显示的图片

5. 导出文档中的图片

WPS 文字可以将文档中的图片保存为图片文件，可以通过“另存为图片”命令一次保存单张图片，也可以通过将文档另存为网页格式一次性导出文档中的所有图片。一次性导出所有图片的操作方法如下。

选择“文件”→“另存为”命令，在弹出的“另存为”对话框中设置存储路径及文件名，在“文件类型”下拉列表中选择“网页文件”选项，单击“保存”按钮即可。

完成上述操作后，将在指定的存储路径中看到一个网页文件和一个与网页文件同名的文件夹，打开文件夹，便可看到文档中的所有图片。

6. 将字体嵌入文件

当文档使用了一些非系统默认的字体时，在其他没有安装这些字体的计算机中打开该文档，就会出现字体无法正常显示的问题。为解决这一问题，可以将字体嵌入文件中，操作方法如下。

选择“文件”→“选项”命令，打开“选项”对话框，切换到“常规与保存”选项卡，在“保存”栏中选中“将字体嵌入文件”复选框，然后单击“确定”按钮即可。

4.3　子项目三　制作社团招新报名表

4.3　子项目三课件

本子项目以社团招新报名表的制作为例，介绍在 WPS 文字中进行表格创建的基本方法，主要讲解表格的编辑与修改、设置表格格式等相关知识。

【情境描述】

社团招新的宣传海报使很多新老同学对老西藏精神学习与传承社团有了进一步的认识和了解。很多同学表示想加入社团，以拓宽自己的知识面、提高自身素质。为确保社团工作能更加有效地开展，张老师想了解前来申请加入社团的学生的基本信息，多吉要结合社团实际制作社团招新报名表。

【问题提出】

（1）如何在文档中插入表格？
（2）如何调整表格的结构？
（3）如何设置表格的格式？

4.3.1　任务一　创建表格

【情境和任务】

情境：表格可以将文字信息进行归纳和整理，若想要通过表格来处理文字信息，就需要先创建表格。那么应该如何在页面中插入符合自己需要的表格呢？

任务：创建表格。

【相关资讯】

1. 表格

表格由行和列组成。其中，行和列交叉形成的矩形部分称为单元格。

2. “列宽选择”选项的作用

（1）固定列宽：表格的宽度是固定的，表格大小不会随文档版心的宽度或表格内容的多少而自动调整。当单元格中内容过多时，会自动进行换行。

（2）自动列宽：插入的表格的总宽度与文档版心相同，当调整页面的左、右页边距时，表格的总宽度会自动随之改变。

在“插入表格”对话框中设置好表格的行列参数后，若选中“为新表格记忆此尺寸”复选框，则再次打开“插入表格”对话框时，该对话框中会自动显示之前设置的行列参数。

【任务实施】

1. 创建社团招新报名表文档

步骤①：在桌面上新建一个名为“社团招新报名表”的文档。

步骤②：打开“社团招新报名表”，输入文本“老西藏精神学习与传承社团招新报名表”，按 Enter 键换行。

步骤③：输入“填表日期：”，单击“开始”→“下划线”按钮 U ˅，按多次 Tab 键绘制长度适中的横线，再次单击“下划线”按钮 U ˅，按 Enter 键换行。

2. 插入表格

步骤①：单击“插入”→“表格”下拉按钮，在弹出的下拉列表中选择“插入表格”选项，如图 4-3-1 所示。

步骤②：在“插入表格”对话框的“列数”微调框中设置表格的列数为“5”，在“行数”微调框中设置表格的行数为“10”，如图 4-3-2 所示，设置好后单击“确定”按钮。

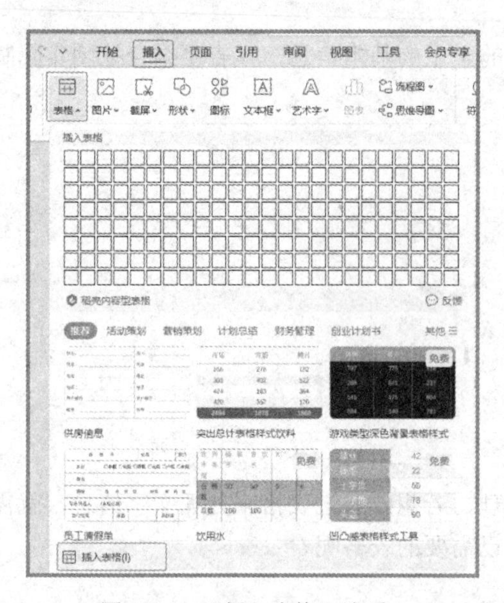

图 4-3-1　“插入表格”选项

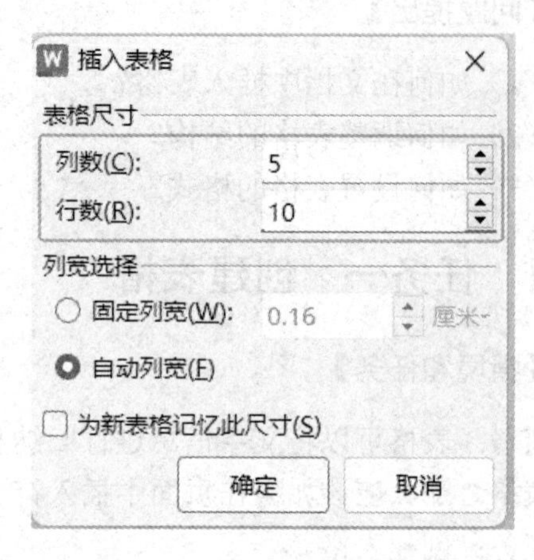

图 4-3-2　“插入表格”对话框

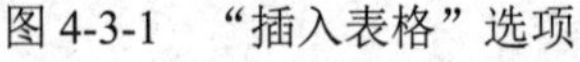

步骤③：返回文档，便可插入 5 列 10 行的表格，如图 4-3-3 所示。

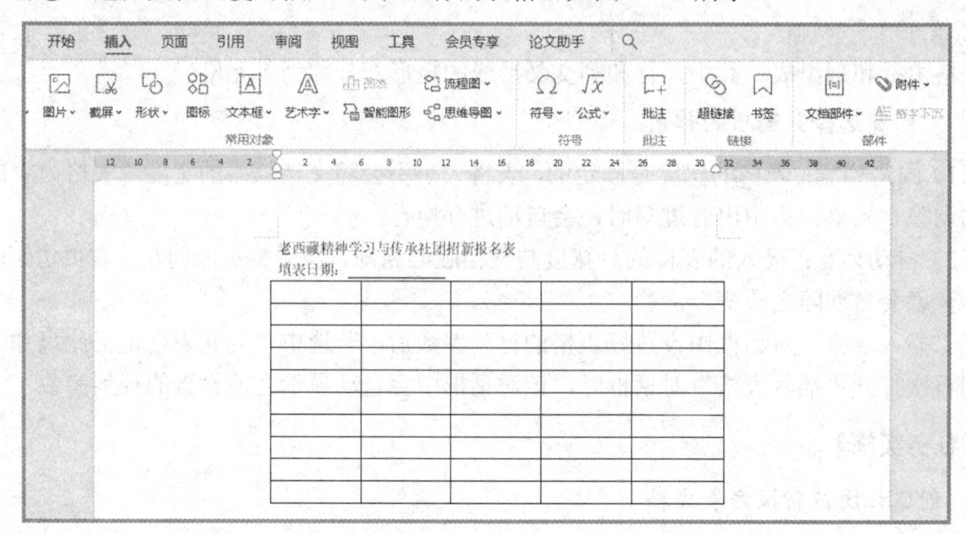

图 4-3-3　插入 5 列 10 行的表格

4.3.2　任务二　调整表格结构

【情境和任务】

情境：插入表格后，多吉发现现有表格的结构不能满足自己的需要，那么该如何进行调整呢？

任务：调整表格结构。

【相关资讯】

1. 合并单元格

合并单元格是指对同一个表格中的多个单元格进行合并操作，以满足对表格结构的需要或

容纳更多的内容。

2. 拆分单元格

拆分单元格是指将一个单元格拆分成两个或多个单元格。

3. 选择单元格

（1）选择单个单元格：将鼠标指针指向某单元格的左侧，当指针呈黑色箭头形状➚时，单击即可。

（2）选择多个连续单元格：将鼠标指针指向某单元格的左侧，当指针呈黑色箭头形状➚时，按住鼠标左键并拖动，拖动的起始位置到终止位置之间的单元格将被选中。

（3）选择多个不连续单元格：选中第一个要选择的单元格，然后按住 Ctrl 键不放，再依次选择其他单元格。

【任务实施】

1. 合并单元格

步骤①：选中表格第 5 列中的第 1～4 行，单击“表格工具”→“合并单元格”按钮，如图 4-3-4 所示。

步骤②：使用上述方法，将第 5～10 行的第 2～5 列合并，合并后的效果如图 4-3-5 所示。

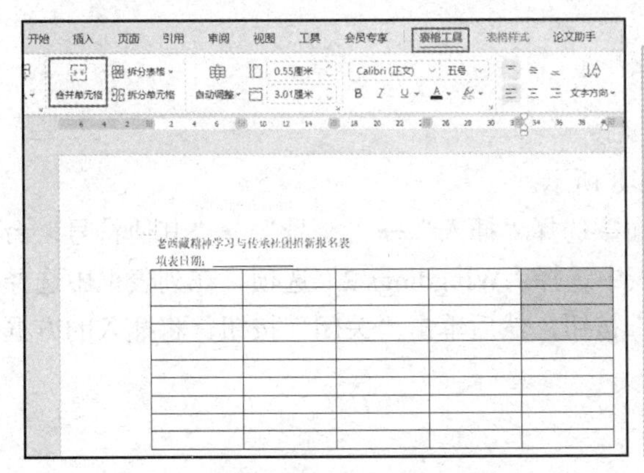

图 4-3-4　“合并单元格”按钮

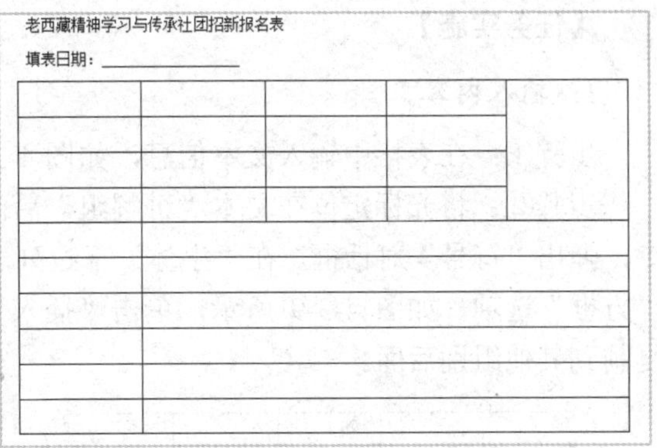

图 4-3-5　合并后的效果

步骤③：将表格最后一行进行合并。

2. 拆分单元格

步骤①：选中第 5 行第 2 列的单元格，单击“表格工具”→“拆分单元格”按钮，在“拆分单元格”对话框的“列数”微调框中设置列数为 11，在“行数”微调框中设置行数为 1，如图 4-3-6 所示，单击“确定”按钮。

步骤②：选中第 9 行第 2 列的单元格，单击“表格工具”→“拆分单元格”按钮，在“拆分单元格”对话框的“列数”微调框中设置列数为 3，在“行数”微调框中设置行数为 3，单击“确定”按钮。选中第 11 行中的第 2～4 列，进行合并，最终效果如图 4-3-7 所示。

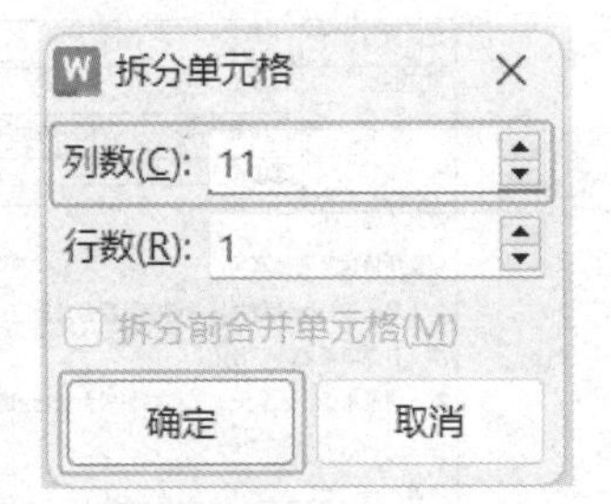

图 4-3-6　拆分单元格

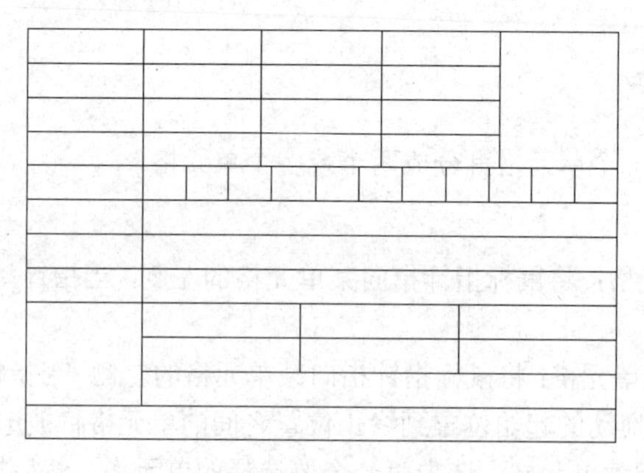

图 4-3-7　表格调整后的效果

4.3.3　任务三　输入表格内容

【情境和任务】

情境：表格结构调整好后，就可以在表格中输入需要的内容了。在表格中输入内容的方法与在文档中输入内容的方法类似，将光标定位在需要输入内容的单元格内直接输入内容即可。

任务：输入表格内容。

【任务实施】

1. 输入内容

步骤①：在表格中输入文本信息，如图 4-3-8 所示。

步骤②：将光标定位在文本“讲解组”后面，选择“插入”→“符号”→“其他符号”命令，弹出“符号”对话框，在“字体”下拉列表中选择“Wingdings 2”选项，在列表框中选择“方框”选项，如图 4-3-9 所示，单击“插入”按钮，然后单击“关闭”按钮，将插入的方框复制到其他组别后面。

姓名		性别		照片粘贴处
民族		出生年月		
政治面貌		家庭地址		
学院		专业班级		
联系电话				
爱好特长				
受过何种表彰（奖励）				
是否受过处分				
意向组别	讲解组	读书会	实践研学组	
	网络宣传组	文献资料组	技能培训组	
	理由：			
本人承诺： 以上所填信息完全真实； 本人已阅读社团章程并愿意遵守章程各项规定； 本人自愿申请加入该社团； 本人愿意承担社团分配的工作并积极参加社团组织的各项活动。 申请人：				

图 4-3-8　输入文本

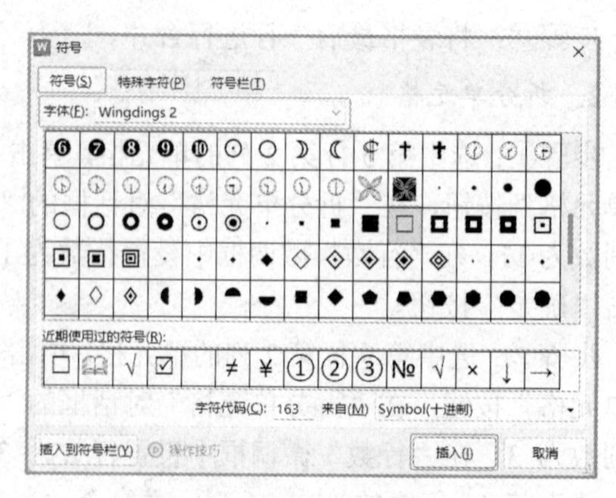

图 4-3-9　插入方框

2. 设置文本格式

步骤①：选中表格最后一行中第 2～5 行文本，单击“开始”→“项目符号”下拉按钮，在弹出的下拉列表中选择“菱形”样式，如图 4-3-10 所示。

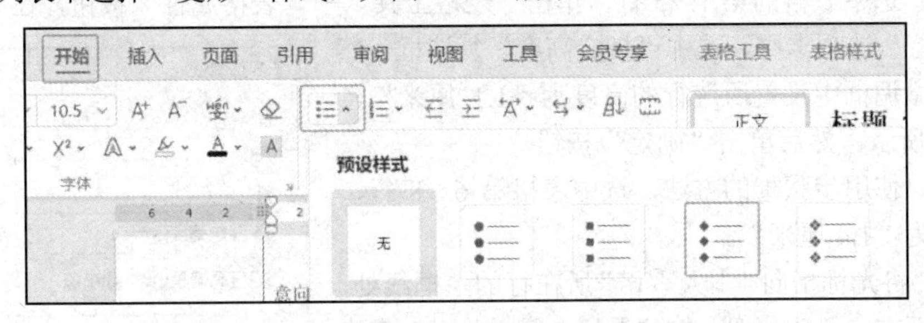

图 4-3-10　添加项目符号

步骤②：设置文本“老西藏精神学习与传承社团招新报名表”格式为“宋体，三号，加粗，居中”。

步骤③：设置文本“填表日期：”格式为“宋体、小四、右对齐”。

步骤④：选中表格中的文本，将其格式设置为“宋体，小四”。

步骤⑤：设置文本“本人承诺：”，使该行的落款右对齐。

4.3.4　任务四　设置表格格式

【情境和任务】

情境：录入表格内容后，想要整个表格看起来赏心悦目，不仅要对文字进行格式设置，还需要对表格的对齐方式、边框、底纹等进行设置。

任务：设置表格格式。

【相关资讯】

1. 表格文字对齐方式

WPS 文字为表格单元格中的文本内容提供了顶端对齐、垂直居中、底端对齐、左对齐、水平居中和右对齐等对齐方式。

2. 选择行

（1）选择一行：将鼠标指针指向要选择的行的左侧，当指针呈白色箭头形状时，单击即可选择该行。

（2）选择连续的多行：将鼠标指针指向要选择的行的左侧，当指针呈白色箭头形状时，按住鼠标左键不放并向上或向下拖动，即可选择连续的多行。

（3）选择不连续的多行：将鼠标指针指向要选择的行的左侧，当指针呈白色箭头形状时，单击，然后按住 Ctrl 键不放，依次单击要选择的行的左侧即可。

3. 设置行高

行高是指行的高度。调整行高时，可以使用鼠标拖动法快速调整行高，也可以通过“表格属性”对话框来设置精确的行高，还可以使用表格工具中的“平均分布各行”快速均分多个行的高度。

【任务实施】

1. 设置行高

步骤①：选中表格的第 1～5 行，单击“表格工具”→“表格属性”按钮，在“表格属性”对话框的“行”选项卡中，选中“指定高度”复选框，然后在右侧的微调框中设置所选行的高度为“1.1 厘米”，如图 4-3-11 所示，然后单击“确定”按钮。

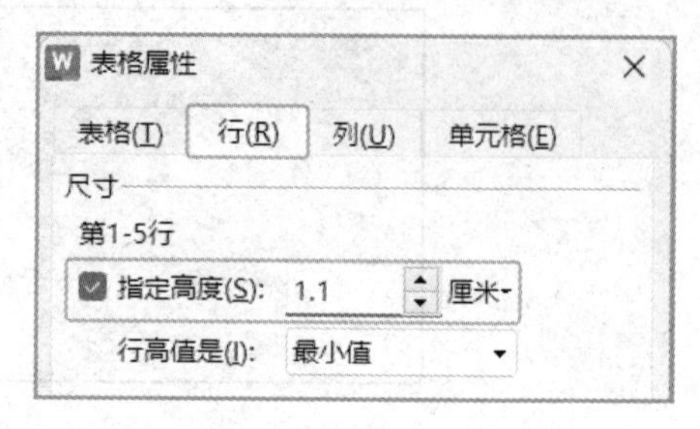

图 4-3-11 设置行高

步骤②：使用步骤①的方法，选中表格第 6～8 行，将行高设置为“1.4 厘米”。

步骤③：将光标指向“本人承诺”所在行的上框线处，当指针呈上下方向箭头 ÷ 时，按住鼠标左键并拖动，表格中将出现虚线，当虚线到达合适位置时释放鼠标，选中“意向组别”右侧的行，单击“表格工具”→“自动调整”下拉按钮，在弹出的下拉列表中选择“平均分布各行”命令。

2. 设置文本对齐方式

选中表格中“姓名”所在行至“意向组别”所在行，如图 4-3-12 所示。单击“表格工具”中的“垂直居中”按钮 和“水平居中”按钮 ，设置完成后的效果如图 4-3-13 所示。

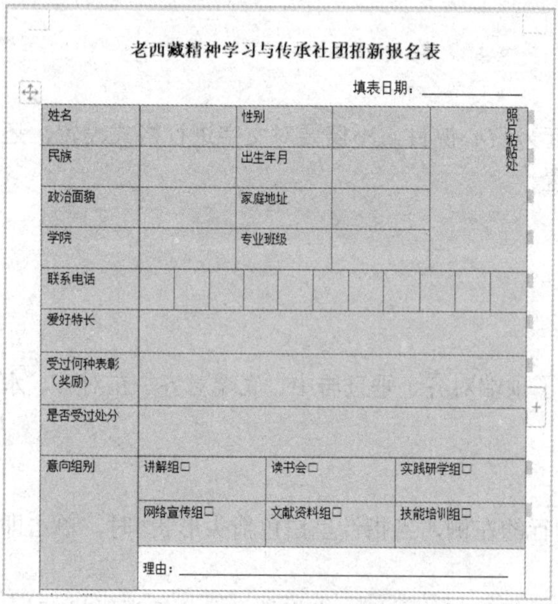

图 4-3-12 选择连续文本

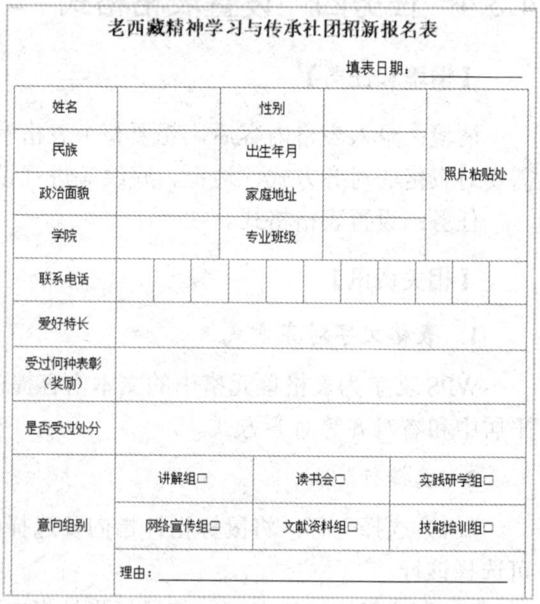

图 4-3-13 设置文字对齐方式后的效果

3. 调整字符宽度与文字方向

步骤①：选中文本“姓名”“性别”“民族”“学院”，单击“开始”→“中文版式”下拉按钮 ，在弹出的下拉列表中选择“调整宽度”命令，如图 4-3-14 所示，在“调整宽度”对话框的“新文字宽度”微调框中设置字符宽度为“4 字符”，然后单击“确定”按钮，调整后的效果如图 4-3-15 所示。

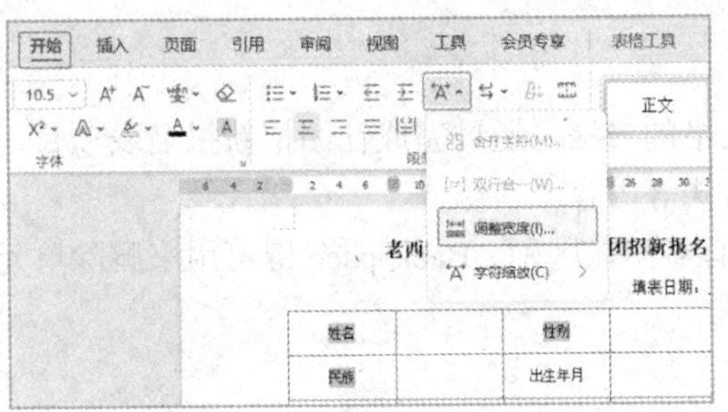

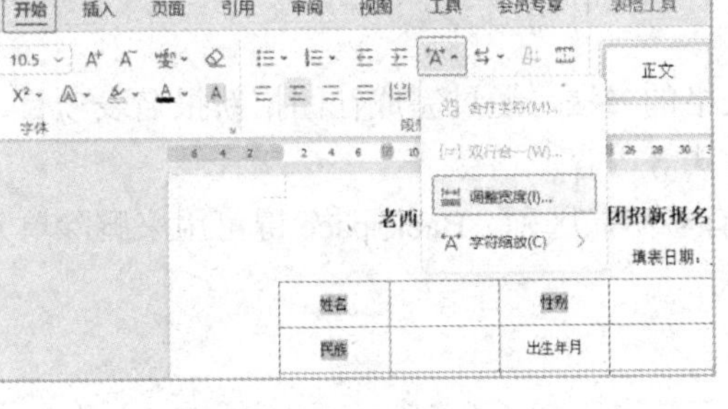

图 4-3-14　调整文本宽度

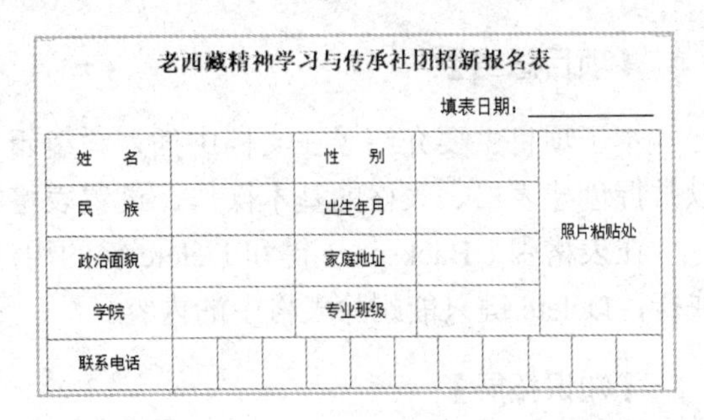

老西藏精神学习与传承社团招新报名表

填表日期：＿＿＿＿＿＿

姓　名		性　别		照片粘贴处
民　族		出生年月		
政治面貌		家庭地址		
学院		专业班级		
联系电话				

图 4-3-15　设置字符宽度后的效果

步骤②：选中文本“讲解组”和“读书会”，设置字符宽度为“5 字符”。

步骤③：选中文本“照片粘贴处”和“意向组别”，单击“表格工具”→“文字方向”下拉按钮，在弹出的下拉列表中选择“垂直方向从右往左”命令，当文字变为垂直方向时，单击“开始”→“字体”功能扩展按钮，在“字体”对话框的“字符间距”选项卡中设置间距为“加宽”“3 磅”，然后单击“确定”按钮。

4. 设置底纹和边框

步骤①：隔行选中表格中的内容，单击“表格样式”→“底纹”下拉按钮，在弹出的下拉列表中选择底纹颜色为“白色，背景 1，深色 15%”。

步骤②：选中表格，单击“表格样式”→“边框”按钮，弹出“边框和底纹”对话框，如图 4-3-16 所示，在“设置”列表框中选择“自定义”，在“线型”列表框中选择“双横线”，在“颜色”下拉列表中选择“黑色，文字 1，淡色 35%”，在“宽度”下拉列表中选择“0.75 磅”，在“预览”栏中通过单击相关按钮设置外框线，最后单击“确定”按钮。

步骤③：选中“意向组别”右侧的行，单击“表格设计”→“边框”按钮，弹出“边框和底纹”对话框，在“设置”列表框中选择“自定义”，在“预览”栏中单击内部线条，然后单击“确定”按钮，设置后的效果如图 4-3-17 所示。

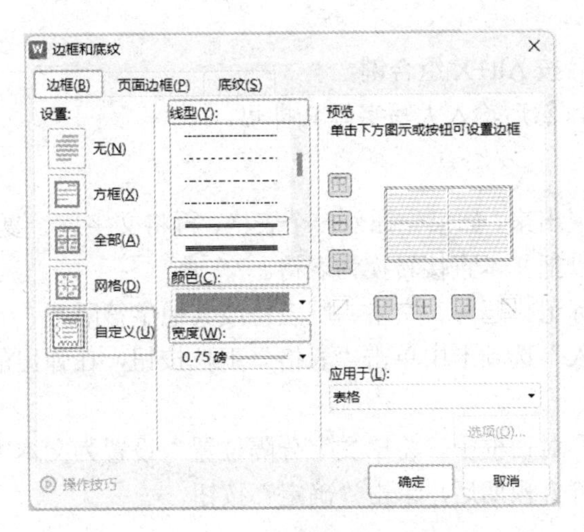

图 4-3-16　“边框和底纹”对话框

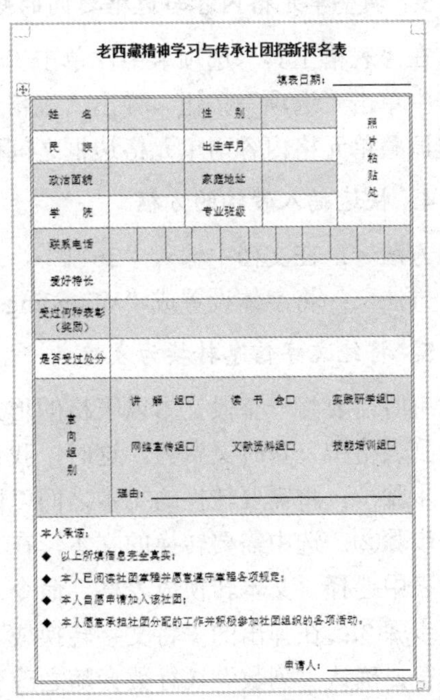

老西藏精神学习与传承社团招新报名表

填表日期：＿＿＿＿＿＿

姓　名		性　别		照片粘贴处
民　族		出生年月		
政治面貌		家庭地址		
学　院		专业班级		
联系电话				
爱好特长				
受过何种表彰（奖励）				
是否受过处分				
意向组别	讲　解　组□　读　书　会□　实践研学组□ 网络宣传组□　文献资料组□　技能培训组□ 理由：＿＿＿＿＿＿			

本人承诺：

◆ 以上所填信息完全真实；

◆ 本人已阅读社团章程并愿意遵守章程各项规定；

◆ 本人自愿申请加入该社团；

◆ 本人愿意承担社团分配的工作并积极参加社团组织的各项活动。

申请人：＿＿＿＿＿＿

图 4-3-17　设置内部线条后的效果

【项目总结】

本子项目主要介绍了在文档中插入与编辑表格的方法，通过完成社团招新报名表项目，可以掌握创建表格、表格的基本操作、设置表格格式等内容。

在表格中，Backspace 键和 Delete 键的用法有着明显区别。Backspace 键可用来删除单元格或行，Delete 键只能删除表格中的内容。

【知识拓展】

1. 在表格上方输入内容

在新建文档中创建表格后，如果创建表格时没有预留空行，则无法直接在表格上方输入文字。要想在表格上方输入文字，操作方法如下。

将光标插入点定位在表格左上角单元格内文本的开头处，按 Enter 键，即可将表格下移，同时表格上方会出现一个新的段落，输入需要的内容即可。

2. 灵活调整表格大小

在调整表格大小时，大部分用户是通过鼠标拖动的方式来调整行高或列宽，但这种方法会影响相邻单元格的行高和列宽。针对这样的情况，可以配合 Ctrl 键和 Shift 键来灵活调整表格大小（以列宽为例）。

（1）使用 Ctrl 键：先按住 Ctrl 键，再拖动鼠标调整列宽，可调整当前列宽，不改变整体表格宽度。当前列以后的其他各列依次向后进行压缩，但表格的整体宽度是不变的。

（2）使用 Shift 键：先按住 Shift 键，再拖动鼠标调整列宽，可使当前列宽发生变化，但其他各列宽度不变，表格整体宽度会因此增加或减少。

（3）使用 Ctrl+Shift 组合键：先按住 Ctrl+Shift 组合键，再拖动鼠标调整列宽，可调整当前列宽，不改变整体表格宽度，且当前列之后的所有列宽调整为相同宽度。

3. 调整单元格内容与边框之间的距离

在“表格工具”选项卡中，单击“表格属性”按钮，在“表格属性”对话框的“表格”选项卡中单击“选项”按钮，弹出“表格选项”对话框，即可通过“上”“下”“左”“右”微调框调整单元格内容与单元格边框之间的距离。

4. 快速插入带钩的方框

方法一：在文档中输入“2611”，选中后按 Alt+X 组合键。

方法二：将字体设置成“Wingdings 2”，然后输入大写字母 R 即可。

5. 将纯文字信息转换为表格

有时需要将一整段文本以表格的形式呈现出来，如果先插入一个表格，再将文字逐一复制、粘贴到表格中，费时又费力。这时，我们可以把文本直接转换为表格。

步骤①：将需要转换的文本之间以段落标记、逗号、空格、制表符或其他字符隔开。

步骤②：选中需要转换的文本，在“插入”选项卡中单击“表格”下拉按钮，在弹出的下拉列表中选择“文本转换成表格”命令。

步骤③：在弹出的“将文字转换成表格”对话框中，将“文字分隔位置”设置为文本中的分隔符，确认“列数”（行数会随之改变）符合预期后，单击“确定”按钮。

6. 调整表格适应窗口大小

当 WPS 文字文档里的表格太宽，无法看到完整的表格时，单击“表格工具”→“自动调整”下拉按钮，在弹出的下拉列表中选择“适应窗口大小”命令即可。

4.4 子项目四
课件

4.4　子项目四　制作录用通知单

本子项目以录用通知单的制作为例，介绍如何使用文字处理软件 WPS 文字中的邮件合并功能，轻松、准确、快速地完成通知单的制作。

【情境描述】

社团成员通过同学们报名表上的信息进行了初步筛选，并组织通过初选的同学进行了面试，根据同学们的实际表现和个人意愿，经过综合考虑，社团共录用了 20 名同学。多吉要完成这 20 名同学的录用通知单的制作。

【问题提出】

（1）如何制作录用通知单主文档？

（2）如何将被录用的学生信息快速填写至主文档中？

4.4.1　任务一　创建主文档

【情境和任务】

情境：在制作录用通知单时，多吉发现录用通知单中只有姓名和组别等信息是不同的，其他内容是相同的，这些相同的内容就是固定内容，也就是主文档。

任务：创建主文档。

【相关资讯】

主文档是指文档中不变的部分，相当于模板，如空白的录用通知单。

使用邮件合并功能，可以批量制作多种类型的文档，如通知书、获奖证书、工资条、邀请函等。

【任务实施】

1. 创建主文档

步骤①：在桌面上新建一个名为“录用通知单（主文档）”的文档。

步骤②：单击“页面”→“纸张方向”下拉按钮，在弹出的下拉列表中选择“横向”命令。

步骤③：在主文档中录入文字，如图 4-4-1 所示。

2. 设置文档格式

步骤①：将文档中第一段落格式调整为“华文行楷，72，字符间距加宽 2 磅，居中”，将文档中第二段落格式调整为“黑体，20，段后间距 0.5 行，居中”，将文档中第 3～7 段落格式调整为“宋体，小二，1.5 倍行距”，第 4～5 段落首行缩进 2 个字符，落款右对齐，设置完成后的效果如图 4-4-2 所示。

步骤②：单击“页面”→“页面边框”按钮，在“边框和底纹”对话框中的“艺术型”下拉列表中选择相应的边框，完成后的效果如图 4-4-3 所示。

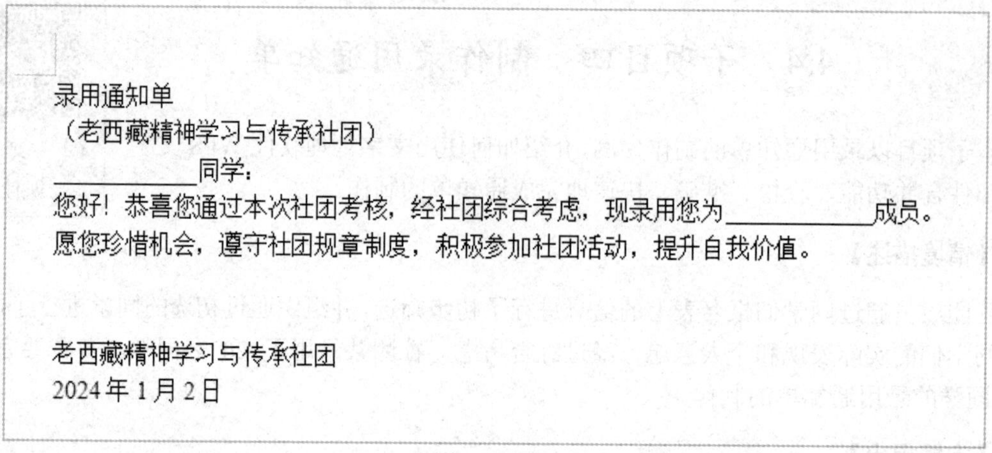
录用通知单
（老西藏精神学习与传承社团）
____________同学：
您好！恭喜您通过本次社团考核，经社团综合考虑，现录用您为____________成员。
愿您珍惜机会，遵守社团规章制度，积极参加社团活动，提升自我价值。

老西藏精神学习与传承社团
2024 年 1 月 2 日

图 4-4-1　录入文字

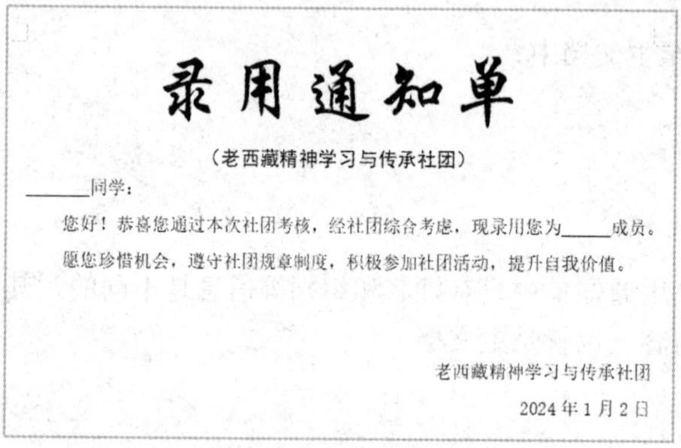
录用通知单
（老西藏精神学习与传承社团）
______同学：
您好！恭喜您通过本次社团考核，经社团综合考虑，现录用您为______成员。
愿您珍惜机会，遵守社团规章制度，积极参加社团活动，提升自我价值。

老西藏精神学习与传承社团
2024 年 1 月 2 日

图 4-4-2　设置字体格式和段落格式

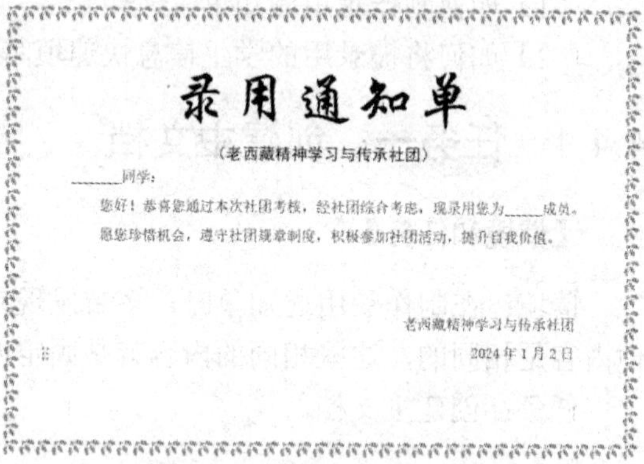
录用通知单
（老西藏精神学习与传承社团）
______同学：
您好！恭喜您通过本次社团考核，经社团综合考虑，现录用您为______成员。
愿您珍惜机会，遵守社团规章制度，积极参加社团活动，提升自我价值。

老西藏精神学习与传承社团
2024 年 1 月 2 日

图 4-4-3　页面边框设置完成后的效果

4.4.2　任务二　创建数据源

【情境和任务】

情境：录用通知单的主文档制作完成了，多吉需要收集录用人员的信息作为数据源，方便制作完整的录用通知单。

任务：创建数据源。

【相关资讯】

数据源是指文档中变化的部分。在邮件合并中，可以使用多种文件类型的数据源，如 Word 文档、Excel 文件、WPS 表格文件、文本文件、Access 数据库、Microsoft Office 通讯录等。

WPS 表格是最常用的数据源，第一行包含用于描述各列数据的标题，标题下方的行包含数据记录。WPS 文字作为邮件合并的数据源时，可以在 WPS 文字中创建一个表格，表格结构与 WPS 表格类似。

为了在邮件合并过程中能够将 WPS 文字中的表格正确识别为数据源，WPS 文字中的表格必须位于文档顶部，表格上方不能有其他内容。

如果使用文本文件作为数据源，那么各条记录之间及每条记录中的各项数据之间必须分别使用相同的符号分隔。

【任务实施】

创建数据源文档的步骤如下。

步骤①：在桌面上新建一个名为“录用通知单（数据源）.docx”的文档。

步骤②：单击“插入”→“表格”下拉按钮，在弹出的下拉列表中选择“插入表格”选项，如图 4-4-4 所示。在打开的“插入表格”对话框的“列数”微调框中设置表格的列数为 4，在“行数”微调框中设置表格的行数为 21，设置完成后单击“确定”按钮。

步骤③：输入表格内容，如图 4-4-5 所示。

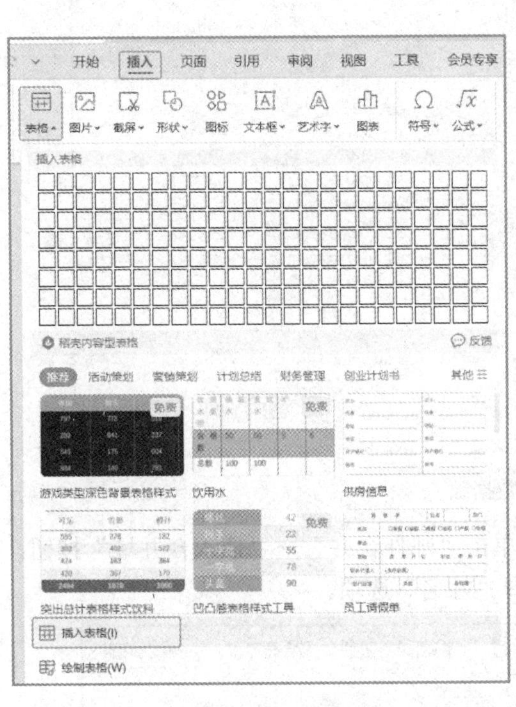

图 4-4-4　插入表格

序号	姓名	组别	专业
1	扎西白姆	讲解组	23 草业技术 1 班
2	罗龙亮	讲解组	23 林业技术班
3	张梅	讲解组	23 电子商务技术 1 班
4	平措央吉	讲解组	23 发电厂及电力系统
5	强巴桑田	实践研学组	23 畜牧兽医 2 班
6	李大浩	实践研学组	23 工艺品设计班
7	郑刚	实践研学组	23 旅游管理 1 班
8	向丽	实践研学组	23 建筑工程技术 2 班
9	莎曼莉	网络宣传组	23 会计 2 班
10	布扎西	网络宣传组	23 建筑工程技术班
11	土登西热	网络宣传组	23 畜牧兽医 1 班
12	扎西旺杰	网络宣传组	23 建筑工程技术班
13	次仁曲宗	文献资料组	23 电子商务技术 1 班
14	连聪	文献资料组	23 林业技术
15	彭晓涛	文献资料组	23 汽车检测与维修班
16	贵措	读书会	23 作物生产技术 1 班
17	郭海峰	读书会	23 林业技术班
18	索朗石曲	技能培训组	23 汽车检测与维修班
19	徐雪	技能培训组	23 电子商务 1 班
20	霍达	技能培训组	23 会计 1 班

图 4-4-5　数据源效果图

4.4.3　任务三　将数据源合并到主文档

【情境和任务】

情境：多吉将主文档和数据源制作完成后，他需要将这些数据信息填入主文档中，使用邮件合并功能，可以轻松、准确、快速地完成这些重复性工作。

任务：将数据源合并到主文档。

【任务实施】

1. 将数据源合并到主文档

步骤①：将光标定位在主文档中，单击“引用”→“邮件”按钮。

步骤②：单击“邮件合并”→“打开数据源”下拉按钮，在弹出的下拉列表中选择“打开数据源”命令，如图4-4-6所示。

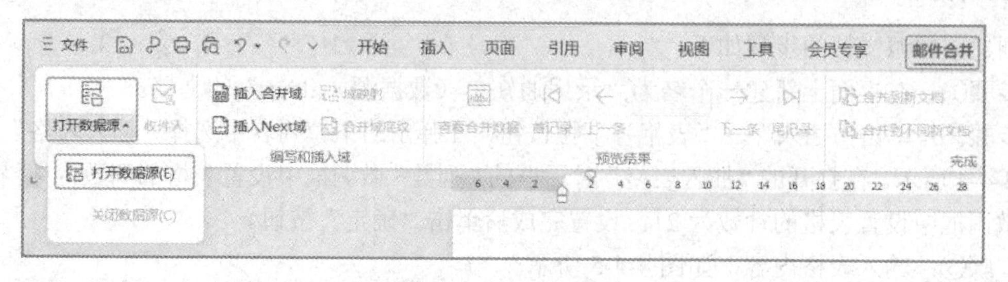

图4-4-6 打开数据源

步骤③：在弹出的“选取数据源”对话框中选择制作好的数据源文件，单击“打开”按钮，如图4-4-7所示。

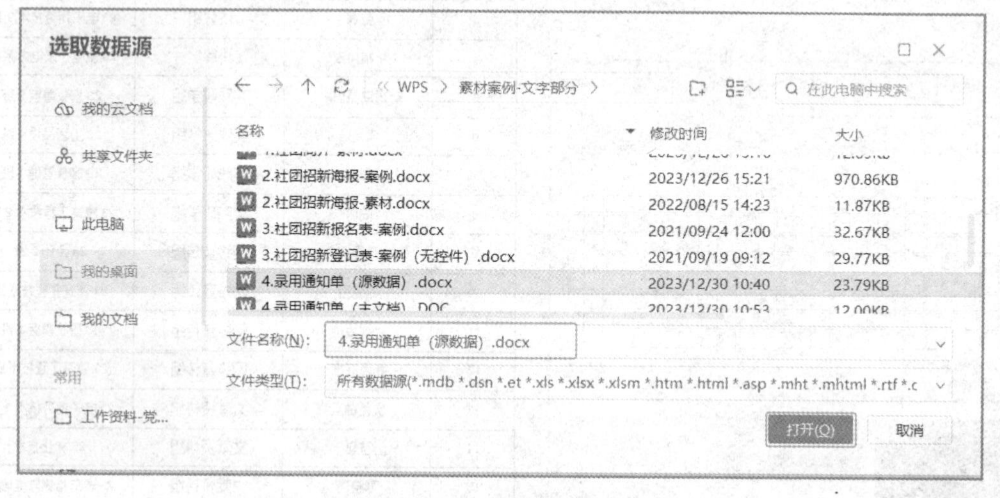

图4-4-7 选取数据源

步骤④：将光标定位到需要插入姓名的位置，单击“邮件合并”→“插入合并域”按钮，如图4-4-8所示，在弹出的“插入域”对话框中选择“姓名”选项。

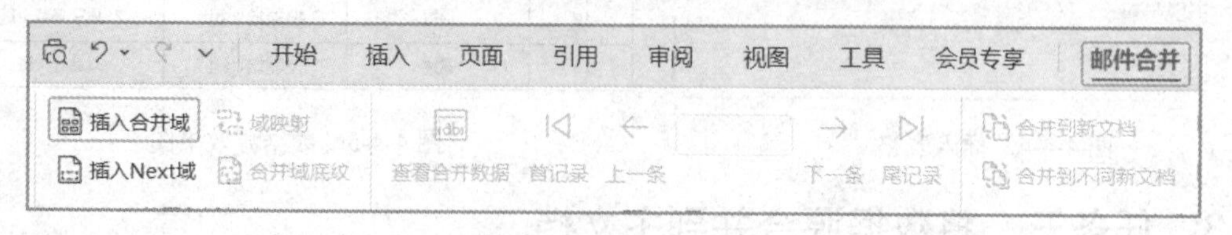

图4-4-8 插入合并域

步骤⑤：将光标定位到需要插入组别的位置，单击“邮件合并”→“插入合并域”按钮，在弹出的“插入域”对话框中选择“组别”选项。

2. 生成合并文档

步骤①：插入合并域后，就可以生成合并文档了。单击“邮件合并”→“合并到新文档”

按钮，如图 4-4-9 所示，在“合并到新文档”对话框中选中“全部”单选按钮，然后单击“确定”按钮，如图 4-4-10 所示。

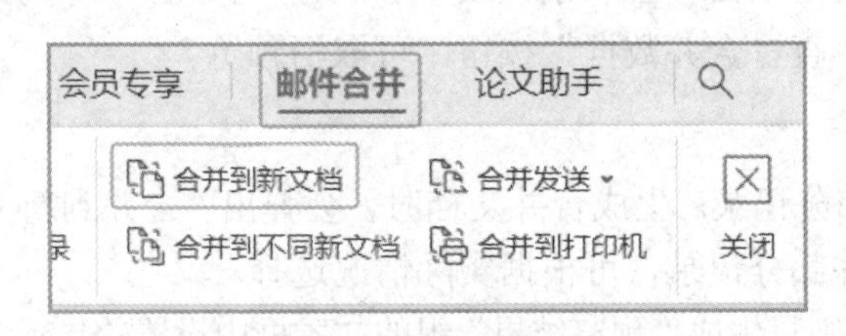

图 4-4-9　“合并到新文档”选项

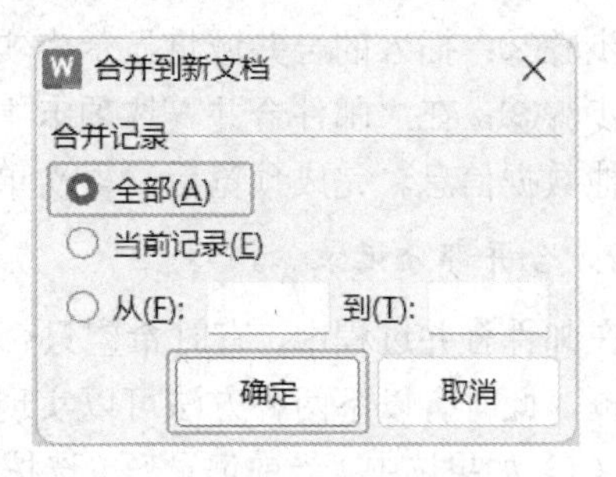

图 4-4-10　合并记录

步骤②：完成步骤①后，WPS 文字将新建一个文档显示合并记录，这些合并记录分别独自占用一页，图 4-4-11 所示为第 1 页的合并记录，显示了其中一位同学的录用通知单。

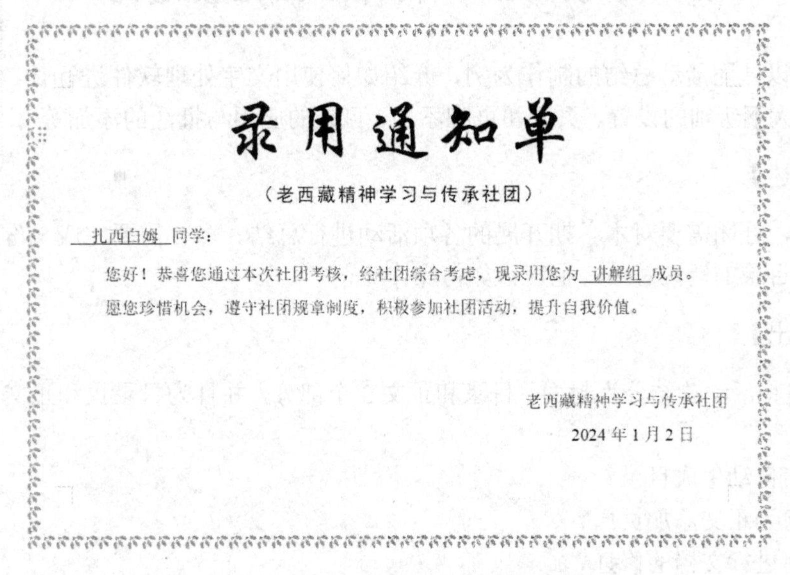

图 4-4-11　完成合并后的效果

【项目总结】

本子项目主要介绍了在 WPS 文字中使用邮件合并功能批量制作录用通知单的方法。在日常办公中，通常会有许多数据表，如果要根据这些数据信息制作大量文档，如名片、荣誉证书、工资条、通知书、准考证等，便可通过邮件合并功能，轻松、准确、快速地完成这些重复的工作。

使用邮件合并功能，无论创建哪种类型的文档，都要遵循如图 4-4-12 所示的流程。

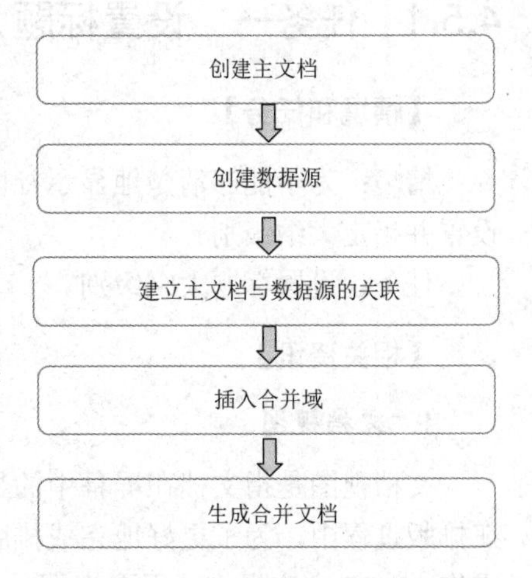

图 4-4-12　使用邮件合并功能的流程

【知识拓展】

1. 在邮件合并中预览合并结果

通过邮件合并功能批量制作各类特色文档时，可以在合并生成文档前预览合并结果，具体操作步骤如下。

步骤①：在主文档中插入合并域后，在“邮件合并”选项卡中单击“查看合并数据”按钮。

步骤②：插入的合并域将显示为实际内容，从而预览数据效果。

步骤③：在“邮件合并”选项卡中，通过单击“上一条”或“下一条”按钮，即可切换显示其他数据信息。完成预览后，再次单击“查看合并数据”按钮，可取消预览。

2. 合并部分记录

在邮件合并过程中，有时希望只合并部分记录。生成合并文档时，会弹出“合并到新文档”对话框，此时有以下两种方法可以实现合并部分记录，可根据实际情况选择。

（1）如果选中“当前记录”单选按钮，则只生成“预览结果”组的文本框中设置的显示记录。

（2）如果选中“从……到……”单选按钮，则可以自定义设置需要合并的数据记录。

4.5 子项目五 制作社团活动总结

4.5 子项目五课件

本子项目以社团活动总结的制作为例，介绍如何使用文字处理软件进行长文档排版，如大纲级别的设置、页眉和页脚添加、目录的应用与批注的添加等。

【情境描述】

学期结束，社团需要对本学期开展的各项活动进行总结。多吉需要完成一份有封面、有页眉和页脚、有目录的活动总结，他应该如何操作呢？

【问题提出】

（1）如何将活动总结分为封面、目录和正文 3 个部分，并且为目录页和正文页分别设置不同的页码？

（2）如何自动生成目录？

（3）如何为正文添加页眉？

（4）如何进行文档的修订？

4.5.1 任务一 设置标题大纲级别

【情境和任务】

情境：为了能够清楚地显示社团活动总结的层次和标题结构，多吉需要对该文档进行格式设置并指定大纲级别。

任务：设置标题大纲级别。

【相关资讯】

1. 文档视图

文档视图是指文档在屏幕中的显示方式，且不同的视图模式下配备的操作工具也有所不同。在排版过程中，为了更好地完成排版任务，要根据不同的排版需求切换到不同的视图模式进行操作。WPS 文字提供了页面视图、大纲视图、阅读版式、Web 版式视图等视图模式，其中页面视图最为常用。

（1）页面视图：WPS 文字的默认视图，是集浏览、编辑、排版于一体的视图模式，也是使用最多的视图方式。在页面视图中，可以看到文档的整个页面的分布情况。同时，它完美地呈现了文档打印输出在纸张上的真实效果，即“所见即所得”。

在页面视图中，可以方便地查看和调整排版格式，如进行页眉和页脚设计、页面设计，以及处理图片、文本框等操作。

（2）大纲视图：显示文档结构和大纲工具的视图。它将文档中的所有标题分级显示出来，层次分明，非常适合层次较多的文档。

在大纲视图模式下，可以方便地对文档标题进行升级、降级处理，以及移动和重组长文档。

（3）阅读视图：如果只是查看文档的内容，则可以使用阅读视图，该视图最大的优点是利用最大的空间来阅读或批注文档。

在阅读视图模式下查看文档时，不能编辑文档内容，从而防止因为失误而改变文档内容。

2. 大纲级别

大纲级别用于为文档中的段落指定等级结构（1～9 级），显示标题的层级结构，并可以方便地折叠和展开各种层级的文档。指定了大纲级别后，就可以在大纲视图或文档结构图中处理文档。

在未设置大纲级别的前提下，所有段落的大纲级别一般都是正文文本。可在“视图”选项卡的“大纲视图”中设置想要的大纲级别。

3. 导航窗格

“导航”窗格是一个独立的窗格，主要用于显示文档标题，使文档结构一目了然。

在“导航”窗格中，有“目录”“章节”“书签”“查找替换”4 个标签，单击某个标签可切换到对应的显示界面。

（1）“目录”标签为默认界面，在该界面中清楚地显示了文档的标题结构，单击某个标题可快速定位到该标题处。

（2）“章节”标签中显示的是文档的分节布局，可以查看文档页面的缩略图，还可以快速增加、删除、合并章节。

（3）“书签”标签中列出了文档中所有的书签。

（4）“查找和替换”标签中可以显示搜索结果，单击某个结果，可快速定位到需要搜索的位置。

4. 样式

样式就是格式的集合。使用样式是实现高效排版的关键，也是在长文档排版中实现自动生成目录、交叉引用、标题多级编号等功能的基础。

在一个样式中，可以包括字体、段落、边框、编号等多种格式。对这些格式分别进行自定义设置，就可以得到多个格式集合，用户可以对文档中处于不同层级的段落应用不同的样式，以实现对文档的高效排版。

WPS 文字程序内置了样式，如果内置样式不符合用户的排版需求，可以进行修改或新建样式。

【任务实施】

1. 创建“社团活动总结”文档

步骤①：在桌面上新建一个名为“社团活动总结”的文档。

步骤②：将教师分发的“社团活动总结-素材”内容复制并粘贴到“社团活动总结”文档中。

2. 使用样式设置文档格式

步骤①：选中标题文字“老西藏精神学习与传承社团工作总结”，在“开始”选项卡中，将该内容字体格式设置为“黑体，三号”，段落格式设置为“居中”“段前、段后 0.5 行”，如图 4-5-1 所示。

图 4-5-1 设置标题格式

步骤②：在“开始”选项卡中的“标题 1”样式上右击，在弹出的快捷菜单中选择“修改样式”命令，如图 4-5-2 所示，弹出“修改样式”对话框，在“格式”栏下将字体格式设置为“仿宋，小三，加粗”。

步骤③：单击左下角“格式”按钮，在弹出的菜单中选择“段落”命令，如图 4-5-3 所示，打开“段落”对话框，将段落格式设置为“首行缩进 2 字符”“段前、段后 0.5 行”。依次单击“确定”按钮完成设置。

图 4-5-2 修改“标题 1”样式

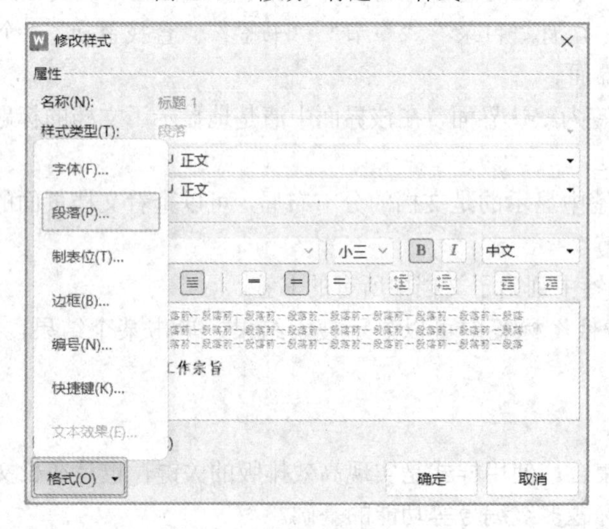

图 4-5-3 选择“段落”命令

步骤④：选中“一、社团工作宗旨”“二、组织机构”“三、社团活动开展情况”“四、社团存在的问题”等内容，然后单击“标题 1”样式，这些内容就会应用“标题 1”所定义的格式。

步骤⑤：使用同样方法，将“标题 2”样式的字体格式设置为“仿宋，四号，加粗”，段落格式设置为“首行缩进 2 字符”。选中“（一）纪念馆参观工作”“（二）理论研究及相关工作”“（三）理论宣传及相关工作”“（四）社团招新及相关工作”“（一）设备老化”“（二）地理空间局限”等标题，将其设置为“标题 2”样式。

步骤⑥：使用同样方法，将“正文”样式的字体格式设置为“仿宋，四号”，段落格式设置为“首行缩进 2 字符”，然后将光标定位到正文段落中，单击“正文”样式即可。

步骤⑦：选择“视图”→“导航窗格”→“靠左”命令，即可在窗口左侧通过“导航”窗格查看文档结构，如图 4-5-4 所示。

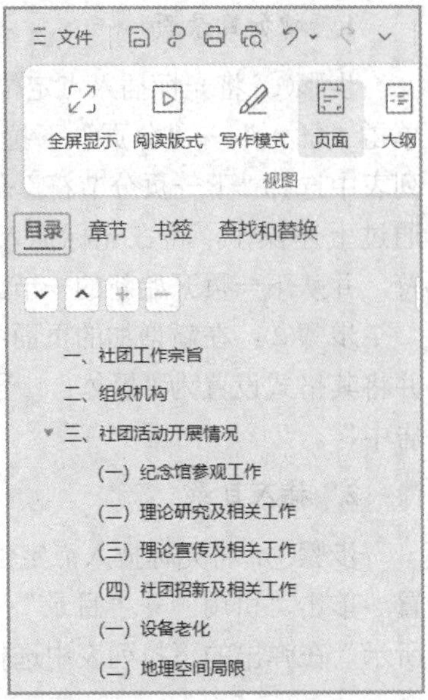

图 4-5-4　查看文档结构

提示： 用户在编辑文档时可以先对段落应用不同的样式，再按照排版要求对样式统一进行修改。例如，先对文档中的标题应用“标题 1”样式，然后修改“标题 1”样式，文档中所有应用了“标题 1”样式的段落会同步更新为修改后的新样式。

4.5.2　任务二　创建目录

【情境和任务】

情境：为社团活动总结设置格式后，便可以利用 WPS 文字中的“引用”功能为该文档提取目录，那么在提取目录时，该如何选择目录样式呢？

任务：创建目录。

【相关资讯】

1. 创建目录的本质

目录是指文档中标题的列表，通过目录，用户可以大概了解整个文档的结构，同时也便于用户快速跳转到指定标题对应的页面中。

要想 WPS 文字自动为标题生成目录，而且是具有不同层次结构的目录，则需要为文档中的标题应用标题样式或设置大纲级别。

以下两种情况下的内容不会被提取到目录中。

（1）大纲级别设置为“正文文本”的内容。

（2）大纲级别低于创建目录时要包含的大纲级别的内容。例如，在创建目录时，将要显示的级别设置为“3”，那么大纲级别为 4 级及 4 级以下的标题便不会被提取到目录中。

2. 目录样式

（1）自动目录：根据段落设置的大纲级别属性自动提取标题，精准无误地快速创建目录。

（2）自定义目录：自定义创建目录具有很大的灵活性，用户可以根据实际需要设置目录中包含的标题级别、设置目录的页码显示方式及前导符等。

（3）智能目录：当文档没有使用样式功能排版或者没有为标题指定大纲级别时，WPS 文字的智能目录可以自动识别正文的段落结构，将标题段落提取到导航窗格，从而节省手动设置目录的时间。

尽管通过智能目录可以高效地生成文档目录，但是在编辑长文档时还是尽量使用样式功能，这样更方便后期对文档的架构和格式进行修改。

【任务实施】

1. 增加目录页

步骤①：将光标插入点定位到第1页的起始位置，单击“插入”→“分页”下拉按钮 分页，在下拉列表中选择“下一页分节符”命令，如图4-5-5所示。通过上述操作，将在光标插入点所在位置插入分节符，并从下一页开始新的一节。

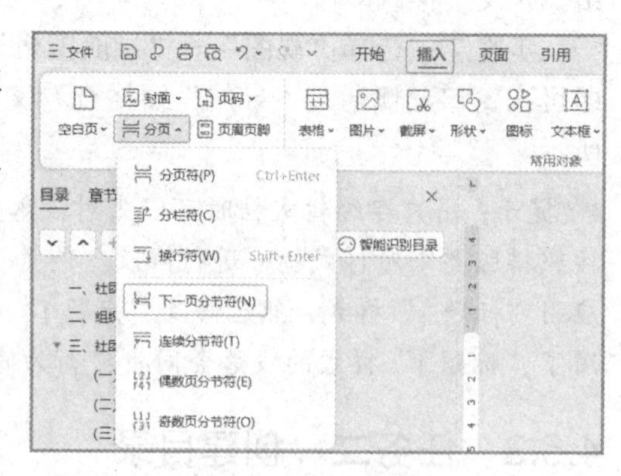

图4-5-5　插入分节符

步骤②：在新增加的页面中输入文本“目录”，并将其格式设置为“黑体；二号；暗板岩蓝，文本2；居中”。

2. 插入目录

步骤①：将光标插入点定位到需要插入目录的位置，单击“引用”→“目录”下拉按钮，如图4-5-6所示，在弹出的下拉列表中选择“自定义目录”命令。

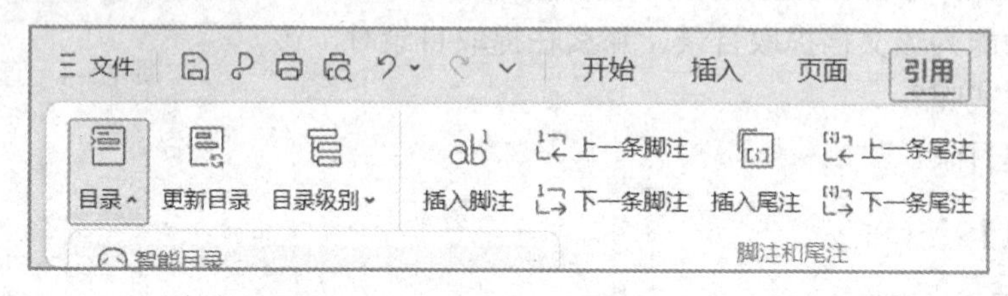

图4-5-6　插入目录

步骤②：在“目录”对话框中，可以根据实际需要设置“制表符前导符”样式和“显示级别”等；完成设置后单击“确定”按钮，如图4-5-7所示。

步骤③：返回文档，将刚刚插入的目录格式设置为“仿宋，四号，1.5倍行距”，设置后效果如图4-5-8所示。

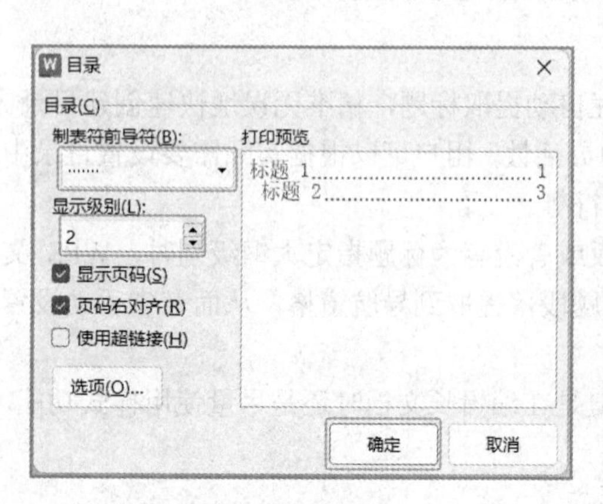

图4-5-7　设置目录格式

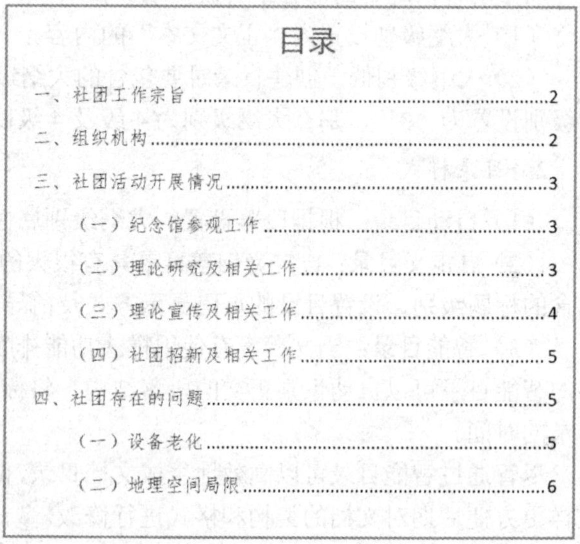

目录

一、社团工作宗旨........2
二、组织机构........2
三、社团活动开展情况........3
（一）纪念馆参观工作........3
（二）理论研究及相关工作........3
（三）理论宣传及相关工作........4
（四）社团招新及相关工作........5
四、社团存在的问题........5
（一）设备老化........5
（二）地理空间局限........6

图4-5-8　目录效果图

提示：此时，按住 Ctrl 键，再单击某条目录，即可快速跳转到对应的目标位置。

4.5.3　任务三　设置页眉和页脚

【情境和任务】

情境：页眉和页脚分别位于文档的最上方和最下方，可以在页眉和页脚处输入文本或插入图形，如文档名称、页码或单位徽标等。为了美化文档并且能够快速定位到文档的指定位置，多吉决定为该文档添加页眉和页脚。

任务：设置页眉和页脚。

【任务实施】

1. 设置页眉

步骤①：将光标插入点定位到正文第 1 页，单击“插入”→“页眉页脚”按钮，在页面上方的页眉中输入“老西藏精神学习与传承社团工作总结”，并将其格式设置为“仿宋；五号；标准色 蓝色；居中”。

步骤②：单击“开始”→“边框”下拉按钮，在下拉列表中选择“边框和底纹”命令，在“边框和底纹”对话框中的“线型”列表框中选择“双实线”样式；在“颜色”下拉列表中选择“标准色 蓝色”；在“宽度”下拉列表中选择“0.75 磅”，然后在右侧的预览窗格中设置为只保留下边线，然后单击“确定”按钮，如图 4-5-9 所示。

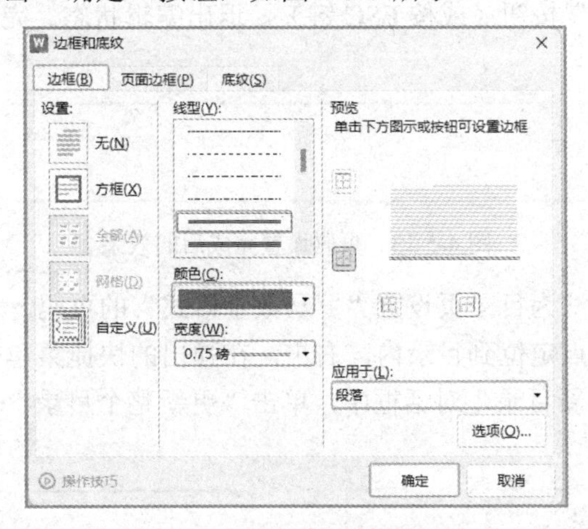

图 4-5-9　“边框和底纹”对话框

步骤③：单击“页眉页脚”→“页眉上边距”微调按钮，将页眉上边距设置为“1.2 厘米”，然后单击“关闭”按钮（或按 ESC 键），退出编辑状态。完成后效果如图 4-5-10 所示。

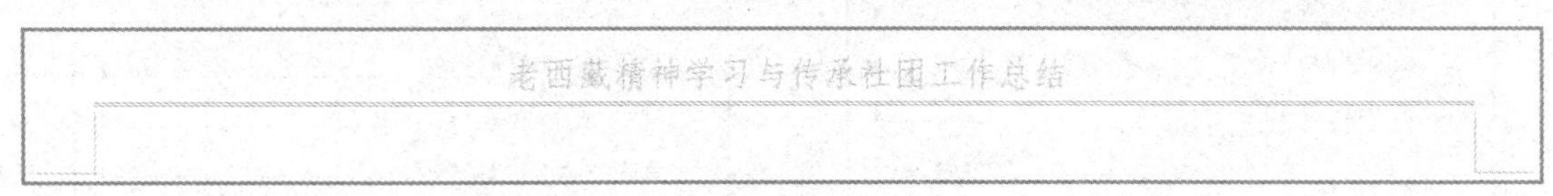

图 4-5-10　页眉效果图

2. 设置页脚并更新目录

步骤①：将光标插入点定位到正文第 1 页，单击“插入”→“页码”下拉按钮，在弹出的下拉列表中选择“页码”命令，如图 4-5-11 所示，打开“页码”对话框。

步骤②：在“页码”对话框的“样式”下拉列表中选择“第 1 页”；在“位置”下拉列表中选择“底端居中”；选中“起始页码”单选按钮，设置当前节的起始页码为“1”；在“应用范围”栏中选中“本节”单选按钮；然后单击“确定”按钮，如图 4-5-12 所示。

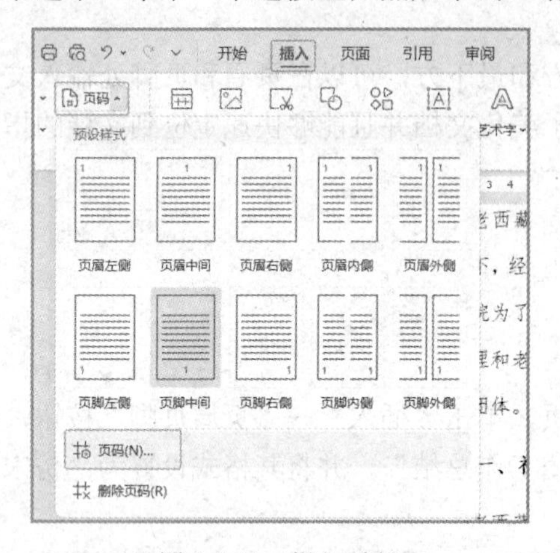

图 4-5-11 插入页码

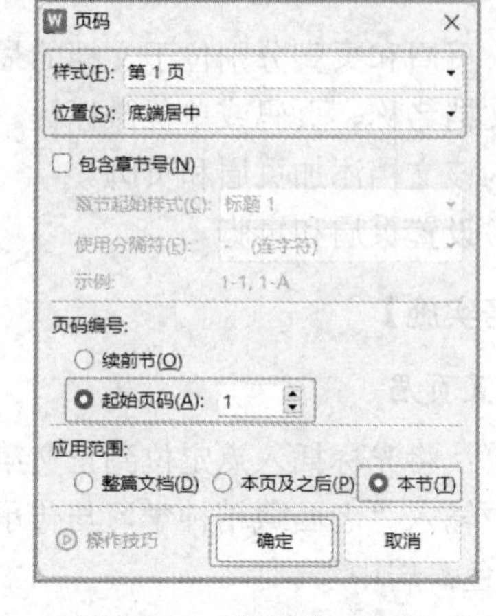

图 4-5-12 设置页码格式

提示：如果文档内容为一节，应用范围设置为“本页及之后”，WPS 文字会自动将该节分为两节。

步骤③：单击“关闭”按钮（或按 ESC 键），退出编辑状态。完成后页码效果如图 4-5-13 所示。

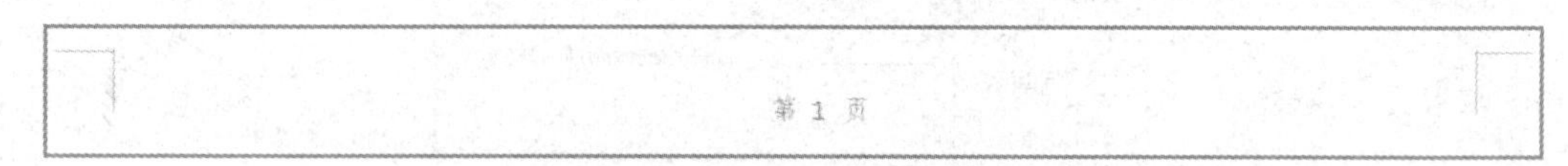

图 4-5-13 页码设置完成后的效果

步骤④：使用上述方法为目录页设置“罗马数字格式”的页码。

步骤⑤：将光标插入点定位到目录内，右击，在弹出的快捷菜单中选择“更新域”命令，如图 4-5-14 所示；在“更新目录”对话框中，单击“更新整个目录”单选按钮；更新后的目录如图 4-5-15 所示。

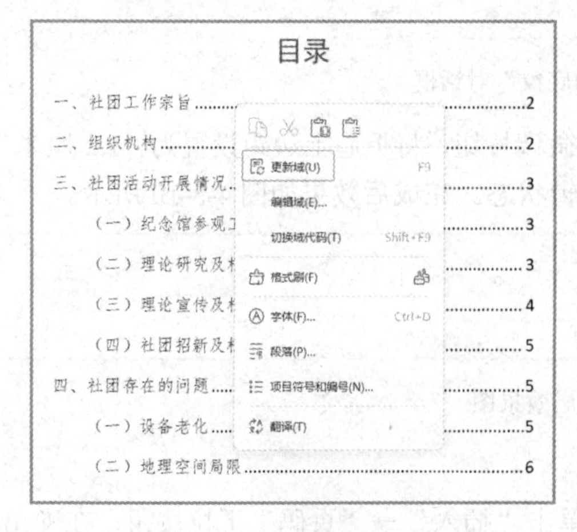

图 4-5-14 更新目录

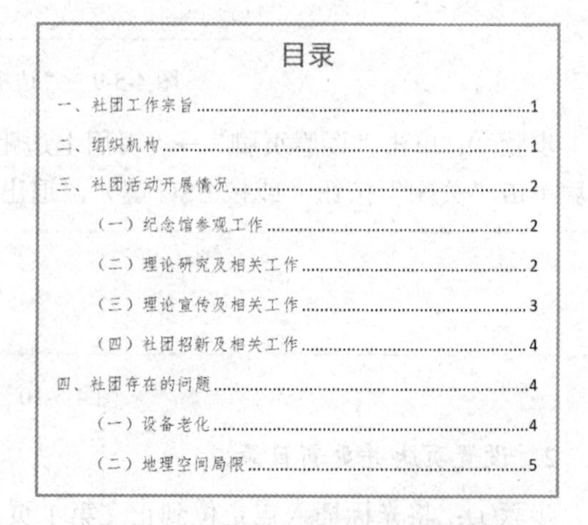

图 4-5-15 目录更新后的效果图

提示： 在更新目录时，如果只需要更新目录中的页码，则选中“只更新页码”单选按钮；如果需要更新目录中的标题和页码，则选中“更新整个目录”单选按钮。

4.5.4　任务四　添加封面

【情境和任务】

情境：封面位于文档的第一页，不仅是产品的包装，而且通过封面上的信息也能向读者展现文档的主要内容，还可以起到美化文档的作用。用户可以自己制作和设计封面，也可以使用 WPS 文字提供的商务、简历、论文等常用的内置封面模板。

任务：添加封面。

【任务实施】

1. 在封面中插入图片

步骤①：将光标插入点定位到第 1 页的起始处，单击“插入”→“分页”下拉按钮，在下拉列表中选择“下一页分节符”命令。

步骤②：将光标定位在空白页，单击“插入”→“图片”下拉按钮，选择“本地图片”命令，在“插入图片”对话框中选择需要的图片，然后单击“打开”按钮。

步骤③：选中插入的图片，单击“图片工具”→“环绕”下拉按钮，选择“衬于文字下方”命令。

步骤④：选中插入的图片，单击“图片工具”→“大小和位置”扩展按钮，在“布局”对话框的“大小”选项卡中，取消选中“锁定纵横比”复选框。在“高度”栏设置图片高度绝对值为“29.7 厘米”，在“宽度”栏设置图片宽度绝对值为“21 厘米”，如图 4-5-16 所示，然后单击“确定”按钮。

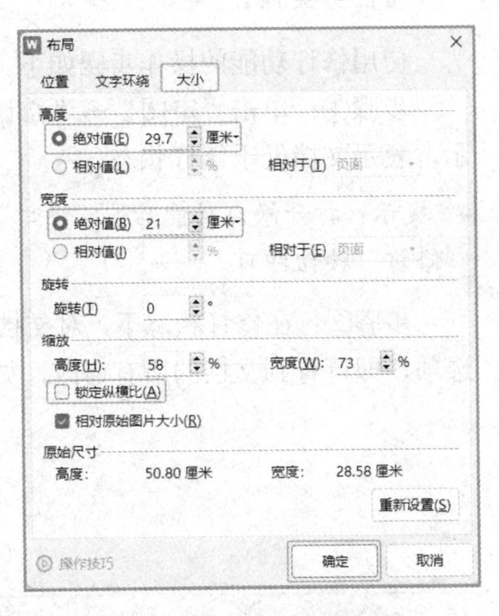

图 4-5-16　“布局”对话框

步骤⑤：单击“图片工具”→“对齐”按钮，依次选择“水平居中”和“垂直居中”命令。

2. 在封面中插入文本框

步骤①：单击“插入”→“文本框”下拉按钮，选择“竖向”命令，绘制文本框，在文本框中输入文本“社团工作总结”，并将其字体格式设置为“黑体，小初”，文本框形状样式设置为“无边框颜色”。

步骤②：单击“插入”→“文本框”下拉按钮，选择“横向”命令，绘制文本框，在文本框中输入文本“老西藏精神学习与传承社团”和“2024 年 1 月”，并将其格式设置为“黑体，小三，标准色 蓝色，居中，1.5 倍行距”，文本框形状样式设置为“无边框颜色”，设置完成后效果如图 4-5-17 所示。

图 4-5-17　封面效果图

4.5.5 任务五　文档的修订

【情境和任务】

情境：完成了社团工作总结的编辑工作，多吉需要把文档发给社团其他成员阅读，以便成员提出修改意见。当其他成员对文档进行修改时，如何操作才能显示修改痕迹？

任务：文档的修订。

【相关资讯】

审阅者在审阅文档时，如果需要对文档内容进行修改，可以使用修订功能。打开修订功能后，文档中将会显示所有修改痕迹，以便文档编辑者查看审阅者对文档所做的修改，并决定是否接受修订。

【任务实施】

使用修订功能的操作步骤如下。

步骤①：单击“审阅”→“修订”按钮，此时，“修订”按钮呈选中状态，如图 4-5-18 所示，表示文档处于修订状态。

提示：打开修订功能后，“修订”按钮呈选中状态。如果需要关闭修订功能，那么再次单击“修订”按钮即可。

步骤②：在修订状态下，对文档内容进行编辑后，选择“审阅”→“显示标记的原始状态”选项，即可看到文档的所有修改，如图 4-5-19 所示。

图 4-5-18　“修订”按钮

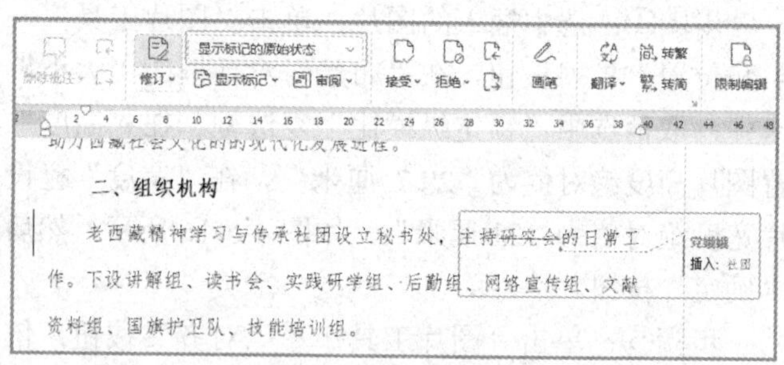

图 4-5-19　显示文档修改情况

步骤③：将光标插入点定位在某修订中，单击“审阅”→“拒绝”下拉按钮，在弹出的下拉列表中选择“拒绝所选修订”命令，如图 4-5-20 所示，当前修订即被拒绝，同时修订标记消失。

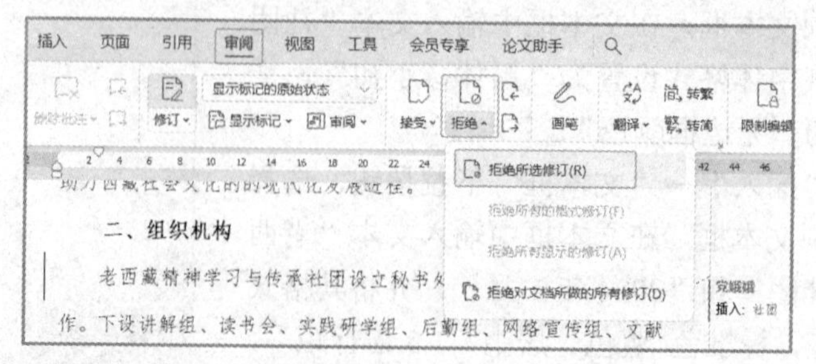

图 4-5-20　拒绝更改

提示： 如果接受修订，那么切换到“审阅”选项卡，单击“接受”下拉按钮，在弹出的下拉列表中选择“接受修订”命令，当前修订即被接受，修订标记消失。

4.5.6 任务六　脚注的应用

【情境和任务】

情境：社团成员在对文档进行修订时，提出需要以脚注的形式在文档中补充“老西藏精神”的注释，多吉该如何操作呢？

任务：脚注的应用。

【相关资讯】

脚注通常位于页面底部，作为文档某处内容的注释。

编辑文档时，当需要对某处内容添加注释信息时，可以通过插入脚注的方法实现。在一个页面中，可以添加多个脚注，且 WPS 文字会根据脚注在文档中的位置自动调整顺序和编号。

【任务实施】

插入脚注的操作过程如下。

步骤①：将光标定位在要插入脚注的位置，单击“引用”→“插入脚注”按钮，如图 4-5-21 所示，此时可以看到当前页面左下角出现了脚注的序号。

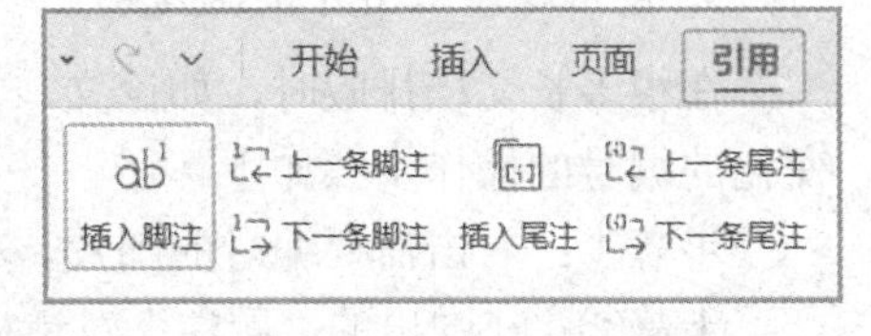

图 4-5-21　插入脚注

步骤②：在序号处输入脚注内容。将鼠标指向文档中的脚注序号时，鼠标指针变为样式，并显示脚注文字。

提示： 脚注一般在页面的末尾处，如果想让脚注显示在当前段落的末尾，或任意想显示的位置，操作步骤如下。

步骤①：先插入脚注，然后将光标定位在想在其下面显示脚注的内容末尾处，选择“插入”→“分页”→“连续分节符”命令，这时文档中会多出一行。

步骤②：单击“引用”→“脚注和尾注”扩展按钮，打开“脚注和尾注”对话框，选中“脚注”单选按钮，并设置位置为“文字下方”，如图 4-5-22 所示，单击“应用”按钮，此时可以看到脚注的显示位置为插入了分节符的位置，如图 4-5-23 所示。

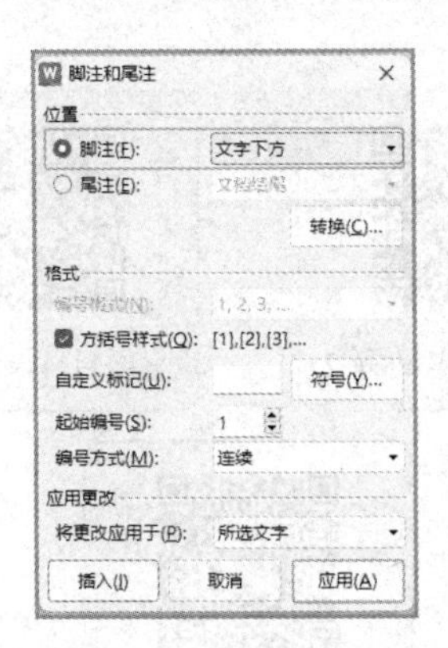

图 4-5-22　插入脚注

老西藏精神学习与传承社团工作总结

老西藏精神[1]学习与传承社团是在西藏职业技术学院党委的大力支持下，经过西藏自治区民政厅审批成立的社会团体，是西藏职业技术学院为了综合利用和调度校内外各方资源，实现谭冠三纪念园的规范管理和老西藏精神的宣传、学习和研究，而设立的师生志愿服务和工作团体。现将老西藏精神学习与传承社团的工作汇报如下：

[1] “老西藏精神”的内涵：特别能吃苦、特别能战斗、特别能忍耐、特别能团结、特别能奉献

一、社团工作宗旨

老西藏精神学习与传承社团以马克思列宁主义、毛泽东思想、邓

图 4-5-23　脚注位置效果图

【项目总结】

本子项目主要介绍了如何在 WPS 文字中修改使用样式、创建标题目录、添加页眉和页脚、文档的修订、插入脚注等操作方法。通过本子项目学习，可以制作出漂亮、出色的页眉和页脚，掌握目录创建的方法并合理使用目录。

【知识拓展】

1. 目录中出现“错误！未定义书签”提示

在更新文档中的目录时，有时会出现“错误！未定义书签”提示，这是因为创建目录时的文档标题被意外删除了，此时，可以通过以下两种方式解决问题。

（1）找回或重新输入原来的文档标题。

（2）重新创建目录。

2. 删除页眉中多余的横线

在文档中添加页眉后，页眉中有时会出现一条多余的横线，且无法通过 Delete 键删除，此时可以通过隐藏边框线的方法实现，操作步骤如下。

双击页眉处，进入页眉编辑状态，在页眉中选中多余横线所在的段落，单击“开始”→“边框”下拉按钮，选择“无框线”命令。

3. 使用题注给图片快速编号

在很多长文档排版时，如论文、方案、图书等，都需要对图片和表格进行编号。生成自动变化的编号的操作步骤如下。

步骤①：右击需要编号的图片，在弹出的菜单中选择“题注”命令。

步骤②：在弹出的“题注”对话框中，输入图片的名称，设置“标签”为“图片”，“位置”为“所选项目下方”，然后单击“编号”按钮。

步骤③：在弹出的“题注编号”对话框中，选中“包含章节编号”复选框，修改使用的分隔符类型，然后单击“确定”按钮返回“题注”对话框，最后单击“确定”按钮完成设置。

4. 如何给文档中的图片/表格制作目录

在进行下述操作时要先确保图片和表格已添加了题注。

步骤①：单击“引用”→“插入表目录”按钮。

步骤②：在弹出的“图表目录”对话框中，选择需要的题注标签，单击“确定”按钮即可完成目录的制作。

项目 4　课后习题

项目 4　实操题 1

项目 4　实操题 2

项目 4　素材

项目 4　习题答案

项目 4　实操题 3

项目 4　实操题 4

项目 5　员工工资数据处理（WPS 表格 2023）

本项目是以员工工资数据处理为例，介绍如何使用 WPS Office 来进行电子表格的制作、数据的录入和设置、条件格式和序列填充技巧、表格的美化、函数的应用、数据的筛选和排序、分类汇总、数据透视表和图表的制作、表格的打印与保护等方面的相关知识。

【情境描述】

对于企业来说，应该给全体员工提供公平的待遇、均等的机会，建立有效的激励机制，以促进企业员工的发展及成长，增强成员的集体荣誉感。激励就是企业对员工的激发和鼓励，以促进员工发挥其才能，释放其潜能，最大限度地、自觉地发挥积极性和创造性，在工作中做出更大的成绩。这里所说的激励机制主要体现在员工的工资上。那么每位员工每个月的工资主要是由哪些部分组成的？各个部分有什么关联呢？

【问题提出】

(1)如何设计制作员工基本信息表？如何确定表中的各个字段？如何正确地填入数据表中的各种数据？

(2) 根据员工基本信息制作员工工资表，里面的各项工资组成部分是如何确定的？如何进行工资的计算？

（3）如何筛选出实发工资较低的员工工资信息？

（4）如何通过分类汇总算出各个职称级别的员工平均工资？

（5）如何通过数据透视表汇总各个部门每个职称级别的人数？

（6）如何利用图表展示各部门不同职称的员工人数？

【项目流程】

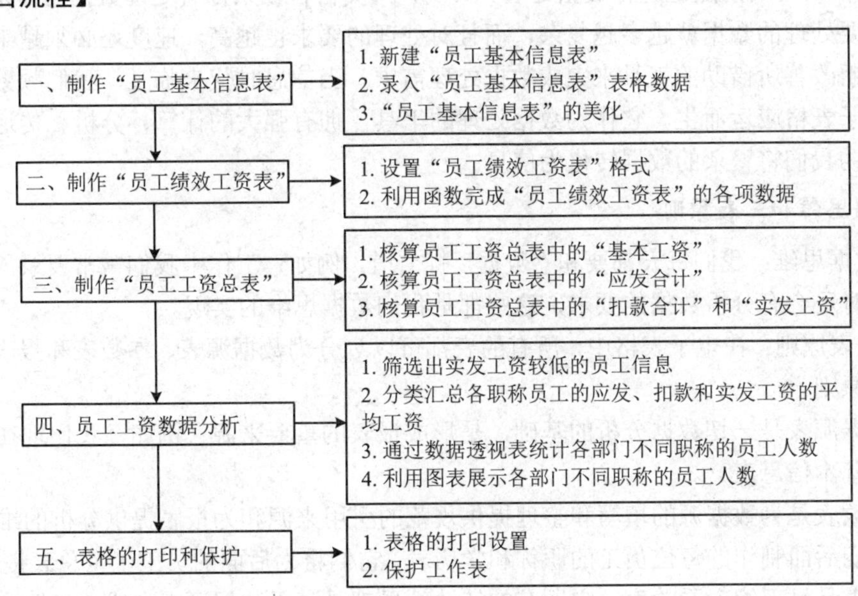

5.1 子项目一 制作“员工基本信息表”

5.1 子项目一
课件

【情境描述】

在制作员工工资表之前，需要先制作本企业的员工基本信息表，然后根据员工基本信息表中的相关内容制作员工工资总表。首先分析员工基本信息表包含的信息：所在部门、员工编号、姓名、性别、身份证号、出生日期、职务、职称、学历、入职时间、岗位等级等。

【问题提出】

（1）可以用什么软件来制作“员工基本信息表”？

（2）如何新建“员工基本信息表”？

（3）如何保存新建的“员工基本信息表”？

（4）新建的“员工基本信息表”中包括哪些内容？这些内容应如何填入表中？

5.1.1 任务一 新建“员工基本信息表”

【情境和任务】

情境：可以用什么软件来制作“员工基本信息表”？如何新建“员工基本信息表”？如何保存新建的“员工基本信息表”？

任务：新建“员工基本信息表”。

【相关资讯】

1. WPS表格功能简介

WPS表格的主要功能是进行数据处理。其实，人类自古以来都有处理数据的需求，文明程度越高，需要处理的数据就越多越复杂，而且对处理的要求也越高，速度还必须越来越快。因此，我们不断改善所借助的工具来完成数据处理需求。当信息时代来临时，我们频繁地与数据打交道，电子表格应运而生。它作为数据处理的工具，拥有强大的计算、分析、传递和共享功能，可以帮助我们将繁杂的数据转化为信息。

2. 数据思维和三表原则

（1）数据思维：我们每天都要和“数据”打交道，例如，工作中我们常常要录入数据、整理数据，有时还会有分析数据的要求，这些都是我们数据思维的实现。

（2）三表原则：在电子表格中，所有的表都可以划分为数据源表、参数表和报表，这就是所谓的三表原则。

❖ 数据源表是一切数据分析的基础，是形成报表的重要来源（例如，我们现在制作的员工基本信息表）。

❖ 参数表是为数据源的填写和整理提供规范的引用来源和为报表提供分析的维度（例如，我们后面制作的每位员工的职称和学历表，它们将为后面的员工工资总表提供数据）。

❖ 报表是呈现给人看的表，它所有的统计结果都是基于数据源表生成的（例如，我们根

据员工工资总表进行各类数据的统计报表等）。

3. WPS 表格窗口功能介绍

（1）WPS 2023 表格工作界面。主要由标签栏、功能区、名称框、编辑栏、工作表区域、状态栏组成，如图 5-1-1 所示。

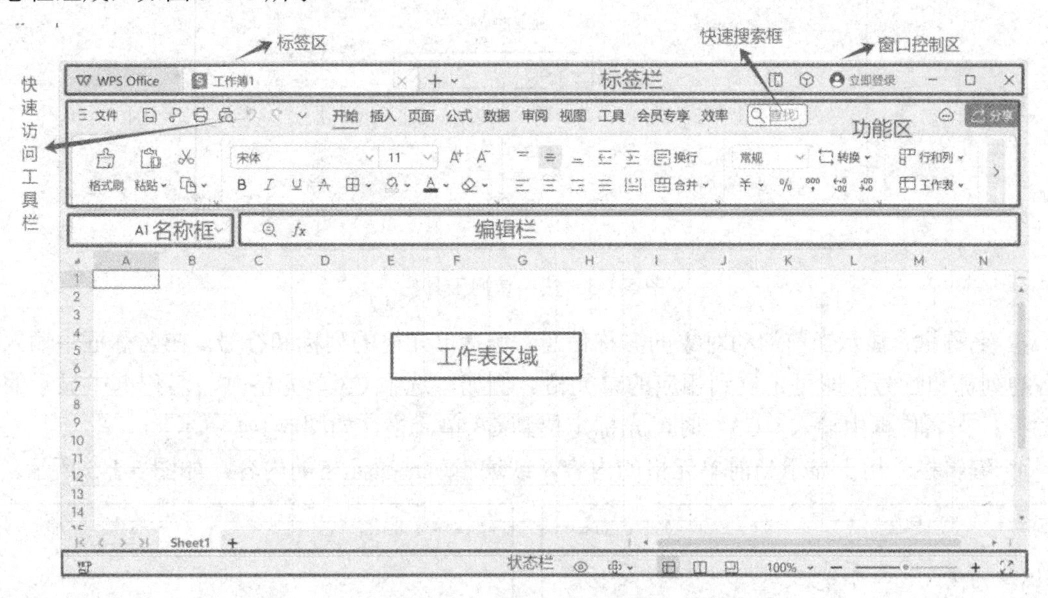

图 5-1-1　WPS 2023 表格窗口

（2）各区域功能介绍。

① 标签栏：用于标签切换和窗口控制，包括标签区（访问/切换/新建文档、网页、服务）、窗口控制区（切换/缩放/关闭工作窗口、登录/切换/管理账号）。

② 功能区：承载了各类功能入口，包括功能区选项卡、文件菜单、快速访问工具栏（默认置于功能区内）、快捷搜索框、协作状态区等。每个功能选项卡中有多个命令组，每个命令组中有多个命令按钮，如图 5-1-2 所示。

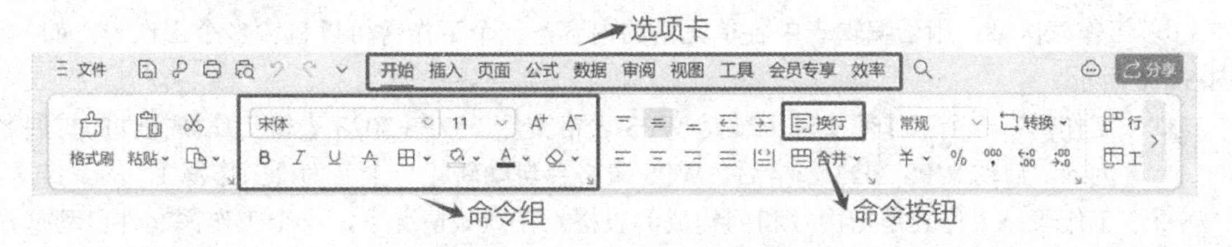

图 5-1-2　WPS 2023 表格功能区

- 快速访问工具栏：用于放置高频使用的命令，以便用户快速找到并使用其功能，减少对功能区选项卡的操作频率。快速访问工具栏是一个可以自定义的工具栏，用户可以通过增删命令按钮和设置工具栏的展示位置，配置符合自己习惯的快速访问工具栏。单击工具栏右侧的下拉按钮，可以在扩展菜单中显示更多的内置命令选项，如图 5-1-3 所示。
- 显示或隐藏功能区的方法：选择如图 5-1-3 所示的“显示功能区”命令，即可将功能区显示或隐藏。

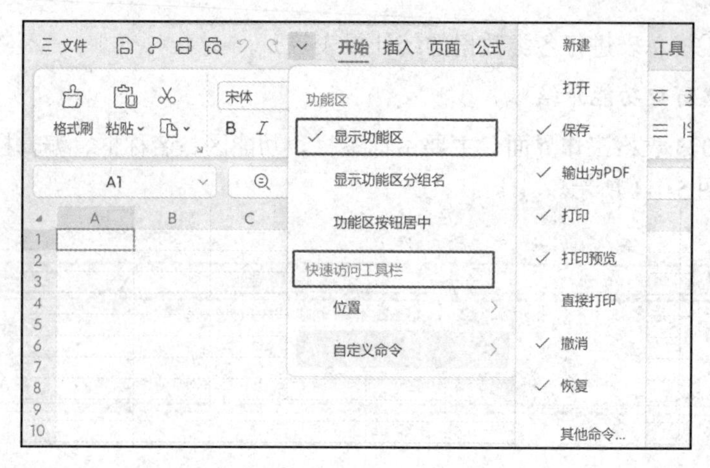

图 5-1-3　快速访问工具栏

③ 名称框：显示当前活动对象的名称信息，包括单元格的列标和行号。在名称框中输入单元格的列标和行号，即可定位到相应的单元格。例如，选中 C3 单元格时，名称框中显示的是“C3”；在名称框中输入“C3”时，光标定位到 C3 单元格，如图 5-1-4 所示。

④ 编辑栏：用于显示当前单元格的内容，或编辑所选单元格的内容，如图 5-1-5 所示。

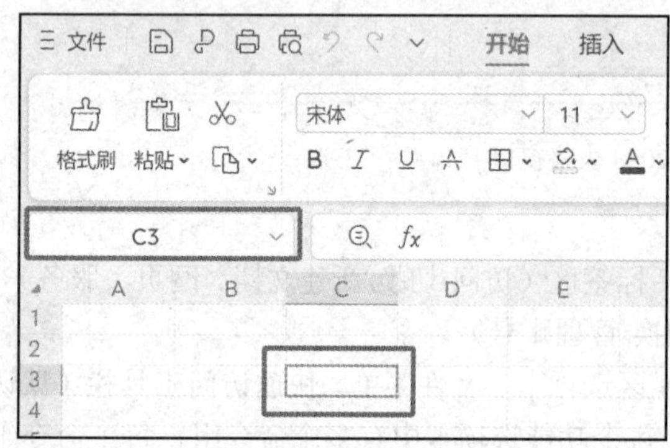

图 5-1-4　名称框

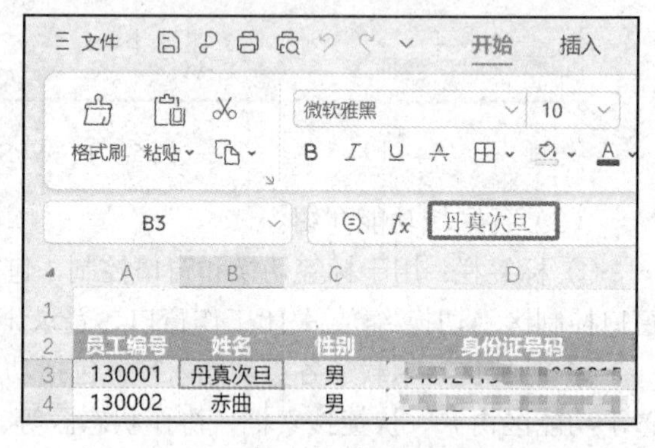

图 5-1-5　编辑栏

⑤ 工作表区域：用于编辑表中各单元格的内容，一个工作簿可以包含多个工作表，如图 5-1-6 所示。

- ❖ 工作簿：一个工作簿实际上就是 WPS 表格文件，WPS 2023 表格工作簿文件的扩展名为.et。启动 WPS 2023 表格后，WPS 表格会自动新建一个名为“工作簿 1”的工作簿。
- ❖ 工作表：工作表是指由行和列构成的表格。在默认情况下，一个工作簿文件自动打开一个工作表，一个工作簿中可以有多个工作表。
- ❖ 单元格：单元格是工作表中行列交叉的一个小格，每个单元格是以它所在的列标和行号来命名的。例如，单元格地址 A1 表示第一列第一行单元格、单元格地址 C5 表示第三列第五行单元格。
- ❖ 单元格区域：单元格区域的表示方法为写出单元格区域左上角的单元格地址和右下角的单元格地址，中间用英文状态下的冒号隔开。例如，A1:F5 表示 A1 到 F5 之间的区域范围。

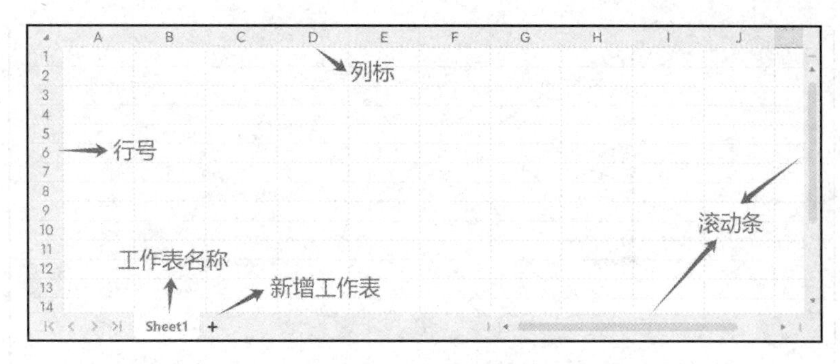

图 5-1-6 工作表区域

【任务实施】

1. 新建“员工基本信息表”工作簿

步骤①：单击“开始”→“WPS Office”按钮，启动 WPS Office 应用程序，如图 5-1-7 所示，新建 WPS 2023 工作簿，如图 5-1-8 所示。

图 5-1-7 打开 WPS Office 软件

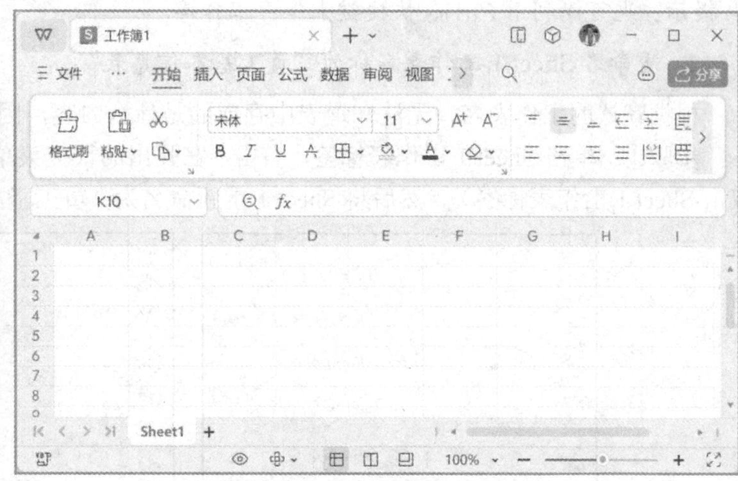

图 5-1-8 WPS 2023 工作簿

步骤②：保存工作簿，并将其命名为“员工基本信息表”。单击标签栏最左侧的“保存”按钮，或者选择“文件”→“保存”或“另存为”命令，分别如图 5-1-9 和图 5-1-10 所示。在弹出的“另存为”对话框中找到保存路径，在文件名处输入“员工基本信息表”，单击“保存”按钮，如图 5-1-11 所示。

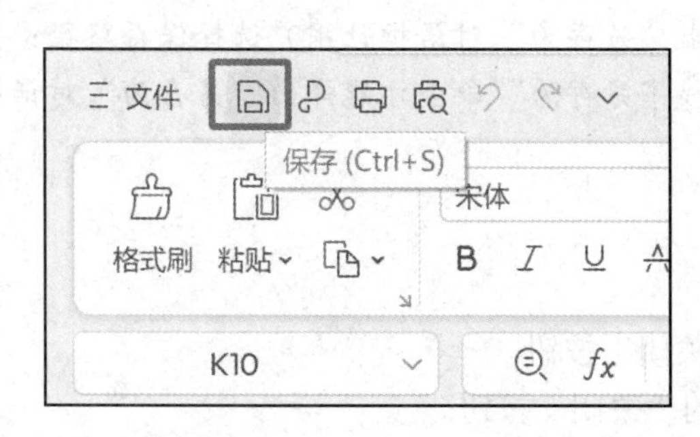

图 5-1-9 单击“保存”按钮

图 5-1-10 选择“保存”或“另存为”命令

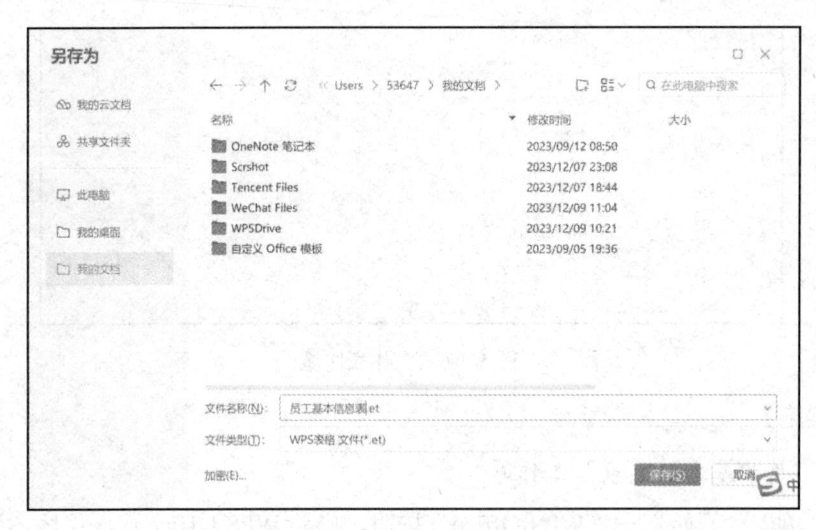

图 5-1-11　“另存为”对话框

提示： 也可以利用 Ctrl+S 快捷键来保存工作簿。

2. 重命名 Sheet 1 工作表名称为“员工基本信息表”

根据默认的工作表名，无法知道表中存放的是什么内容，因此需对工作表名称进行更改。

步骤①：单击 Sheet 1 工作表标签，右击，在弹出的快捷菜单中选择“重命名”命令（或者双击 Sheet 1 工作表标签），然后将 Sheet 1 重新命名为“员工基本信息表”，如图 5-1-12 所示。

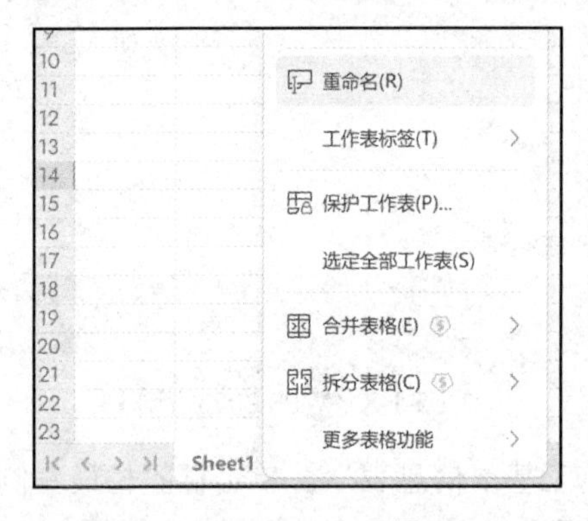

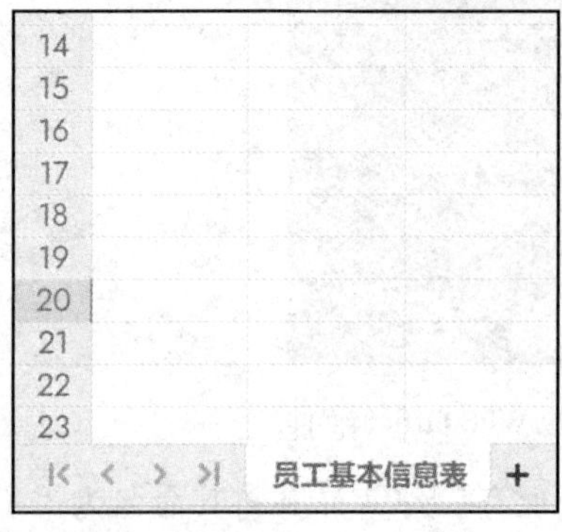

图 5-1-12　重命名工作表

步骤②：单击“保存”按钮，保存修改后的文件。

提示： 如果是对已存在（不是新建）的文件进行保存，在执行“文件”→“保存”命令时，只是将该文件保存在原来的位置，不会弹出“另存为”对话框让用户选择保存路径；如果要将该文件保存在另一路径，要执行“文件”→“另存为”命令才能弹出“另存为”对话框进行路径更改。

3. 关闭工作簿

关闭工作簿有如下 4 种方式。

（1）单击 WPS 表格工作簿右侧的“关闭”按钮。

（2）单击 WPS Office 标签栏右上角的“关闭”按钮。

（3）选择“文件”→“退出”命令。

（4）按 Ctrl+F4 组合键。

5.1.2　任务二　录入“员工基本信息表”表格数据

【情境和任务】

情境：已经新建了“员工基本信息表”，那么“员工基本信息表”中应该包括哪些内容呢？这些内容将如何填入表格中呢？

任务：录入“员工基本信息表”数据。

【相关资讯】

1. 数据类型

在 WPS 表格的单元格中可以输入多种类型的数据，如字符型数据、数值型数据、日期型数据、时间型数据等。下面简单介绍这几种类型的数据。

（1）字符型数据：字符型数据包括汉字、英文字母、空格等。默认情况下，字符型数据自动沿单元格左边对齐。当输入的内容超出了当前单元格的宽度时，如果右边相邻单元格中没有数据，那么文本内容会往右延伸；如果右边单元格中有数据，超出的那部分数据就会隐藏起来，只有把单元格的宽度变大后才能显示出来。

（2）数值型数据：数值型数据包括 0～9 中的数字以及含有正号、负号、货币符号、百分号等任一种符号的数据。默认情况下，数值自动沿单元格右边对齐。在输入过程中，有以下两种比较特殊的情况要注意。

- ❖ 负数：在数值前加一个负号或把数值放在括号里，都可以输入负数，例如，要在单元格中输入“-66”，可以输入“-66”或“(66)”，然后按 Enter 键就可以在单元格中出现“-66”。
- ❖ 分数：要在单元格中输入分数形式的数据，应先在编辑框中输入“0”和一个空格，然后再输入分数，否则 WPS 表格会把分数当作日期处理。例如，要在单元格中输入分数“2/3”，应先在编辑框中输入“0”和一个空格，然后接着输入“2/3”，再按 Enter 键，单元格中就会出现分数“2/3”。

（3）日期型数据和时间型数据：在人事管理中，经常需要录入一些日期型数据和时间型数据，在录入过程中要注意以下几点。

- ❖ 输入日期型数据时：年、月、日之间要用“/”或“-”符号隔开，如“2021-5-16”或“2021/5/16”。
- ❖ 输入时间型数据时：时、分、秒之间要用冒号隔开，如“10:29:36”。

若要在单元格中同时输入日期和时间，日期和时间之间应该用空格隔开。

2. 居民身份证号码的组成

第二代居民身份证号码由 18 位数字和字母组成，前 6 位是地址码（1～2 位是省、自治区、直辖市代码，3～4 位是地级市、盟、自治州代码，5～6 位是县、县级市、区代码）；7～14 位是居民出生的年、月、日，其中年份用四位数字表示，月和日均用两位数字表示，年、月、日之间没有分隔符；15～17 位是顺序码，对同一地址并且同年同月同日出生的人的编写顺序号，其中第 17 位表示性别，男性为奇数，女性为偶数；最后一位（18 位）为校验码，按照一定的规则进行编制，可以是 0～10 之间的任意数，如果是 0～9 就直接作为身份证号的第 18 位，如果是 10 则用 X 来代替。

3. 填充工具

WPS 表格中自带填充功能，通过填充功能可以快速实现具有一定规律的单元格的计算，实现填充的类型包含等差序列、等比序列、日期和自动填充，并且可以设置步长值和终长值。

【任务实施】

1. 添加各个字段名称

步骤①：在 A1:L1 单元格区域中分别填入“员工编号”“姓名”“性别”“身份证号码”“出生日期”“所在部门”“职务”“职称”“学历”“入职时间”“岗位等级”“备注”等字段，如图 5-1-13 所示。

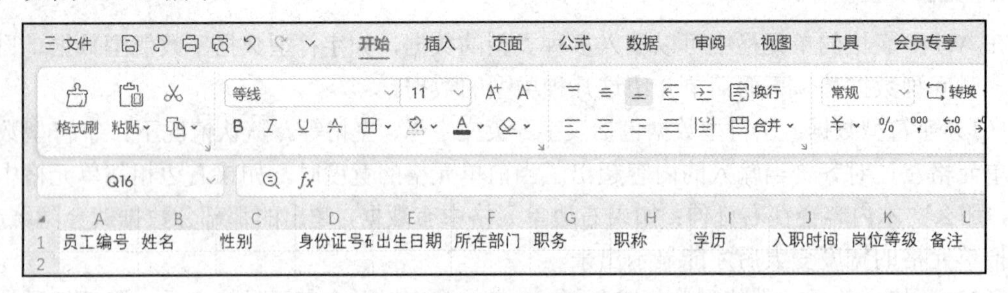

图 5-1-13 设置字段名称

步骤②：由于身份证号码数据较长，把身份证号码的列宽设置为“20 磅”。选中 D 列，右击，在弹出的快捷菜单中选择“列宽”命令，在打开的“列宽”对话框中设置列宽为 20 字符，如图 5-1-14 所示。

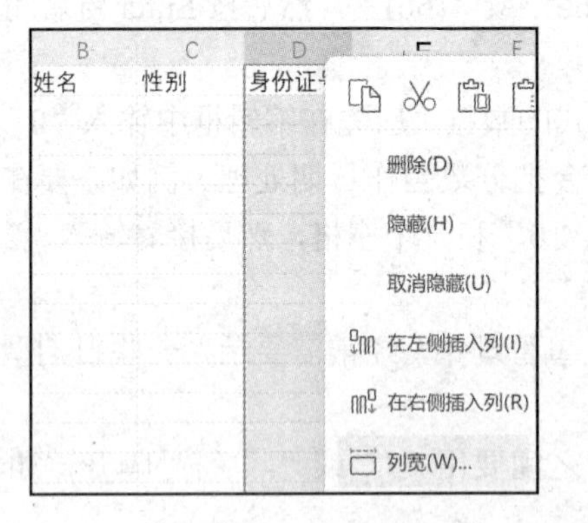

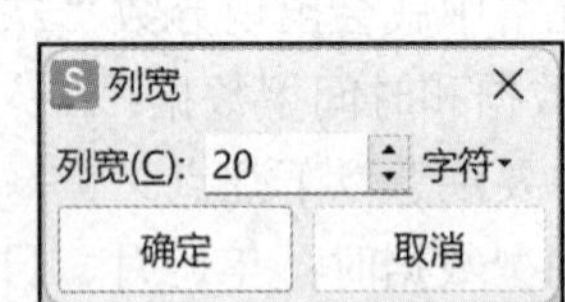

图 5-1-14 设置列宽

提示：如果要设置行高，也是用相同的方法，选中行标，右击，在弹出的快捷菜单中选择“行高”命令，设置具体的值即可。如果不要求具体的行高或列宽，那么就可以根据实际情况，选中相对应的行或列，将鼠标放在选中行的下分割线或者选中列的右分割线上，当光标变成双箭头形状后，按住鼠标左键并拖动至合适的行高或列宽即可。

2. 添加标题

填好字段名称后，发现表格的标题忘记添加了，现在需要在字段名称前面插入一行作为标题行，操作步骤如下。

步骤①：单击第 1 行的行号，右击，在弹出的快捷菜单中选择“在上方插入行”命令，在

此行前插入 1 行，并在 A1 单元格添加标题名称“员工基本信息表”，如图 5-1-15 所示。

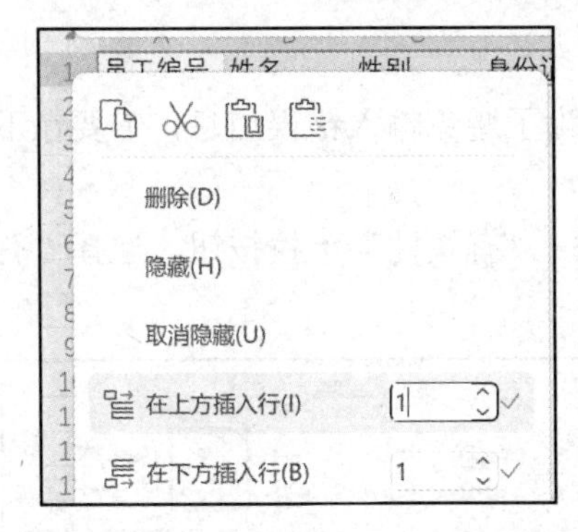

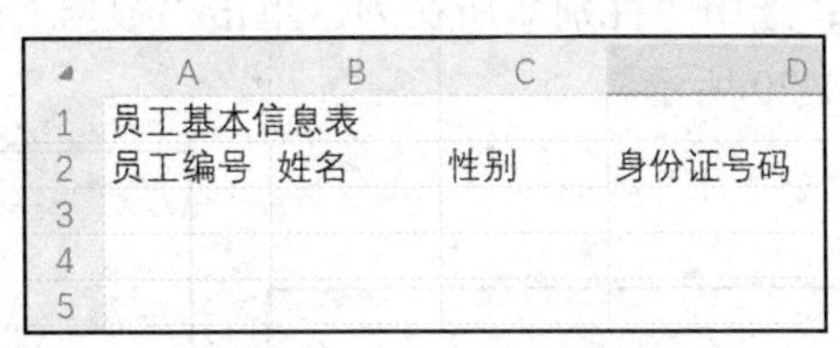

图 5-1-15　插入标题行

步骤②：添加标题后需要将标题进行居中对齐设置。选中 A1:L1 单元格区域，单击“开始”→“合并”按钮，如图 5-1-16 所示。

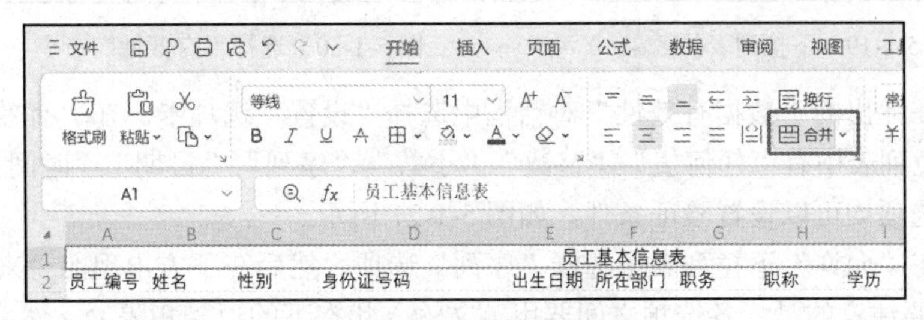

图 5-1-16　标题合并后居中

提示：在通过 WPS 进行表格处理的过程中，经常会涉及单元格的合并和拆分操作，合并操作是指将多个相连的单元格合并成一个单元格，拆分操作是指将合并的单元格重新拆分成多个单元格，但是不能拆分未合并过的单元格。如果要将合并后的单元格重新拆分，具体的方法如下：单击“开始”→“合并”下拉按钮，选择“取消合并单元格”命令。

3. 录入员工编号和姓名

由于企业总计有 400 名员工，员工编号从 130001 到 130400，如果逐个录入这些数据，那么工作量会很大。通过仔细观察，发现这些数据有一定规律，录入有规律的数据时可以利用数据自动填充录入功能。

步骤①：录入员工编号。首先分别在 A3 和 A4 单元格中录入“130001”和“130002”，然后选中 A3:A4 单元格区域，将鼠标放到 A4 单元格右下角，当光标变成+字形状后，如图 5-1-17 所示，按下鼠标左键并拖动至 A402 单元格，释放鼠标即可完成所有员工编号数据的填充，如图 5-1-18 所示。

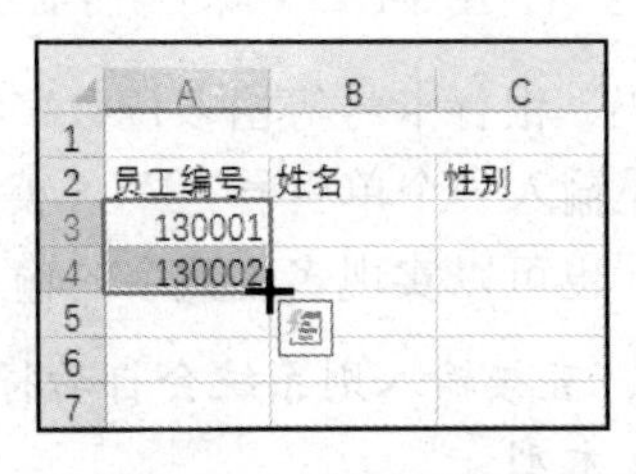

图 5-1-17　数据填充柄

图 5-1-18　自动填充员工编号数据

步骤②：录入员工姓名时，由于是常规数据，直接录入即可。

4. 录入员工性别信息

由于性别只有“男”和“女”两种信息，所以为了避免输入错误信息，需要在下拉列表中选择“男”或“女”的信息，如图 5-1-19 所示。

步骤①：选中“性别”所在列，单击“数据”→“有效性”下拉按钮，选择“有效性”命令，如图 5-1-20 所示。

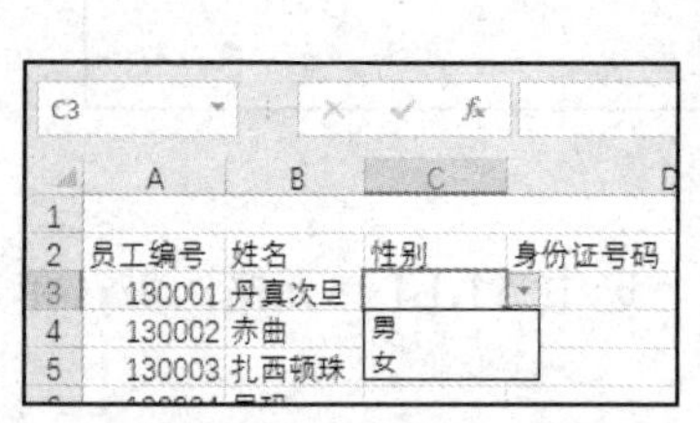

图 5-1-19　下拉列表的效果

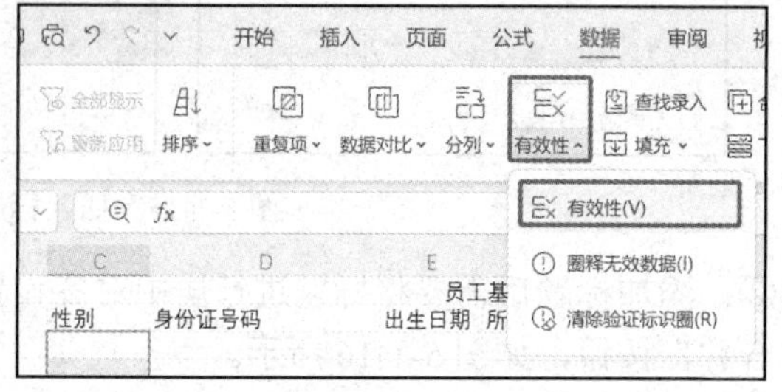

图 5-1-20　选择“有效性”命令

步骤②：在弹出的“数据有效性”对话框中选择“设置”选项卡。在“有效性条件”栏中的“允许”下拉列表中有“任何值”“整数”“小数”“序列”“日期”“时间”“文本长度”等选项，这些选项均可以设置验证条件，如图 5-1-21 所示。

步骤③：在“允许”下拉列表中选择“序列”选项。然后在下方出现的“来源”栏中输入“男,女”（需要注意的是，各选项之间要用英文输入状态下的逗号相隔），然后单击“确定”按钮，如图 5-1-22 所示。

步骤④：完成“性别”列中所有员工的信息录入。

5. 录入员工身份证号码

在 D3 单元格中输入具体的身份证号码（18 位数字）时，系统会自动将所输入的内容显示为科学记数法形式，如图 5-1-23 所示，那么如何才能正确地输入 18 位身份证号码呢？又是什么原因使输入的内容自动变成科学记数法形式的呢？

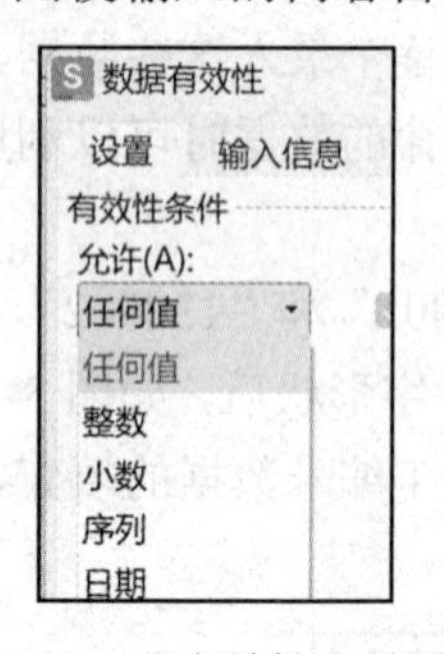

图 5-1-21　“有效性”对话框

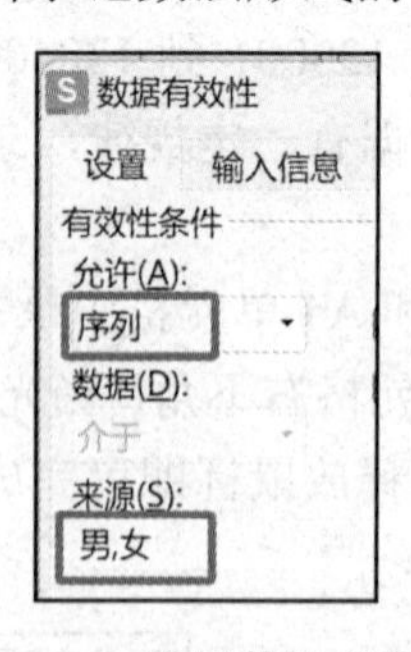

图 5-1-22　设置数据“序列”

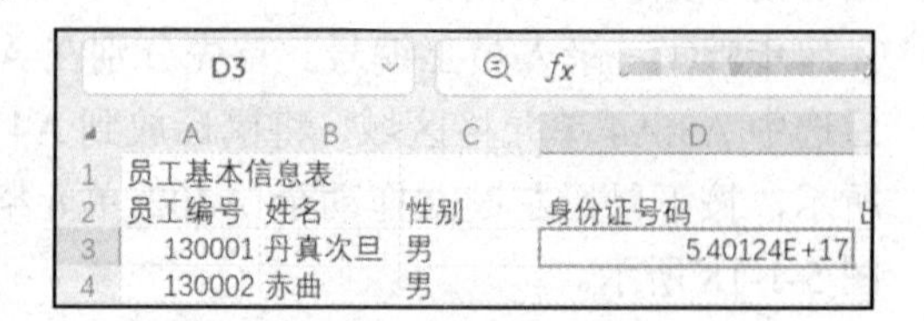

图 5-1-23　输入身份证号码显示出错

在 WPS 表格中，要输入如邮政编码、电话号码、银行卡号等由多位数字组成的数据，为了避免这些数据被按数值型数据处理，需在输入时先输入一个单引号“'”（英文符号），然后再输入具体的数字，或者将该单元格设置为文本型，也可以实现多位数字的输入。

提示：如果要输入单元格的内容是以 0 开始的数，直接输入则系统会自动将前面的 0 去掉，因此也需在输入之前输入单引号将该单元格设置为文本型。

1）设置数据类型

选中身份证号码所在列，在列标上右击，在弹出的快捷菜单中选择“设置单元格格式”命令，如图 5-1-24 所示，在弹出的对话框中选择“文本”选项，如图 5-1-25 所示。

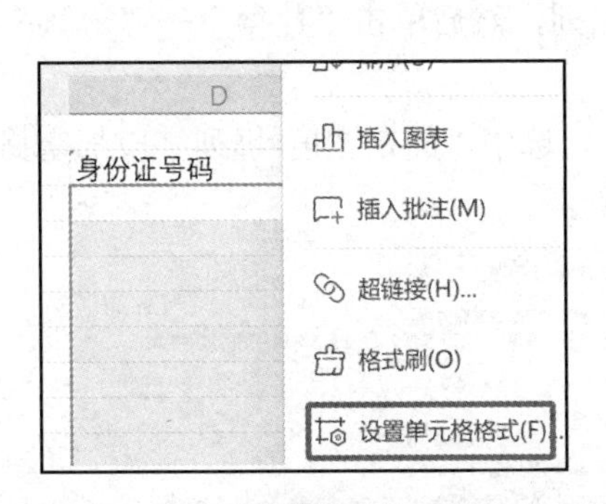

图 5-1-24　“设置单元格格式”命令

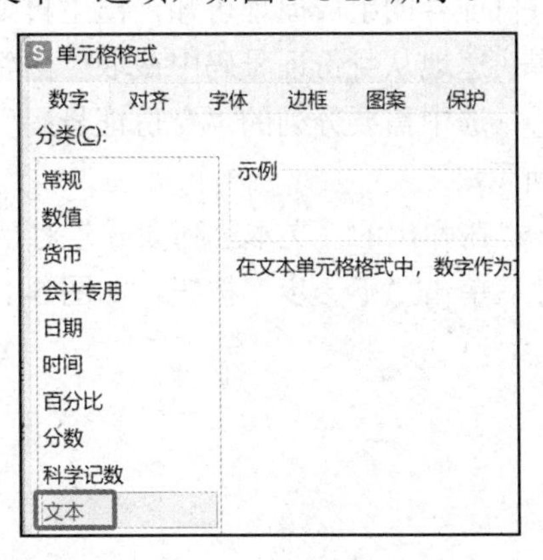

图 5-1-25　“单元格格式”对话框

2）自动识别输入身份证号码位数的对错

由于身份证号码位数较多，经常会出现输入的身份证号码多一位或少一位的情况，如图 5-1-26 所示，那么如何让 WPS 表格自动识别输入位数的对错呢？

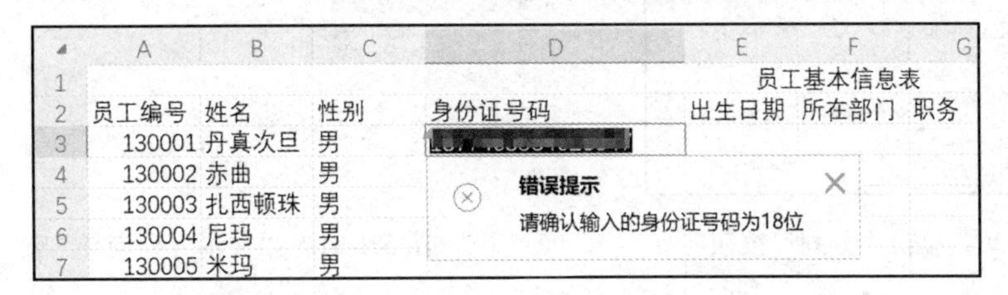

图 5-1-26　提示输入的“身份证号码”位数错误

步骤①：选中“身份证号码”所在列，单击“数据”→“有效性”下拉按钮，选择“有效性”命令，在弹出的对话框中选择“有效性条件”栏中“允许”下拉列表中的“文本长度”选项，如图 5-1-27 所示。

步骤②：在“数据”下拉列表中选择“等于”选项，在“数值”输入框中输入“18”，如图 5-1-28 所示。

步骤③：单击“出错警告”选项卡，在“错误信息”文本框中输入“请确认输入的身份证号码为 18 位”，然后单击“确定”按钮，如图 5-1-29 所示。

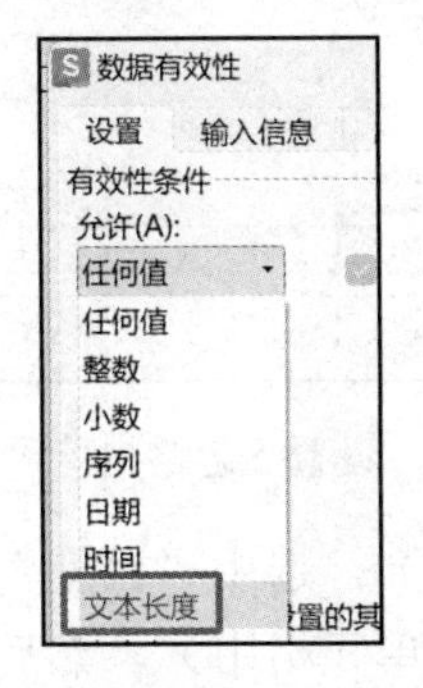

图 5-1-27　选择“文本长度”选项

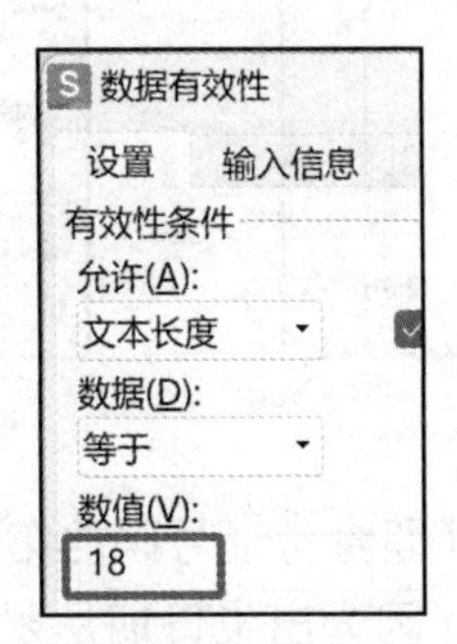

图 5-1-28　设定文本长度

数据有效性
设置　输入信息　出错警告
输入无效数据时显示出错警告(S)
输入无效数据时显示下列出错警告:
样式(Y):　停止
标题(T):
错误信息(E):　请确认输入的身份证号码为18位

图 5-1-29　输入错误警告信息

步骤④：最后按照要求，完成身份证号码信息的录入。

6．录入员工的出生日期信息

根据身份证号的组成原理可知，出生日期在身份证号中的第7～14位，这里可以直接利用分列的操作快速地从身份证号码中截取“出生日期”。

步骤①：选中需要分列的“身份证号码”所在列，然后单击“数据”→“分列”按钮，如图5-1-30所示。

步骤②：在弹出的“文本分列向导”对话框中，选中“固定宽度-每列字段加空格对齐”单选按钮，然后单击“下一步”按钮，如图5-1-31所示。

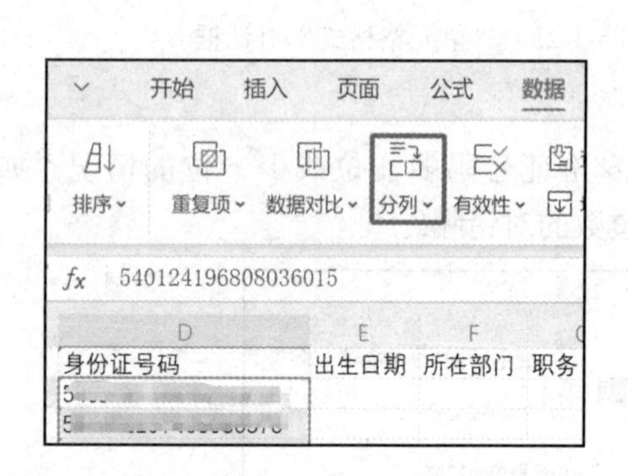

图5-1-30　单击“分列”按钮

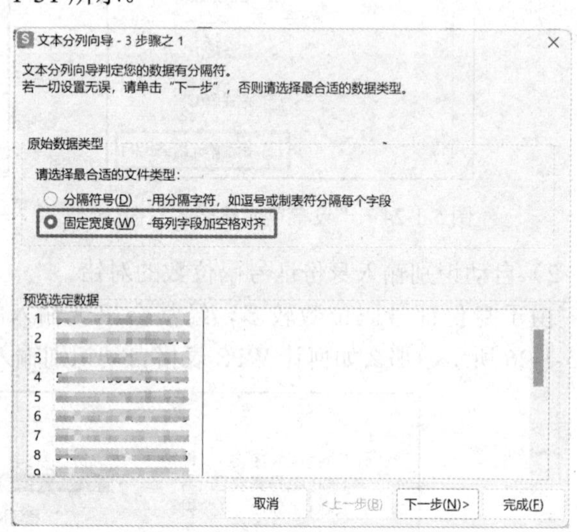

图5-1-31　“文本分列向导”对话框

步骤③：分别在身份证号码的第6～7位和第14～15位进行单击，建立分列线，单击“下一步”按钮，如图5-1-32所示。

步骤④：选中第一条分列线前面的一列（即身份证号码的前6位），选中“不导入此列（跳过）”单选按钮，使其变成“忽略列”，同理设置第二条分列线后面的一列（即身份证号码的最后4位）为“忽略列”，如图5-1-33所示。

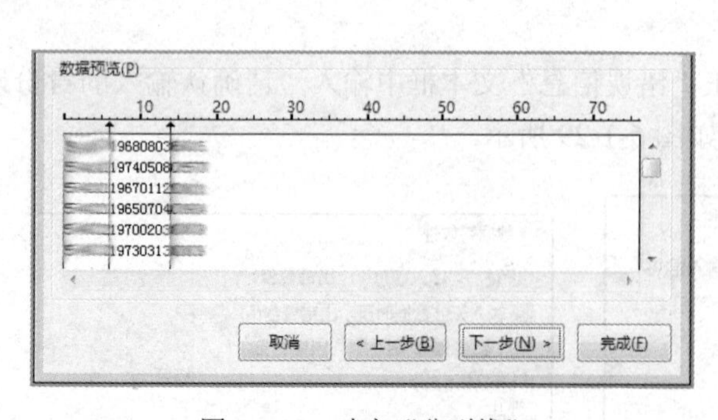

图5-1-32　建立“分列线”

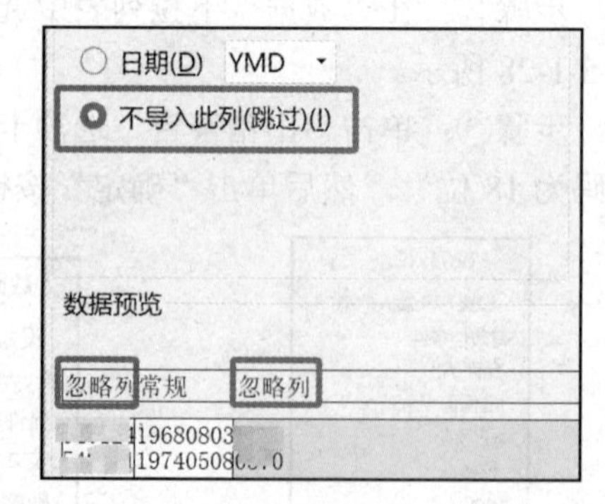

图5-1-33　设置“忽略列”

步骤⑤：选中两条分列线中间的数据（即身份证号码的第7～14位），选中“日期”单选按钮，在“目标区域”框中填入“$E$3”（因为出生日期是要填入E3单元格中），然后单击“完成”按钮，如图5-1-34所示。出生日期的提取效果如图5-1-35所示。

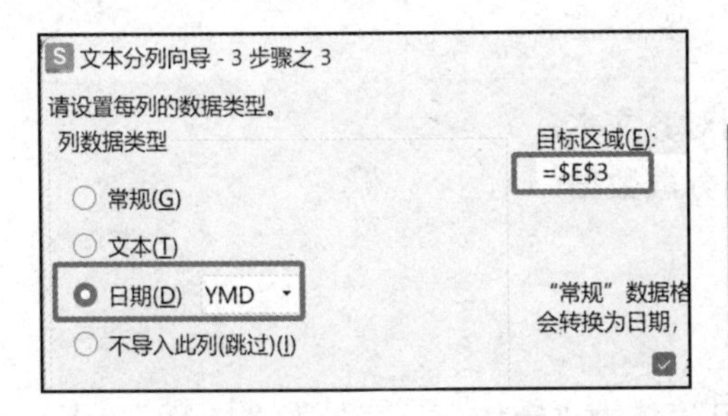

图 5-1-34　设置导入列的格式和目标区域

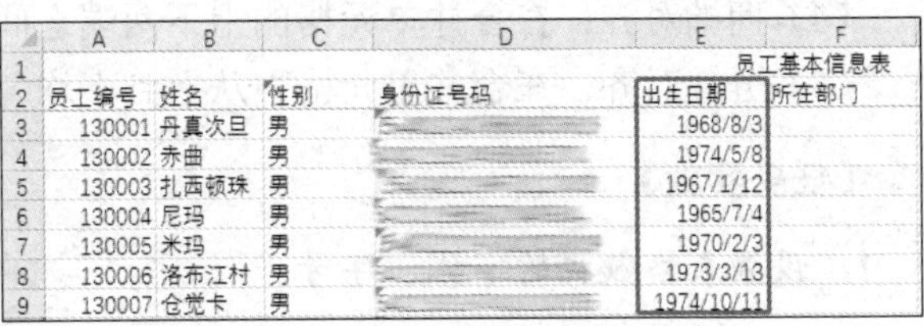

	A	B	C	D	E	F
1						员工基本信息表
2	员工编号	姓名	性别	身份证号码	出生日期	所在部门
3	130001	丹真次旦	男		1968/8/3	
4	130002	赤曲	男		1974/5/8	
5	130003	扎西顿珠	男		1967/1/12	
6	130004	尼玛	男		1965/7/4	
7	130005	米玛	男		1970/2/3	
8	130006	洛布江村	男		1973/3/13	
9	130007	仓觉卡	男		1974/10/11	

图 5-1-35　完成出生日期的提取

7. 逐项完成其他数据的填写

所有数据录入后的效果如图 5-1-36 所示。

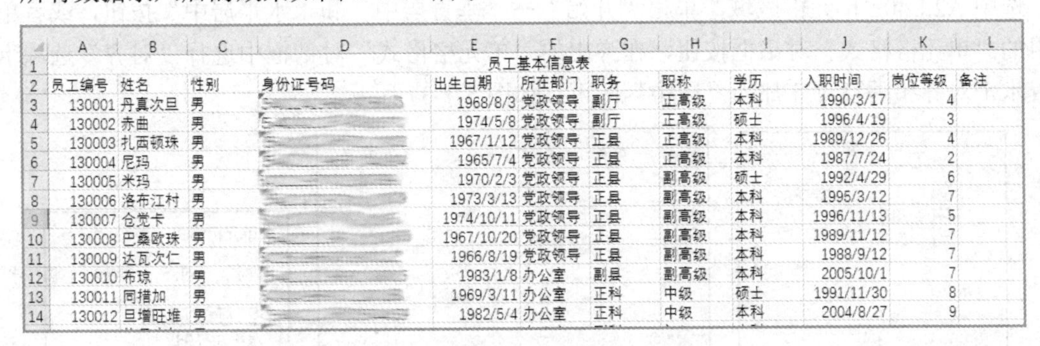

	A	B	C	D	E	F	G	H	I	J	K	L
1	员工基本信息表											
2	员工编号	姓名	性别	身份证号码	出生日期	所在部门	职务	职称	学历	入职时间	岗位等级	备注
3	130001	丹真次旦	男		1968/8/3	党政领导	副厅	正高级	本科	1990/3/17	4	
4	130002	赤曲	男		1974/5/8	党政领导	副厅	正高级	硕士	1996/4/19	3	
5	130003	扎西顿珠	男		1967/1/12	党政领导	正县	正高级	本科	1989/12/26	4	
6	130004	尼玛	男		1965/7/4	党政领导	正县	正高级	本科	1987/7/24	2	
7	130005	米玛	男		1970/2/3	党政领导	正县	副高级	硕士	1992/4/29	6	
8	130006	洛布江村	男		1973/3/13	党政领导	正县	副高级	本科	1995/3/12	7	
9	130007	仓觉卡	男		1974/10/11	党政领导	正县	副高级	本科	1996/11/13	5	
10	130008	巴桑欧珠	男		1967/10/20	党政领导	正县	副高级	本科	1989/11/12	7	
11	130009	达瓦次仁	男		1966/8/19	党政领导	正县	副高级	本科	1988/9/12	7	
12	130010	布琼	男		1983/1/8	办公室	副县	副高级	本科	2005/10/1	7	
13	130011	同措加	男		1969/3/11	办公室	正科	中级	硕士	1991/11/30	8	
14	130012	旦增旺堆	男		1982/5/4	办公室	正科	中级	本科	2004/8/27	9	

图 5-1-36　完成所有数据录入后的效果图

5.1.3　任务三　"员工基本信息表"的美化

【情境和任务】

情境：员工基本信息数据输入完成后，我们经常需要对数据表格进行美化，如给表格加边框和底纹、让表格内容居中显示、设置数据格式、调整列宽和行高、进行字体设置等。这些都是工作表的格式化操作，通过这些操作，可以使表格达到我们想要的效果。

任务：员工基本信息表的美化。

【相关资讯】

对齐是指数据在单元格中的位置，可以将单元格中的内容水平对齐或垂直对齐。

1. 水平对齐

（1）常规、靠左（缩进）、居中、靠右（缩进）：用于更改单元格中数据的对齐方式的位置分别为"常规""靠左""居中""靠右"对齐。

（2）填充：重复单元格内容以填满整个单元格。

（3）两端对齐：在单元格的左右两端都进行文本对齐。

（4）跨列对齐：在工作表中跨多个列居中标题。

（5）分散对齐：在合并单元格中从左到右均匀分散数据。

2. 垂直对齐

（1）靠上：将单元格内容靠上对齐。

（2）居中：将单元格内容居中对齐。

（3）靠下：将单元格内容靠下对齐。

（4）两端对齐：在合并单元格的上下两端之间对齐文本。

（5）分散对齐：在合并单元格中从上到下均匀分散数据。

【任务实施】

1. 设置表格数据的字体、字号

步骤①：选中标题“员工基本信息表”，设置其字体为“宋体”，字号为“16 磅”。

步骤②：选中 A2:L402 单元格区域，设置其字体为“微软雅黑”，字号为“10 磅”。

2. 设置除标题之外的其他文本对齐方式在垂直和水平方向都为“居中对齐”

选中 A2:L402 单元格区域，单击“开始”→“垂直居中”和“水平居中”按钮，或者单击该组的“单元格格式”对话框按钮，在弹出的“单元格格式”对话框中选择“对齐”选项卡，设置水平对齐和垂直对齐都为“居中”即可，如图 5-1-37 所示。

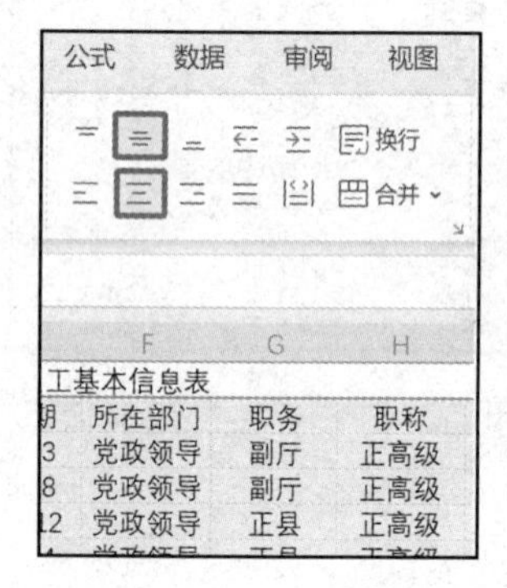

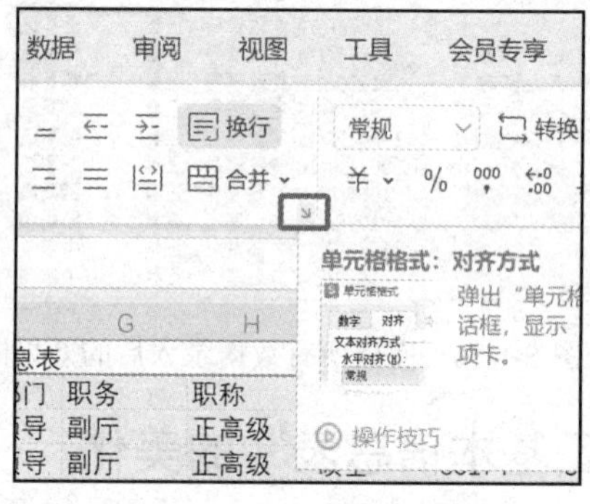

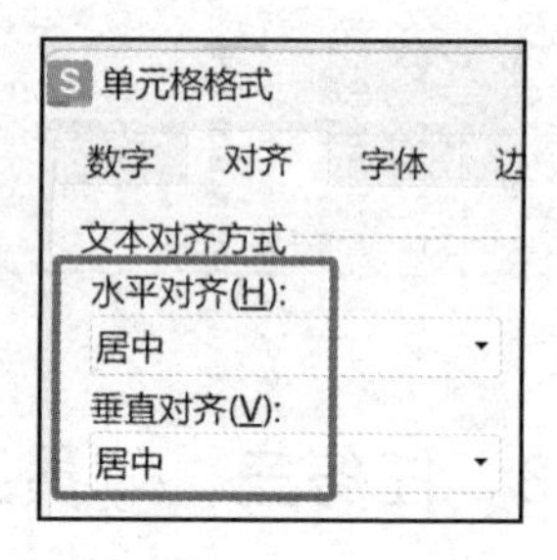

图 5-1-37　设置文本的对齐方式

3. 设置单元格数据的行高和列宽

这里以设置为“最适合的行高/列宽”为例。选中 A2:L402 单元格区域，单击“开始”→“行和列”下拉按钮，选择“最适合的行高”和“最适合的列宽”命令，如图 5-1-38 所示。

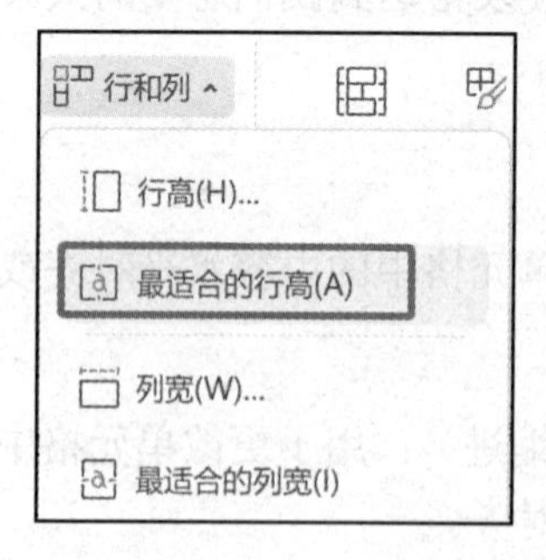

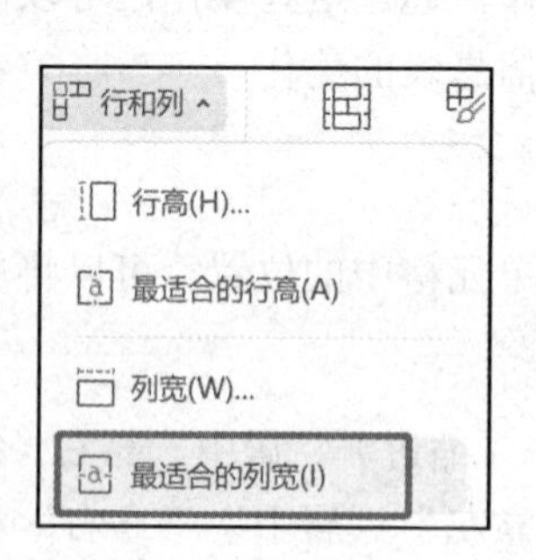

图 5-1-38　设置单元格数据的行高和列宽

4. 设置自动套用表格格式

选中 A2:L402 单元格区域，单击“开始”→“套用表格格式”下拉按钮，选择“表样式 3”选项，在弹出的“套用表格样式”对话框中单击“确定”按钮，如图 5-1-39 所示。设置完成自动套用表格格式后，效果如图 5-1-40 所示。

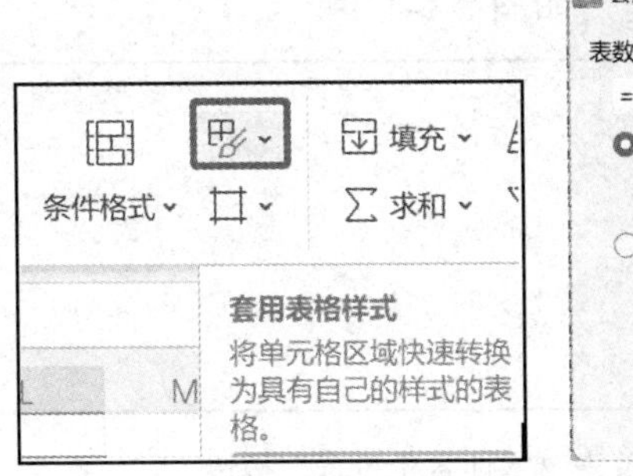

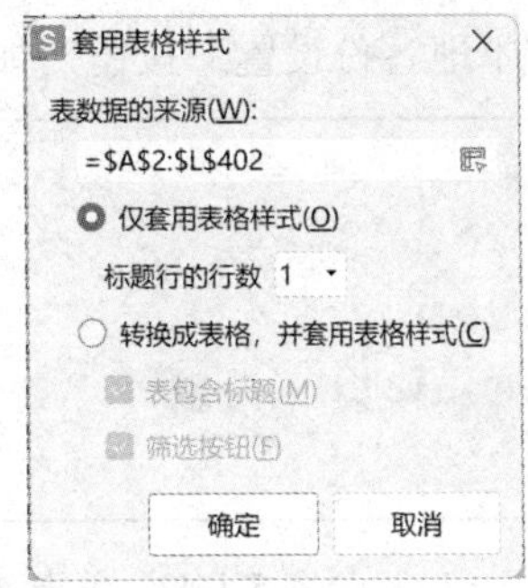

图 5-1-39　设置表格格式

员工基本信息表											
员工编号	姓名	性别	身份证号码	出生日期	所在部门	职务	职称	学历	入职时间	岗位等级	备注
130001	丹真次旦	男	[illegible]	1968/8/3	党政领导	副厅	正高级	本科	1990/3/17	4	
130002	赤曲	男	[illegible]	1974/5/8	党政领导	副厅	正高级	硕士	1996/4/19	3	
130003	扎西顿珠	男	[illegible]	1967/1/12	党政领导	正县	正高级	本科	1989/12/26	4	
130004	尼玛	男	[illegible]	1965/7/4	党政领导	正县	正高级	本科	1987/7/24	2	
130005	米玛	男	[illegible]	1970/2/3	党政领导	正县	副高级	硕士	1992/4/29	6	
130006	洛布江村	男	[illegible]	1973/3/13	党政领导	正县	副高级	本科	1995/3/12	7	

图 5-1-40　自动套用表格格式效果图

5. 设置窗口冻结

对于比较长或比较大的表格，不能在一页内浏览全部内容，当往下拖动表格时，就无法看到上面的标题，下面的内容不知道对应的标题是什么。为了解决这个问题，这里需要设置窗口冻结。

选中 A3 单元格，单击“视图”→“冻结窗格”下拉按钮，选择“冻结至第 2 行”命令，如图 5-1-41 所示。设置完成后，表格就会以这个单元格为“冻结点”，把第 1～2 行的区域通过“冻结窗格”的形式固定住。

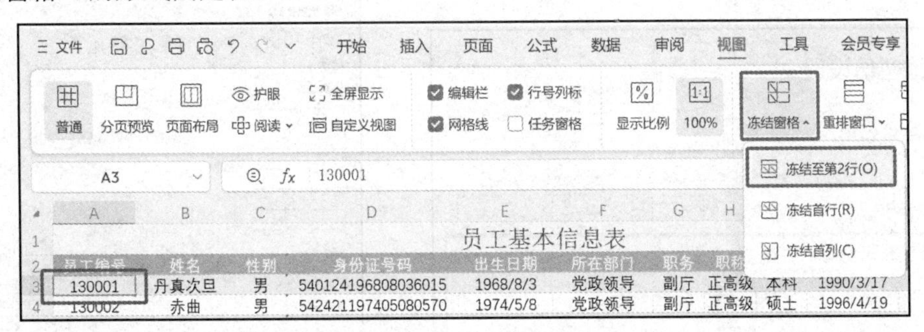

图 5-1-41　冻结窗格

【项目总结】

本子项目主要介绍了 WPS 表格的一些基本操作，包括打开和保存工作簿、重命名工作表、录入各种类型的数据、合并单元格、设置字体和字号、设置单元格格式、数据的自动填充、从身份证号码中提取出生日期等操作。

【知识拓展】

1. 设置定时备份功能

打开 WPS 表格工作簿窗口，选择“文件”→“备份与恢复”→“备份中心”命令，在弹出的对话框中单击“本地备份设置”按钮，如图 5-1-42 所示。

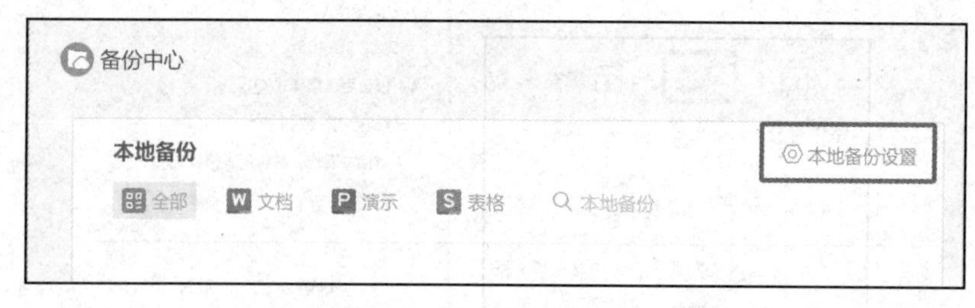

图 5-1-42　单击“本地备份设置”按钮

在弹出的“备份中心”对话框中选中“定时备份”单选按钮，设置相应的时间间隔后保存即可，如图 5-1-43 所示。

2. 修复受损的 WPS 表格文件

有时文件编辑到一半时会遇到意外断电的情况，当再次打开该文件时，系统可能会提示文件受损无法打开等信息。对于这种情况，如果重新编辑文件，工作量较大，这时可以对文件进行修复操作。打开 WPS 表格工作簿，选择“文件”→“备份与恢复”→“文档修复”命令，在弹出的对话框中单击“添加文档”按钮，选择需要修复的文档，然后单击“打开”按钮，WPS 会自动分析文档，分析完成后，单击“文件修复”按钮。这种方法常用于无法打开受损文件的情况。

3. 斜线表头的制作

有些表格需要制作斜线表头。将光标定位在 A1 单元格中，右击，在弹出的快捷菜单中选择“设置单元格格式”命令，在弹出的“单元格格式”对话框中的“边框”选项卡中单击“斜线”按钮，然后单击“确定”按钮即可，如图 5-1-44 所示。

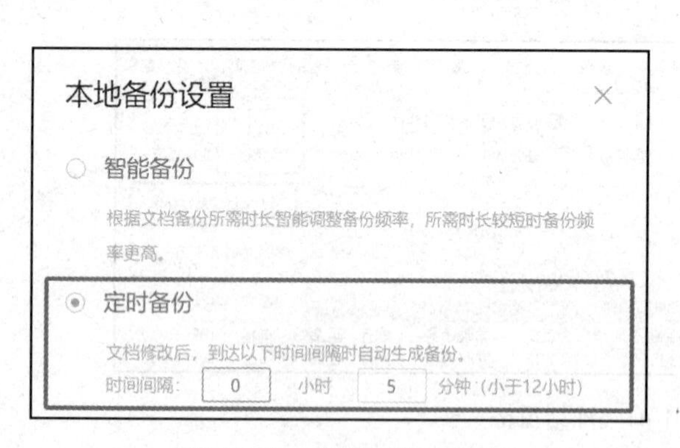

图 5-1-43　设置“定时备份”

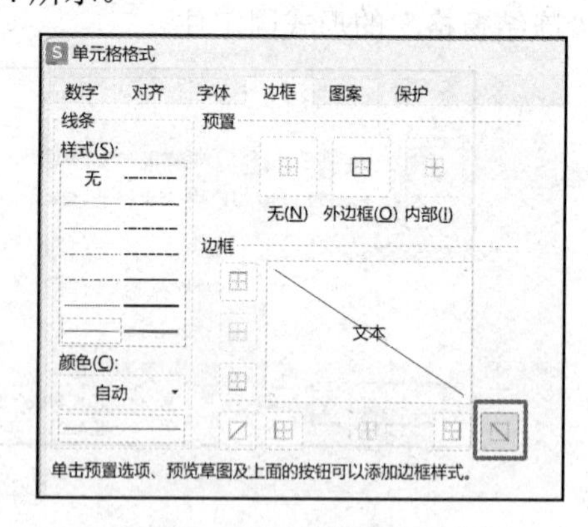

图 5-1-44　制作斜线表头

4. 改变在 WPS 表格的单元格中“按 Enter 键”光标自动跳转的方向

在默认情况下，在完成 WPS 表格的单元格中数据的输入后，按 Enter 键会使当前单元格下方的单元格被激活，成为新的活动单元格，此时用户即可在该单元格中继续输入数据。有时，用户在输入数据时，需要从左向右输入而不是从上向下输入，这时采用默认的方式就会带来不便。实际上，用户可以根据需要对这个跳转方向进行设置，操作步骤如下。

步骤①：选择“文件”→“选项”命令，在弹出的对话框左侧列表中选择“编辑”选项，在右侧的“编辑设置”中选中“按 Enter 键后移动”复选框，在“方向”下拉列表中选择“向右”选项，如图 5-1-45 所示。

步骤②：单击“确定”按钮，关闭对话框，在单元格中完成数据的输入后按 Enter 键，当前单元格右侧的单元格将被激活。

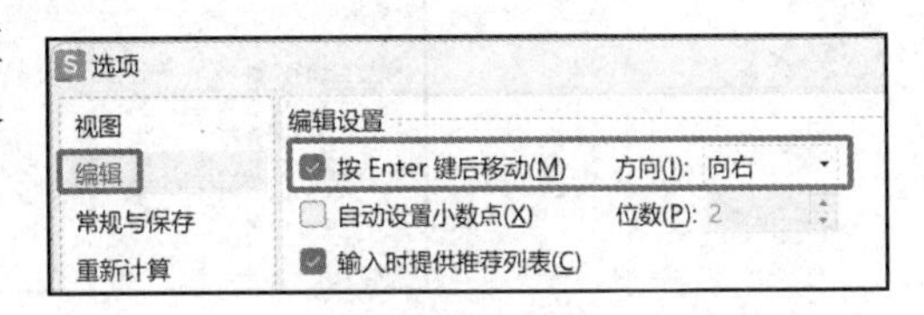

图 5-1-45　设置按 Enter 键后光标的移动方向

提示：在 WPS 表格中，如果在单元格中完成数据输入后，按 Alt+Enter 组合键，将在当前位置插入换行符，这样可以实现单元格内强制换行操作。

5. 数据的自动填充

1）等差数列数据填充

在两个相邻单元格中分别输入数字“1”和“2”，选中这两个单元格，将鼠标指针放置到选择单元格右下角的填充控制柄上。当鼠标变成“+”形状时，按住鼠标左键向下拖动，此时鼠标指针右方会出现一个数字，该数字代表当前单元格填充的数字，当达到需要的数字时，释放鼠标即可完成数据的填充，此时数据将以开始两个数据的差为步进值进行等差填充。

2）以 1 为步进值的等差填充

在单元格中输入起始数据，当鼠标变成+形状时，按住鼠标左键向下拖动鼠标，此时 WPS 表格将以 1 为步进值对单元格进行填充。

3）自动填充日期

在单个单元格中输入日期，WPS 表格将按照日期加 1 的方式对单元格进行填充。

6. 使用记录单输入数据

步骤①：准备好要录入的表单的表头，把整个表单部分选中，然后在搜索栏中输入“记录单”，单击搜索出来的结果，如图 5-1-46 所示。

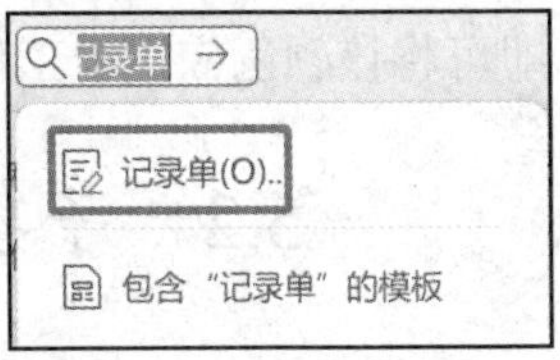

图 5-1-46　搜索“记录单”

步骤②：在表单中输入第一条内容，单击“新建”按钮，可以看到第一条内容已经录入成功，然后即可输入下一条数据，如图 5-1-47 所示。

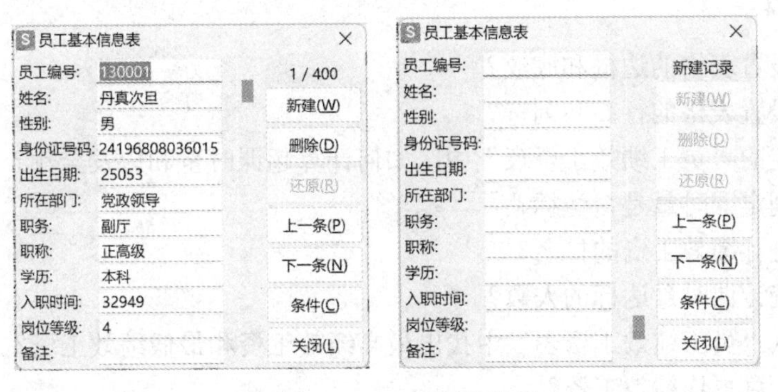

图 5-1-47　录入记录单数据

7. 一次性插入多行或多列

以“在第 8 行后插入 3 行空行”为列，首先选中第 6～8 行，右击，在弹出的快捷菜单中选择“在下方插入行”选项，如图 5-1-48 所示，这时系统自动在第 5 行后面插入 3 行空白行，如图 5-1-49 所示。

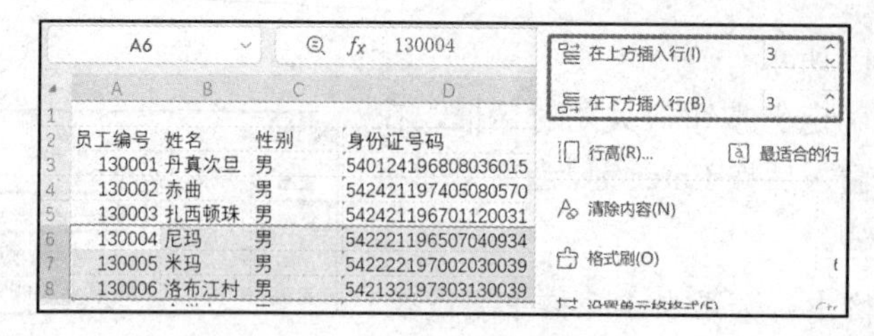

图 5-1-48　选择“插入”选项

4	130002	赤曲	男	542421197405080570	1974/5/8	党政领导	副厅	正高级	硕士	1996/4/19	3
5	130003	扎西顿珠	男	542421196701120031	1967/1/12	党政领导	正县	正高级	本科	1989/12/26	4
6	130004	尼玛	男	542221196507040934	1965/7/4	党政领导	正县	正高级	本科	1987/7/24	2
7	130005	米玛	男	542222197002030039	1970/2/3	党政领导	正县	副高级	硕士	1992/4/29	6
8	130006	洛布江村	男	542132197303130039	1973/3/13	党政领导	正县	副高级	本科	1995/3/12	7
9											
10											
11											
12	130007	仓觉卡	男	542133197410110035	1974/10/11	党政领导	正县	副高级	本科	1996/11/13	5
13	130008	巴桑欧珠	男	542221196710200935	1967/10/20	党政领导	正县	副高级	本科	1989/11/12	7

图 5-1-49　一次性插入多行

8．设置 WPS 表格工作表标签颜色的常见方法

命名是识别 WPS 表格中工作表的一种方式，而将工作表标签设置为不同的颜色是一种更加直观地区别不同工作表的方式。操作方法如下：单击需要设置颜色的工作表标签，右击，在弹出的快捷菜单中选择“工作表标签”→“标签颜色”命令，在打开的列表中选择所需颜色，即可将该颜色应用于工作表标签。

5.2　子项目二　制作“员工绩效工资表”

5.2 子项目二课件

【情境描述】

为秉承多劳多得的原则，提高员工的工作积极性，绩效工资的激励机制是必不可少的，那么员工绩效工资主要体现在哪些方面呢？绩效工资又是如何核算的呢？

【问题提出】

（1）如何设置表格的边框和底纹？
（2）如何设置表格的行高和列宽？
（3）在给定的“员工绩效工资表”中，如何计算超课时量和应发金额？
（4）如何判定课时量是否达标？
（5）如何进行绩效工资的排名？
（6）如何统计课时量达标的人数？
（7）如何从“员工绩效工资表”中找出最高绩效工资和最低绩效工资？
（8）如何计算平均绩效工资？

5.2.1　任务一　设置“员工绩效工资表”格式

【情境和任务】

情境：在给定的“员工绩效工资表”素材中，有几列列标题没能完全显示，但是又不想让

表格整体加宽，如何让较长的列标题多行显示呢？给定的表格没有边框和底纹，如何设置表格的边框和底纹呢？

任务：“员工绩效工资表”格式设置。

【相关资讯】

（1）边框：对表格中的线条样式、颜色进行设置。

（2）底纹：对表格中单元格的填充颜色进行设置。

【任务实施】

1. 设置列标题自动换行

选中 A3:M3 单元格区域，单击“开始”→“换行”按钮，如图 5-2-1 所示。然后设置列标的行高，将光标放在该行的下分割线上，当光标变成双箭头后，按住鼠标左键向下拖动，使文字完全显示，如图 5-2-2 所示。

图 5-2-1　设置列标为自动换行

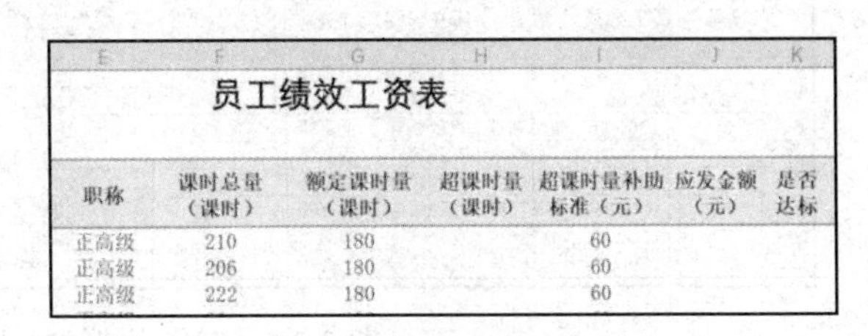

图 5-2-2　调整列标的行高

2. 设置列标题的底纹

步骤①：选中 A3:M3 单元格区域，右击，在弹出的快捷菜单中选择“设置单元格格式”命令，如图 5-2-3 所示。

步骤②：在弹出的“单元格格式”对话框中选择“图案”选项卡，选择所需颜色，如图 5-2-4 所示。

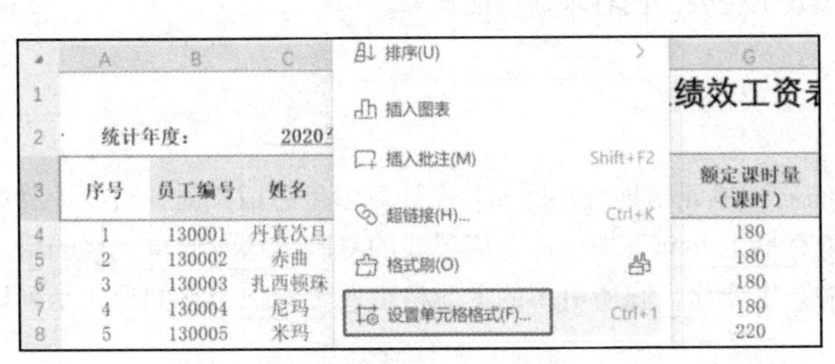

图 5-2-3　选择“设置单元格格式”选项

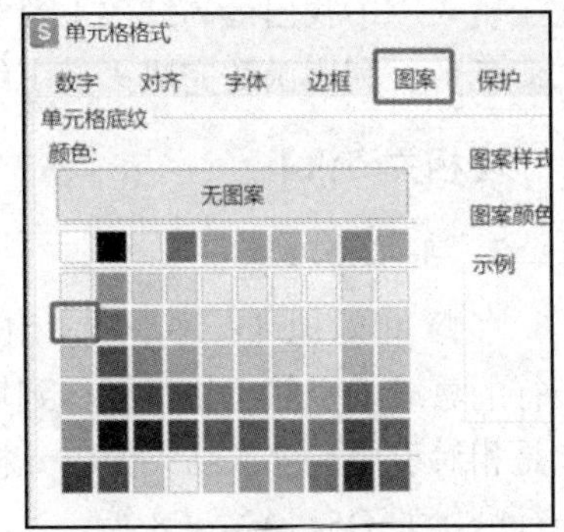

图 5-2-4　设置列标题的底纹

3. 设置表格的边框

选中 A3:M408 单元格区域，打开“单元格格式”对话框，选择“边框”选项卡，在“直线”栏中选择“虚线线条”样式，然后再依次单击“外边框”和“内部”按钮，然后单击“确定”

按钮，完成表格边框的设置，如图 5-2-5 所示，完成效果如图 5-2-6 所示。

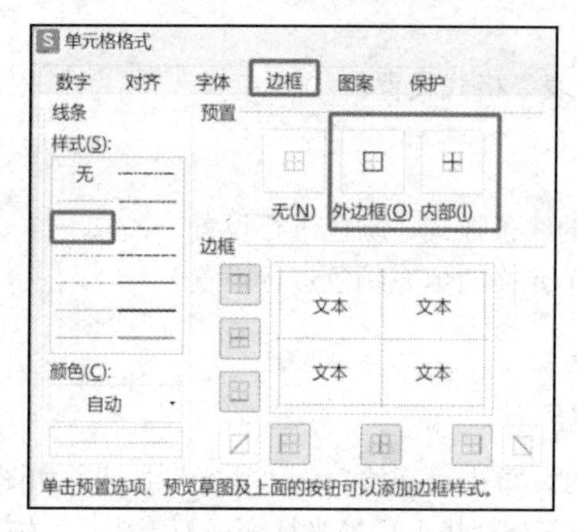

图 5-2-5　设置表格的边框

员工绩效工资表

统计年度：2020至2021年度

序号	员工编号	姓名	所在部门	职称	课时总量（课时）	额定课时量（课时）	超课时量（课时）	超课时量补助标准（元）	应发金额（元）	是否达标	排名	备注
1	130001	丹真次旦	党政领导	正高级	180	180		60				
2	130002	赤曲	党政领导	正高级	206	180		60				
3	130003	扎西顿珠	党政领导	正高级	222	180		60				
4	130004	尼玛	党政领导	正高级	261	180		60				
5	130005	米玛	党政领导	副高级	294	220		50				
6	130006	洛布江村	党政领导	副高级	220	220		50				
7	130007	仓觉卡	党政领导	副高级	455	220		50				
8	130008	巴桑欧珠	党政领导	副高级	471	220		50				

图 5-2-6　完成表格边框设置后的效果图

5.2.2　任务二　利用函数完成“员工绩效工资表”的各项数据的计算

【情境和任务】

情境：在给定的“员工绩效工资表”中，如何计算超课时量和应发金额？如何判定课时总量是否达标？如何进行绩效工资的排名？如何统计课时总量是否达标的人数？如何从“员工绩效工资表”中找出最高绩效工资和最低绩效工资？如何计算平均绩效工资？

任务：利用函数完成“员工绩效工资表”的各项数据的计算。

【相关资讯】

1. 单元格地址

（1）相对地址：这是最常用的一种单元格地址，比如，在计算学生总成绩时，只要计算第一行的总成绩，然后将鼠标移到填充柄上并向下拖动，完成公式的复制，这时候单元格的引用就是相对引用。存放结果的单元格发生变化，它所引用的单元格也发生变化。它的形式是列标加行号，如 D5、A3、E8 等。

（2）绝对地址：绝对地址的表示形式为在列标与行号的前面同时加上一个“$”符号，如 $D$6。若某公式中含有绝对地址，系统记录的就是该地址单元本身，不论公式被复制到什么位置，公式中的绝对地址不变。

（3）混合地址：混合地址是指在一个单元格地址引用中，既有绝对地址引用，也有相对单元格地址引用，如$A3。

2．运算符及其优先级

（1）第一优先级是引用运算符里面的冒号“：”、逗号“,”和空格运算符。

（2）第二优先级是负号“-”，属于算术运算符。

（3）第三优先级是百分号“%”，属于算术运算符。

（4）第四优先级是求幂“^”，属于算术运算符，如 2 的三次方。

（5）第五优先级是乘号“*”和除号“/”，属于算术运算符。

（6）第六优先级是加号“+”和减号“-”，属于算术运算符。

（7）第七优先级是连接运算符“&”，属于文本运算符。

（8）第八优先级是比较运算符，如等于“=”、大于“>”、小于“<”、大于等于“>=”、小于等于“<=”、不等于“< >”等。

3．公式的输入

在单元格中，输入公式时，必须先输入一个等于符号“=”，再输入公式，公式中可以包含各种运算符、常量、变量、单元格引用以及函数等。公式可以引用同一工作表中的单元格，也可以引用同一工作簿中不同工作表中的单元格，甚至是引用其他工作簿的工作表中的单元格。当输入一个公式后，可以将公式复制到其他单元格，复制公式可以用选择性粘贴，还可以利用填充柄进行公式的复制（但该公式所涉及的单元格中必须有数据）。

4．函数的应用

WPS 表格是一个具有强大计算功能的电子表格软件，其内置了数百个函数，使用这些函数可以创建各种用途的公式。使用 WPS 表格中的函数和公式，用户可以对数据进行汇总求和、实现数据的筛选和查找、对文本进行各种处理、操作工作表中的各类数据以及进行各种复杂的计算，从而提高工作效率，实现对数据的分析处理。下面介绍本任务所用到的相关函数。

1）条件函数 IF

<语法>=IF(logical_test,value_if_true,value_if_false)

<功能>当逻辑测试条件 logical_test 为 TRUE 时，返回 value_if_true 的结果，否则返回 value_if_false 的结果。

<说明>=IF(测试条件, 真值, 假值)

<举例>=IF(1>2,"判断真","判断假")

其中判断 1 大于 2 结果是假，也就是 FALSE，所以单元格返回第三参数文本“判断假”。

2）满足条件的记录数函数 COUNTIF

<语法>=COUNTIF(range,criteria)

<功能>计算给定区域 range 内满足特定条件 criteria 单元格的数目。

<说明>= COUNTIF(区域,条件)

参数 range 表示区域——对单元格进行计数的区域。

参数 criteria 表示条件——条件的形式可以是数字、表达式或文本，甚至可以使用通配符。

<举例>= COUNTIF(A1:H1," √ ")

统计 A1 至 H1 单元格区域内的“ √ ”的个数。

3）求最大值的函数 MAX

<语法>=MAX(number 1,[number 2], …)

<功能>计算各参数中数值的最大值或所选定单元格区域数值的最大值。

<说明>number 1,number 2,…为需要计算最大值的 1～30 个参数，number 1 是必需的，后续数字是可选的，这些参数可以是数值、单元格引用或函数，文本、空白单元格或逻辑值将被忽略。

<举例>=MAX(A1:H1)

统计 A1 至 H1 单元格区域内的所有值的最大值。

4）求最小值的函数 MIN

<语法>=MIN(number 1,[number 2],…)

<功能>计算各参数中的数值的最小值或所选定单元格区域中数值的最小值。

<说明>number 1,number 2,…为需要计算最小值的 1～30 个参数，number 1 是必需的，后续数字是可选的，这些参数可以是数值、单元格引用或函数，文本、空白单元格或逻辑值将被忽略。

<举例>= MIN(A1:H1)

统计 A1 至 H1 单元格区域内的所有值的最小值。

5）求平均值的函数 AVERAGE

<语法>=AVERAGE(number 1,[number 2] ,…)

<功能>计算各参数中的数值的平均值或所选定单元格区域中数值的平均值。

<说明>number 1,number 2,…为需要计算平均值的 1～30 个参数，number 1 是必需的，后续数字是可选的，这些参数可以是数值、单元格引用或函数，文本、空白单元格或逻辑值将被忽略。

<举例>= AVERAGE(A1:H1)

计算 A1 至 H1 单元格区域内所有值的平均值。

6）排序函数 RANK.EQ

<语法>=RANK.EQ(number,ref,[order])

<功能>返回一个 number 值在一组数值 ref 中的排位。

<说明>

（1）number 为需要排位的数值。

（2）ref 为包含一组数字的数组或引用，ref 参数必须使用绝对引用。

（3）order 为一个数字，指明排序方式，若 order 为 0 或省略，则按降序排名，即第 1 名为最高值，若 order 不为 0，则按升序排名，第 1 名为最低值。

<举例>=RANK.EQ(J4,$J$4:$J$403,0)

指 J4 单元格内的数值在 J4 至 J403 区间内所有数值中按降序进行排名后的名次。

5. 条件格式

条件格式在 WPS 表格中十分有用，条件格式中有一个简单的功能——突出显示单元格规则，可以让特殊的值以特殊的颜色显示出来，便于区分。

6. 筛选

WPS 表格中的筛选图标是一个漏斗，非常形象，其寓意是从众多内容中筛选出我们需要的信息。

【任务实施】

1. 利用公式“超课时量=课时总量-额定课时量”计算出所有员工的超课时量

步骤①：选中 H4 单元格，在编辑栏中输入“=F4-G4”，然后按 Enter 键，如图 5-2-7 所示。

H4　fx =F4-G4

员工绩效工资表

统计年度：　2020至2021年度

序号	员工编号	姓名	所在部门	职称	课时总量（课时）	额定课时量（课时）	超课时量（课时）
1	130001	丹真次旦	党政领导	正高级	210	180	30
2	130002	赤曲	党政领导	正高级	206	180	

图 5-2-7　计算第一个员工的超课时量

步骤②：完成所有员工的超课时量计算。选中 H4 单元格，将光标放在其右下角，当光标变成“+”形状时，按住鼠标左键拖动至 H403 单元格，释放鼠标即可完成所有员工超课时量的计算，如图 5-2-8 所示。

员工绩效工资表

统计年度：　2020至2021年度

序号	员工编号	姓名	所在部门	职称	课时总量（课时）	额定课时量（课时）	超课时量（课时）	超课时量补助标准（元）
1	130001	丹真次旦	党政领导	正高级	210	180	30	60
2	130002	赤曲	党政领导	正高级	206	180	26	60
3	130003	扎西顿珠	党政领导	正高级	222	180	42	60
4	130004	尼玛	党政领导	正高级	261	180	81	60
5	130005	米玛	党政领导	副高级	294	220	74	50
6	130006	洛布江村	党政领导	副高级	220	220	0	50

图 5-2-8　完成所有员工超课时量的计算

2. 利用公式“应发金额=超课时量*超课时补助标准”计算出所有员工的应发金额

步骤①：选中 J4 单元格，在编辑栏中输入“=H4*I4”，然后按 Enter 键，如图 5-2-9 所示。

fx =H4*I4

员工绩效工资表

2020至2021年度

姓名	所在部门	职称	课时总量（课时）	额定课时量（课时）	超课时量（课时）	超课时量补助标准（元）	应发金额（元）
真次旦	党政领导	正高级	210	180	30	60	1800
赤曲	党政领导	正高级	206	180	26	60	

图 5-2-9　计算第一个员工的应发金额

步骤②：完成所有员工应发金额的计算。选中 J4 单元格，将光标放在其右下角，当光标变成“+”形状时，按住鼠标左键拖动至 J403 单元格，释放鼠标即可完成所有员工应发金额的计算，如图 5-2-10 所示。

员工绩效工资表

统计年度：　2020至2021年度

序号	员工编号	姓名	所在部门	职称	课时总量（课时）	额定课时量（课时）	超课时量（课时）	超课时量补助标准（元）	应发金额（元）
1	130001	丹真次旦	党政领导	正高级	210	180	30	60	1800
2	130002	赤曲	党政领导	正高级	206	180	26	60	1560
3	130003	扎西顿珠	党政领导	正高级	222	180	42	60	2520
4	130004	尼玛	党政领导	正高级	261	180	81	60	4860

图 5-2-10　完成所有员工应发金额的计算

3. 利用条件函数 IF 判定每位员工的课时总量“是否达标”

判定条件是“如果‘超课时量>=0’，那么就‘达标’，否则就‘不达标’”。

1）方法一

步骤①：选中 K4 单元格，然后单击“*fx*”按钮或者单击“公式”→“求和”按钮，选择“其他函数”命令，如图 5-2-11 所示。

步骤②：在弹出的“插入函数”对话框中选择“IF”函数，单击“确定”按钮，如图 5-2-12 所示。

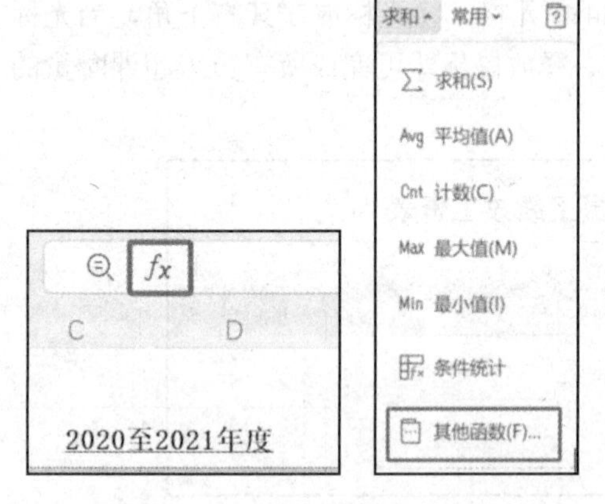

图 5-2-11　选择“其他函数”命令

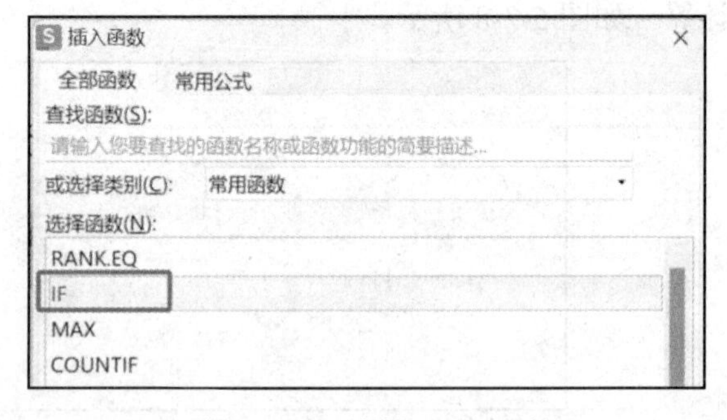

图 5-2-12　选择“IF”函数

步骤③：在弹出的“函数参数”对话框的测试条件文本框中输入“H4>=0”，在真值文本框中输入“是”，在假值文本框中输入“否”，单击“确定”按钮，如图 5-2-13 所示。

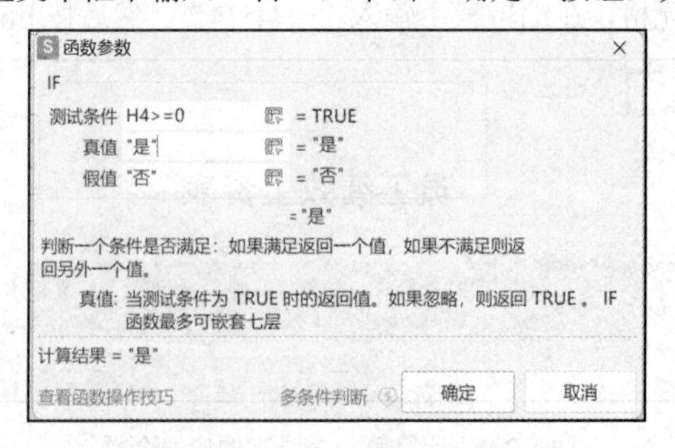

图 5-2-13　设置 IF 函数的参数

步骤④：判定所有员工课时总量是否达标。选中 K4 单元格，将光标放在其右下角，当光

标变成“+”形状时，按住鼠标左键拖动至 K403 单元格，释放鼠标即可判定所有员工的课时总量是否达标，如图 5-2-14 所示。

	A	B	C	D	E	F	G	H	I	J	K	L	M
1	员工绩效工资表												
2	统计年度：		2020至2021年度										
3	序号	员工编号	姓名	所在部门	职称	课时总量（课时）	额定课时量（课时）	超课时量（课时）	超课时量补助标准（元）	应发金额（元）	是否达标	排名	备注
4	1	130001	丹真次旦	党政领导	正高级	210	180	30	60	1800	是		
5	2	130002	赤曲	党政领导	正高级	206	180	26	60	1560	是		
6	3	130003	扎西顿珠	党政领导	正高级	222	180	42	60	2520	是		
7	4	130004	尼玛	党政领导	正高级	261	180	81	60	4860	是		
8	5	130005	米玛	党政领导	副高级	294	220	74	50	3700	是		

图 5-2-14　完成所有员工的课时总量是否达标的判定

2）方法二

选中 K4 单元格，直接在编辑栏中输入“=IF(H4>=0,"是","否")”，然后按 Enter 键，即可完成第一个员工的课时总量是否达标的判定，其他员工的判定按方法一步骤④操作即可。以下的函数为了减少篇幅，我们都使用第二种方法。

提示：在 WPS 表格中输入公式或函数时，需要在英文半角状态下输入符号。

4．利用排位函数 RANK.EQ 对“应发金额”列进行排名

步骤①：选中 L4 单元格，在编辑栏中输入“=RANK.EQ(J4,$J$4:$J$403,0)”，然后按 Enter 键，如图 5-2-15 所示。

fx =RANK. EQ(J4, $J$4:$J$403, 0)

C	D	E	F	G	H	I	J	K	L
员工绩效工资表									
2020至2021年度									
姓名	所在部门	职称	课时总量（课时）	额定课时量（课时）	超课时量（课时）	超课时量补助标准（元）	应发金额（元）	是否达标	排名
丹真次旦	党政领导	正高级	210	180	30	60	1800	是	264

图 5-2-15　对“应发金额”列进行排名

步骤②：判定所有员工应发金额的排名。选中 L4 单元格，将光标放在其右下角，当光标变成“+”形状时，按住鼠标左键拖动至 L403 单元格，释放鼠标即可完成所有员工应发金额的排名，如图 5-2-16 所示。

	A	B	C	D	E	F	G	H	I	J	K	L
1	员工绩效工资表											
2	统计年度：		2020至2021年度									
3	序号	员工编号	姓名	所在部门	职称	课时总量（课时）	额定课时量（课时）	超课时量（课时）	超课时量补助标准（元）	应发金额（元）	是否达标	排名
4	1	130001	丹真次旦	党政领导	正高级	210	180	30	60	1800	是	264
5	2	130002	赤曲	党政领导	正高级	206	180	26	60	1560	是	272
6	3	130003	扎西顿珠	党政领导	正高级	222	180	42	60	2520	是	250
7	4	130004	尼玛	党政领导	正高级	261	180	81	60	4860	是	183
8	5	130005	米玛	党政领导	副高级	294	220	74	50	3700	是	216
9	6	130006	洛布江村	党政领导	副高级	220	220	0	50	0	是	320
10	7	130007	仓觉卡	党政领导	副高级	455	220	235	50	11750	是	69

图 5-2-16　判定所有员工应发金额的排名

提示：这里的区间范围$J$4:$J$403 用的是绝对地址，因为无论是判定哪位员工的应发金额的排名，总的区间范围是不变的。

5．利用统计函数 COUNTIF 统计课时总量达标和不达标的人数

这是要统计“是否达标”列中“是”的个数或者“否”的个数，操作步骤如下。

步骤①：统计课时量达标人数。选中 E406 单元格，在编辑栏中输入“=COUNTIF(K4:K403,"是")”，然后按 Enter 键，如图 5-2-17 所示。

步骤②：统计课时量不达标人数。同理，选中 E407 单元格，在编辑栏中输入“=COUNTIF(K4:K403,"否")”，然后按 Enter 键，如图 5-2-18 所示。

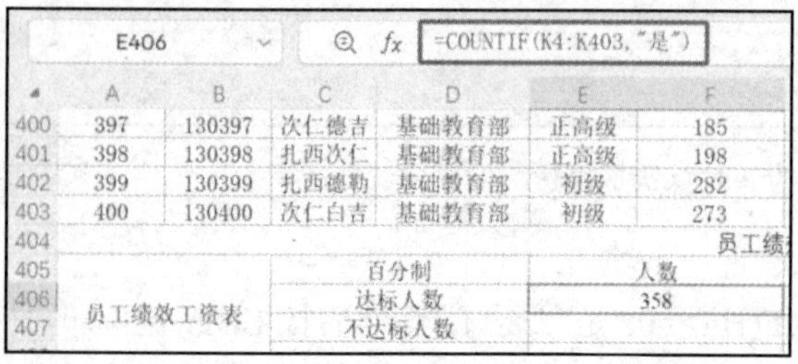

E406　=COUNTIF(K4:K403,"是")

	A	B	C	D	E	F
400	397	130397	次仁德吉	基础教育部	正高级	185
401	398	130398	扎西次仁	基础教育部	正高级	198
402	399	130399	扎西德勒	基础教育部	初级	282
403	400	130400	次仁白吉	基础教育部	初级	273
404						员工绩
405			百分制		人数	
406	员工绩效工资表		达标人数		358	
407			不达标人数			

图 5-2-17　统计课时总量达标的人数

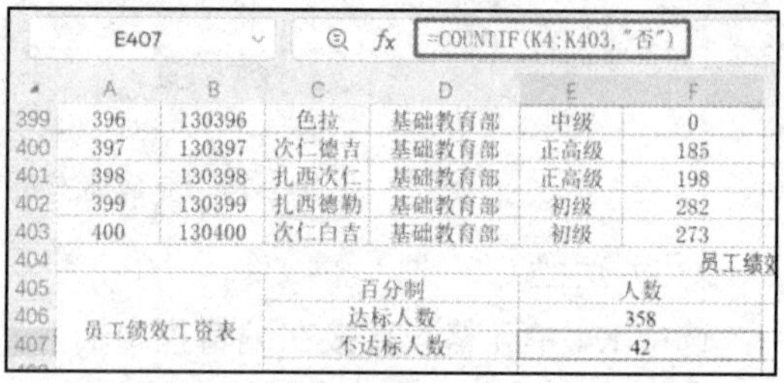

E407　=COUNTIF(K4:K403,"否")

	A	B	C	D	E	F
399	396	130396	色拉	基础教育部	中级	0
400	397	130397	次仁德吉	基础教育部	正高级	185
401	398	130398	扎西次仁	基础教育部	正高级	198
402	399	130399	扎西德勒	基础教育部	初级	282
403	400	130400	次仁白吉	基础教育部	初级	273
404						员工绩效
405			百分制		人数	
406	员工绩效工资表		达标人数		358	
407			不达标人数		42	

图 5-2-18　统计课时总量不达标的人数

6．利用求最大值函数 MAX 找出最高的绩效工资（从“应发金额”列中找出其最大值）

选中 K406 单元格，在编辑栏中输入“=MAX(J4:J403)”，然后按 Enter 键，如图 5-2-19 所示。

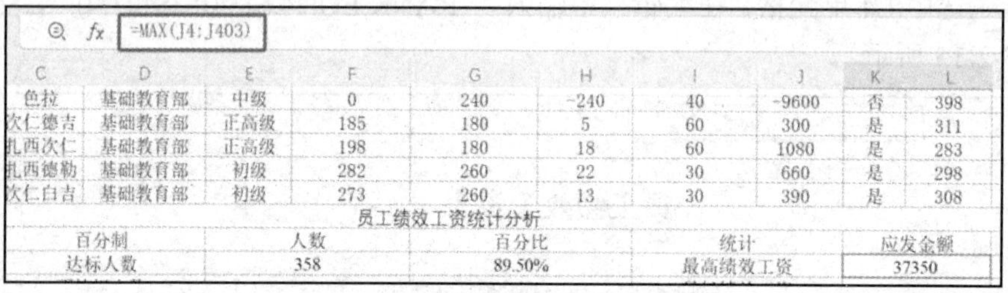

=MAX(J4:J403)

C	D	E	F	G	H	I	J	K	L
色拉	基础教育部	中级	0	240	-240	40	-9600	否	398
次仁德吉	基础教育部	正高级	185	180	5	60	300	是	311
扎西次仁	基础教育部	正高级	198	180	18	60	1080	是	283
扎西德勒	基础教育部	初级	282	260	22	30	660	是	298
次仁白吉	基础教育部	初级	273	260	13	30	390	是	308
员工绩效工资统计分析									
百分制		人数		百分比		统计		应发金额	
达标人数		358		89.50%		最高绩效工资		37350	

图 5-2-19　求“应发金额”列的最大值

7．利用求最小值函数 MIN 找出最低的绩效工资（从“应发金额”列中找出其最小值）

选中 K407 单元格，在编辑栏中输入“=MIN(J4:J403)”，然后按 Enter 键，如图 5-2-20 所示。

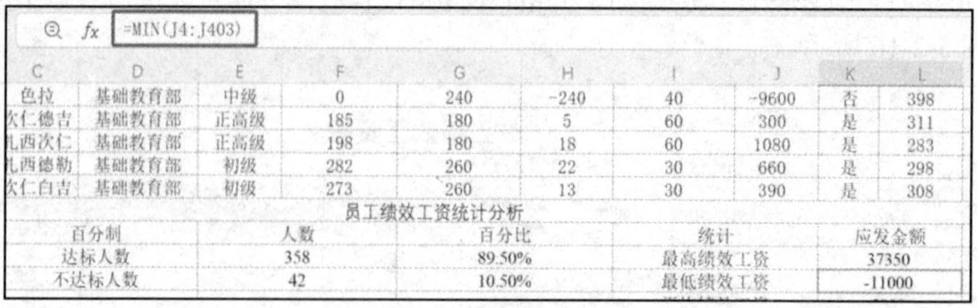

=MIN(J4:J403)

C	D	E	F	G	H	I	J	K	L
色拉	基础教育部	中级	0	240	-240	40	-9600	否	398
次仁德吉	基础教育部	正高级	185	180	5	60	300	是	311
扎西次仁	基础教育部	正高级	198	180	18	60	1080	是	283
扎西德勒	基础教育部	初级	282	260	22	30	660	是	298
次仁白吉	基础教育部	初级	273	260	13	30	390	是	308
员工绩效工资统计分析									
百分制		人数		百分比		统计		应发金额	
达标人数		358		89.50%		最高绩效工资		37350	
不达标人数		42		10.50%		最低绩效工资		-11000	

图 5-2-20　求“应发金额”列的最小值

8．利用求平均值函数 AVERAGE 计算绩效工资的平均值（计算“应发金额”列中平均值）

选中 K408 单元格，在编辑栏中输入“=AVERAGE(J4:J403)”，然后按 Enter 键，如图 5-2-21 所示。

=AVERAGE(J4:J403)

C	D	E	F	G	H	I	J	K	L
色拉	基础教育部	中级	0	240	-240	40	-9600	否	398
仁德吉	基础教育部	正高级	185	180	5	60	300	是	311
西次仁	基础教育部	正高级	198	180	18	60	1080	是	283
西德勒	基础教育部	初级	282	260	22	30	660	是	298
仁白吉	基础教育部	初级	273	260	13	30	390	是	308
员工绩效工资统计分析									
百分制		人数		百分比		统计		应发金额	
达标人数		358		89.50%		最高绩效工资		37350	
不达标人数		42		10.50%		最低绩效工资		-11000	
						平均绩效工资		5990	

图 5-2-21　计算所有员工绩效工资的平均值

9. 利用公式求出课时总量达标和不达标人数在总人数中的占比（百分比）

步骤①：选中 G406 单元格，在编辑栏中输入“=E406/400”，然后按 Enter 键，即可求出达标人数在总人数中的占比；同理，选中 G407 单元格，在编辑栏中输入“=E407/400”，然后按 Enter 键，即可求出不达标人数在总人数中的占比，如图 5-2-22 所示。

G406　=E406/400

	A	B	C	D	E	F	G	H
399	396	130396	色拉	基础教育部	中级	0	240	-240
400	397	130397	次仁德吉	基础教育部	正高级	185	180	5
401	398	130398	扎西次仁	基础教育部	正高级	198	180	18
402	399	130399	扎西德勒	基础教育部	初级	282	260	22
403	400	130400	次仁白吉	基础教育部	初级	273	260	13
404						员工绩效工资统计分析		
405	员工绩效工资表		百分制		人数		百分比	
406			达标人数		358		0.90	
407			不达标人数		42		0.11	

图 5-2-22　计算达标和不达标人数的占比

步骤②：步骤①算出的百分比是小数形式，需要设置单元格格式为“百分比”。选中 E406:E407 单元格区域，右击，在弹出的快捷菜单中选择“设置单元格格式”命令，如图 5-2-23 所示，然后在弹出的“单元格格式”对话框中选择“数字”选项卡下“分类”列表中的“百分比”选项，如图 5-2-24 所示。完成后效果如图 5-2-25 所示。

G	H
240	-240
180	5
180	18
260	22
260	13
资统计分析	
百分比	
0.90	
0.11	

排序(U)
插入图表
插入批注(M)
超链接(H)...
格式刷(O)
设置单元格格式(F)...

图 5-2-23　选择“设置单元格格式”命令

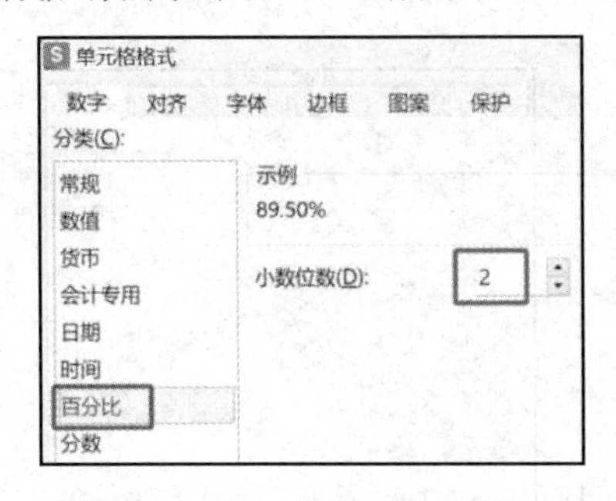

图 5-2-24　设置单元格格式为百分比形式

图 5-2-25　设置完成后的效果图

10. 利用条件格式突出显示不达标的区域

步骤①：选中 K4:K403 单元格区域，单击“开始”→“条件格式”下拉按钮，选择“突出显示单元格规则”→“文本包含”命令，如图 5-2-26 所示。

步骤②：在弹出的“文本中包含”对话框的“为包含以下文本的单元格设置格式”框中输

入“否”，在“设置为”下拉列表中选择“浅红填充色深红色文本”选项，然后单击“确定”按钮即可，如图 5-2-27 所示。

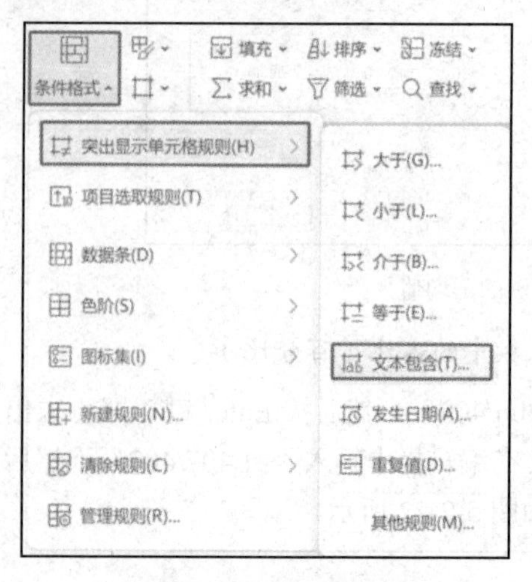

图 5-2-26　选择条件格式

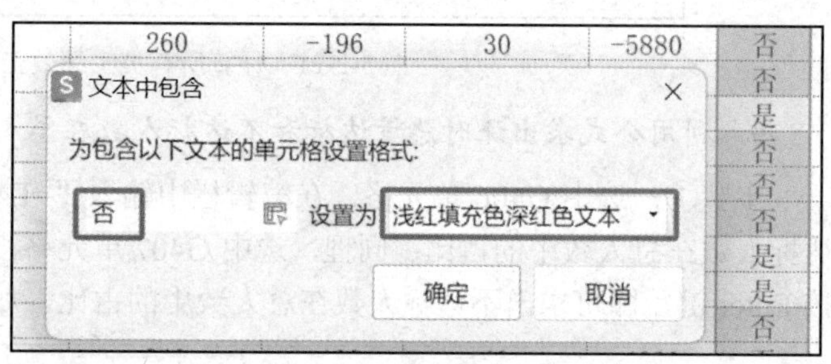

图 5-2-27　设置不达标的“否”单元格突出显示

11．筛选出正高级职称员工中应发金额小于 0 的员工信息

由于单位要求正高级职称员工尽量完成额定课时量，如果课时总量不达标，其应发金额就小于 0。

步骤①：选中 A3:M3 单元格区域，单击“开始”→“筛选”下拉按钮，选择“筛选”命令，如图 5-2-28 所示。

图 5-2-28　选择“筛选”选项

步骤②：单击“职称”下拉按钮，在弹出的快捷菜单中选中“正高级”复选框，可以先筛选出正高级职称的员工信息，如图 5-2-29 所示。然后单击“应发金额”下拉按钮，在弹出的快捷菜单中选择“数字筛选”→“小于”命令，如图 5-2-30 所示，在弹出的“自定义自动筛选方式”对话框中的“应发金额”栏输入“小于 0”，单击“确定”按钮，如图 5-2-31 所示。

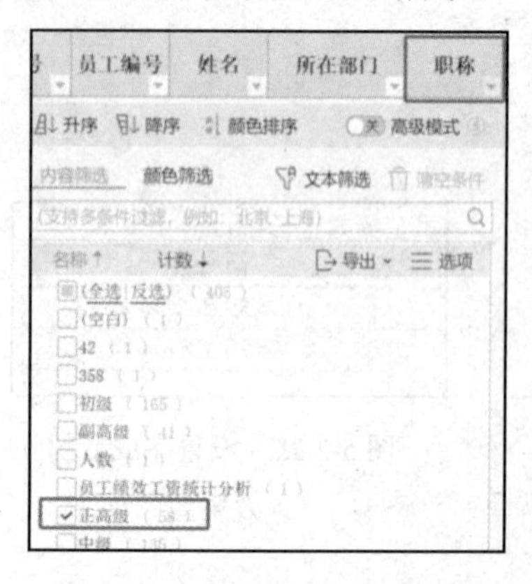

图 5-2-29　筛选条件“正高级”

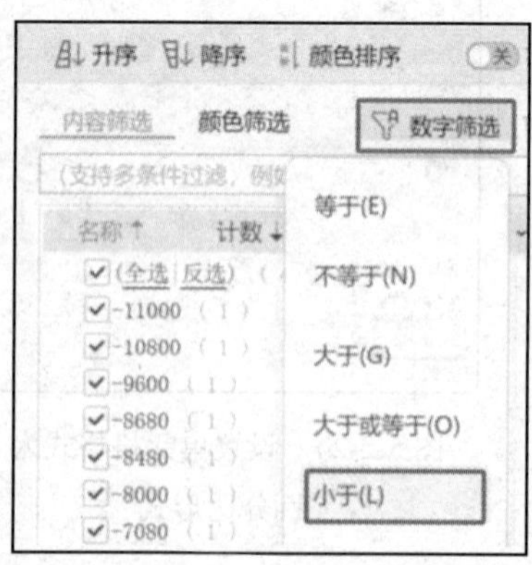

图 5-2-30　设置数字筛选条件

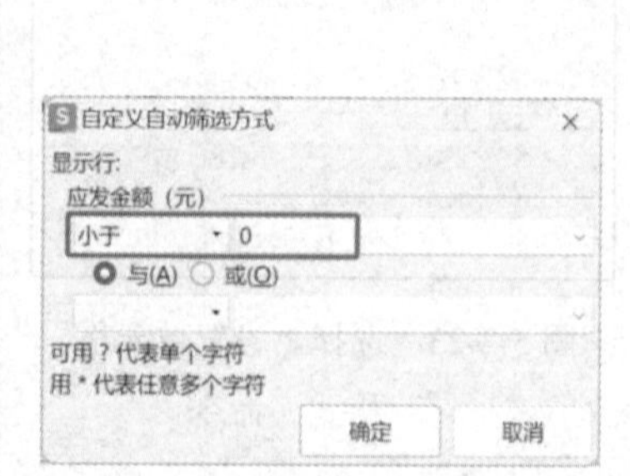

图 5-2-31　设定“小于 0”的筛选条件

步骤③：最终筛选结果如图 5-2-32 所示。如果要取消筛选，则单击“开始”→“筛选”按钮，选择“筛选”命令即可。

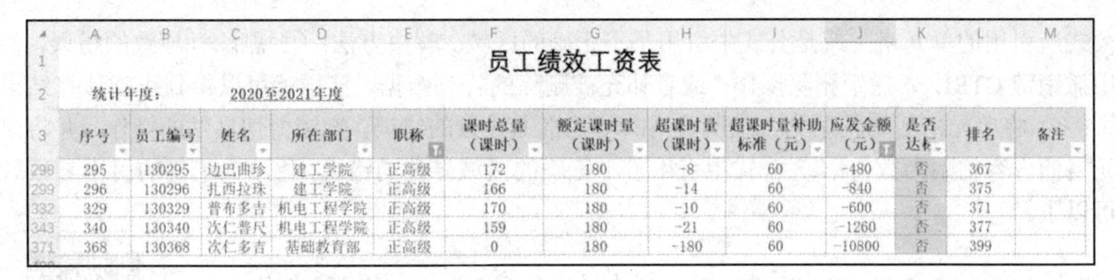

员工绩效工资表

统计年度：　2020至2021年度

序号	员工编号	姓名	所在部门	职称	课时总量（课时）	额定课时量（课时）	超课时量（课时）	超课时量补助标准（元）	应发金额（元）	是否达标	排名	备注
295	130295	边巴曲珍	建工学院	正高级	172	180	-8	60	-480	否	367	
296	130296	扎西拉珠	建工学院	正高级	166	180	-14	60	-840	否	375	
329	130329	普布多吉	机电工程学院	正高级	170	180	-10	60	-600	否	371	
340	130340	次仁普尺	机电工程学院	正高级	159	180	-21	60	-1260	否	377	
368	130368	次仁多吉	基础教育部	正高级	0	180	-180	60	-10800	否	399	

图 5-2-32　完成筛选后的效果图

【项目总结】

本子项目主要介绍了单元格地址、各种运算符的应用、公式的输入、条件函数 IF、满足条件的记录数函数 COUNTIF、求最大值的函数 MAX、求最小值的函数 MIN、求平均值的函数 AVERAGE、排序函数 RANK.EQ、条件格式、筛选等的应用。

【知识拓展】

在 WPS 表格中，如果输入的公式不符合要求，将无法正确地计算结果，此时会在单元格中显示错误信息。

1）出现“#####”错误

单元格的宽度不够，就会在该单元格中出现“#####”错误。另外，在输入数值时，输入的数值太长也会出现此错误。解决方法：调整列宽。

2）出现“#DIV/0!”错误

当公式中出现除数为 0 的情况时，会出现“#DIV/0!”错误。解决方法：修改单元格引用或使用作除数的单元格中的数值不为 0。

3）出现“#N/A”错误

在公式中使用查找功能的函数时，找不到匹配的值，会出现“#N/A”错误。解决方法：输入数值或参数。例如，要在 A8 单元格中输入学号，以查找该同学的语文科目成绩。B8 单元格中的公式为“=VLOOKUP(A8,A2:E5,5,FALSE)”，在 A8 中输入了学号“206”，由于这个学号在 A2:A5 中并没有和它匹配的值，因此出现了“#N/A”错误。解决方法：使用 IFERROR 函数将错误值替换为指定的数值，例如 0，以避免后续计算错误。

4）出现“#NAME?”错误

在公式中删除了公式中使用的名称或名称无法识别，会出现“#NAME?”错误。例如，想求 C2:C5 区域的和，在 C6 单元格中输入的公式为“=SNM(C2:C5）”，按 Enter 键后会出现“#NAME?”错误，这是因为将函数“SUM”错误地拼写成了“SNM”，WPS 表格无法识别，因此出错。解决方法：把函数名称拼写正确即可修正错误。

5）出现“#NUM!”错误

公式返回的错误值为“#NUM!”，是因为当公式需要数字型参数时，我们却给了它一个非数字型参数。例如，我们要求数字的平方根时，在 B2 单元格中输入公式“=SQRT(A2)”并将其填充到 B4 单元格中，由于 B4 单元格前的 A4 单元格中的数字为“-4”，不能对负数开平方，这时“-4”是一个无效的参数，因此出现了“#NUM!”错误。解决方法：把负数改为正数即可。

6）出现“#REF!”错误

公式返回的错误值为“#REF!”，通常表格计算中误删了数据行列、将单元格剪切粘贴到公式所引用的单元格上或是公式中引用了不正确的区域。解决方法：① 删除行导致的错误，使用撤销键 CTRL+Z 撤销删除操作，或者补充被删除的行列数据，这样就可以得到正确计算结果了；② 将单元格剪切粘贴到公式所引用的单元格上导致的错误，撤销剪切粘贴的操作，并将单元格的内容粘贴为数值；③ 公式中引用了不正确的区域导致的错误，修改为正确的引用参数就可以了。

5.3　子项目三　制作“员工工资总表”

5.3 子项目三课件

【情境描述】

前面计算出了员工的绩效工资，然而员工工资除了绩效工资，还有岗位工资、学历工资、西藏特殊津贴、住房补贴、工龄工资，并且每个月还要扣除各种保险等，那么员工每个月的实发工资是多少呢？各项工资类别又是如何核算的呢？

【问题提出】

（1）如何核算岗位工资、学历工资？

（2）如何核算西藏特殊津贴、住房补贴、工龄工资？

（3）如何核算各种保险的金额？

（4）如何核算员工每个月的实发工资？

5.3.1　任务一　核算员工工资总表中的“基本工资”

【情境和任务】

情境：基本工资包括岗位工资和学历工资，每位员工由于岗位和学历不同，所以对应的岗位工资和学历工资也不同，如果要根据给定的岗位工资和学历工资对应表逐个填写 400 个员工的岗位工资和学历工资，工作量是非常大的，那么有没有快速填入这两项数据的方法呢？

任务：员工工资总表中“基本工资”的核算。

【相关资讯】

查找函数 VLOOKUP

<语法>=VLOOKUP(lookup_value,table_array,col_index_num,range_lookup)

<功能>在指定的查找匹配要求下，搜索表区域首列满足条件的元素，按列查找，最终返回该列所需查询序列所对应的值。

<说明>

（1）lookup_value：为需要在数组第一列中查找的数值，可以为数值引用或文本字符串。

（2）table_array：为需要在其中搜索数据的数据表，可以使用对区域或区域名称的引用。

（3）col_index_num：为满足条件的单元格在 table_array 的列序号。

（4）range_lookup：指定在查找时要求精确匹配，如果是 FALSE 则为精确查找，如果是 TRUE 则忽略为大致查找。

即==VLOOKUP(找谁,从哪找,返回其对应值的列序号,精确查找还是大致查找)

<举例>=VLOOKUP(I3,岗位和学历工资对应表!$B$2:$C$12,2,FALSE)

表示找“第一个员工的岗位等级”，从“岗位和学历工资对应表”的$B$2:$C$12 区域中查找，返回对应的“第 2 列的数据（岗位工资）”，精确查找。

【任务实施】

1. 利用查找函数 VLOOKUP 快速填入岗位工资

通过分析可以知道，要想填入每个员工的岗位工资，只需要从“岗位和学历工资对应表”中找到其岗位等级所对应的“岗位工资”，然后填入“员工工资总表”的“岗位工资”单元格中即可。

步骤①：选中 J3 单元格，在编辑栏中输入“=VLOOKUP(I3,岗位和学历工资对应表!$B$2:$C$12,2,FALSE)”，然后按 Enter 键，如图 5-3-1 所示。

fx =VLOOKUP(I3,岗位和学历工资对应表!$B$2:$C$12,2,FALSE)

C	D	E	F	G	H	I	J
员工编号	姓名	职务	职称	学历	入职时间	岗位等级	岗位工资
130001	丹真次旦	副厅	正高级	本科	1990/3/17	4	4000
130002	赤曲	副厅	正高级	硕士	1996/4/19	3	
130003	扎西顿珠	正县	正高级	本科	1989/12/26	4	

图 5-3-1　填入第一位员工的“岗位工资”

提示：语法“=VLOOKUP(I3,岗位和学历工资对应表!$B$2:$C$12,2,FALSE)”对应的解释如下。

VLOOKUP 表示查找函数；I3 表示第一个员工的岗位等级；岗位和学历工资对应表!$B$2:$C$12 表示从“岗位和学历工资对应表”的$B$2:$C$12 区域中查找对应的“岗位等级”；2 表示填入相对应“岗位级别”后的第 2 列数据（岗位工资）；FALSE 表示精确查找。

步骤②：自动填充所有员工的“岗位工资”。选中 J3 单元格，将光标放在其右下角，当光标变成“+”形状后，双击鼠标，相关数据会快速填充至 J402 单元格，完成所有员工的岗位工资的填写，效果如图 5-3-2 所示。

G	H	I	J
学历	入职时间	岗位等级	岗位工资
本科	1990/3/17	4	4000
硕士	1996/4/19	3	4500
本科	1989/12/26	4	4000
本科	1987/7/24	2	5000
硕士	1992/4/29	6	3000
本科	1995/3/12	7	2500

图 5-3-2　完成所有员工的岗位工资填充

提示：通过双击进行数据填充的必要条件是需要填充的数据为连续列，非连续列不可以通过双击进行填充。

2. 利用查找函数 VLOOKUP 快速填入学历工资

与填充“岗位工资”相似，选中 K3 单元格，在编辑栏中输入“=VLOOKUP(G3,岗位和学历工资对应表!$E$2:$F$5,2,FALSE)”，然后按 Enter 键，即可完成第一个员工的“学历工资”的填写，再利用自动填充操作完成所有员工的“学历工资”的填写，如图 5-3-3 所示。

fx =VLOOKUP(G3,岗位和学历工资对应表!$E$2:$F$5,2,FALSE)

C	D	E	F	G	H	I	J	K
工编号	姓名	职务	职称	学历	入职时间	岗位等级	岗位工资	学历工资
130001	丹真次旦	副厅	正高级	本科	1990/3/17	4	4000	270
130002	赤曲	副厅	正高级	硕士	1996/4/19	3	4500	320
130003	扎西顿珠	正县	正高级	本科	1989/12/26	4	4000	270
130004	尼玛	正县	正高级	本科	1987/7/24	2	5000	270

图 5-3-3　填入员工的“学历工资”

3. 利用公式“基本工资小计=岗位工资+学历工资”完成基本工资小计的核算

选中 L3 单元格，在编辑栏中输入“=J3+K3”，然后按 Enter 键，即可完成第一个员工的“基本工资小计”的计算，再利用自动填充操作完成所有员工的“基本工资小计”的计算，如图 5-3-4 所示。

fx =J3+K3

H	I	J	K	L
				员工
入职时间	岗位等级	岗位工资	学历工资	基本工资小计
1990/3/17	4	4000	270	4270
1996/4/19	3	4500	320	4820
1989/12/26	4	4000	270	4270
1987/7/24	2	5000	270	5270

图 5-3-4　基本工资小计的计算

5.3.2　任务二　核算员工工资总表中的“应发合计”

【情境和任务】

情境：工资中除了基本工资，还包括西藏特殊津贴、住房补贴、工龄工资以及绩效工资，现在需要把对应的各项津补贴填入工资总表中，然后把这些数据加起来核算出应发合计。

任务：员工工资总表中的“应发合计”的核算。

【相关资讯】

1. 插入当前日期函数 TODAY

<语法>TODAY ( )

<功能>返回当前系统的日期。

<说明>该函数没有参数，只用一对括号即可。

<举例>在单元格中输入“=today( )”公式，即可得到当前系统的日期。

2. 日期计算函数 DATEDIF

<语法>DATEDIF(start_date,end_date,unit)

<功能>计算两日期之差。

<说明>

（1）start_date 为一个日期，它代表时间段内的第一个日期或起始日期（起始日期必须在 1900 年之后）。

（2）end_date 为另一个日期，它代表时间段内的最后一个日期或结束日期。

（3）unit 为所需信息的返回类型。

提示：结束日期必须晚于起始日期。

<举例>=DATEDIF(H3,TODAY( ),"y")

H3 单元格中存放第一个员工的入职日期，TODAY( )表示当前日期，y 表示前后两个日期所差的年份。所以该公式可用来求第一个员工的工龄。

3. 求和函数 SUM

<语法>=SUM(number 1,[number 2],...)

<功能>计算各参数中的数值的总和或所选定单元格区域中数值的总和。

<说明>number 1,number 2,…为需要计算总和的 1～30 个参数，number 1 是必需的，后续参数是可选的，这些参数可以是数值、单元格引用或函数，文本、空白单元格或逻辑值会被忽略。

<举例>=SUM(A1:H1)

计算 A1 至 H1 单元格区域内的所有值的总和。

【任务实施】

1. 完成“西藏特殊津贴”和“住房补贴”的数据输入

按照发放标准，在一个地区的员工，西藏特殊津贴和住房补贴的发放金额是相同的，这里发放的西藏特殊津贴都是 6000 元整，住房补贴都是 1400 元整。

步骤①：在 M3 单元格中输入“6000”，然后按 Enter 键，即可完成第一个员工的“西藏特殊津贴”的录入，再利用自动填充操作完成所有员工的“西藏特殊津贴”的录入，如图 5-3-5 所示。

步骤②：利用相同的方法，填入“住房补贴”的数据即可，如图 5-3-6 所示。

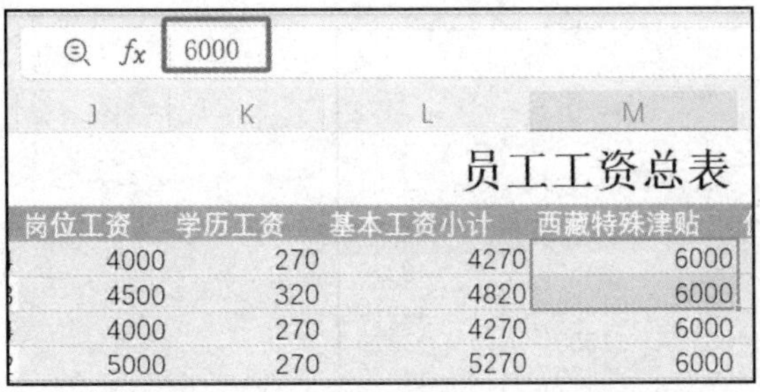

fx 6000

员工工资总表

岗位工资	学历工资	基本工资小计	西藏特殊津贴
4000	270	4270	6000
4500	320	4820	6000
4000	270	4270	6000
5000	270	5270	6000

图 5-3-5　录入所有员工的西藏特殊津贴

fx 1400

员工工资总表

资	基本工资小计	西藏特殊津贴	住房补贴
270	4270	6000	1400
320	4820	6000	1400
270	4270	6000	1400
270	5270	6000	1400

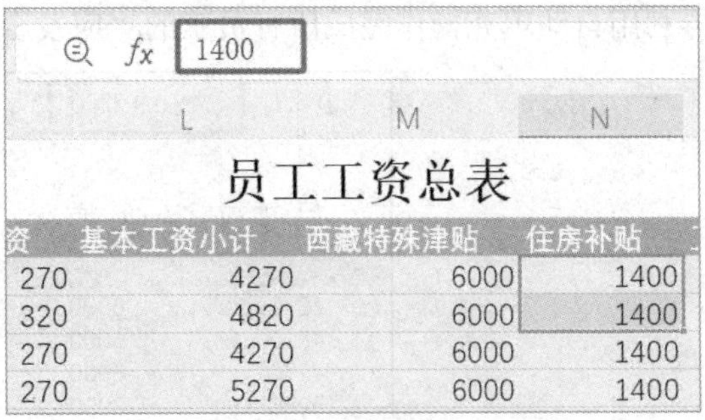

图 5-3-6　录入所有员工的住房补贴

提示：不同情况下，相同数据的输入方法如下。

（1）相同数值型数据的输入：输入第一个数据后，直接拖动填充柄进行填充。

（2）相同字符数字的输入：输入第一个数据后，按住 Ctrl 键拖动填充柄进行填充。

（3）输入第一个数据后，选择包括第一个数据在内要填充的单元格区域，单击“开始”→“编辑”组的“填充”下拉按钮，选择“向下填充”或“向左填充”命令。

（4）选定要输入相同数据的单元格区域，在第一个单元格中输入内容后，按 Ctrl+Enter 组合键，则选中单元格区域中的每个单元格将会输入相同的内容。

（5）多个工作表中相同数据的输入：选定多个工作表，然后输入数据，则可以在所选的每个工作表的相同位置的单元格中都输入相同的数据。

2. 计算所有员工的“工龄工资”

在该企业中工龄每多一年，工龄工资便多 50 元，即核算“工龄工资”的方法是“员工的工龄*50”，这里需要通过日期计算函数 DATEDIF 和插入当前日期函数 TODAY 来计算工龄。

选中 O3 单元格，在编辑栏中输入“=DATEDIF(H3,TODAY(),"y")*50”，然后按 Enter 键，即可完成第一个员工的“工龄工资”的计算，再利用自动填充操作完成所有员工的“工龄工资”的计算，如图 5-3-7 所示。

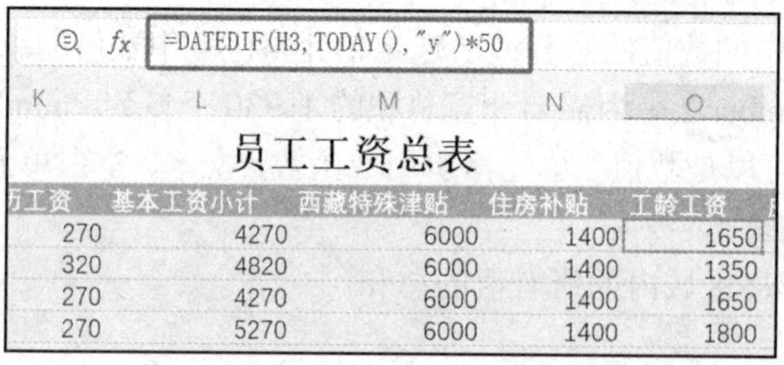

fx =DATEDIF(H3,TODAY(),"y")*50

员工工资总表

历工资	基本工资小计	西藏特殊津贴	住房补贴	工龄工资
270	4270	6000	1400	1650
320	4820	6000	1400	1350
270	4270	6000	1400	1650
270	5270	6000	1400	1800

图 5-3-7　核算所有员工的工龄工资

提示：“=DATEDIF(H3,TODAY(),"y")*50”对应解释如下。

DATEDIF 是计算日期函数；H3 表示第一个员工的入职日期；TODAY()用于获取系统当前日期；y 表示当前日期减去入职时间的年数；50 表示每增加一年工龄，工龄工资增加 50 元。

3. 利用求和函数 SUM 计算“应发合计”

“应发合计=基本工资小计+西藏特殊津贴+住房补贴+工龄工资”。选中 P3 单元格，在编辑栏中输入“=SUM(L3:O3)”，然后按 Enter 键，即可完成第一个员工的“应发合计”的录入，再利用自动填充操作完成所有员工的“应发合计”数据的录入，如图 5-3-8 所示。

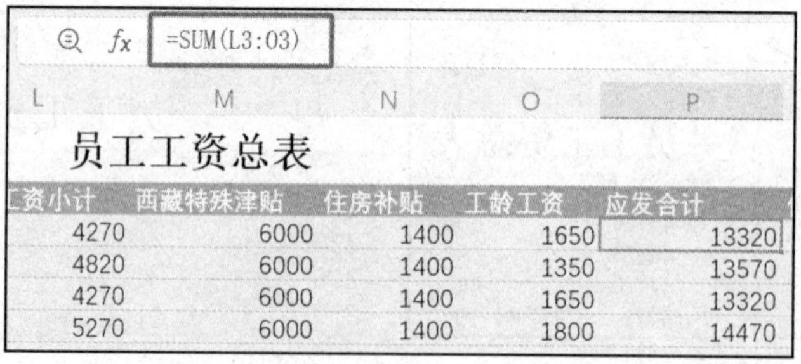

fx =SUM(L3:O3)

员工工资总表

工资小计	西藏特殊津贴	住房补贴	工龄工资	应发合计
4270	6000	1400	1650	13320
4820	6000	1400	1350	13570
4270	6000	1400	1650	13320
5270	6000	1400	1800	14470

图 5-3-8　计算所有员工的应发合计

5.3.3　任务三　核算员工工资总表中的“扣款合计”和“实发工资”

【情境和任务】

情境：前面完成了“应发合计”的核算，那么每个月是否真的可以领到“应发合计”的数额呢？答案是否定的，因为每个月还需要通过个人账户缴纳各种保险等，实际上领取到的实发

工资是用应发合计减去这些费用。

任务：员工工资总表中“扣款合计”和“实发工资”的核算。

【相关资讯】

1. 五险一金

五险一金是指用人单位给予劳动者的几种保障性待遇的合称，包括养老保险、医疗保险、失业保险、工伤保险和生育保险以及住房公积金。

2. 劳动合同

根据《中华人民共和国劳动法》第十六条第一款规定：劳动合同是劳动者与用人单位确立劳动关系、明确双方权利和义务的协议。根据这个协议，劳动者加入企业、个体经济组织、事业组织、国家机关、社会团体等用人单位，成为该单位的一员，承担一定的工种、岗位或职务工作，并遵守所在单位的内部劳动规则和其他规章制度；用人单位应及时安排被录用的劳动者工作，按照劳动者提供劳动的数量和质量支付劳动报酬，并且根据劳动法律法规规定和劳动合同的约定提供必要的劳动条件，保证劳动者享有劳动保护及社会保险、福利等权利和待遇。

3. 选择性粘贴

选择性粘贴是金山 WPS 软件中的一种粘贴选项，通过使用选择性粘贴功能，用户能够将剪贴板中的内容粘贴为不同于内容源的格式。选择性粘贴在 WPS 文字、WPS 表格和 WPS 演示等软件中具有重要作用，例如，可以将剪贴板中的 WPS 表格中的单元格数据只粘贴公式或者只粘贴数值。

【任务实施】

1. 完成各类保险的核算

个人账户缴纳各类保险的比例是不同的，本案例按照下列比例核算：“住房公积金”缴纳金额为“应发合计”的 12%，“养老保险”缴纳金额为“应发合计”的 8%，“职业年金”缴纳金额为“应发合计”的 4%，“医疗保险”缴纳金额为“应发合计”的 2%，“失业保险”缴纳金额为“应发合计”的 0.5%。

步骤①：“住房公积金”的核算。选中 Q3 单元格，在编辑栏中输入“=P3*12%”，然后按 Enter 键，即可完成第一个员工的“住房公积金”的录入，再利用自动填充操作完成所有员工的“住房公积金”数据的录入，如图 5-3-9 所示。

fx =P3*12%

总表

贴	住房补贴	工龄工资	应发合计	住房公积金
6000	1400	1650	13320	1598.4
6000	1400	1350	13570	1628.4
6000	1400	1650	13320	1598.4
6000	1400	1800	14470	1736.4

图 5-3-9　完成所有员工的住房公积金的核算

步骤②：同理，按照各类保险缴纳金额在“应发合计”中的占比，逐项完成其他保险的核算即可。

2. 完成“扣款合计”的计算

扣款合计就是所缴纳的住房公积金和各类保险的总和，利用求和函数 SUM 完成即可。选中 V3 单元格，在编辑栏中输入“=SUM(Q3:U3)”，然后按 Enter 键，即可完成第一个员工的“扣款合计”的录入，再利用自动填充操作完成所有员工的“扣款合计”数据的录入，如图 5-3-10 所示。

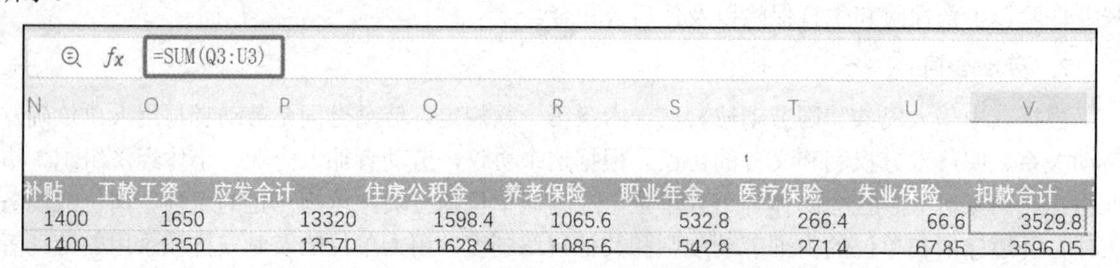

图 5-3-10 完成所有员工的“扣款合计”的计算

3. 利用公式“实发工资=应发合计-扣款合计”完成所有员工的“实发工资”的计算

选中 W3 单元格，在编辑栏中输入“=P3-V3”，然后按 Enter 键，即可完成第一个员工的“实发工资”的录入，再利用自动填充操作完成所有员工的“实发工资”数据的计算，如图 5-3-11 所示。

=P3-V3

龄工资	应发合计	住房公积金	养老保险	职业年金	医疗保险	失业保险	扣款合计	实发工资
1650	13320	1598.4	1065.6	532.8	266.4	66.6	3529.8	9790.2
1350	13570	1628.4	1085.6	542.8	271.4	67.85	3596.05	9973.95

图 5-3-11 完成所有员工的“实发工资”的计算

4. 重新修改表格自动套用格式

完成了“员工工资总表”中的所有数据的录入和核算后，因为进行了许多“自动填充”的操作，破坏了表格原有的样式，所以要重新对表格进行格式设置。

步骤①：选中 A2:X402 单元格区域，单击“开始”→“清除”下拉按钮，选择“格式”命令，清除原有的自动套用格式，如图 5-3-12 所示。

步骤②：重新设定自动套用格式即可。

5. 设置小数位数

在“失业保险”“扣款合计”“实发工资”3 列中，有的数据带小数位数，有的数据为整数，为了统一规格，这里统一将数据设置为保留两位小数的格式。选中 U3:W402 单元格区域，右击，在弹出的快捷菜单中选择“设置单元格格式”命令，在弹出的“单元格格式”对话框中选择“数字”选项卡中“分类”栏中的“数值”选项，设置“小数位数”为“2”，然后单击“确定”按钮，如图 5-3-13 所示。

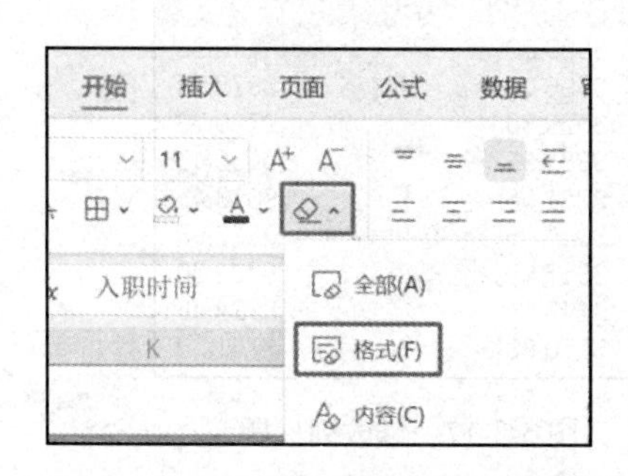

图 5-3-12　清除原有自动套用格式

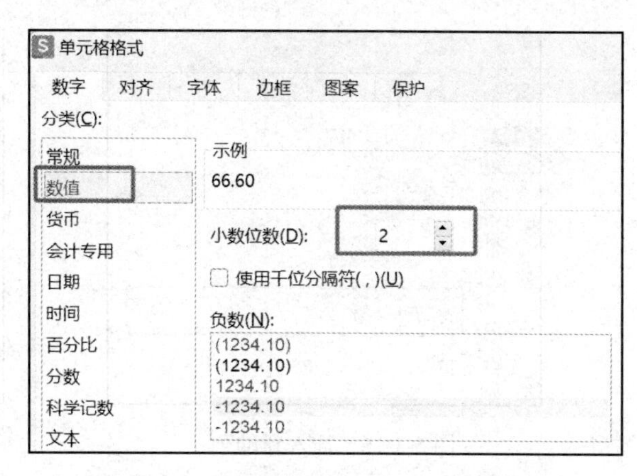

图 5-3-13　设置单元格格式为保留两位小数

6. 制作“员工 12 月份工资总表”

由于绩效工资不是每个月都核算，而是在年底 12 月份统一核算一次，所以在原来的“员工工资总表”中增加一列“绩效工资”即可。

步骤①：复制“员工工资总表”。单击“员工工资总表”工作表标签，右击，在弹出的快捷菜单中选择“创建副本”命令，如图 5-3-14 所示。将出现的副本“员工工资总表（2）”重命名为“员工 12 月份工资总表”，并修改该工作表标题为“员工 12 月份工资总表”，如图 5-3-15 所示。

图 5-3-14　选择“创建副本”命令

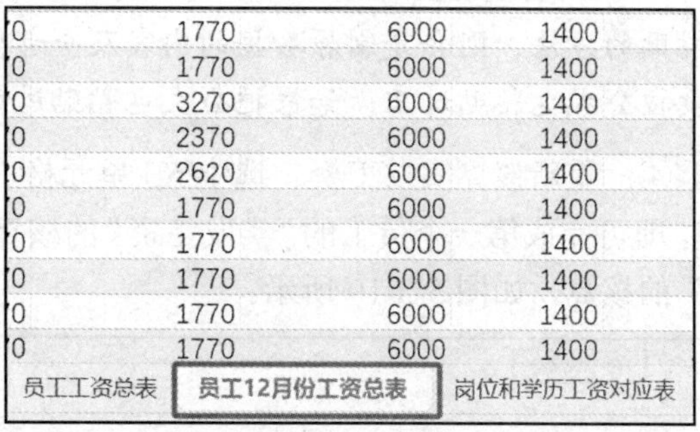

图 5-3-15　重命名为“员工 12 月份 工资总表”

步骤②：在“实发工资”前面增加一列并命名为“绩效工资”。选中“实发工资”一列，右击，在弹出的快捷菜单中选择“在左侧插入列”命令，如图 5-3-16 所示，将新插入列的标题修改为“绩效工资”，如图 5-3-17 所示。

步骤③：填入“绩效工资”数据。打开“员工绩效工资表”，选中“应发金额”一列的数据，然后按 Ctrl+C 组合键进行数据的复制，然后单击“员工 12 月份工资总表”中的 W3 单元格，右击，在出现的快捷菜单中单击拓展按钮，选择“选择性粘贴”命令，在出现的对话框中选中“数值”单选按钮，然后单击“确定”按钮即可完成“绩效工资”列的数据录入，如图 5-3-18 所示。

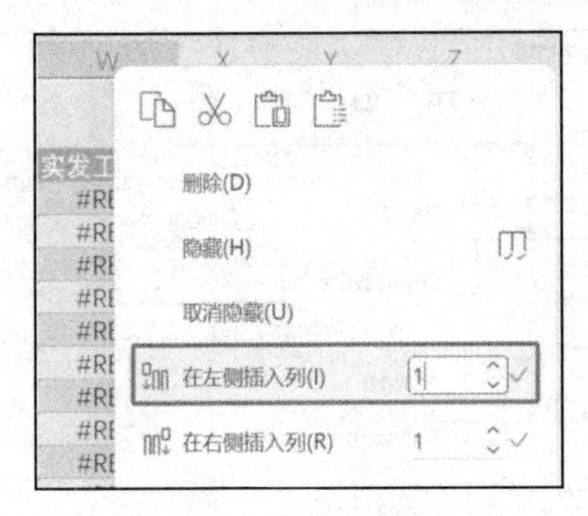

图 5-3-16　插入新的列

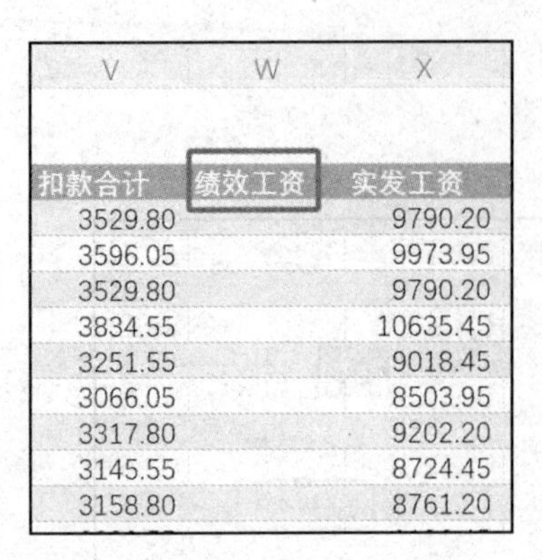

扣款合计	绩效工资	实发工资
3529.80		9790.20
3596.05		9973.95
3529.80		9790.20
3834.55		10635.45
3251.55		9018.45
3066.05		8503.95
3317.80		9202.20
3145.55		8724.45
3158.80		8761.20

图 5-3-17　修改列标题

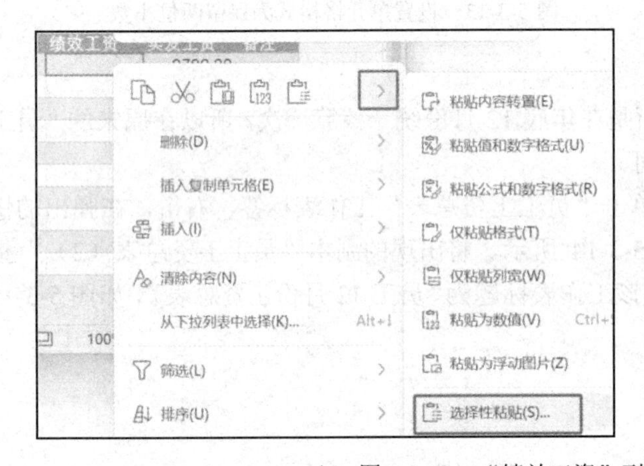

图 5-3-18　“绩效工资”列数据的录入

提示：当需要重复设置具有某种格式公式的数据时，可以使用选择性粘贴的方法。如果采用复制和粘贴的方法，则会复制原数据的内容及全部格式。这里的绩效工资只需要其中的数值，而不需要把公式也粘贴过来，如果把公式也粘贴过来，就会出现错误。

步骤④：重新核算实发工资。选中 X3 单元格，在编辑栏中输入“=P3-V3+W3”，然后按 Enter 键，即可完成第一个员工的“实发工资”的核算，再利用自动填充操作完成所有员工的“实发工资”的核算，如图 5-3-19 所示。

fx =P3-V3+W3

工资总表

贴	住房补贴	工龄工资	应发合计	住房公积金	养老保险	职业年金	医疗保险	失业保险	扣款合计	绩效工资	实发工资
5000	1400	1650	13320	1598.4	1065.6	532.8	266.4	66.6	3529.80	1800.00	11590.20
5000	1400	1350	13570	1628.4	1085.6	542.8	271.4	67.85	3596.05	1560.00	11533.95
5000	1400	1650	13320	1598.4	1065.6	532.8	266.4	66.6	3529.80	2520.00	12310.20
5000	1400	1800	14470	1736.4	1157.6	578.8	289.4	72.35	3834.55	4860.00	15495.45

图 5-3-19　重新核算实发工资

【项目总结】

本子项目主要介绍了查找函数 VLOOKUP 的应用、插入当前日期函数 TODAY 的应用、日期计算函数 DATEDIF 的应用、求和函数 SUM 的应用、选择性粘贴的应用、移动和复制工作表等。

5.4　子项目四　员工工资数据分析

5.4 子项目四
课件

【情境描述】

作为企业的一名财务人员，经常需要记录员工的工资信息、计算员工的实发工资，并向企业的领导提供准确、直观的数据信息，供单位领导或者上级部门参考。进入信息社会后，传统的账本已经远远不能满足以上需求，其厚重、难以长期保存数据、显示不直观等缺点严重阻碍了企业领导的决策，对此企业亟须一种崭新的解决方案。

【问题提出】

（1）如何筛选出实发工资较低（例如实发工资<7000）的员工？

（2）如何通过分类汇总统计各职称员工的应发合计、扣款合计和实发工资的平均值？

（3）如何通过数据透视表统计各个部门各个职称级别的员工人数？

（4）如何利用图表展示各部门员工工资浮动？

5.4.1　任务一　筛选出实发工资较低的员工信息

【情境和任务】

情境：因为企业会给员工工资较低的人员发放补助，所以需要在“员工工资总表”中筛选出实发工资较低的员工信息，这里可以应用高级筛选完成此项任务。

任务：筛选出实发工资较低的员工信息。

【相关资讯】

（1）高级筛选可以根据复杂条件进行筛选，而且还可以把筛选的结果复制到指定的位置。

（2）在高级筛选的指定条件中，如果是满足多个条件中任何一个即可，此时需要把所有条件写在同一列中；如果是要同时满足多个条件，那么需要把所有条件写在相同的行中。

（3）在高级筛选中，还可以筛选出不重复的数据。

【任务实施】

1．添加“员工工资情况统计表”

单击“员工工资总表”工作表标签，右击，在弹出的快捷菜单中选择“创建副本”命令，将出现的副本“员工工资总表（2）”重命名为“筛选实发工资较低的员工信息”，将新工作表标题名修改为“员工工资情况统计表”。

2．设置筛选条件，也就是“实发工资<7000”的条件

在A405单元格中输入“实发工资”，在A406单元格中输入“<7000”，在A408单元格中输入“需补助员工”，如图5-4-1所示。

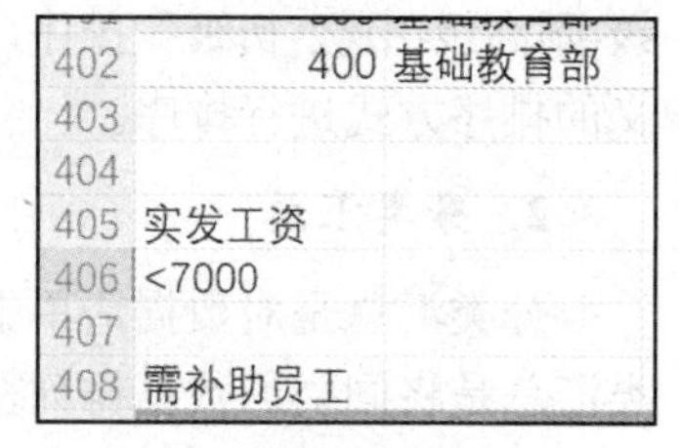

图5-4-1　设置筛选条件

3. 利用“高级筛选”功能，筛选出实发工资低于7000元的员工信息

步骤①：选中A2:X402单元格区域，单击“数据”→“筛选”下拉按钮，选择“高级”命令，如图5-4-2所示。

步骤②：在弹出的“高级筛选”对话框中选中“将筛选结果复制到其他位置”单选按钮，设置“条件区域”为“$A$405:$A$406”，设置“复制到”为“$A$409”，单击“确定”按钮，即可得到需要的筛选结果，如图5-4-3所示。

图5-4-2　选择“高级筛选”命令

图5-4-3　设置“高级筛选”条件

5.4.2　任务二　分类汇总各职称员工的应发、扣款和实发工资的平均值

【情境和任务】

情境：现在上级领导想查看一下本单位各职称员工的应发合计、扣款合计和实发工资的平均值，了解员工的总体收入情况。如果通过手动汇总这些数据是非常复杂和费时的，此时可以通过“分类汇总”功能快速完成此项统计工作。

任务：分类汇总各职称员工的应发、扣款和实发工资的平均值。

【相关资讯】

1. 排序及默认排序规则

排序是用户在统计工作表中的数据时经常用到的一个功能，它是指在WPS表格中，根据单元格中的数据类型，按照一定的方式进行重新排列。

（1）单关键字排序。就是依据某列的数据规则对数据进行排序。

（2）多关键字排序。就是依据多列的数据规则对数据表进行排序。

（3）除了按指定关键字进行排序，还可以按自定义序列排序，如职称按指定的顺序“正高级-副高级-中级-初级”排序，职称按升序排序或降序排序都达不到这种效果，因此需要按自定义的排序方式进行排序。

2. 分类汇总

分类汇总是对数据清单中的数据按某一字段进行分类，并在分类的基础上进行汇总。即分类汇总是将同类的数据排列在一起（即将分类字段的值相等的记录放在一起），并对各类字段按指定的汇总方式进行汇总。因此，分类汇总包括分类和汇总两种操作：先按分类字段进行分类（执行排序操作），再按分类字段对指定的字段进行某种方式的汇总（执行汇总操作）。

【任务实施】

利用“分类汇总”完成此项任务之前，一定要先按职称结构“正高级-副高级-中级-初级”的顺序进行排序。由于需要的职称结构顺序并不在默认的排序规则中，所以需要先在 WPS 表格中创建这个自定义规则，然后才能让表格以此进行排序。

1. 创建“员工工资分类汇总表”

单击“员工工资总表”工作表标签，右击，在弹出的快捷菜单中选择“创建副本”命令，将出现的副本“员工工资总表（2）”重命名为“员工工资分类汇总表”，将新工作表标题名修改为“员工工资分类汇总表”。

2. 按照“正高级-副高级-中级-初级”的顺序编辑自定义排序

1）整理排序原则

步骤①：选中 F2:F402 单元格区域，按 Ctrl+C 组合键复制数据，再单击 F406 单元格，按 Ctrl+V 组合键粘贴数据。

步骤②：单击“数据”→“重复项”下拉按钮，选择“删除重复项”命令，如图 5-4-4 所示，在弹出的对话框中单击“删除重复项”按钮，如图 5-4-5 所示。在弹出的提示框中单击“确定”按钮，如图 5-4-6 所示。这里得到的数据的顺序正好是需要的顺序，所以不需要再进行调整。

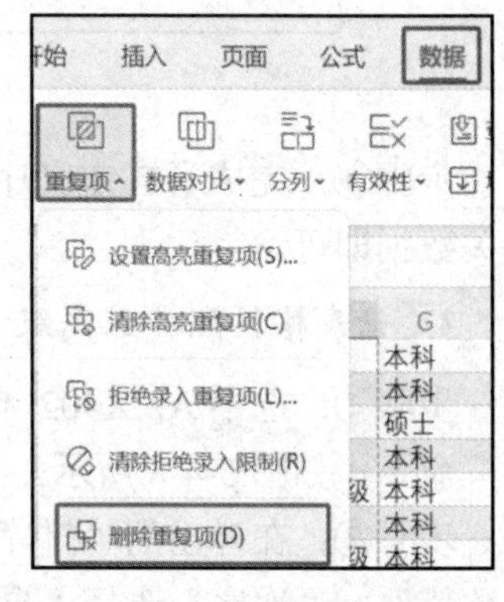

图 5-4-4　单击“删除重复值”命令

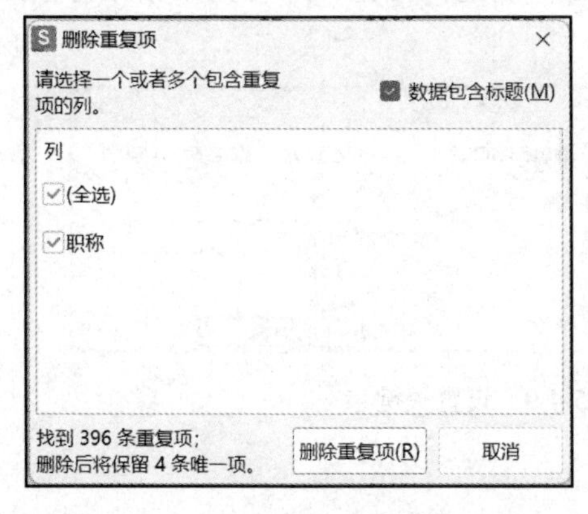

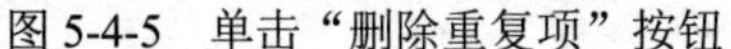

图 5-4-5　单击“删除重复项”按钮

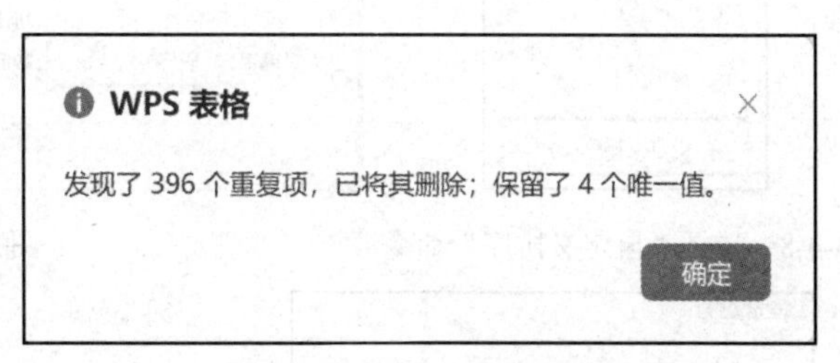

图 5-4-6　单击“确定”按钮

提示： 如果所得到的数据的顺序需要调整，那么可以选中需要调整的单元格，光标移动到此单元格的边框位置，然后按住 Shift 键，拖动鼠标到其目标位置后释放鼠标，即可快速完成两个单元格的数据互换，其功能相当于剪切再粘贴的效果。

2）设置自定义序列

步骤①：选中 F407:F410 单元格区域，选择“文件”“选项”命令。

步骤②：在弹出的“选项”对话框的左侧单击“自定义序列”按钮，在“自定义序列”中选择需要的序列，然后单击“导入”按钮，即可将 F407:F410 的自定义规则导入“自定义序列”规则中，如图 5-4-7 所示。

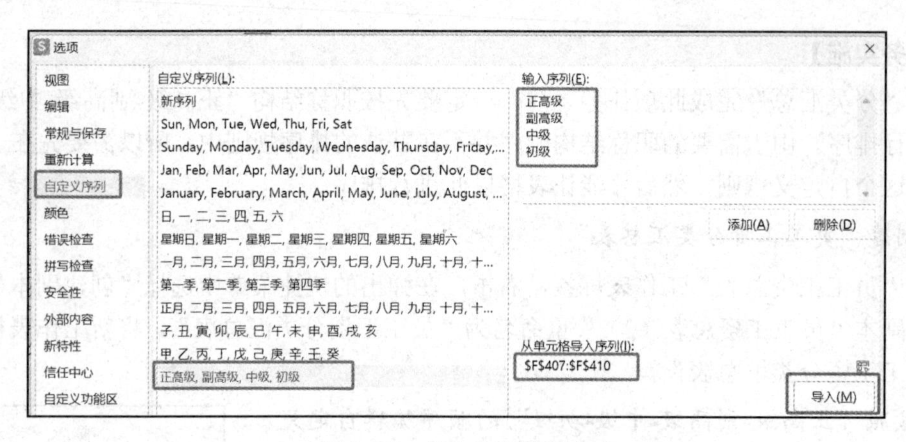

图 5-4-7　导入自定义序列

步骤③：完成了自定义序列的设置后，F406:F410 单元格区域中的数据就不需要了，删除相关数据即可。

3. 让表格按照“正高级-副高级-中级-初级”的序列进行排序

步骤①：选中 A2:X402 单元格区域，单击“开始”→“排序”下拉按钮，选择“自定义排序”命令，如图 5-4-8 所示。

步骤②：在弹出的“排序”对话框中，“主要关键字”选择“职称”，“排序依据”选择“数值”，“次序”选择“自定义序列”，如图 5-4-9 所示。在弹出的“自定义序列”对话框中选择“正高级，副高级，中级，初级”选项，单击“确定”按钮，即可完成相应排序，如图 5-4-10 和图 5-4-11 所示。

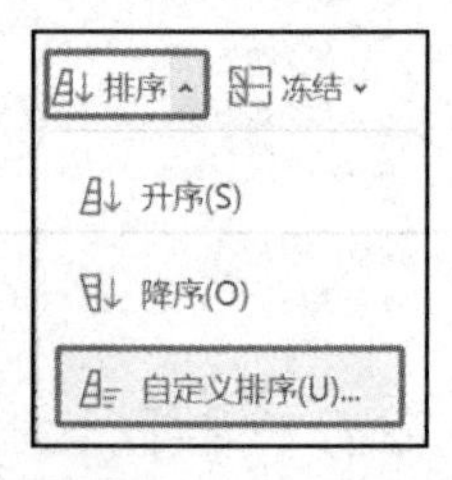

图 5-4-8　选择“自定义排序”命令

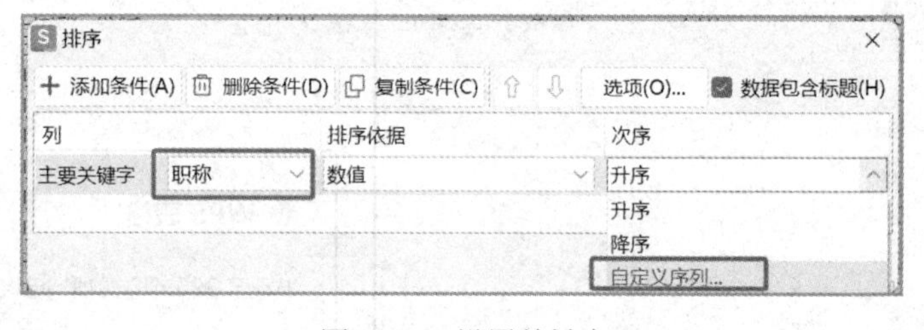

图 5-4-9　设置关键字

图 5-4-10　选择自定义序列

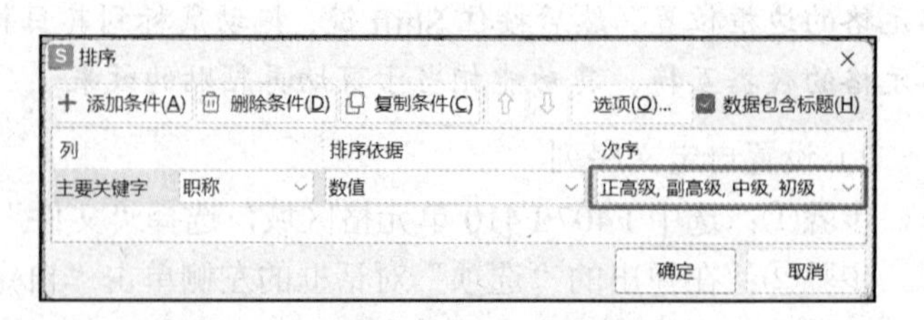

图 5-4-11　完成关键字录入

4. 按员工的职称汇总应发合计、扣款合计和实发工资的平均值

步骤①：选中 A2:X402 单元格区域，单击“数据”→“分类汇总”按钮，如图 5-4-12 所示。

步骤②：在弹出的“分类汇总”对话框中，选择“分类字段”为“职称”，“汇总方式”选择“平均值”，选中“选定汇总项”中的“扣款合计”“应发合计”“实发工资”3 个复选框，单击“确定”按钮，如图 5-4-13 所示。

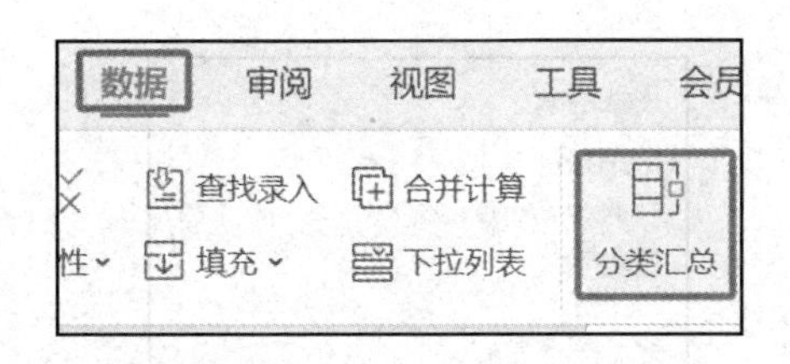

图 5-4-12　单击“分类汇总”按钮

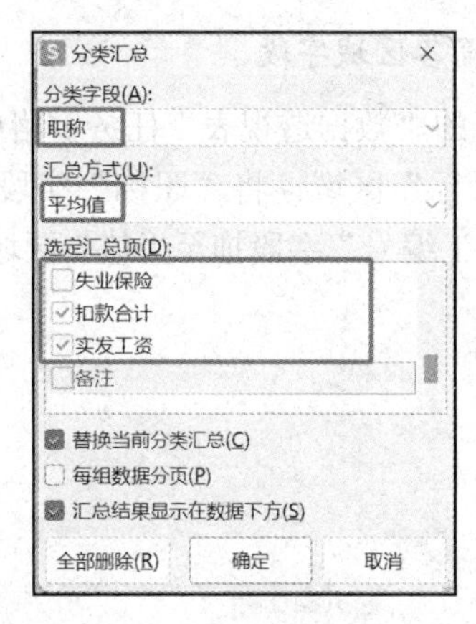

图 5-4-13　“分类汇总”对话框

步骤③：单击分级显示符号“2”，隐藏分类汇总表中的明细数据行，如图 5-4-14 所示。

员工工资分类汇总表

行	姓名	职务	职称	学历	住房补贴	工龄工资	应发合计	住房公积金	养老保险	扣款合计	实发工资
61			正高级 平均值				13847.58621			3669.61	10177.98
103			副高级 平均值				12038.29268			3190.15	8848.15
240			中级 平均值				10820			2867.30	7952.70
406			初级 平均值				9770.30303			2589.13	7181.17
407			总平均值				10950.875			2901.98	8048.89

图 5-4-14　隐藏明细

提示：这里为了使显示的图像更加清晰，所以隐藏了其中的一些列，和实际效果图有一些差距，同学们不必效仿，你们按照原图显示即可。

5.4.3　任务三　通过数据透视表统计各部门不同职称的员工人数

【情境和任务】

情境：现在企业领导想查看一下各部门的各个职称级别的员工人数，判断各个部门的职称结构是否合理。如果通过手动汇总这些数据是非常复杂和费时的，可以通过“数据透视表”功能快速完成此项统计工作。

任务：通过“数据透视表”统计各部门不同职称的员工人数。

【相关资讯】

数据透视表是一种交互式工作表，用于对现有工作表进行汇总和分析，可快速合并比较大量的数据，创建数据透视表后，可以按照不同的需要，依据不同的关系来提取和组织数据。

【任务实施】

1. 创建“数据透视表”

打开“员工工资总表”，选中 A2:X402 单元格区域，单击“插入”→“数据透视表”按钮，如图 5-4-15 所示，在弹出的“创建数据透视表”对话框中的“请选择单元格区域”单选按钮下方的文本框中已自动填入选中的单元格区域，选中“新工作表”单选按钮，单击“确定”按钮，如图 5-4-16 所示。

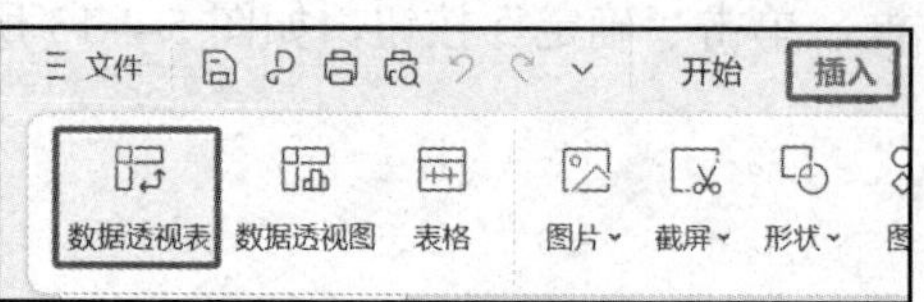

图 5-4-15　单击“数据透视表”按钮

2. 设置各区域字段

在打开的“数据透视表”任务窗格中，将“部门”字段拖至“行”区域，将“职称”字段拖至“列”区域，将“员工编号”字段拖至“值”区域，如图 5-4-17 所示。

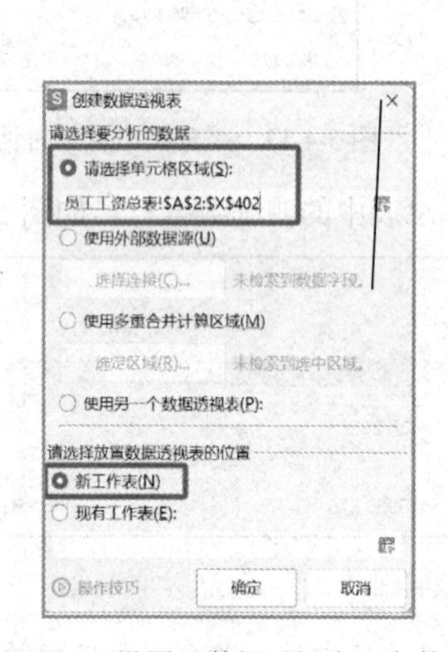

图 5-4-16　设置“数据透视表”参数

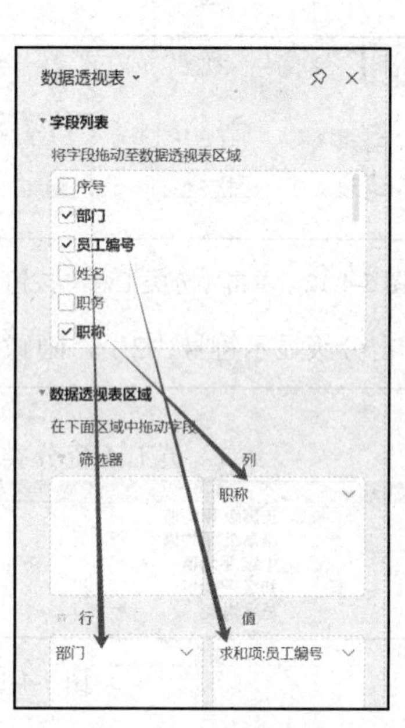

图 5-4-17　设置各区域字段

3. 设置值字段

这里的“值”区域默认为“求和项”，需要修改为“计数”。单击“值”区域的下拉按钮，在列表框中选择“值字段设置”命令，如图 5-4-18 所示。在弹出的“值字段设置”对话框中，选择“选择用于汇总所选字段数据的计算类型”为“计数”，单击“确定”按钮即可，如图 5-4-19 所示。

图 5-4-18　选择“值字段设置”命令

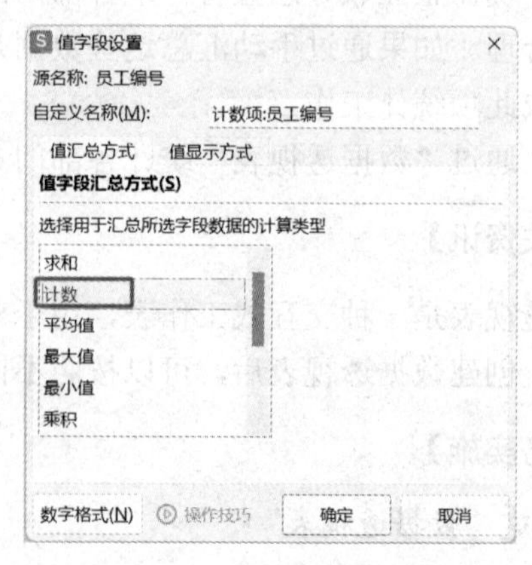

图 5-4-19　设置值字段汇总方式

4. 修改“数据透视表”的标签名和工作表名

在新工作表中显示了“数据透视表”，更改新建的“数据透视表”中的“行标签”文字为“部门”，更改“列标签”文字为“职称”，更改“计数项”文字为“人数统计”，如图 5-4-20 所示，将“数据透视表”所在的工作表重命名为“各职称员工人数数据透视表”。

计数项:人数统计	职称				
部门	正高级	副高级	中级	初级	总计
办公室		1	2	7	10
财务处		1	2	7	10
党政领导	4	5			9
动科学院	7	2	13	7	29
后勤服务中心		1	2	26	29
机电工程学院	7	3	17	18	45
基础教育部	9	5	24	16	54
建工学院	10	2	22	14	48
教务处		1	2	7	10
经管学院	8	7	16	10	41
旅文学院	5	3	6	6	20
农科学院	3	5	13	17	38
人事处		1	2	7	10
信工学院	5	2	11	9	27
学工处		1	2	7	10
招就处		1	2	7	10
总计	58	41	136	165	400

图 5-4-20　数据透视表效果图

5.4.4　任务四　利用图表展示各部门不同职称的员工人数

【情境和任务】

情境：前面利用数据透视表统计了各职称级别的员工人数，那么能否以图表的形式更直观地将其展示出来呢？

任务：利用图表展示各部门不同职称的员工人数。

【相关资讯】

在 WPS 表格中，图表是指将工作表中的数据用图形表示出来。使用图表会使得用 WPS 编制的工作表更易于理解和交流，使数据更加有趣、吸引人、易于阅读和评价，也可以帮助我们分析和比较数据。

WPS 表格提供多种图表类型，如柱形图、折线图、饼图、条形图、面积图、XY 散点图、股价图、雷达图等。

当基于工作表选定区域建立图表时，WPS 表格可以使用来自工作表的值，并将其当作数据点在图表上显示出来。数据点可以用条形、线形、柱形、切片、点及其他形状表示，这些形状称作数据标识。

建立了图表后，可以通过增加图表项，如数据标记、图例、标题、文字、趋势线、误差线及网格线来美化图表及强调某些信息。大多数图表项可以被移动或调整大小，也可以用图案、颜色、对齐方式、字体及其他格式属性来设置这些图表项的格式。当工作表中的数据发生变化时，相应的图表也会随之改变。

【任务实施】

1. 根据数据透视表制作图表

步骤①：打开“各职称员工人数数据透视表”，选中 A3:F21 单元格区域，单击“插入”→“全部图表”下拉按钮，选择“全部图表”命令，如图 5-4-21 所示。

步骤②：在弹出的“图表”对话框的左侧选择“柱形图”→“簇状柱形图”选项，然后选择需要的样式，如图 5-4-22 所示，插入的图表如图 5-4-23 所示。

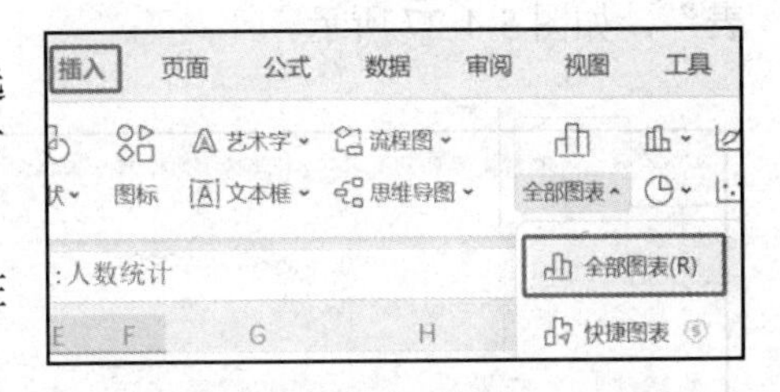

图 5-4-21　打开“插入图表”对话框

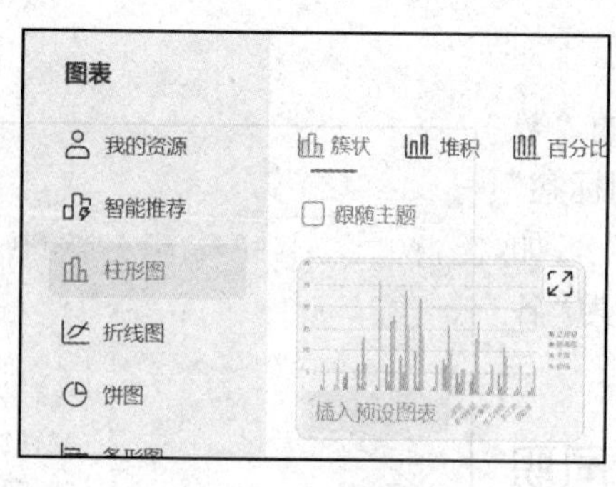

图 5-4-22　选择簇状柱形图

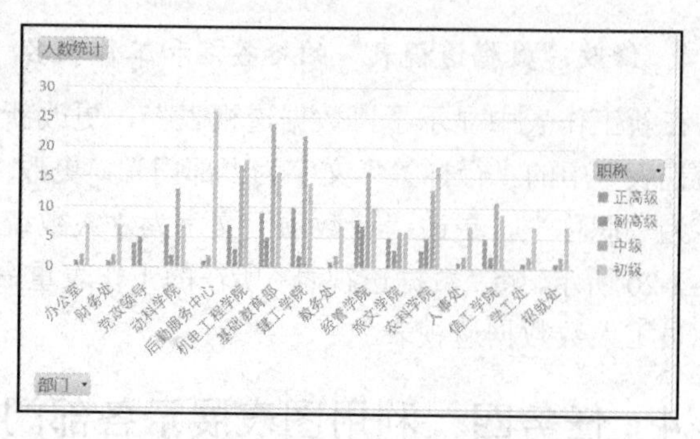

图 5-4-23　插入的图表

2. 设置图表水平轴的方向

步骤①：选中水平轴，右击，在弹出的快捷菜单中选择“设置坐标轴格式”命令，如图 5-4-24 所示。

步骤②：在弹出的“属性”任务窗格中，选择“文本选项”→“文本框”选项卡，设置“对齐方式”中的“文字方向”为“竖排（从左向右）”，如图 5-4-25 所示。

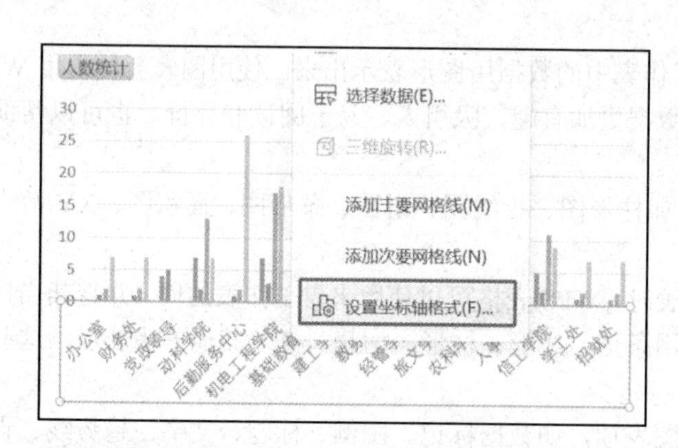

图 5-4-24　选择“设置坐标轴格式”命令

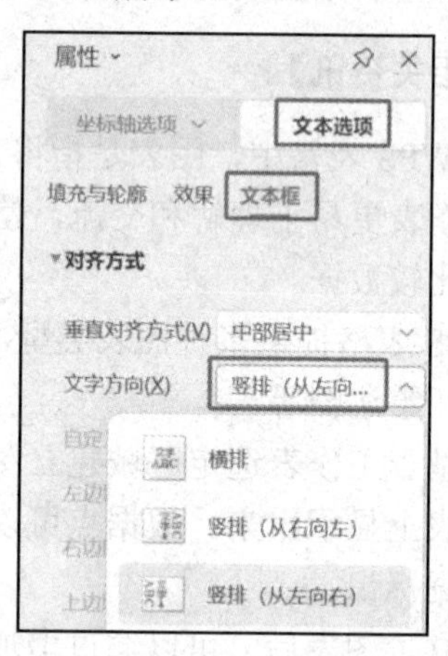

图 5-4-25　设置文本选项

3. 设定图表的标题

步骤①：选中图表，单击“图表工具”→“添加图表元素”下拉按钮，选择“图表标题”→“图表上方”命令，如图 5-4-26 所示。

步骤②：光标出现在“图表标题”的位置，修改图表标题为“各部门不同职称的员工人数表”，如图 5-4-27 所示。

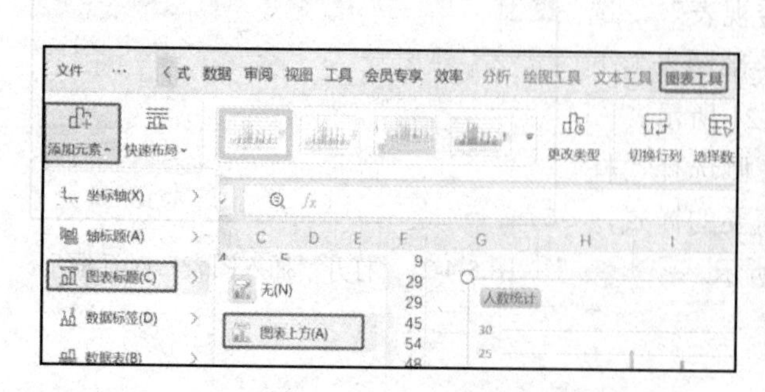

图 5-4-26　选择“图表上方”命令

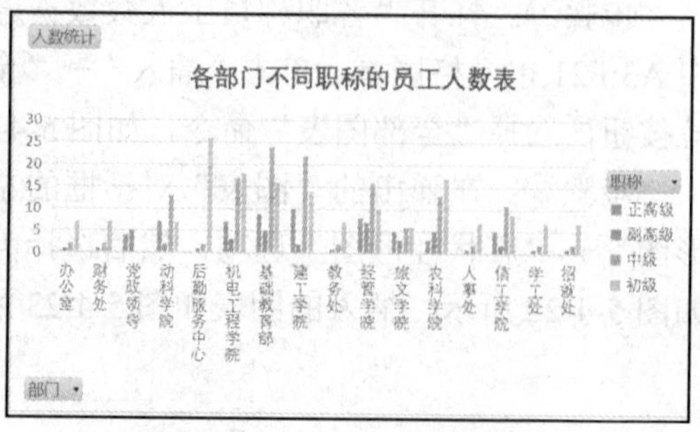

图 5-4-27　修改图表标题

4．筛选查看不同部门不同职称的员工人数

单击图表左下角“部门”下拉按钮，取消选中“全部”复选框，选中如图 5-4-28 所示的复选框。然后单击图表右侧“职称”下拉按钮，选中如图 5-4-29 所示的复选框。即可筛选出某些部门不同职称的员工人数，如图 5-4-30 所示。

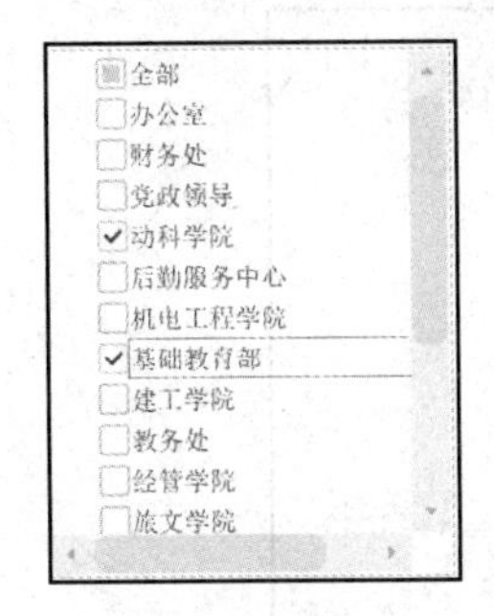

图 5-4-28　选择不同部门

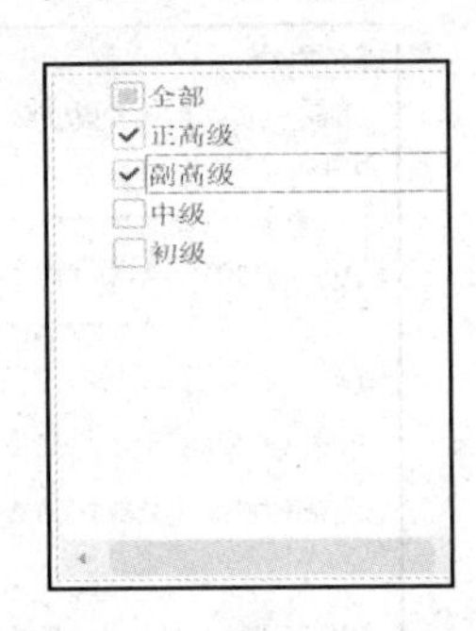

图 5-4-29　选择不同职称

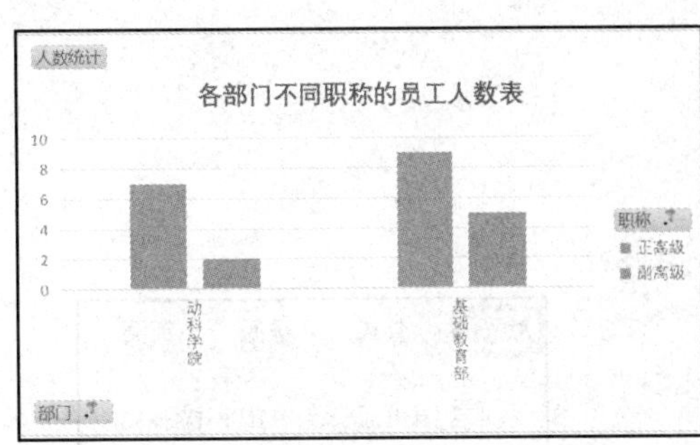

图 5-4-30　筛选后的图表效果

【项目总结】

本子项目主要介绍了高级筛选的应用、分类汇总的应用、设置自定义序列、排序、数据透视表的应用、图表制作等。

5.5　子项目五　表格的打印和保护

5.5 子项目五课件

【情境描述】

前面已经完成了几类表格的制作，现在由于工作需要，要把对应的表格打印出来，应如何进行打印设置呢？为了避免数据泄露，需要给工作表加密，应如何加密呢？

【问题提出】

（1）如何打印表格？

（2）如何给工作表加密？

（3）加密后的工作表如何解密？

5.5.1　任务一　表格的打印设置

【情境和任务】

情境：现在以“员工基本信息表”为例，进行表格的打印设置。没有进行打印设置之前，直接打印的话，会看到打印效果一共有 18 页，从第 2 页开始顶端没有标题行，从第 9 页开始，“职称”和“学历”等后面的 5 列都被挤到了下一页。之所以出现这些状况，是因为在打印之前没有进行打印设置。

任务：表格的打印设置。

【任务实施】

1．设置纸张方向和纸张大小

打印预览“员工基本信息表”，后面有几列数据被挤到下一页，这是由于纸张的宽度不够，这里只要对纸张的方向和大小进行设置就可以了。

打开“员工基本信息表”，单击“页面”→“功能拓展”下拉按钮，在打开的“页面设置”对话框中选择“页面”选项卡，将纸张方向设置为“横向”，纸张大小设置为“A4”，如图 5-5-1 和图 5-5-2 所示。

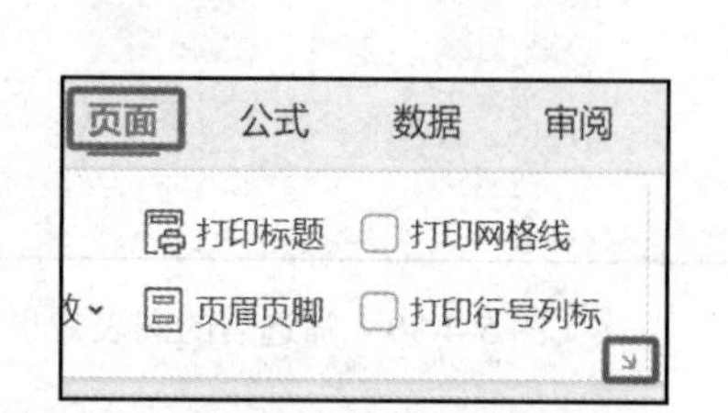

图 5-5-1　单击“功能拓展”下拉按钮

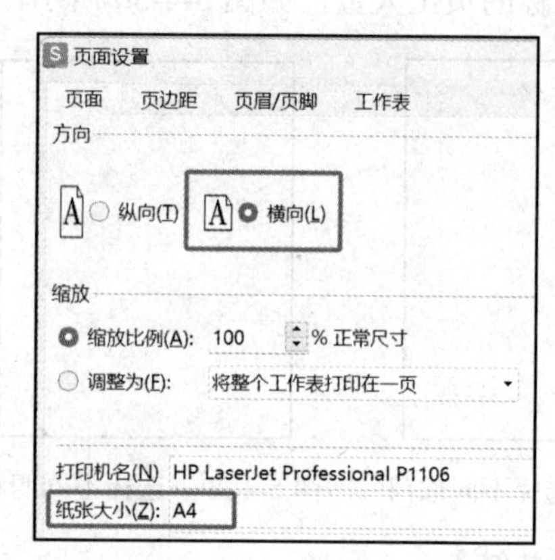

图 5-5-2　进行页面设置

2．设置打印后每页都有标题行的效果

需要打印的内容有多页，从第二页开始，顶端就没有标题行，翻看起来很麻烦。这时需要进行打印标题的设置。

步骤①：单击“页面”→“打印标题”按钮，在弹出的“页面设置”对话框中选择“工作表”选项卡，在“顶端标题行”中设置区域为“$1:$2”，即打印标题选择第一行和第二行标题行，如图 5-5-3 和图 5-5-4 所示。

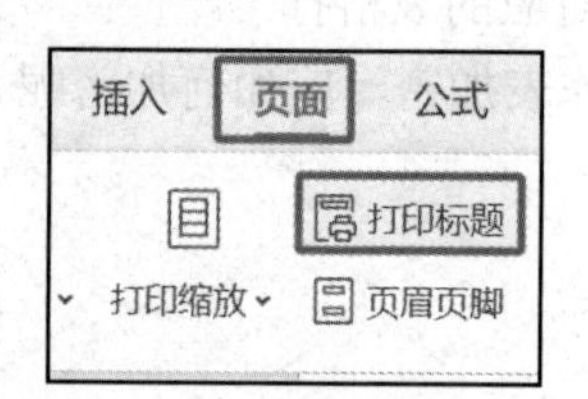

图 5-5-3　单击“打印标题”按钮

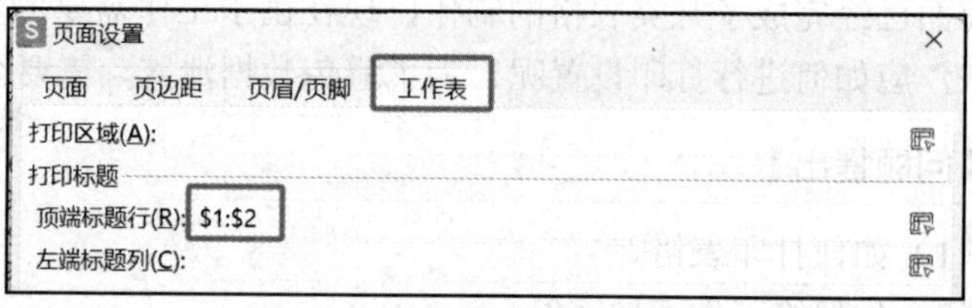

图 5-5-4　设置打印标题区域

步骤②：设置完成后，按 Ctrl+P 组合键，打开“打印预览”界面，可以看到每一页都有标题了。

3．调整页面边距

打开“页面设置”对话框，在“页边距”选项卡中设置上下页边距为“1.5”，选中“居中方式”栏中的“水平”复选框，然后单击“确定”按钮，如图 5-5-5 所示。

4．调整打印页数

按 Ctrl+P 组合键，打开“打印预览”界面，此时打印效果为 13 页纸张，且第 13 页就只有几行数据。在打印设置时，可以通过“页面设置”的“缩放”功能快速调整打印页数。打开“页面设置”对话框，选中“页面”选项卡中“缩放”栏中的“调整为”单选按钮，然后选择“其他设置”，设置为“1 页宽”和“12 页高”即可，然后单击“确定”按钮，如图 5-5-6 所示。

5. 设置打印区域

如果希望只打印表格中的某一部分区域，那么就要进行打印区域设置，这样能够有效避免不需要的表格内容被打印出来。选中要打印的表格区域，单击"页面布局"→"页面设置"组→"打印区域"下拉按钮，选择"设置打印区域"命令即可，如图 5-5-7 所示。

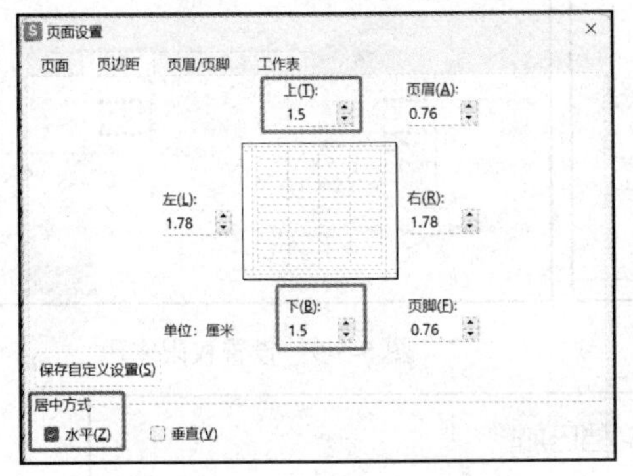

图 5-5-5　设置页边距

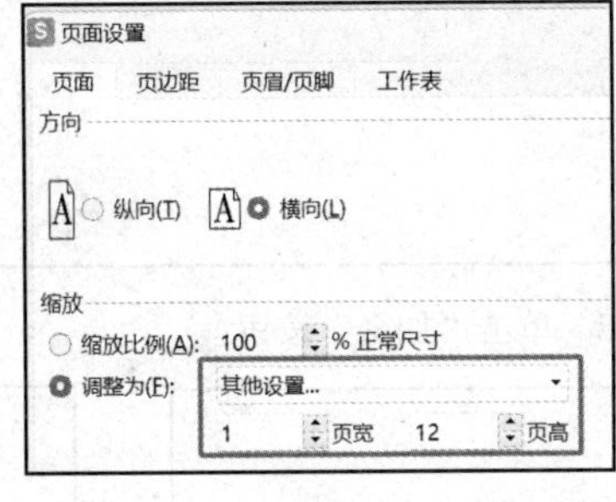

图 5-5-6　调整打印页宽和页高

图 5-5-7　设置打印区域

5.5.2　任务二　保护工作表

【情境和任务】

情境：制作好的表格中，需要给一些表格或者数据进行文档加密和保存，这时候就需要对工作表进行保护设置。

任务：保护工作表。

【相关资讯】

WPS 工作表保护的三种模式如下。

（1）全部锁定保护：对工作表中所有内容都进行锁定和保护，不允许操作者进行任何修改。

（2）部分锁定保护：对工作表中一部分区域进行锁定和保护，而对其他单元格不做保护，操作者不允许对锁定的区域进行修改。

（3）文件打开保护：对文件进行打开锁定，操作者要想打开 WPS 表格，就必须输入正确的密码。

【任务实施】

文件打开保护设置的操作步骤如下。

步骤①：打开"员工工资总表"工作簿，选择"文件"→"另存为"命令，在弹出的"另存为"对话框中，设置保存路径和文件名，单击"加密"按钮，如图 5-5-8 所示。

步骤②：在弹出的"密码加密"对话框中输入"打开文件密码"及"编辑文件密码"并再次确认密码后，输入"密码提示"，单击"应用"按钮，然后单击"确定"按钮，如图 5-5-9 所示。

步骤③：此时尝试打开另存后的文件，就弹出"文件已加密"对话框，若输入错误密码，单击"确定"按钮后会弹出"密码不正确，请重新输入"提示，文件无法打开，如图 5-5-10 和图 5-5-11 所示。

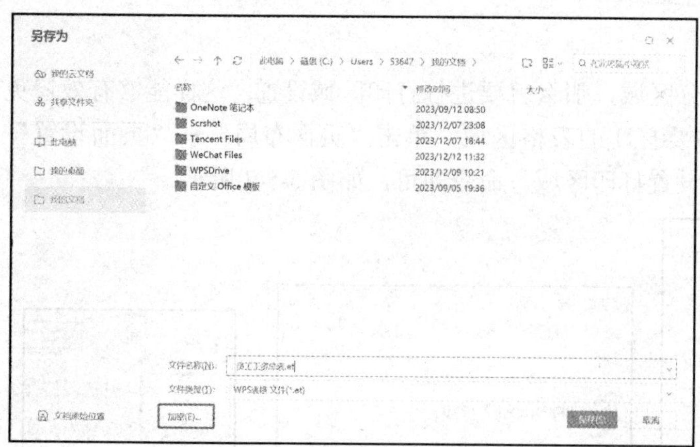

图 5-5-8 单击“加密”按钮

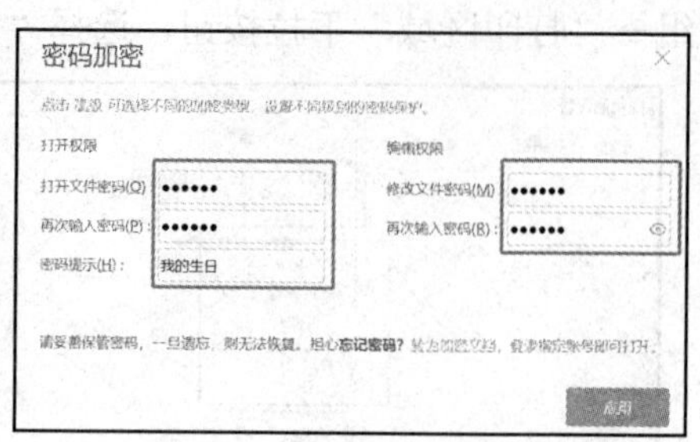

图 5-5-9 设置权限密码

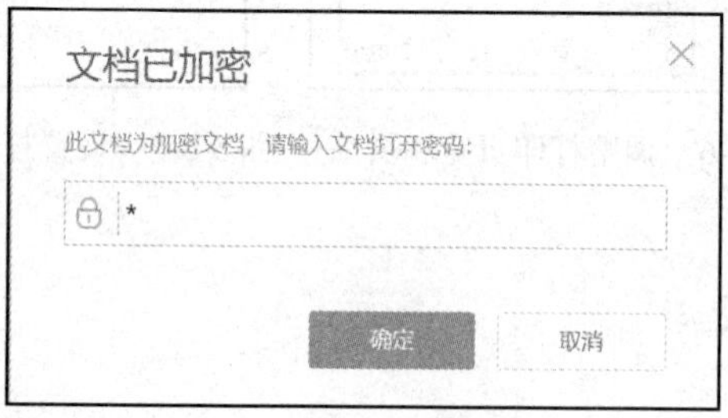

文档已加密

此文档为加密文档，请输入文档打开密码：

确定 取消

图 5-5-10 输入错误密码

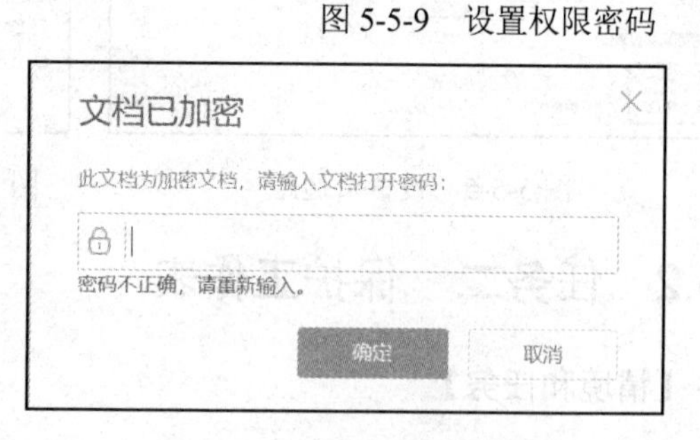

图 5-5-11 密码错误弹出提示

步骤④：若需要打开此文件，需要输入正确的密码。再次双击打开“员工工资总表”文件，输入正确的打开密码和编辑密码，即可打开文件。如果只需要打开查看，不需要修改内容，可以单击“只读打开”按钮，在只读状态下，操作者只能查看文件，无法编辑内容；输入正确的编辑密码后，即可对 WPS 工作簿进行正常的读取和修改操作，如图 5-5-12 和图 5-5-13 所示。

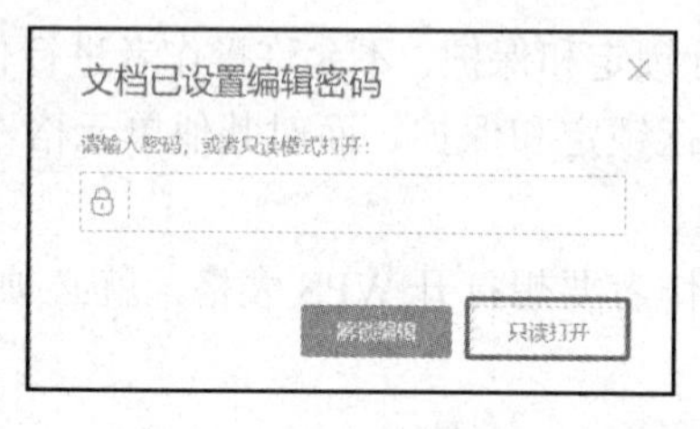

图 5-5-12 单击“只读打开”按钮

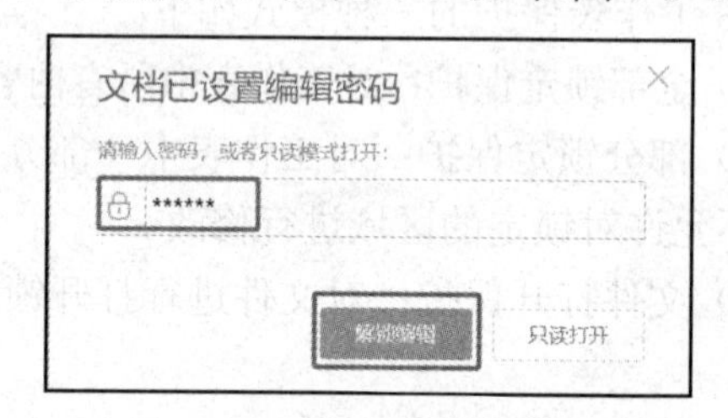

图 5-5-13 输入密码获取编辑权限

步骤⑤：如果要取消 WPS 工作簿的保护密码设置，再次另存为一次文件，打开“密码加密”对话框，清除已有密码即可。

【项目总结】

本子项目主要介绍了打印纸张方向和纸张大小的设置、长表格打印标题行的设置、打印预览、调整打印页数、设置打印区域、WPS 表格文件保护设置等。

【知识拓展】

1. 设置打印缩放

如果进行了页面设置之后，在“打印预览”页面中看到的打印效果还是无法让整张工作表、

所有列或所有行调整到一页，那么可以单击“打印设置”→“缩放”下拉按钮，选择“自定义缩放”命令，在右侧缩放比例中选择需要的选项即可。

2. 调整打印预览的大小

当打印预览页面显示很小时，可以通过按 Ctrl+鼠标滚轮组合键，快速调整打印页面预览的大小。

3. WPS 表格文件全部锁定保护设置

1）设置保护工作表

单击“审阅”→“保护工作表”按钮，如图 5-5-14 所示，在弹出的“保护工作表”对话框中输入密码，单击“确定”按钮，如图 5-5-15 所示，在弹出的“确认密码”对话框中再次输入密码，单击“确定”按钮，如图 5-5-16 所示。

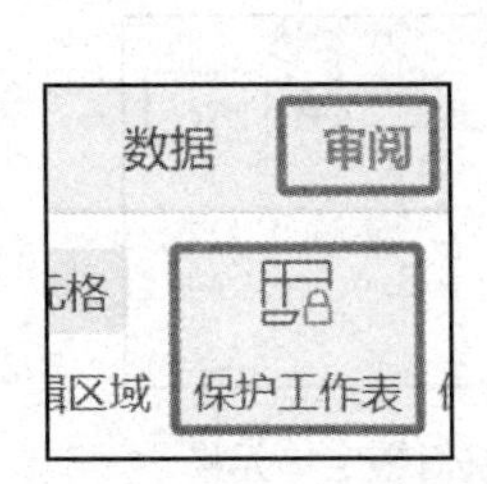

图 5-5-14 单击“保护作表”按钮

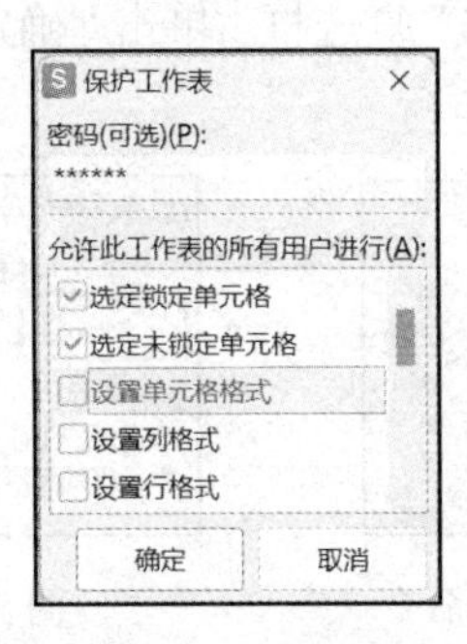

图 5-5-15　保护工作表密码设置

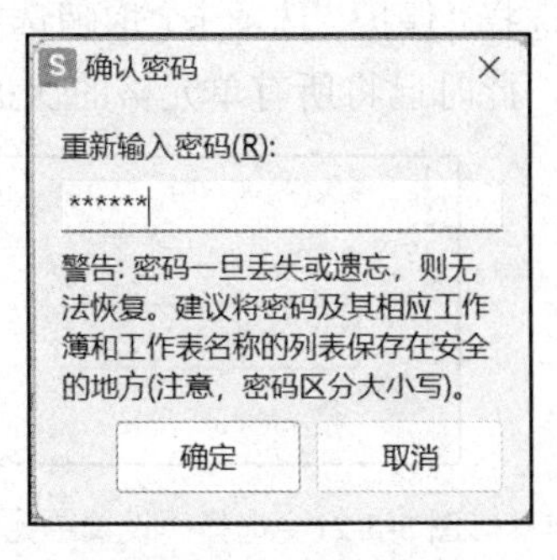

图 5-5-16　输入确认密码

测试效果：在表格中任意单元格输入内容，WPS 表格会弹出报错提示对话框，提示我们正在修改受保护的工作表，如图 5-5-17 所示，并且在这种保护状态下，功能区部分按钮变成灰色，即处于不能使用状态，如图 5-5-18 所示。

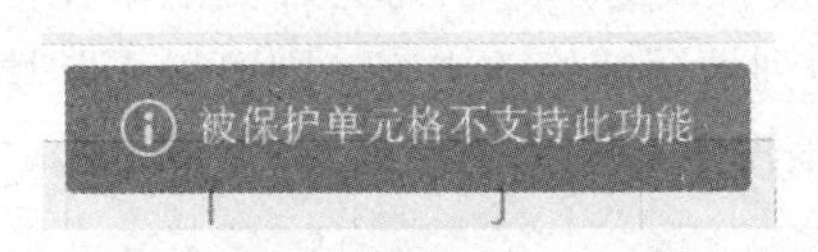

图 5-5-17　提示正在修改受保护的工作表

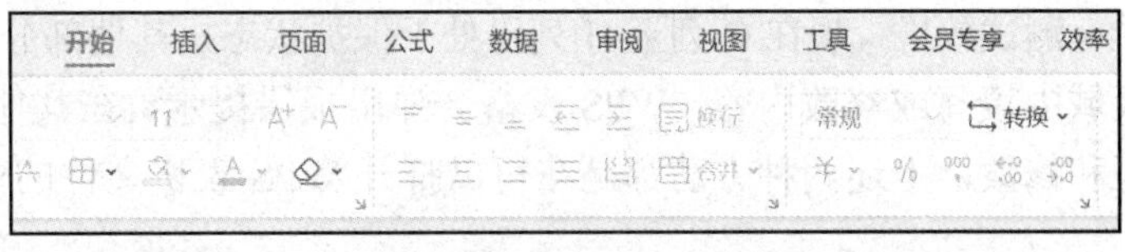

图 5-5-18　功能区部分按钮处于不能使用状态

2）取消保护工作表

单击“审阅”→“撤销工作表保护”按钮，在弹出的“撤销工作表保护”对话框中，输入之前设置的密码即可取消保护工作表，恢复为普通填写状态，同时功能区的功能按钮恢复为可使用状态，如图 5-5-19 所示。

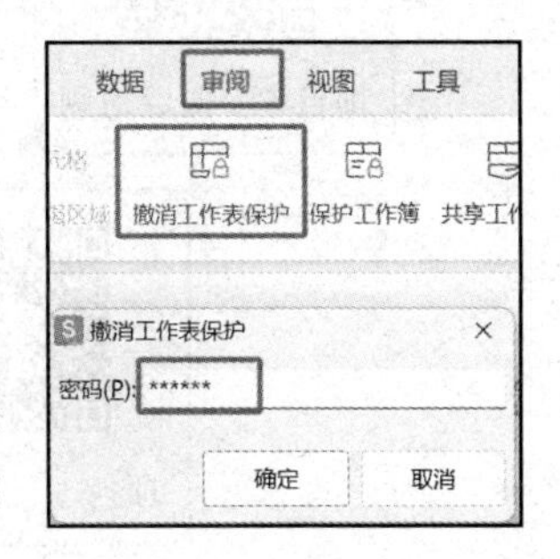

图 5-5-19　取消保护工作表

3）保护工作簿

除保护工作表以外，在“保护工作表”按钮的旁边还有一个“保护工作簿”按钮，能够有效避免对工作簿的结构进行更改，即对工作表增减、显示或隐藏的保护。

单击“审阅”→“保护工作簿”按钮，在弹出的“保护工作簿”对话框中设置密码后，单击“确定”按钮，如图 5-5-20 所示。

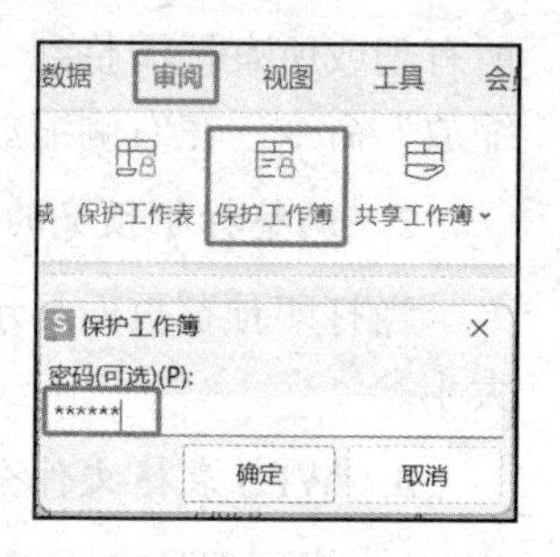

图 5-5-20　保护工作簿

测试效果：单击“新建工作表”按钮⊕，功能失效，无法新建工作表。此时只有取消工作簿保护后才能恢复“新建工作表”的功能。

4. WPS 表格文件部分锁定保护设置

在“员工工资总表”文件中，若只想保护 C 列至 H 列，禁止操作者进行修改，而 I 列以后的内容可以根据需要进行修改，则需要对 WPS 表格进行部分锁定保护设置。

步骤①：关闭所有单元格保护。选中“员工工资总表”的整张工作表，右击，在弹出的快捷菜单中选择“设置单元格格式”命令，或者按 Ctrl+1 组合键，在弹出的“单元格格式”对话框中选择“保护”选项卡，取消选中“锁定”复选框，单击“确定”按钮，如图 5-5-21 和图 5-5-22 所示，此时已将所有单元格的保护都取消了。

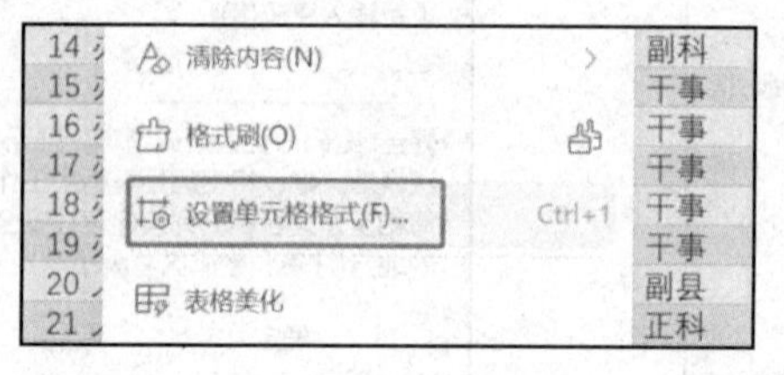

图 5-5-21　选择“设置单元格格式”命令

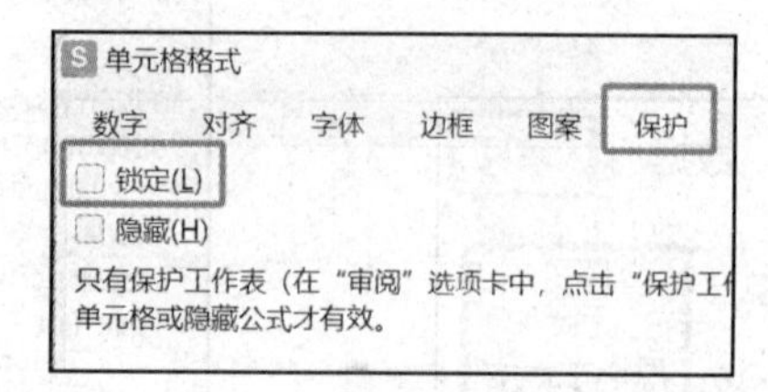

图 5-5-22　取消锁定单元格

步骤②：仅锁定 C 列到 H 列。选中 C 列至 H 列，右击，在弹出的快捷菜单中选择“设置单元格格式”命令，或者按 Ctrl+1 组合键，在弹出的“单元格格式”对话框中选择“保护”选项卡，选中“锁定”复选框，单击“确定”按钮，即开启了 C 列到 H 列的保护。

步骤③：添加工作表保护。单击“审阅”→“保护工作表”按钮，在“保护工作表”对话框中输入密码后单击“确定”按钮即可。

测试效果：现在 C 列至 H 列已处于保护状态，其他部分没有锁定。在 C 列至 H 列的单元格区域中填写或修改内容，WPS 表格会弹出报错提示。在其他列填写或修改内容，则可以正常填写和修改，上述两种方法都是在可以打开 WPS 表格文件的情况下对数据的保护。

项目 5　课后习题

项目 5　实操题 1

项目 5　实操题 2

项目 5　实操题 3

项目 5　实操题 4

项目 5　素材

项目 5　习题答案

项目 6　制作演示文稿（WPS 演示 2023）

本项目是以制作演示文稿和电子相册为例，介绍 WPS 演示的使用方法，主要包括制作幻灯片、使用母版设置统一样式、选择版式确定幻灯片基本框架、添加不同对象的动画效果、设置幻灯片切换方式、插入超链接实现幻灯片交互效果、使用电子相册功能制作 CD 视频等相关知识。

【情境描述】

在这个追求体验、视觉化的时代，我们要学会表达和展现自己的思想和成果。WPS 演示这个设计门槛低、效率高的软件无疑能够帮助我们达到这个目的。在大学生活中，WPS 演示能帮助我们介绍自己和表达自己的观点；在职场中，WPS 演示是过硬的呈现工具；对于毕业生来说，WPS 演示更可能是职业生涯中第一次展示自己创意的利器。

【问题提出】

（1）在设计 WPS 演示前，事先准备内容有什么好处？应如何准备？

（2）在设计 WPS 演示页面内容时，应怎样方便快捷地确定页面结构？

（3）在设计 WPS 演示页面内容时，如何快速地插入图片、图表、表格等内容，以生动形象地表达我们的观点？

（4）我们应该掌握哪些 WPS 演示的基本操作？

【项目流程】

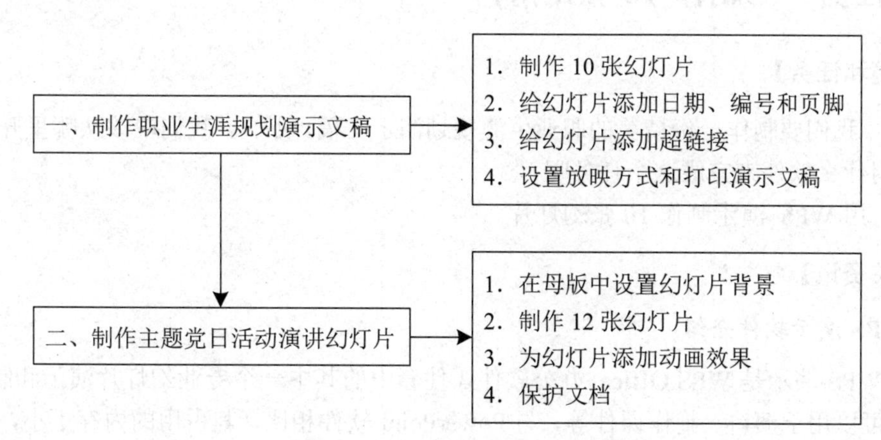

6.1　子项目一　制作职业生涯规划演示文稿

6.1 子项目一课件

【情境描述】

作为一名大学生，你是否已经明确人生的发展方向？大学生要想成就一番事业，必须明确自己的目标，抓住学习的重点，为自己创造最有利的条件，才能事半功倍，取得成功。制订了职业生涯规划的人，就像是茫茫大海中找到了灯塔的船，不仅有了方向，更有动力，敢于鞭策自己，不让自己松懈。那么用什么工具能够快速便捷地呈现你的职业生涯规划呢？现在让我们一起学习制作一份职业生涯规划演示文稿吧！

【问题提出】

（1）在制作职业生涯规划汇报演示文稿时可以使用什么软件？
（2）如何修改幻灯片版式？
（3）不同版式的结构有什么不同？
（4）如何在第一张幻灯片中添加形状？
（5）如何修改形状的颜色，使幻灯片看起来更加美观？
（6）为了使文字和形状颜色搭配和谐，应如何修改对象颜色呢？
（7）如何添加新幻灯片？
（8）如何添加矩形框，并给矩形框添加文字？
（9）如何使用文本框编辑文字，并修改文本框格式？
（10）如何使用 SmartArt 图形表达内容之间的逻辑关系？
（11）如何在幻灯片中添加图片？
（12）如何为文本添加项目符合和编号？
（13）如何制作表格，并修改表格样式？
（14）如何给幻灯片添加日期和编号？
（15）不同视图下，幻灯片的展示效果有什么不同？
（16）如何给幻灯片添加 WPS 演示内置主题和外部主题？
（17）如何设置幻灯片播放方式？

6.1.1　任务一　制作 10 张幻灯片

【情境和任务】

情境：我们要制作一份精美的职业生涯规划演示文稿，那么，我们应该从哪里开始呢？我们应该使用什么软件来完成这个任务呢？

任务：用 WPS 演示制作 10 张幻灯片。

【相关资讯】

1. WPS 演示软件介绍

（1）WPS 演示是 WPS Office 办公软件 3 件套中的其中一个专业幻灯片演示和制作软件。WPS 演示可以用于演讲、制作课件等。与 PowerPoint 软件相比，其占用的内存更小，但是功能基本相同。WPS 演示文件的扩展名是.dps。

（2）WPS 演示工作界面如图 6-1-1 所示。

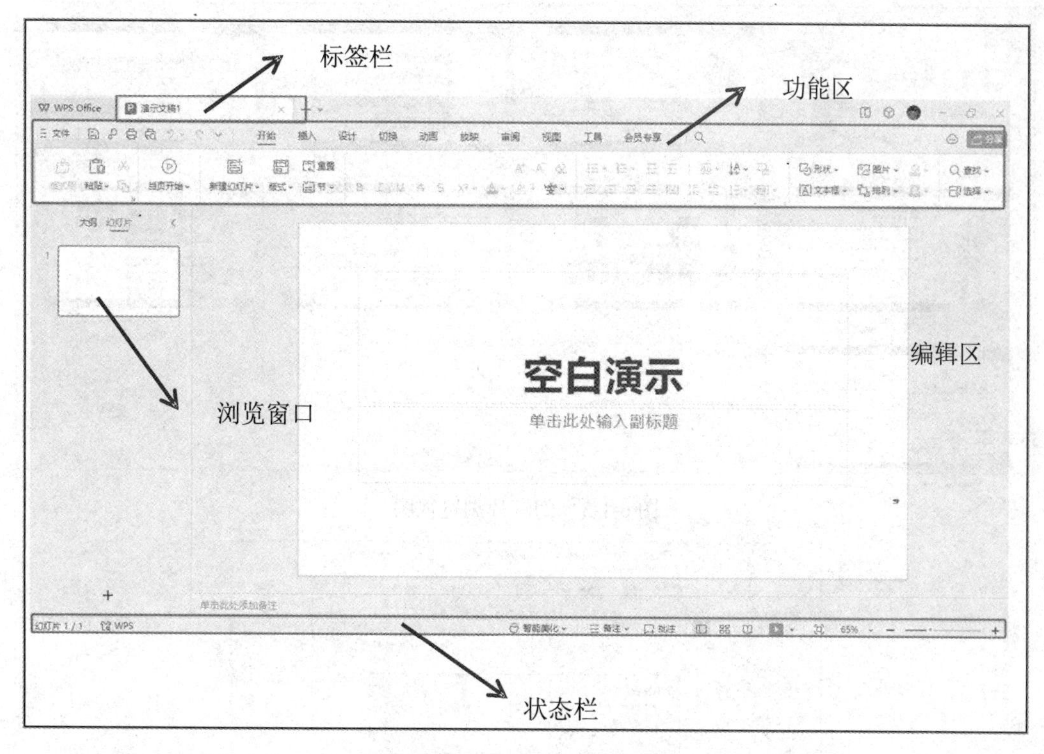

图 6-1-1　WPS 演示工作界面

2. WPS 演示视图方式

（1）大纲视图。

可以在窗格中编辑文本并在其中跳转。在大纲视图模式下，可以快速统一编辑文本的字体、字号及颜色等，如图 6-1-2 所示。

图 6-1-2　大纲视图

（2）幻灯片浏览视图。

同时显示全部幻灯片，可简略浏览每一张幻灯片，如图 6-1-3 所示。

（3）备注页视图。

同时显示备注内容，方便演讲者，如图 6-1-4 所示。

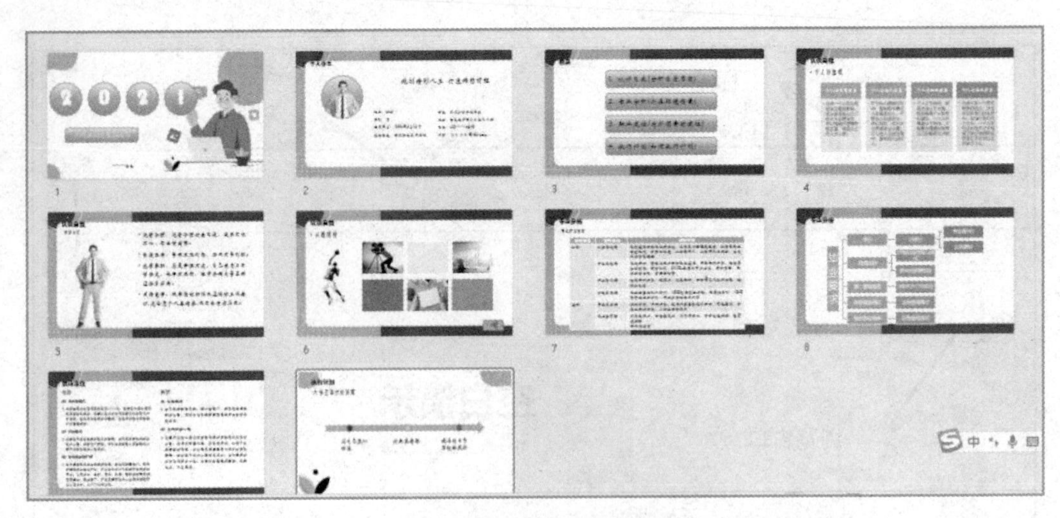

图 6-1-3　幻灯片浏览视图

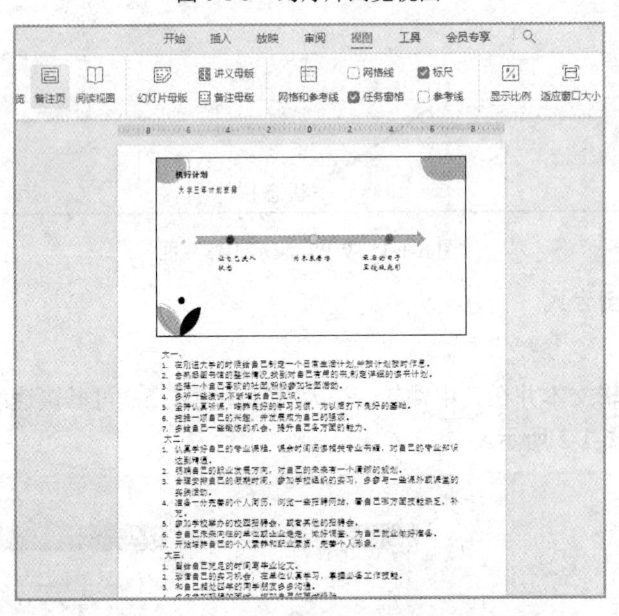

图 6-1-4　备注页视图

（4）阅读视图。

可以在 WPS 窗口播放幻灯片，方便查看动画的切换效果，如图 6-1-5 所示。

图 6-1-5　阅读视图

3. 占位符

占位符是指幻灯片上默认带有虚线轮廓的框，可以在这种框中添加文字、图片、形状等对象。占位符的大小、样式、颜色、位置等都是可调节的。占位符中的文本内容可以作为该幻灯片的标题。

4. 文本框

在 WPS 演示中也有与 WPS 文档中一样的文本框，其作用类似于占位符，但是文本框内的文本内容不能作为幻灯片的标题。

提示：幻灯片中只能在占位符、文本框、形状等对象中输入文本，空白区域是无法直接输入文本内容的，这是与 WPS 文档软件在编辑文本时不同的地方。

5. 幻灯片版式

每张幻灯片都有一个整体构架，版式确定了占位符在幻灯片中的排列方式，大部分版式都有占位符，如图 6-1-6 所示。

6. SmartArt 图形

SmartArt 图形能够很好地表达内容之间的逻辑结构，如图 6-1-7 所示，根据内容逻辑结构，SmartArt 图形可分为列表、流程、循环等不同类型。在智能图形中可添加文字，以提高幻灯片可读性。也可以修改 SmartArt 图形的大小、颜色等，以美化幻灯片。

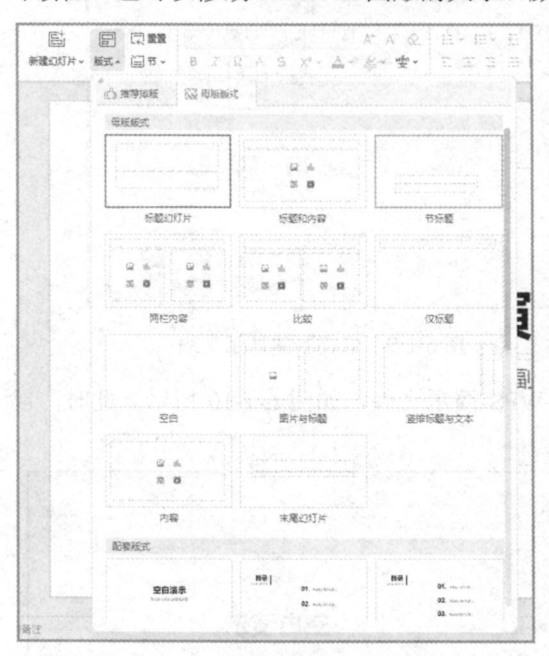

图 6-1-6　不同的幻灯片版式

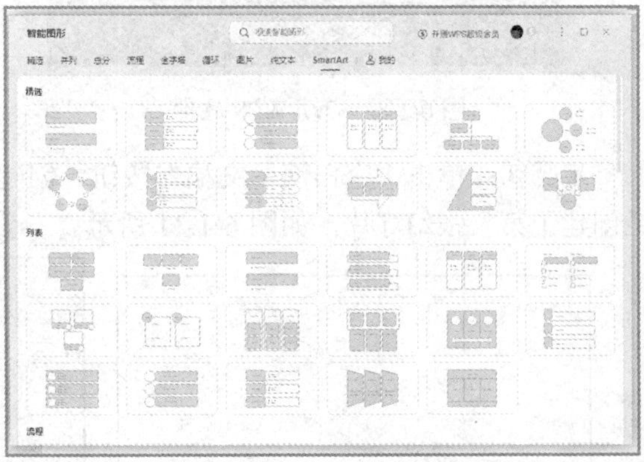

图 6-1-7　SmartArt 图形

7. 制作幻灯片的要点

（1）内容是关键，再华丽的外表，若内在内容无新意，那也是无用的。

（2）逻辑清晰（先总后分，或者先分后总）。

（3）简洁明了（无论版面，或者文字、图表都应简洁明了）。

（4）去繁取简（不必要的动画不要放，好刀要用对，千万别画蛇添足）。

（5）独立叙述（每一张幻灯片都要能独立表达一定内容）。

8. 保存文件

（1）WPS 演示默认文件保存为“WPS 演示文件”类型，文件扩展名为.dps。

（2）WPS 演示提供了将 WPS 演示文件直接保存为 PDF 格式文件的功能，在保存时文件类型选择“PDF”即可。

（3）想要在 Office 软件运行文件，可以将文件保存为“Microsoft PowerPoint 文件”类型。

（4）WPS 演示文件保存类型有很多种，其中“WEBM 视频”文件格式可以不依赖 WPS 软件播放，只要计算机上安装了视频播放软件即可。

【任务实施】

1. 给幻灯片添加主题并制作第一张幻灯片

步骤①：启动 WPS 软件。单击“开始”按钮，并选择“WPS Office”选项，启动 WPS 软件，如图 6-1-8 所示。

步骤②：打开 WPS 软件后进入新建文档窗口，如图 6-1-9 所示，单击“新建”→“演示”按钮。

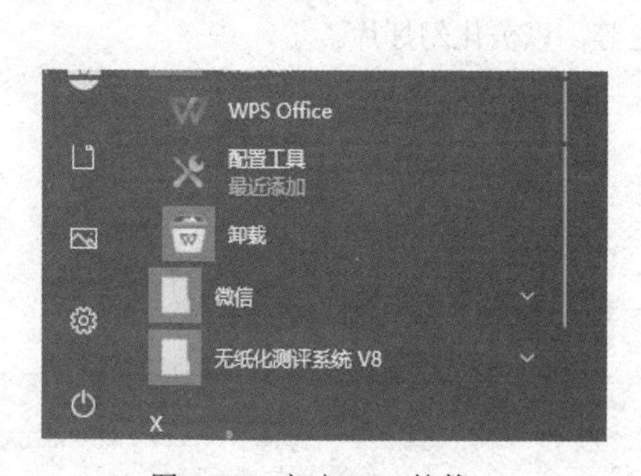

图 6-1-8 启动 WPS 软件

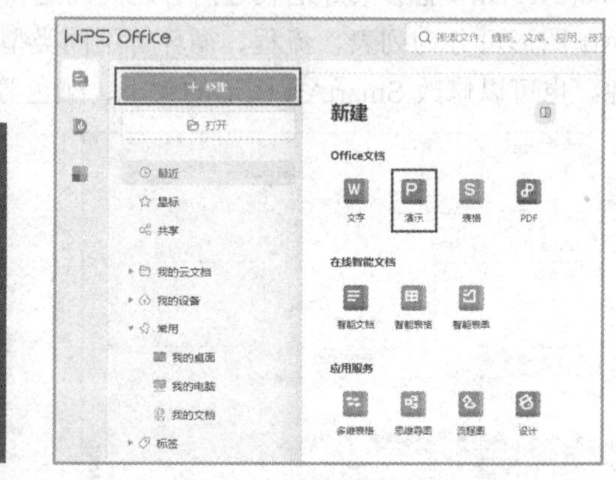

图 6-1-9 选择新建演示文稿

步骤③：单击“空白演示文稿”按钮，创建 WPS 演示文件，如图 6-1-10 所示。此时，已经创建了第一张幻灯片，如图 6-1-11 所示。

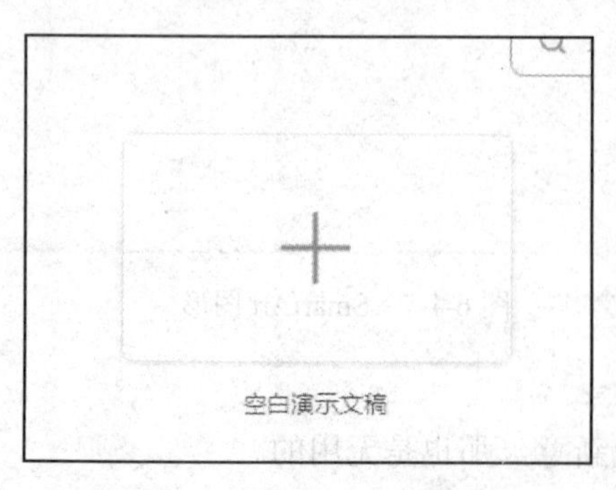

图 6-1-10 “空白演示文稿”按钮

图 6-1-11 第一张幻灯片

步骤④：给幻灯片添加美化。单击“设计”按钮选择合适主题，如图 6-1-12 所示，在“全文美化”对话框中单击“应用美化”命令，如图 6-1-13 所示。

图 6-1-12　选择美化主题

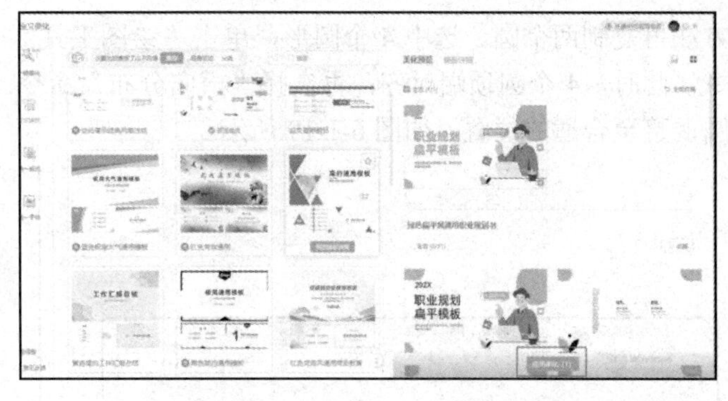

图 6-1-13　应用美化主题

步骤⑤：保存文件。选择“文件”→“保存”命令，在弹出的“另存为”对话框左侧位置单击“此电脑”按钮，在右侧双击 E 盘，输入文件名称为“职业生涯规划”，选择保存类型为“WPS 演示文件（*.dps）”，单击“保存”按钮，此时 WPS 演示软件标签栏显示的即为文件名称。也可以按 Ctrl+S 组合键保存文档。

步骤⑥：修改第一张幻灯片的版式。在左侧浏览窗口中选择第一张幻灯片，单击“开始”→“版式”下拉按钮，选择“标题幻灯片”版式，如图 6-1-14 所示。

步骤⑦：选中第一张幻灯片中的占位符，按 Backspace 键，删除第一张幻灯片中的占位符。

步骤⑧：在第一张幻灯片中插入圆形。单击“插入”→“形状”下拉按钮，选择“圆形”形状，当鼠标指针变为黑色“+”形状时，在第一张幻灯片中按住鼠标左键拖动画一个圆，如图 6-1-15 所示。

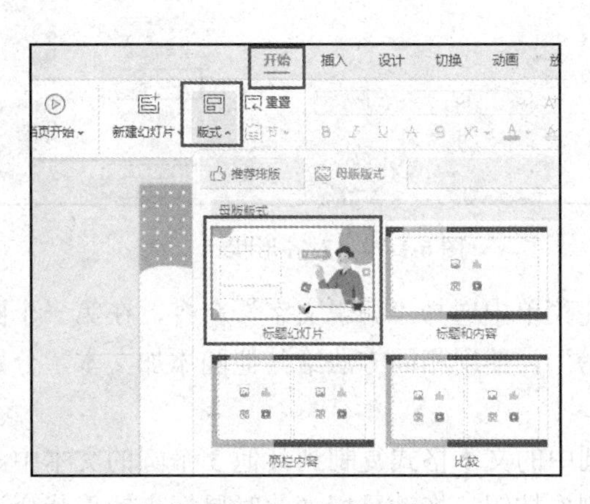

图 6-1-14　选择版式

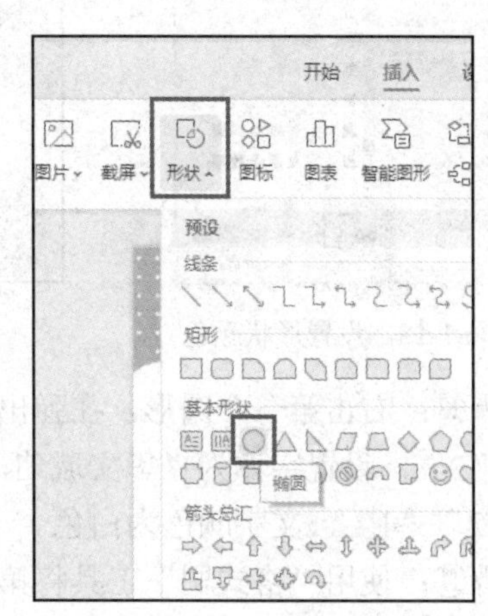

图 6-1-15　插入形状

提示：按住 Shift 键拖动鼠标可画出正圆。

步骤⑨：选中圆形，单击“绘图工具”按钮，设置圆形的高度和宽度都为“5 厘米”，如图 6-1-16 所示。

步骤⑩：设置圆形填充色为渐变色。选中圆形，单击“绘图工具”→“填充”下拉按钮，选择“更多渐变”→“更多设置”命令，如图 6-1-17 所示。

步骤⑪：在“对象属性”任务栏中，选中“渐变填充”单选按钮，选择绿色到白色渐变，如图 6-1-18 所示。

步骤⑫：复制 3 个圆形并对齐。选中圆形，按住 Ctrl 键拖动鼠标，复制一个圆，用同样的方法再复制两个圆。选中 4 个圆形，单击“绘图工具”→“对齐”按钮，选择“顶端对齐”命令，此时，4 个圆顶端对齐；再选择“横向分布”命令。此时 4 个圆之间的间隔相等；将 4 个圆调整至合适的位置，如图 6-1-19 所示。

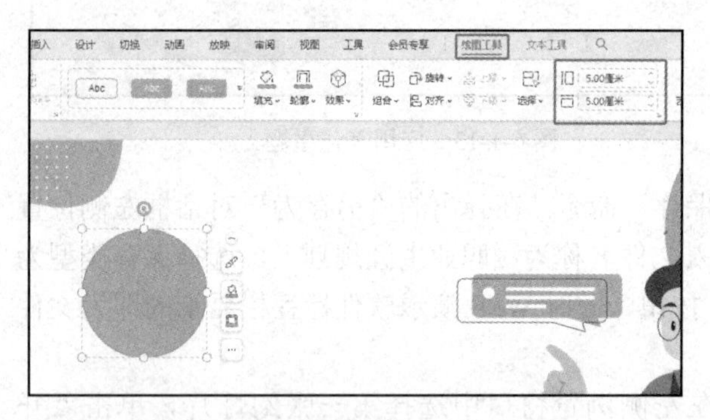

图 6-1-16　设置形状大小

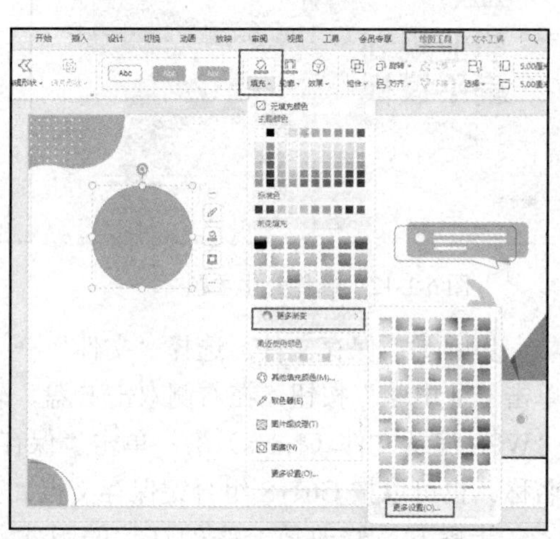

图 6-1-17　修改形状颜色

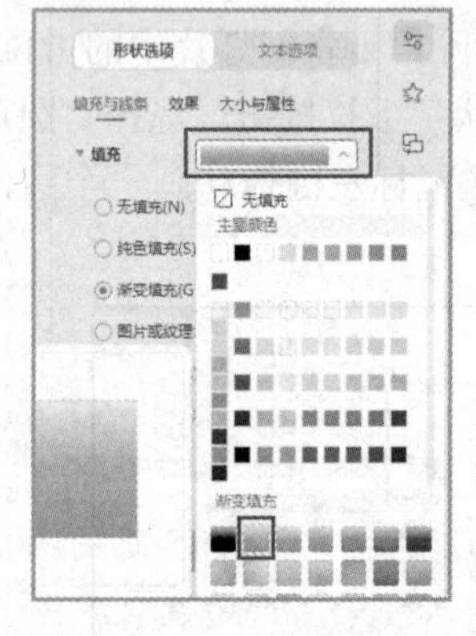

图 6-1-18　设置形状颜色

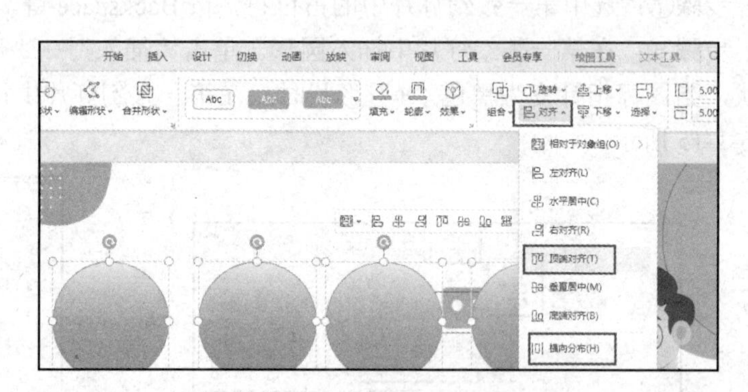

图 6-1-19　对齐形状

步骤⑬：右击第一个圆形，在弹出的快捷菜单中选择“编辑文字”命令，在第一个圆中输入文本“2”，设置字体为“华文琥珀，96 磅”，使用相同方法给其他圆添加文本，分别写入“0”“2”“1”，文字颜色为白色。

步骤⑭：使用“格式刷”工具将第一个圆中的文本格式复制到其他 3 个圆的文本中。选中第一个圆中的文本，单击“开始”→“格式刷”按钮，拖动鼠标（此时鼠标指针形状变为刷子形状）在第二、三、四个圆中的文本上刷一下，将第二、三、四个圆内的文本也设置为 “华文琥珀，96 磅”，如图 6-1-20 示。

图 6-1-20　在形状中添加内容

提示：如果需要连续多次使用格式刷，可以双击格式刷按钮，使用完成后关闭格式刷即可。

步骤⑮：在圆形下方插入圆角矩形。单击“插入”→“形状”按钮，选择“圆角矩形”形状，拖动鼠标绘制圆角矩形。使用格式刷工具将圆形填充色复制到圆角矩形中。

步骤⑯：设置圆角矩形边框为无边框。选中圆角矩形，单击“绘图工具”→“轮廓”按钮，选择“无边框颜色”命令，如图 6-1-21 所示。

步骤⑰：在圆角矩形中输入“大学生职业生涯规划”文字内容。选中“大学生职业生涯规划”，设置字号为 28 磅，单击“文本工具”→“填充”按钮，选择“橙色”命令，如图 6-1-22 所示。

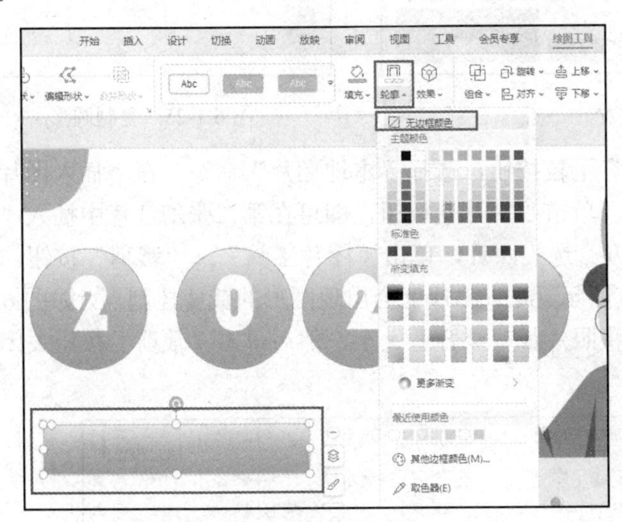

图 6-1-21　设置圆角矩形边框

图 6-1-22　设置文本颜色

步骤⑱：插入文本框，单击“插入”→“文本框”按钮，当鼠标变为+加号时拖动鼠标绘制文本框→在文本框中输入文本“******学院”，并将文本格式设置为“华文新魏，24 磅”，设置完成后，页面效果如图 6-1-23 所示。

图 6-1-23　标题幻灯片效果

2. 制作第二张幻灯片

步骤①：单击“开始”→“新建幻灯片”下拉按钮，选择“通用”版式命令，新建一张幻灯片，如图 6-1-24 所示。

步骤②：在标题占位符中输入“个人信息”。复制第一张幻灯片中的圆形到第二张幻灯片中。选中第二张幻灯片中的圆形，在“绘图工具”功能选项卡中修改圆形大小，将形状高度设置为 6.5 厘米，形状宽度设置为 6.5 厘米。删除圆中的文字，完成后的效果如图 6-1-25 所示。

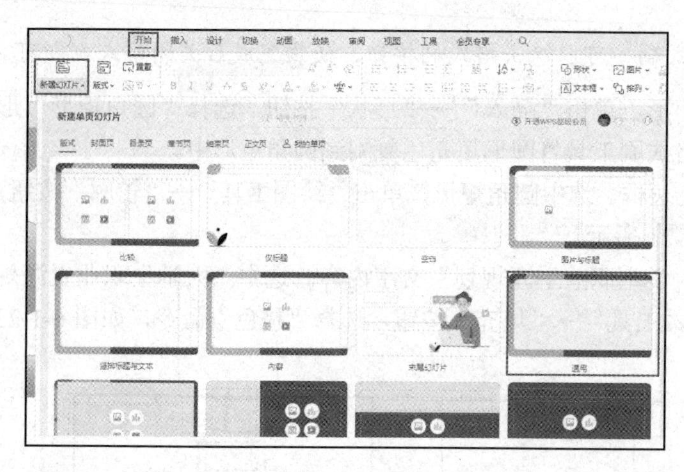

图 6-1-24　新建幻灯片

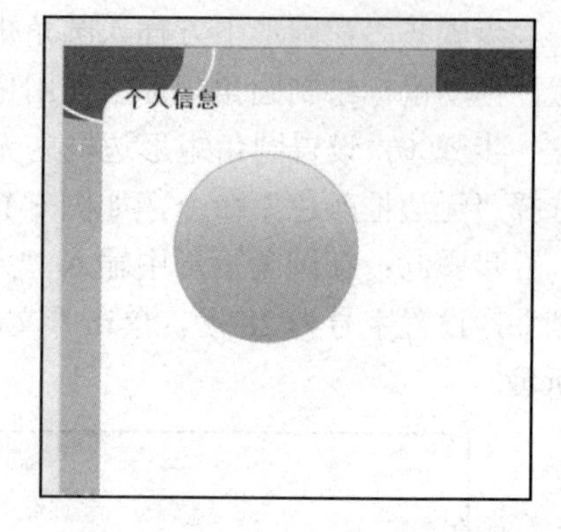

图 6-1-25　复制圆形

步骤③：单击“插入”→“图片”下拉按钮，选择“本地图片”命令，在“插入图片”对话框中找到图片所在位置，选中图片，单击“打开”按钮，即可在第二张幻灯片中插入“个人照片.png”图片，移动照片到圆形上方。选中照片，单击“图片工具”→“裁剪”按钮，选择“裁剪”→“椭圆”命令，如图 6-1-26 所示，此时照片上会出现圆形的裁剪控制点，如图 6-1-27 所示。拖动照片周围的裁剪控制点，将照片裁剪至合适大小，然后单击“裁剪”按钮关闭裁剪功能，完成后效果如图 6-1-28 所示。

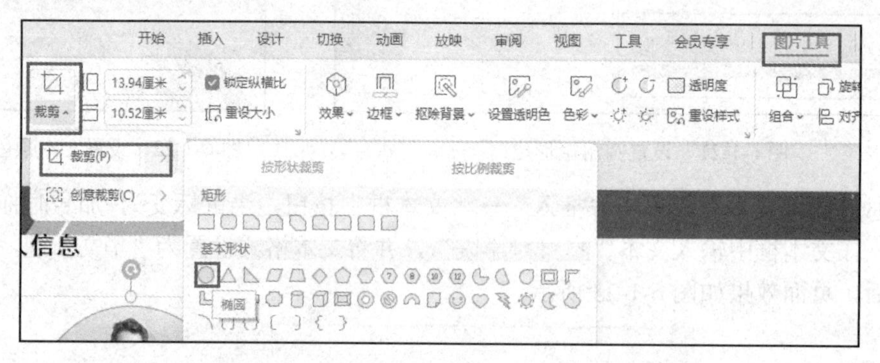

图 6-1-26　裁剪工具

图 6-1-27　裁剪图片

图 6-1-28　完成后的图片效果

提示：如果照片被圆形盖住，可选中照片并右击，在弹出的列表中选择“置于顶层”命令。

步骤④：插入文本框，输入素材中的文本“规划精彩人生　打造锦绣前程”，并将其文本格式设置为“华文新魏，32 磅”。适当调整文本框大小，使文字在一行显示。

步骤⑤：插入两个并排文本框，输入素材中的文本“姓名……@163.com”，并将其文本格式设置为“华文新魏，24 磅”，设置完成后效果如图 6-1-29 所示。

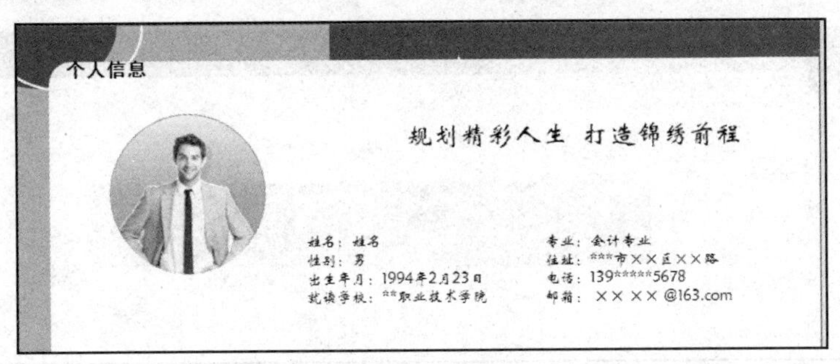

图 6-1-29　使用文本框输入文字

步骤⑥：设置文本框中的文本行距。选中文本内容，单击“开始”→“段落”扩展按钮，打开“段落”对话框，设置行距为“1.5 倍行距”，单击“确定”按钮，如图 6-1-30 所示。第二张幻灯片效果如图 6-1-31 所示。

图 6-1-30　设置 1.5 倍行距

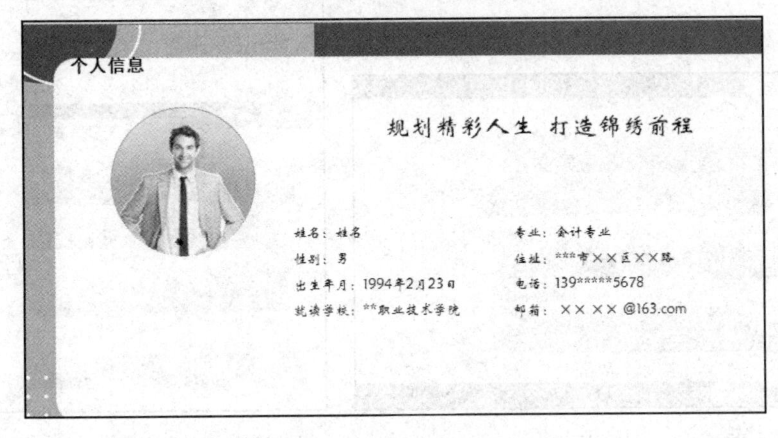

图 6-1-31　第二张幻灯片效果

3. 制作第三张幻灯片

步骤①：新建一张“通用”版式幻灯片。在标题占位符中输入“目录”。

步骤②：在第三张幻灯片中插入一个圆角矩形，并设置其形状高度为 2.5 厘米，形状宽度为 17 厘米，如图 6-1-32 所示。

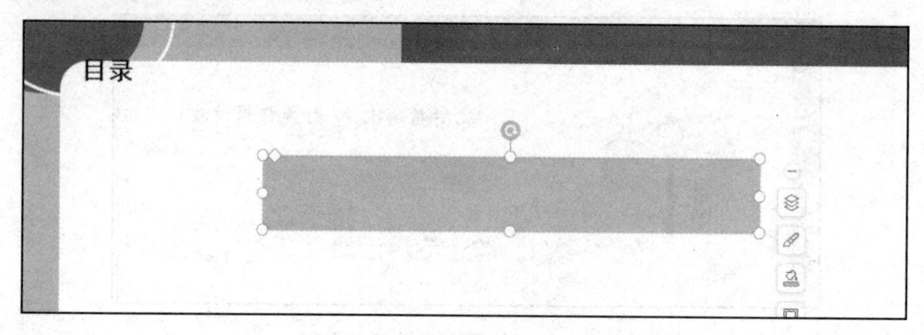

图 6-1-32　插入圆角矩形

步骤③：根据需要设置圆角矩形的填充颜色，如图 6-1-33 所示。

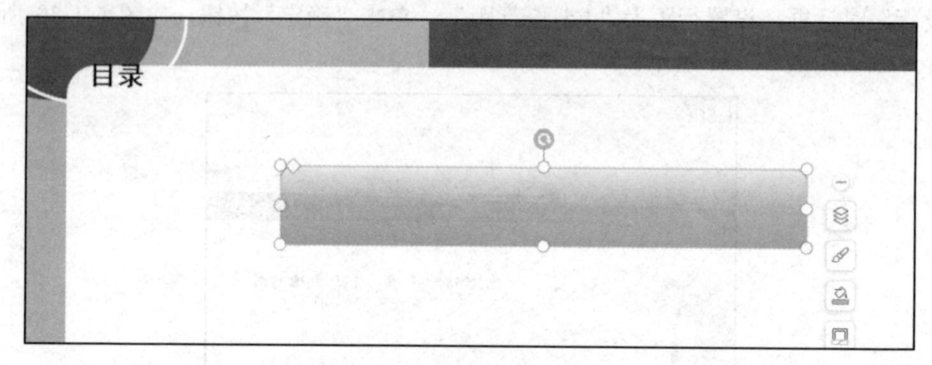

图 6-1-33　设置形状填充颜色

步骤④：复制 3 个圆角矩形，从上到下依次排列，如图 6-1-34 所示。

步骤⑤：选中 4 个圆角矩形，单击“绘图工具”→“对齐”下拉按钮，选择“水平居中”命令，使 4 个圆角矩形左对齐；再选择“对齐”下拉按钮中的“纵向分布”命令，使 4 个圆角矩形等距排列，如图 6-1-35 所示。

图 6-1-34　复制形状

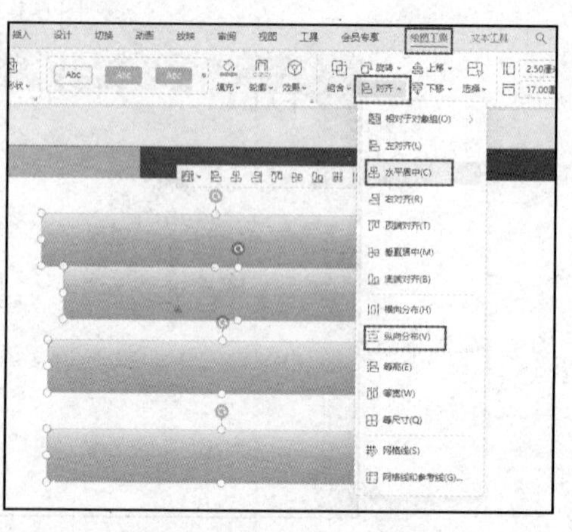

图 6-1-35　使用对齐工具对齐多个形状

步骤⑥：在 4 个圆角矩形中分别输入 4 组文字“认识自我（分析自身原因）”“专业分析（外在环境因素）”“职业定位（内外因素的定位）”“执行计划（如何执行计划）”，并将文本格式设置为“32 磅，黑色，华文新魏”，设置完成后，效果如图 6-1-36 所示。

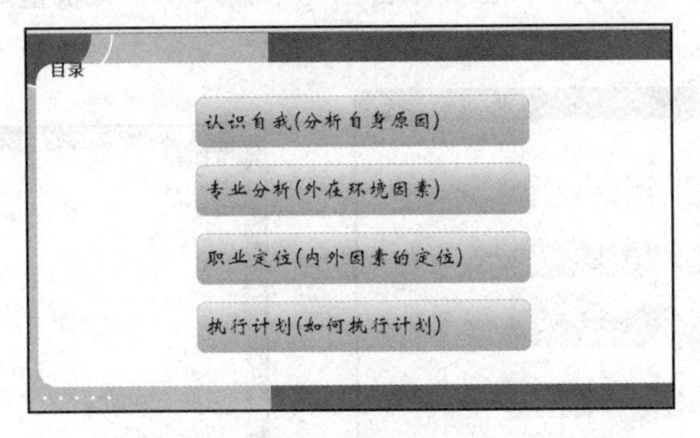

图 6-1-36　添加文本内容

步骤⑦：选中 4 个圆角矩形，单击“开始”→“编号”下拉按钮，选择“1.2.3.”样式，给 4 组文本添加编号，如图 6-1-37 所示，完成后效果如图 6-1-38 所示。

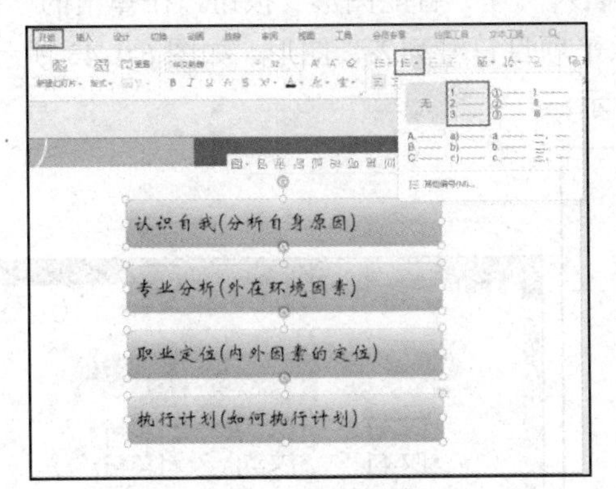

图 6-1-37　添加编号

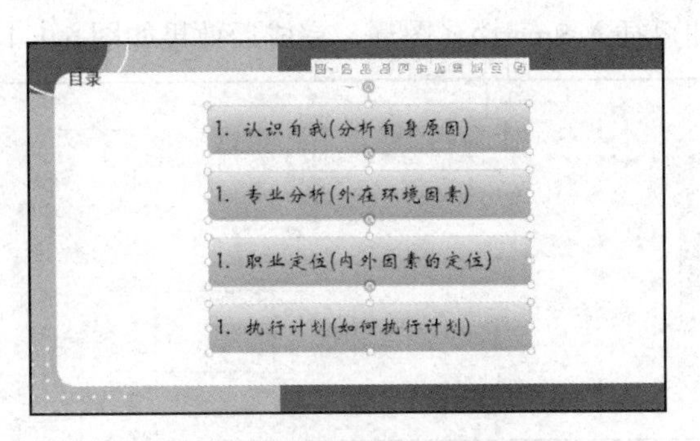

图 6-1-38　添加编号后的效果

步骤⑧：此时我们发现，4 个圆角矩形中的文本编号全是 1，这显然不符合要求。如图 6-1-39 所示，选中第二个矩形框，选择“编号”下拉按钮中的“其他编号”命令，打开“项目符号和编号”对话框，设置“开始于 2”，单击“确定”按钮，如图 6-1-40 所示。此时我们看到第二个矩形中的文本编号变为 2。使用相同的方法设置其他两个矩形框中的编号分别为 3 和 4，效果如图 6-1-41 所示。

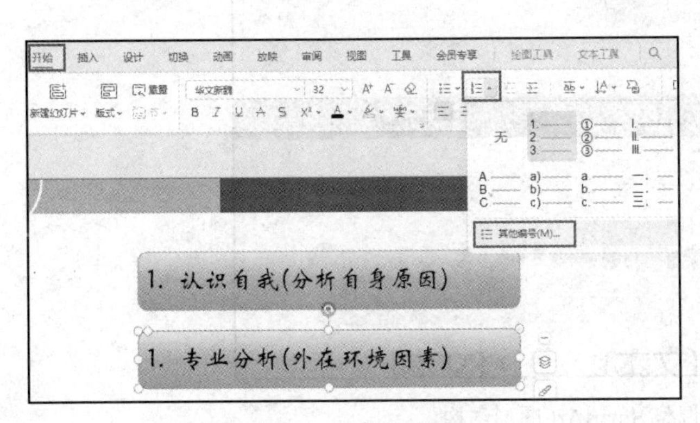

图 6-1-39　添加编号

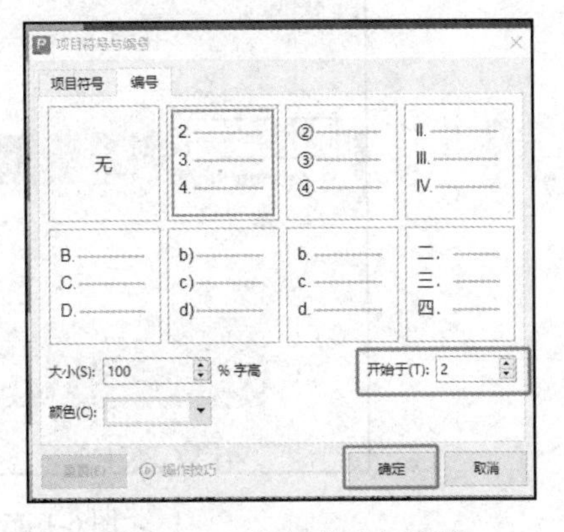

图 6-1-40　设置编号起始值

4. 制作第四张幻灯片

步骤①：新建一张幻灯片，版式为“标题和内容”。此时页面上会出现两个占位符，在标题占位符中输入标题“认识自我”；在文本占位符中输入“个人价值观”，并将文本格式设置为“24 磅，方正姚体”，完成后效果如图 6-1-42 所示。

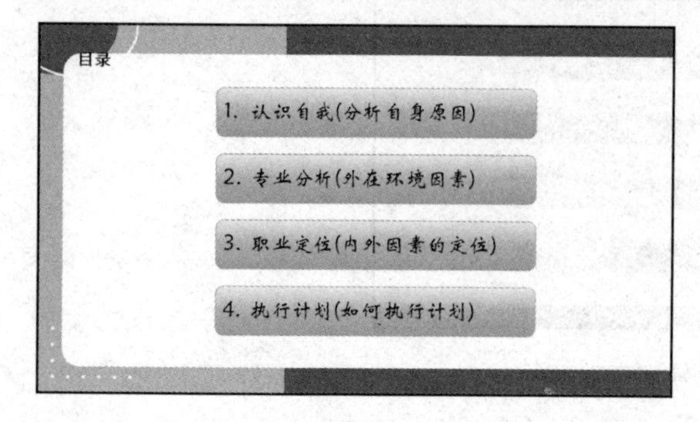

图 6-1-41　第三张幻灯片效果

图 6-1-42　制作标题

步骤②：为幻灯片添加 SmartArt 图形。单击“插入”→“智能图形”按钮，在弹出的“智能图形”对话框中选择“SmartArt”选项卡中的“水平项目符号列表”图形，如图 6-1-43 所示，即可插入 SmartArt 图形，完成后效果如图 6-1-44 所示。

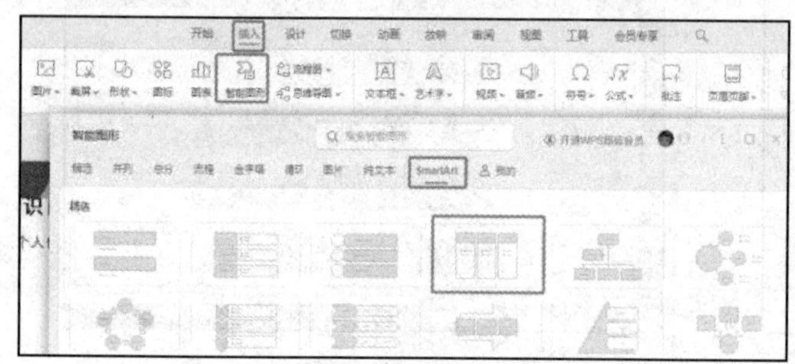

图 6-1-43　打开 SmartArt 图形窗口

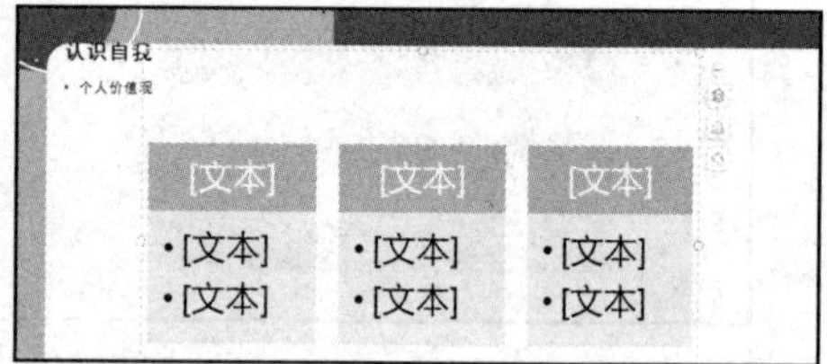

图 6-1-44　插入 SmartArt 图形

步骤③：选中 SmartArt 图形中的第一个矩形，单击“设计”→“添加项目”下拉按钮，选择“在后面添加项目”命令，如图 6-1-45 所示。此时 SmartArt 图形变为 4 个栏目，如图 6-1-46 所示。

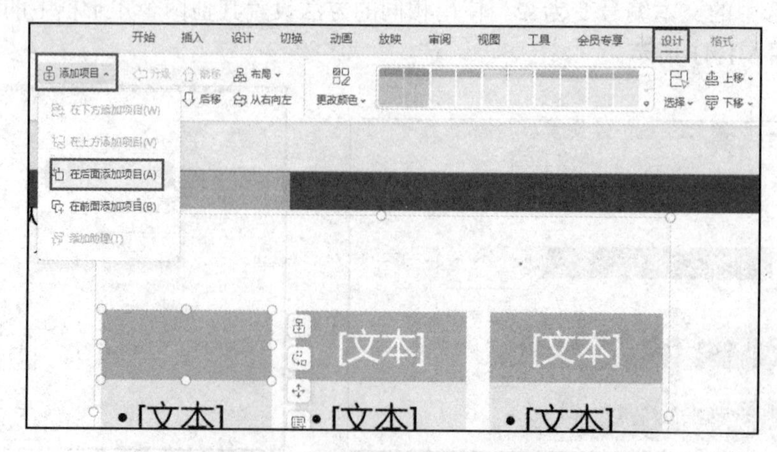

图 6-1-45　调整 SmartArt 图形结构

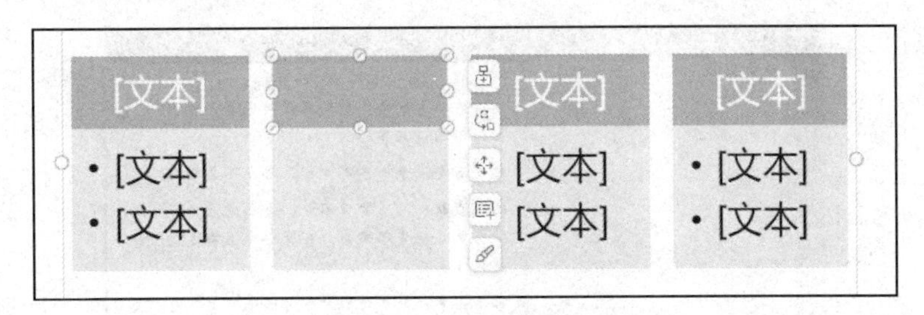

图 6-1-46　SmartArt 图形添加项目

步骤④：在 4 个形状中分别输入素材中的文本内容：“个人与自身的关系”，“虽然……的人生态度。”；“个人与他人的关系”，“在与他人……以诚待人。”；“个人与组织的关系”，“个人之于组织……的聪明与才智。”；“个人与社会的关系”，“社会……贡献了什么。”。选中 SmartArt 图形，单击“设计”→“更改颜色”下拉按钮，选择“彩色”中的第一个命令，如图 6-1-47 所示，第四张幻灯片效果如图 6-1-48 所示。

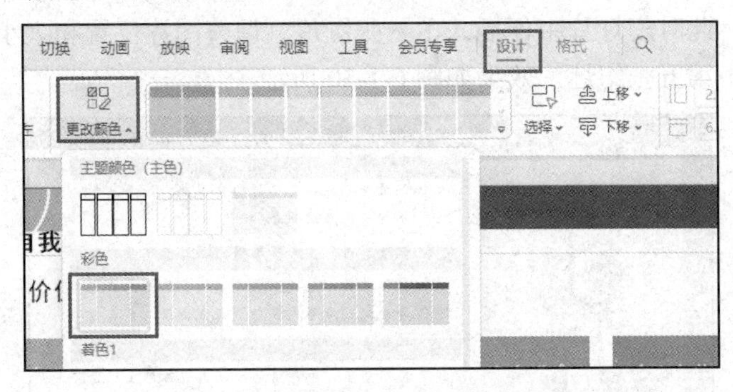

图 6-1-47　SmartArt 图形添加颜色

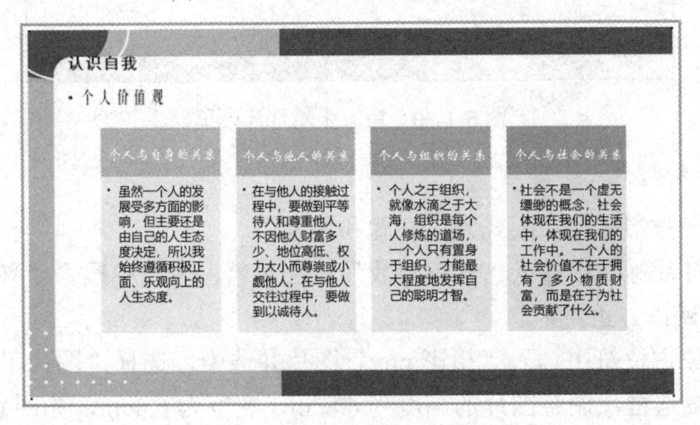

图 6-1-48　第四张幻灯片效果

5. 制作第五张幻灯片

步骤①：新建一张幻灯片，版式为“标题和内容”。

步骤②：在标题占位符中输入“认识自我”。

步骤③：插入文本框并输入“性格分析”，并将文本格式设置为“24 磅，方正姚体”。

步骤④：在对象占位符中输入素材中的文本“沉着冷静……考虑后果。”，并设置文本格式为“华文新魏，24 磅”。

步骤⑤：选中占位符，此时周围会出现 8 个控制点，将鼠标移到控制点上，当鼠标指针变为双向箭头时，缩小占位符，使其占据一半的幻灯片空间，如图 6-1-49 所示。

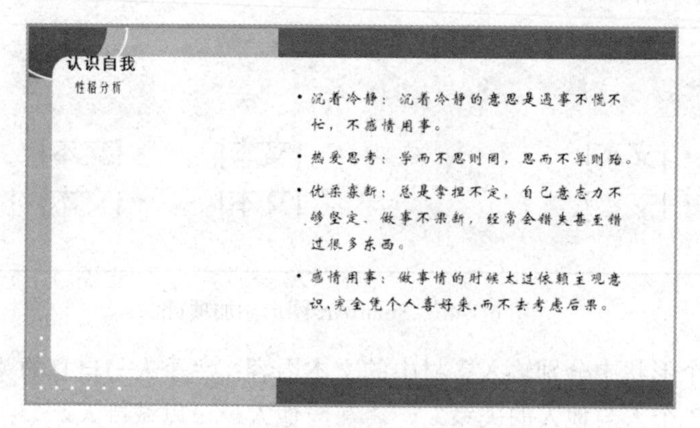

图 6-1-49　调整占位符大小

步骤⑥：在占位符的左侧插入一张个人照片。单击“插入”→“图片”下拉按钮，选择“本地图片”命令，在弹出的“插入图片”对话框中打开图片所在位置，选中“个人照片.jpg”图片，单击“打开”按钮，此时幻灯片中便插入了一张图片。调整图片位置和大小，并将图片放在幻灯片左侧适当位置。第五张幻灯片效果如图 6-1-50 所示。

图 6-1-50　第五张幻灯片效果

6. 制作第六张幻灯片

步骤①：新建一张幻灯片，版式为“标题和内容”。

步骤②：在幻灯片标题中输入“认识自我”；在对象占位符中输入“兴趣爱好”，并将文本格式设置为“24 磅，方正姚体”。

步骤③：在对象占位符中插入“摄影.png”图片并选中，选择“图片工具”命令，取消选中“锁定纵横比”复选框，调整图片的高度为 4.8cm，宽度为 6.4cm，如图 6-1-51 所示。

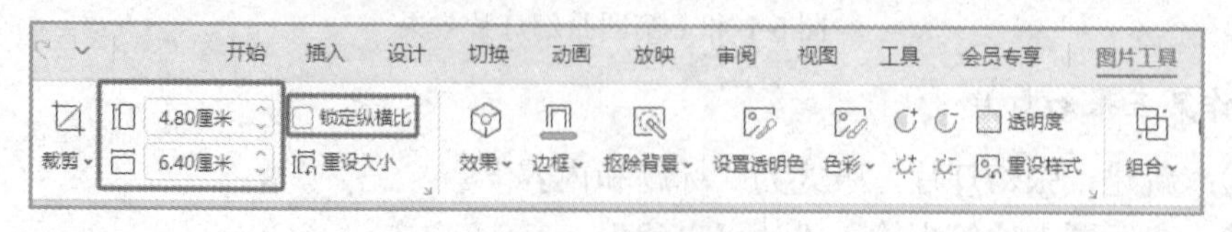

图 6-1-51　设置图片大小

步骤④：在图片下方插入矩形，选择“绘图工具”选项卡，设置矩形高度为 4.8cm，宽度为 6.4cm，如图 6-1-52 所示。在“绘图工具”选项卡中单击“填充”按钮，选择填充颜色为“蓝色”，如图 6-1-53 所示，设置“轮廓”为“无边框颜色”，如图 6-1-54 所示。

图 6-1-52　设置形状大小

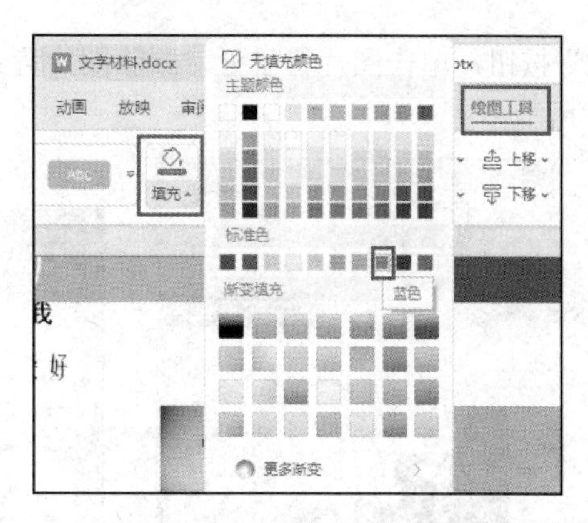

图 6-1-53　设置形状填充颜色

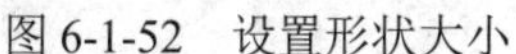

步骤⑤：复制两个相同形状，分别设置它们的填充色为黄色和绿色。使用相同方法插入图片“习作.png”和“计算机.png”，调整它们的高度为 4.8cm、宽度为 6.4cm，并摆放至合适位置，如图 6-1-55 所示。

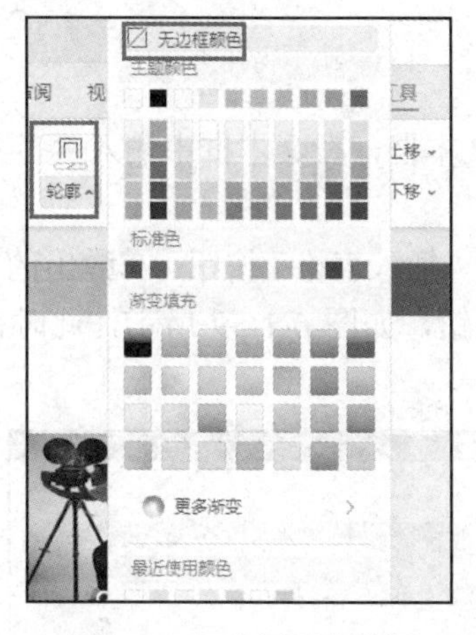

图 6-1-54　设置形状边框

图 6-1-55　图片和形状排列效果

步骤⑥：选中“摄影.png”图片、“计算机.png”图片和黄色形状，单击“图片工具”→“对齐”下拉按钮，选择“顶端对齐”命令，使图片和形状对齐。再选择“横向分布”命令使 3 个对象均匀分布，如图 6-1-56 所示。使用同样的方法使第二行的图片和形状对齐。

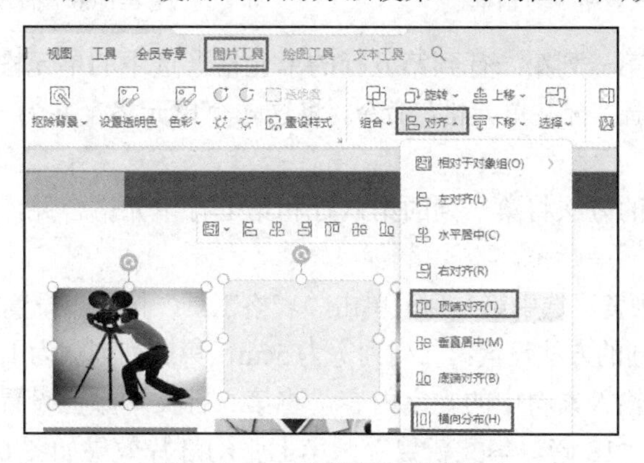

图 6-1-56　对齐图片和形状

步骤⑦：在幻灯片左侧插入“投篮.png”图片，选中“投篮”图片单击“图片工具”→“设置透明色”按钮，单击图片背景处，删除图片背景色，如图 6-1-57 所示。第六张幻灯片效果如图 6-1-58 所示。

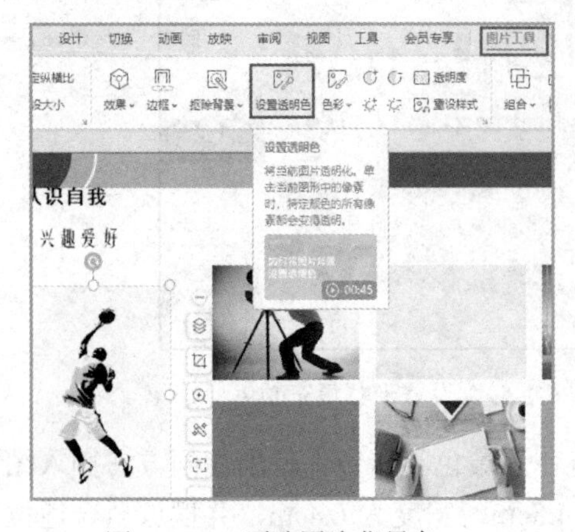

图 6-1-57　删除图片背景色

图 6-1-58　第六张幻灯片效果

7. 制作第七张幻灯片

步骤①：插入一张新幻灯片，版式为“标题和内容”。

步骤②：在标题占位符中输入标题“专业分析”；插入文本框，在文本框中输入“专业所学课程”，适当调整字体和大小。

步骤③：在对象占位符中添加表格。单击对象占位符中的“插入表格”按钮，在弹出的“插入表格”对话框中设置行数为 7，列数为 3，单击“确定”按钮，如图 6-1-59 所示，此时在幻灯片中插入了一个表格，效果如图 6-1-60 所示。

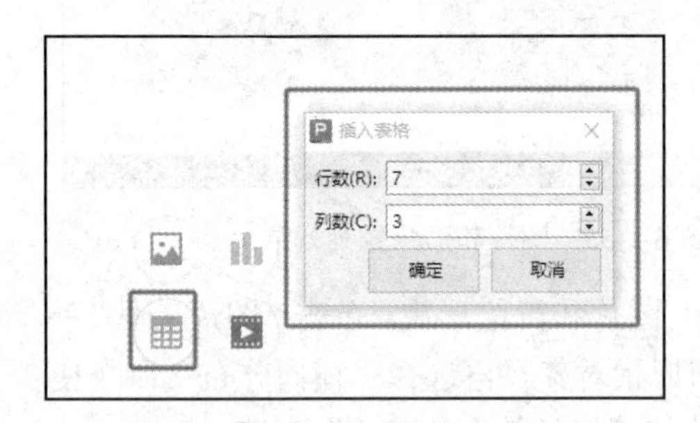

图 6-1-59　“插入表格”对话框

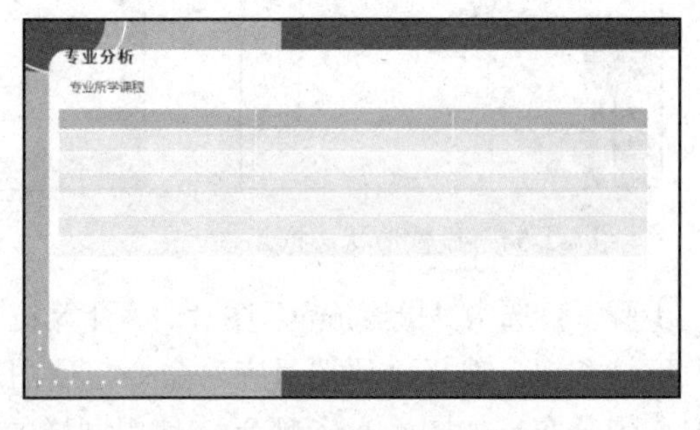

图 6-1-60　插入表格后的效果

步骤④：选中表格第一列第二行到第五行的单元格（选中的单元格颜色为灰色），右击，在弹出的下拉列表中选择“合并单元格”命令，将这 4 个单元格合并为一个单元格，如图 6-1-61 所示。

步骤⑤：使用同样的方法将第一列的第六行和第七行单元格合并，完成后效果如图 6-1-62 所示。

步骤⑥：设置表格列宽。选中第一列，单击“表格工具”按钮，设置第一列宽度为 4 cm，如图 6-1-63 所示。使用相同的方法设置第二列列宽为 5cm，第三列列宽为 18cm。

步骤⑦：在表格中输入素材中的文字内容，将第一行文本颜色设置为“白色”，其他文本格式设置为“黑色”，“18 磅，华文新魏”，第七张幻灯片效果如图 6-1-64 所示。

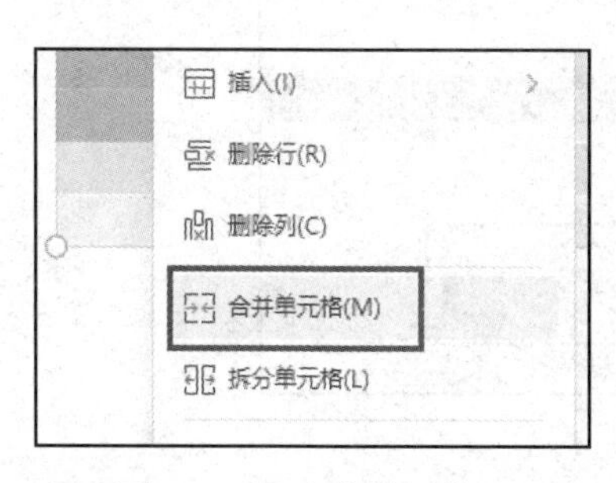

图 6-1-61　合并单元格

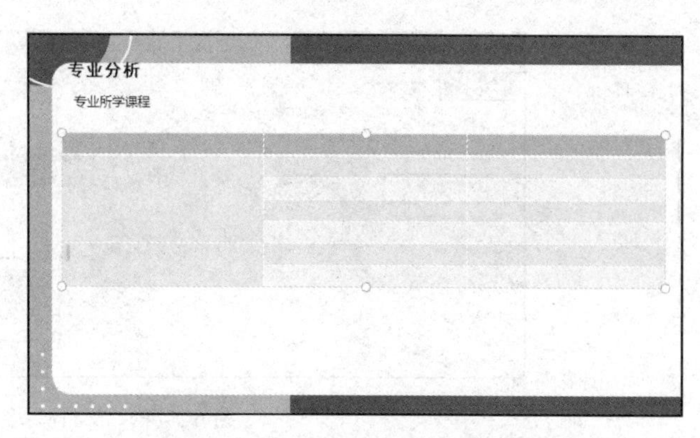

图 6-1-62　表格合并单元格后的效果

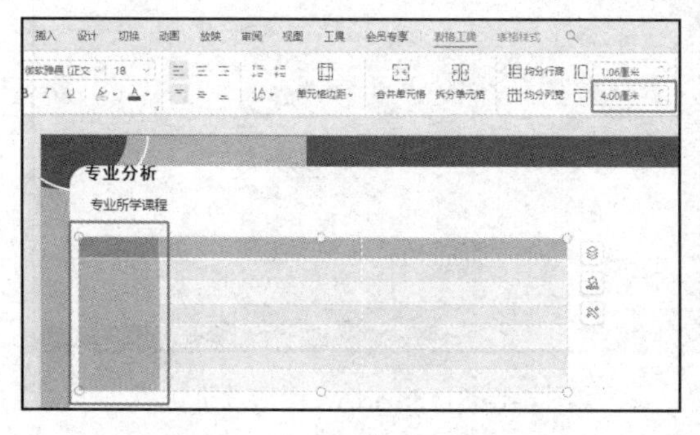

图 6-1-63　设置表格列宽

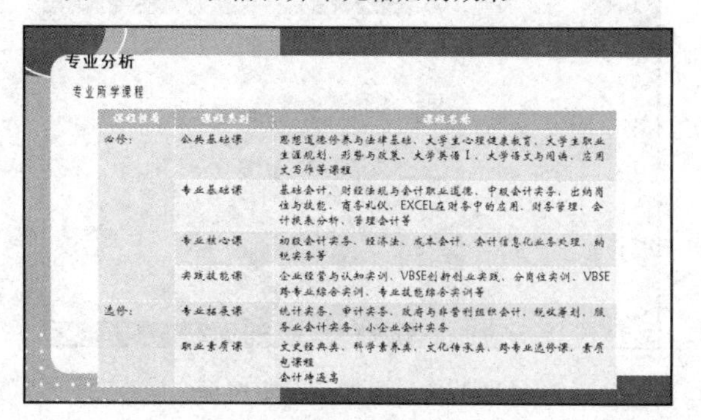

图 6-1-64　第七张幻灯片效果

8. 制作第八张幻灯片

步骤①：插入一张幻灯片，版式为“标题和内容”。

步骤②：在标题占位符中输入“专业分析”。

步骤③：在对象占位符中插入“水平多层层次结构”SmartArt 图形，如图 6-1-65 所示。

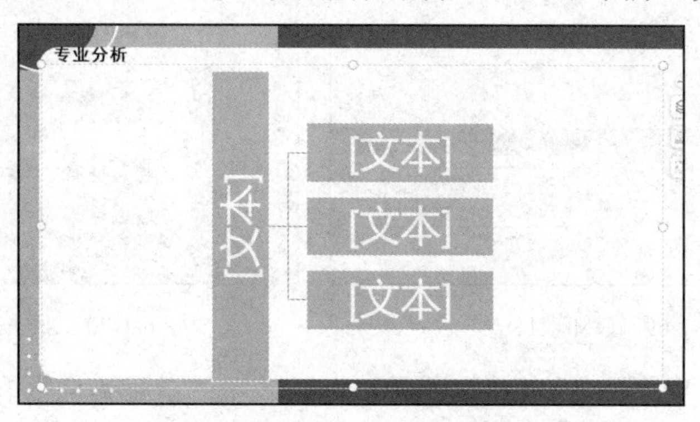

图 6-1-65　插入 SmartArt 图形

步骤④：选中右侧第一个矩形框，单击“设计”→“添加项目”下拉按钮，选择“在后面添加项目”命令，如图 6-1-66 所示，此时在选中的矩形框下方添加了一个矩形。利用上述方法再添加一个矩形框，效果如图 6-1-67 所示。

步骤⑤：在左侧矩形框中输入“毕业要求”；在右侧 5 个矩形框中分别输入“学分”“技能达标”“第二课堂成绩”“体质健康测试”“综合素质测评”，效果如图 6-1-68 所示。

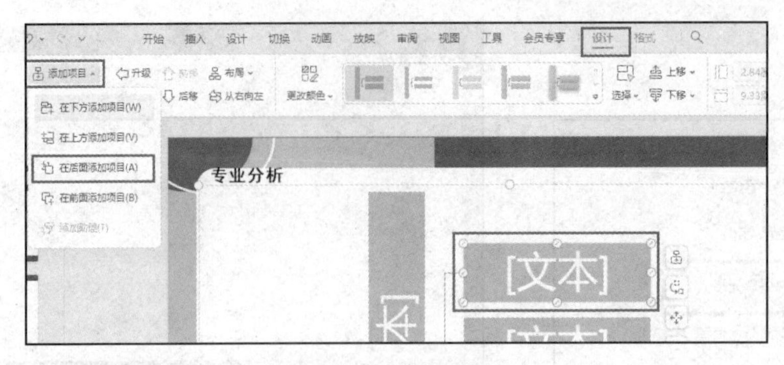

图 6-1-66　添加形状

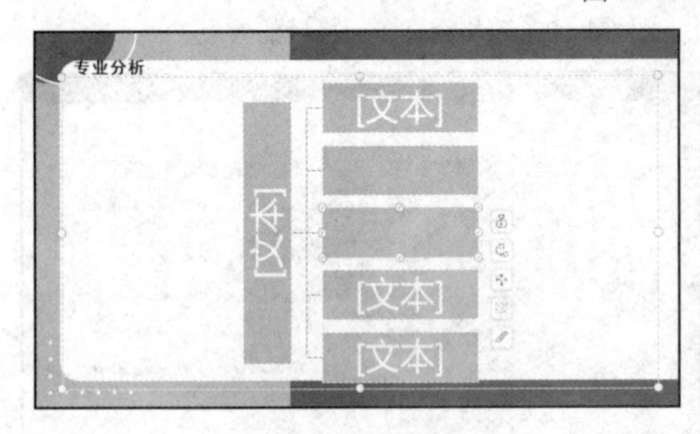

图 6-1-67　添加两个矩形框

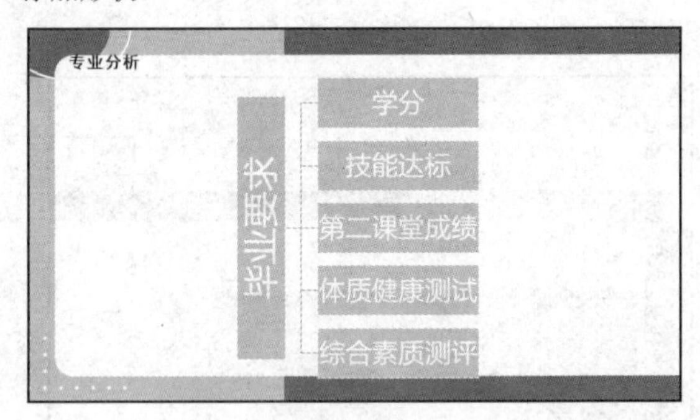

图 6-1-68　SmartArt 图形效果

步骤⑥：选中“学分”矩形框，单击“设计”→“添加项目”下拉按钮，选择“在下方添加项目”命令，此时选中的矩形框右侧增加了一个矩形，如图 6-1-69 所示。

步骤⑦：使用相同的方法添加其他矩形框，适当调整图形的大小和位置，在 SmartArt 图形中添加文本内容，最终效果如图 6-1-70 所示。

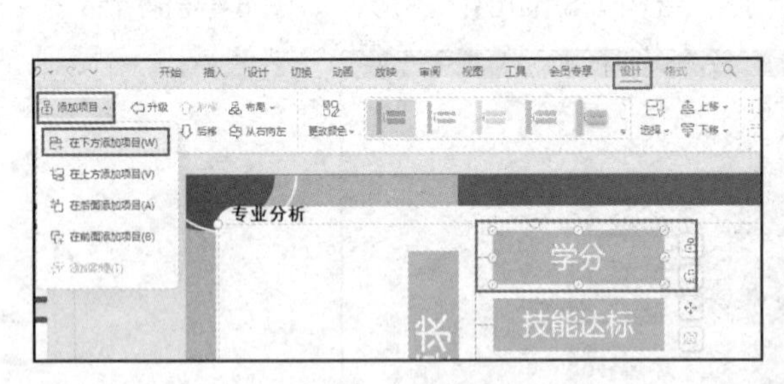

图 6-1-69　添加项目

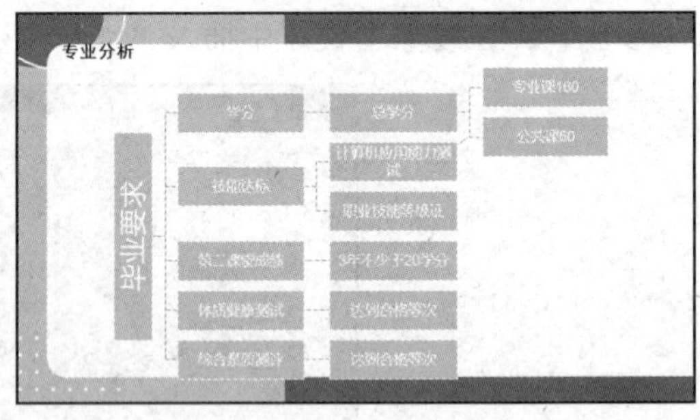

图 6-1-70　SmartArt 图形效果

步骤⑧：选中“毕业要求”矩形框，单击“格式”→“文字方向”下拉按钮，选择“所有文字旋转 90°”命令，如图 6-1-71 所示，此时“毕业要求”四个字呈竖向排列。

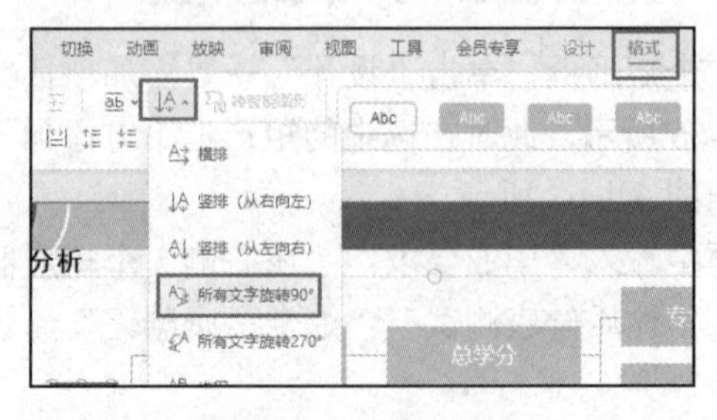

图 6-1-71　文本旋转

步骤⑨：选中 SmartArt 图形，单击“设计”→“更改颜色”下拉按钮，选择“彩色”中的第二项命令，美化 SmartArt 图形，如图 6-1-72 所示，第八张幻灯片效果如图 6-1-73 所示。

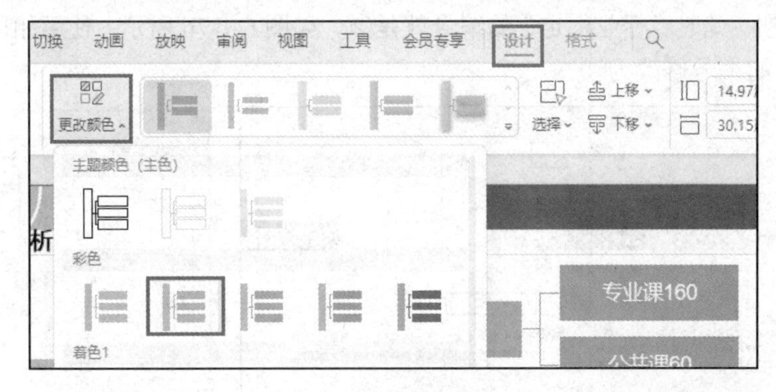

图 6-1-72　更改颜色

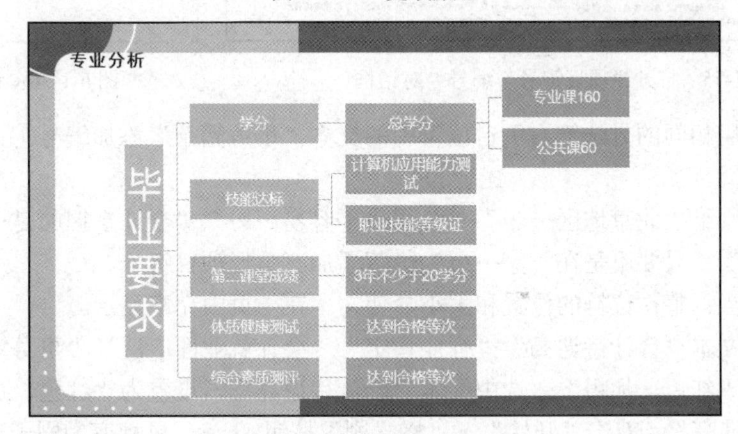

图 6-1-73　第八张幻灯片效果

9．制作第九张幻灯片

步骤①：新建一张幻灯片，版式为“比较”。

步骤②：在标题占位符中输入文本“职业定位”；在标题占位符下方的左侧占位符中输入文本“优势”；在标题占位符下方的右侧占位符中输入文本“劣势”。

步骤③：在左侧对象占位符中输入素材中的文本“会计待遇高……入行门槛相当低。”；在右侧占位符中输入素材中的文本“由于财务部属后勤……而是稳重”。

步骤④：选中文本“会计待遇高”，单击“开始”→“编号”下拉按钮，选择“带圆圈编号”编号，如图 6-1-74 所示。

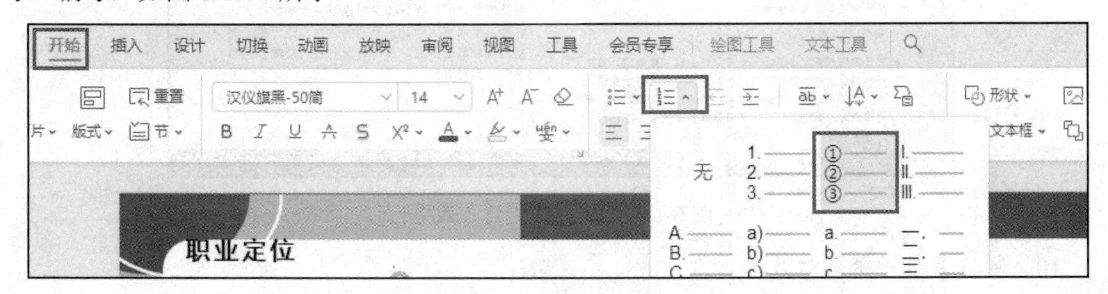

图 6-1-74　添加编号

步骤⑤：使用同样的方法给“行业稳定”和“会计就业面广泛”添加编号；此时，3 个编号都为①，下面进行修改，选中文本“行业稳定”，单击“开始”→“编号”下拉按钮，选择“其他编号”命令，打开“项目符号和编号”对话框，如图 6-1-75 所示，设置“开始于”为 2，单击“确定”按钮，此时“行业稳定”的编号就是②，如图 6-1-76 所示。使用相同的方法将“会计就业面广泛”的编号修改为③。

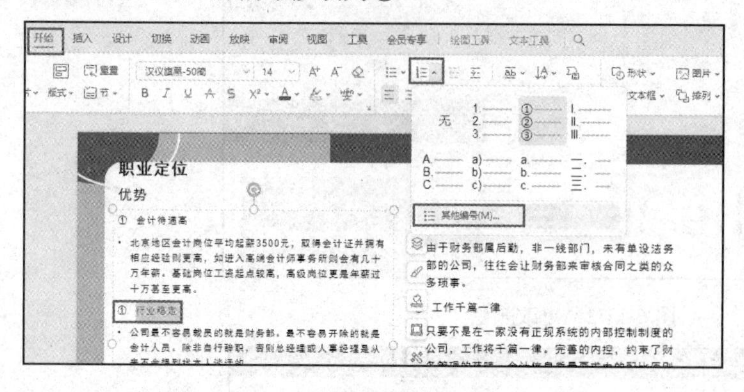

图 6-1-75　打开“项目符号与编号”对话框

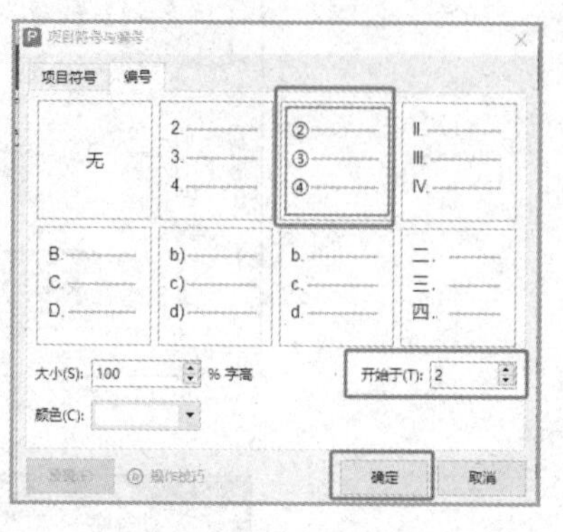

图 6-1-76　设置编号值

步骤⑥：使用相同的方法给右侧占位符中的文本“事务繁杂”添加编号①；给“工作千篇一律”添加编号②。

步骤⑦：分别给“北京地区……”“公司最不容易……”“会计掌握的是……”“由于财务部属后勤……”“只要不是在一家……”段落添加三角形项目符号。

步骤⑧：适当调整占位符的位置和大小，使文本在一页中完整显示。

步骤⑨：将文本“会计待遇高”“行业稳定”“会计就业面广泛”“事务繁杂”“工作千篇一律”设置为“红色，加粗”。选中文本“会计待遇高”，设置为“红色，加粗”；继续选中文本“会计待遇高”，双击“开始”→“格式刷”按钮 格式刷，鼠标变为刷子形状，在“行业稳定”“会计就业面广泛”“事务繁杂”“工作千篇一律”文本上面分别刷一下，将格式复制到目标文本上，设置完成后关闭格式刷工具。第九张幻灯片效果如图 6-1-77 所示。

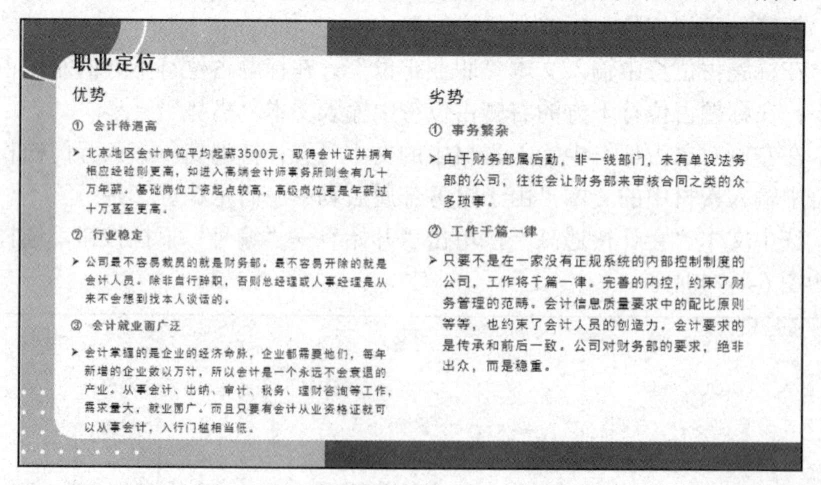

图 6-1-77　第九张幻灯片效果

10. 制作最后一张幻灯片

步骤①：新建一张幻灯片，版式为“仅标题”，在标题占位符中输入“执行计划”。

步骤②：插入文本框，输入“大学三年计划安排”。

步骤③：在文本框下方插入燕尾箭头形状。设置其“形状高度”为 1.5cm，“形状宽度”为 25cm。

步骤④：插入圆形，并设置其“形状高度”为 1cm，“形状宽度”为 1cm。

步骤⑤：圆形形状轮廓为白色，形状填充色为“深蓝”色；复制 2 个圆形，其中一个圆形的填充颜色为“紫色”，另一个圆形的填充颜色为“橙色”，依次排开，如图 6-1-78 所示。

步骤⑥：选中箭头和 3 个圆，单击“格式”→“对齐”下拉按钮，选择“垂直居中”命令，此时箭头和 3 个圆形会整齐排列在一条直线上，如图 6-1-79 所示。

提示： 此处可以从左上角按住鼠标左键并拖动至右下角，框选 4 个图形。

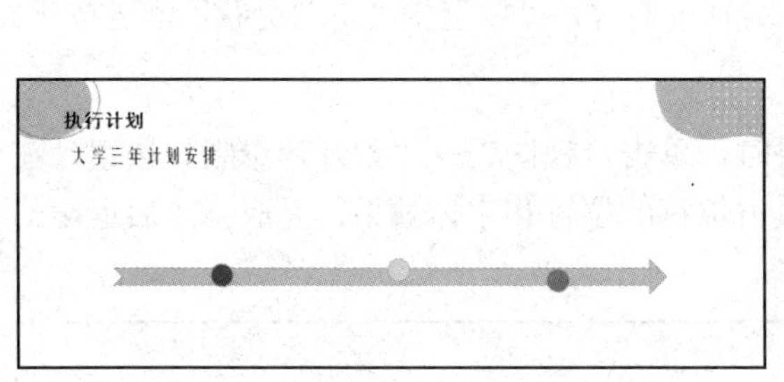

图 6-1-78　插入 3 个圆形

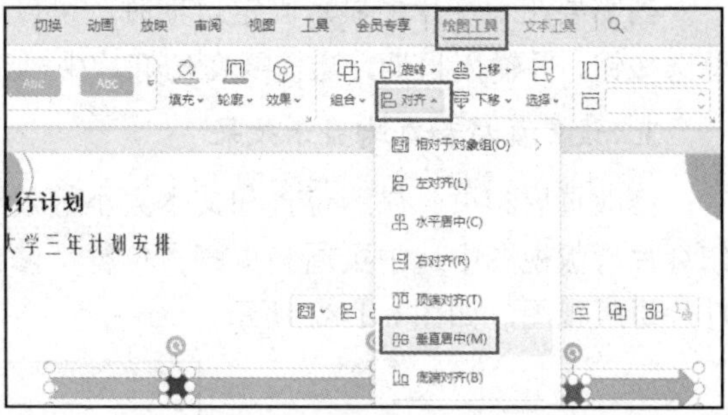

图 6-1-79　使用对齐工具对齐对象

步骤⑦：分别在 3 个圆形下方插入一个文本框，分别在 3 个文本框中输入“让自己进入状态”“为未来着想”“最后的日子里绽放光彩”，文本格式设置为“华文新魏，24 磅”。

步骤⑧：在幻灯片下方的备注栏中输入素材中的文字材料“大一……对自己的职业有明确的目标，对自己的职业生涯规划进行确认”内容；并添加编号，效果如图 6-1-80 所示。

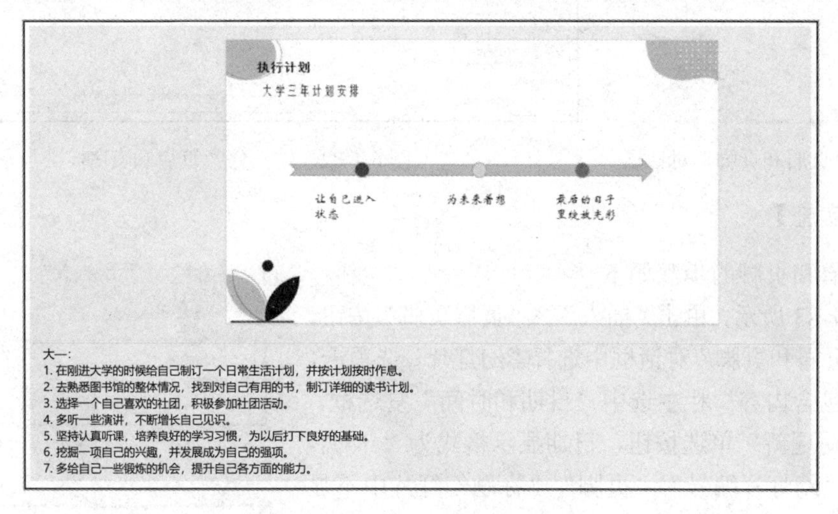

图 6-1-80　第十张幻灯片效果

6.1.2　任务二　给幻灯片添加日期、编号和页脚

【情境和任务】

情境：现在需要在幻灯片中显示日期和幻灯片编号等信息，该怎样设置呢？

任务：给幻灯片添加日期、编号和页脚。

【相关资讯】

1．设置标题幻灯片页眉和页脚

在“页眉和页脚”对话框中选中“标题幻灯片中不显示”复选框时，第一张幻灯片中就不显示时间、编号和页脚，如若要在标题幻灯片中显示时间、编号和页脚内容，可以取消选中“标题幻灯片中不显示”复选框，如图 6-1-81 所示。

提示：此处标题幻灯片指的是版式为“标题幻灯片”的幻灯片，而不是第一张幻灯片。

2．设置幻灯片的日期和时间

当需要在幻灯片中显示固定日期时，可以选中“日期和时间”复选框，然后选中“固定”单选按钮，并输入日期，当需要在幻灯片中显示实时日期时，可以选中“自动更新”单选按钮。

3．设置页眉和页脚显示效果

修改页眉和页脚显示位置和文本大小等效果时，单击“视图”→“幻灯片母版”按钮，在幻灯片母版视图中选中页眉和页脚占位符，修改占位符的位置和字体效果，完成修改后退出幻灯片母版视图，如图 6-1-82 所示。

图 6-1-81　“页眉和页脚”对话框

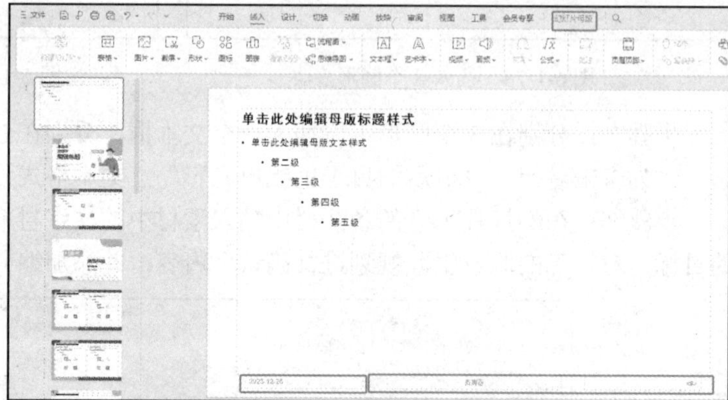

图 6-1-82　统一修改页眉和页脚

【任务实施】

设置页眉和页脚的步骤如下。

如图 6-1-83 所示，单击“插入”→“页眉页脚”按钮，在弹出的“页眉和页脚”对话框中选择“幻灯片”选项卡，在“幻灯片包含内容”栏中选中“日期和时间”复选框，并选中“自动更新”单选按钮，日期显示格式为“年-月-日”，选中“幻灯片编号”“页脚”“标题幻灯片中不显示”复选框，在“页脚”内容输入框中输入“*****学院”，单击“全部应用”按钮，此时在每张幻灯片中都会显示当前日期、幻灯片编号和页脚内容，方便演讲者使用。

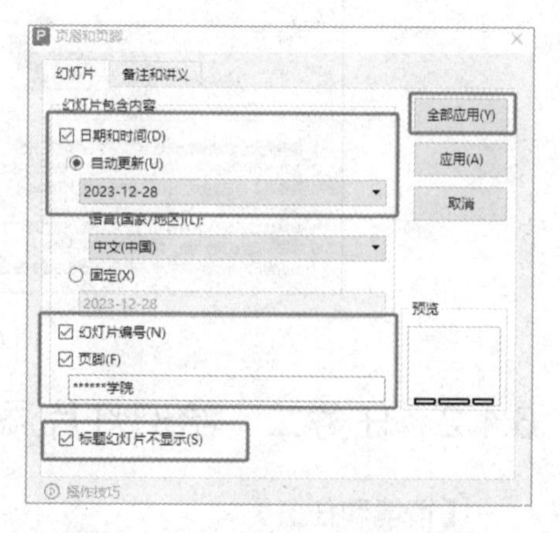

图 6-1-83　“页眉和页脚”对话框

6.1.3　任务三　给幻灯片添加超链接

【情境和任务】

情境：第三张幻灯片是一个目录幻灯片，每张幻灯片都是按照顺序依次排列的，我们发现在做职业生涯规划介绍时，“认识自我”“专业分析”“职业定位”“执行计划”是并列关系，出于介绍需要，可能需要改变介绍顺序，这里可以通过添加超链接和动作按钮等操作来实现。

任务：给幻灯片添加超链接。

【相关资讯】

1. 超链接

默认情况下，幻灯片放映是按照从第一张幻灯片到最后一张幻灯片的顺序播放的，但是添加了超链接以后，可以根据作者的需要调整幻灯片播放顺序，提高幻灯片的交互性。给一个对象（如文字、图片、图形等）添加了超链接后，在幻灯片放映视图中，单击此对象就可以跳转到指定的幻灯片。

2. 动作按钮

动作按钮是以图形化按钮进行超链接，常见的动作按钮有“返回”“上一张”“下一张”“后退”“前进”等，动作按钮可根据需要超链接到相应的幻灯片。

【任务实施】

1. 添加超链接

步骤①：选中第三张幻灯片“认识自我”矩形框，单击“插入”→“超链接”按钮，选择“本文档幻灯片页”命令，如图 6-1-84 所示，在弹出的“插入超链接”对话框中选择“本文档中的位置”→“请选择文档中的位置”列表中“4.认识自我”选项，单击“确定”按钮，如图 6-1-85 所示。在幻灯片放映时，单击“认识自我”矩形框，幻灯片跳转到第四张幻灯片，说明链接成功。

步骤②：使用相同的方法，为第三张幻灯片中的“专业分析”“职业定位”“执行计划”分别链接到第七、第九、第十张幻灯片。

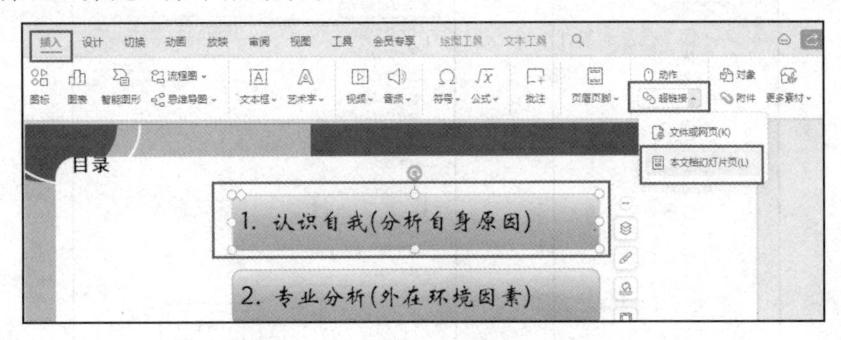

图 6-1-84　打开“插入超链接”对话框

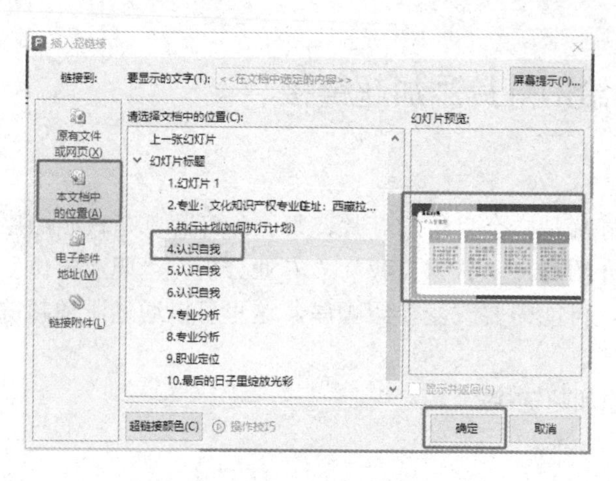

图 6-1-85　添加超链接

2. 添加动作按钮

一个主题演示完成后，为了使幻灯片能够返回到第三张幻灯片，便于进入下一个主题，需要添加返回第三张目录幻灯片的动作按钮。操作步骤如下。

步骤①：选中第六张幻灯片，单击“插入”→“形状”下拉按钮，选择“动作按钮”中的“后退或前一项”按钮，如图 6-1-86 所示，然后在幻灯片底部画出动作按钮，弹出“动作设置”对话框，选中“超链接到”单选按钮，在其下拉列表中选择“幻灯片”选项，如图 6-1-87 所示，在弹出的“超链接到幻灯片”对话框中单击“3．目录”幻灯片，然后单击“确定”按钮，如图 6-1-88 所示，最后在“动作设置”对话框中单击“确定”按钮。此时就在幻灯片底部插入了一个返回第三张幻灯片的动作按钮。在幻灯片放映视图中单击此按钮幻灯片切换到了第三张，效果如图 6-1-89 所示。

步骤②：保存文档。单击“保存”按钮，弹出“另存为”对话框，文件类型默认为“WPS 演示 文件（*.dps）”，单击“保存”按钮，如图 6-1-90 所示，此时会弹出“建议另存为 pptx 格式”对话框，单击“忽略”按钮取消保存为 pptx 格式文件，单击“确定”按钮即可保存为.pptx 格式文件，如图 6-1-91 所示。

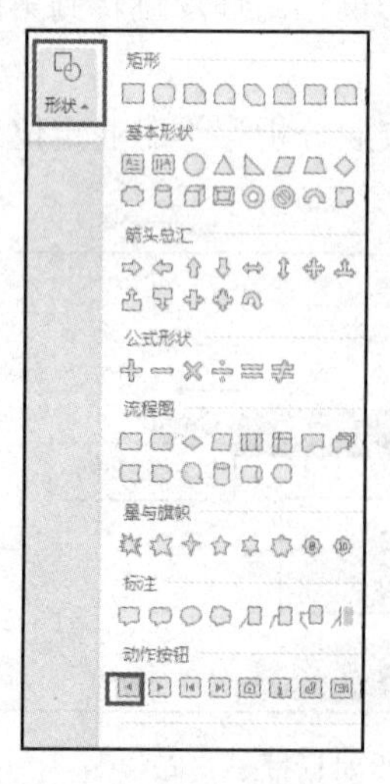

图 6-1-86　插入动作按钮

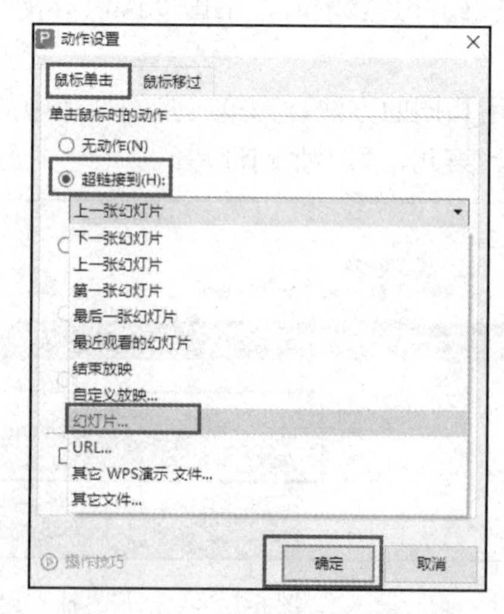

图 6-1-87　“操作设置”对话框

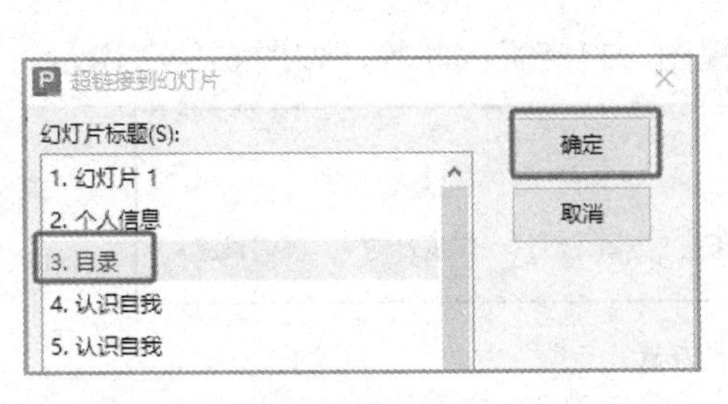

图 6-1-88　“超链接到幻灯片”对话框

图 6-1-89　“动作按钮”效果

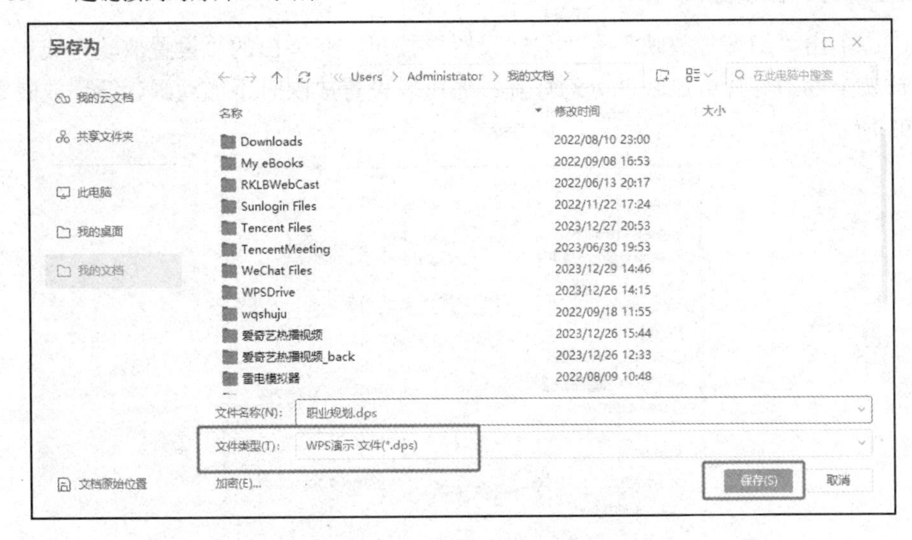

图 6-1-90　“另存为”对话框

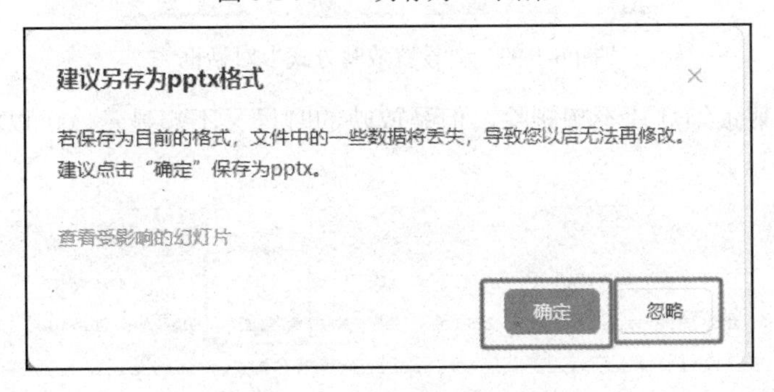

图 6-1-91　保存为 pptx 格式

6.1.4　任务四　设置放映方式和打印演示文稿

【情境和任务】

情境：现在幻灯片的制作已经完成，那么应该如何展示给观众看呢？如果在展示过程中有一些特殊要求应该如何实现呢？有时我们还需要打印幻灯片，又应该如何操作呢？

任务：设置放映方式和打印演示文稿。

【相关资讯】

1. 幻灯片的放映方式

幻灯片放映方式有从头开始、当页开始、演讲者视图、自定义放映等，如图 6-1-92 所示。

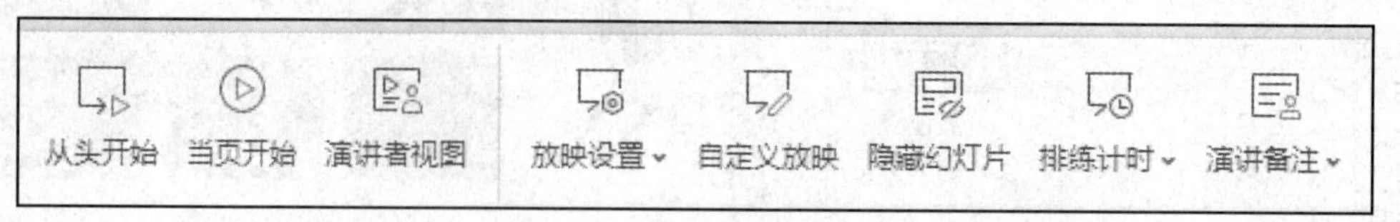

图 6-1-92 幻灯片放映方式

2. 设置幻灯片放映方式

步骤①：单击“幻灯片放映”→“放映设置”按钮，在弹出的“设置放映方式”对话框中可以设置放映全部幻灯片或放映部分幻灯片；还可以设置放映时不加动画、循环放映等效果，如图 6-1-93 所示。

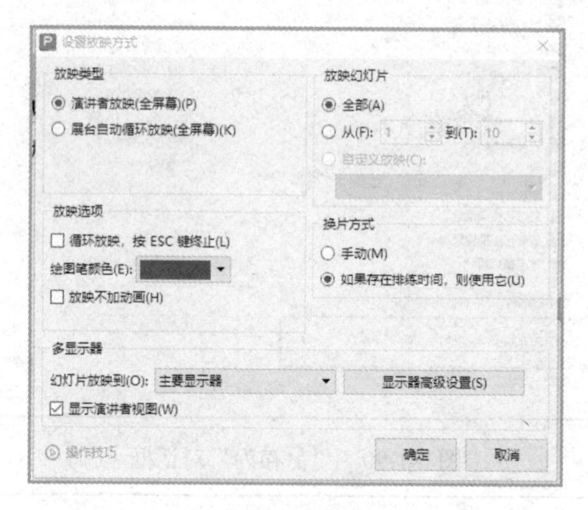

图 6-1-93 “设置放映方式”对话框

步骤②：如果某张幻灯片不想删除，但是放映的时候又不想显示，可以将其设置为隐藏状态，如图 6-1-94 所示。

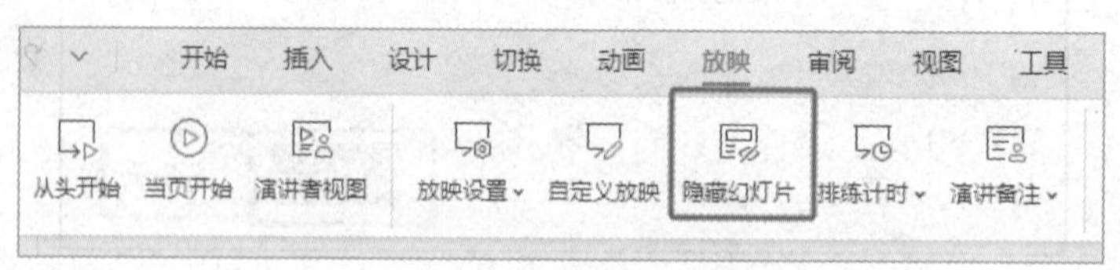

图 6-1-94 设置隐藏幻灯片

步骤③：单击窗口右下角的幻灯片放映视图按钮，即可从当前幻灯片开始播放。

步骤④：在“幻灯片放映”功能选项卡中单击“从头开始”或“当页开始”按钮，即可从头开始或从当前幻灯片开始播放幻灯片，如图 6-1-95 所示。

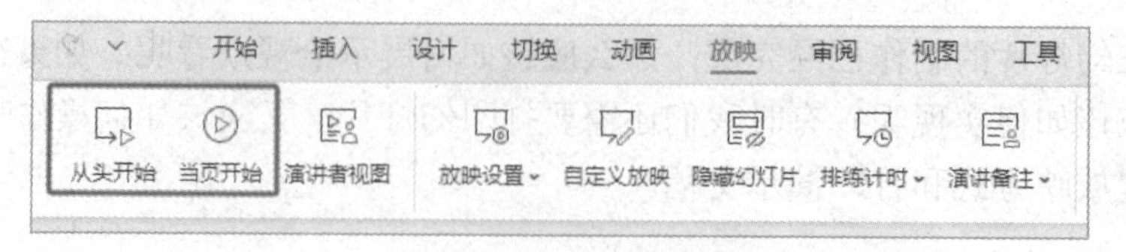

图 6-1-95 幻灯片放映

3. 在幻灯片放映过程中切换到下一张幻灯片的方法

（1）在空白处单击（当前幻灯片动画播放完成后，进入下一张幻灯片）。

（2）右击，在弹出的列表中选择“下一页”命令。

（3）按 PageDown 键、右键、下键或 Enter 键。

（4）向下滚动鼠标滚轮。

4. 在幻灯片放映过程中切换到上一张幻灯片的方法

（1）右击，在弹出的列表中选择“上一张”命令。

（2）按 PageUp 键、左键、上键或 Backspace 键。

（3）向上滚动鼠标滚轮。

5. 显示演示者视图

在放映时，右击“显示演讲者视图”，可以显示备注页内容，如图 6-1-96 所示。

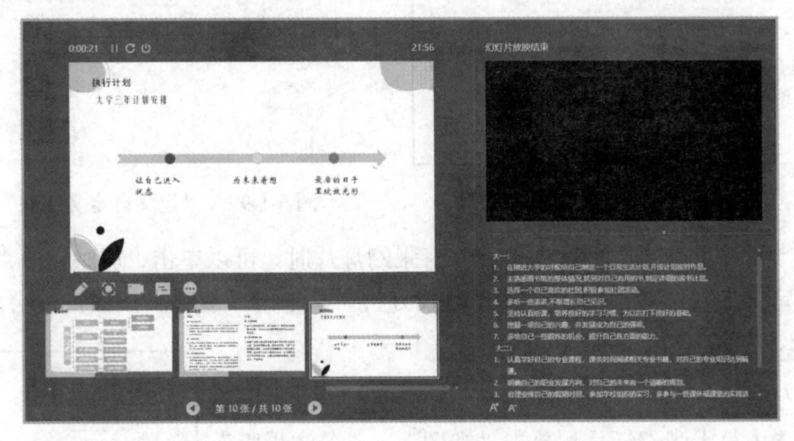

图 6-1-96　演讲者视图

6. 结束放映

在放映时，右击“结束放映”或按 Esc 键即可结束放映。

7. 打印幻灯片

打印内容可选择整页幻灯片、备注页、大纲、讲义等，为了节约纸张，可以将打印内容设置为讲义，并设置每页打印的幻灯片数、打印范围和纸张等，如图 6-1-97 所示。

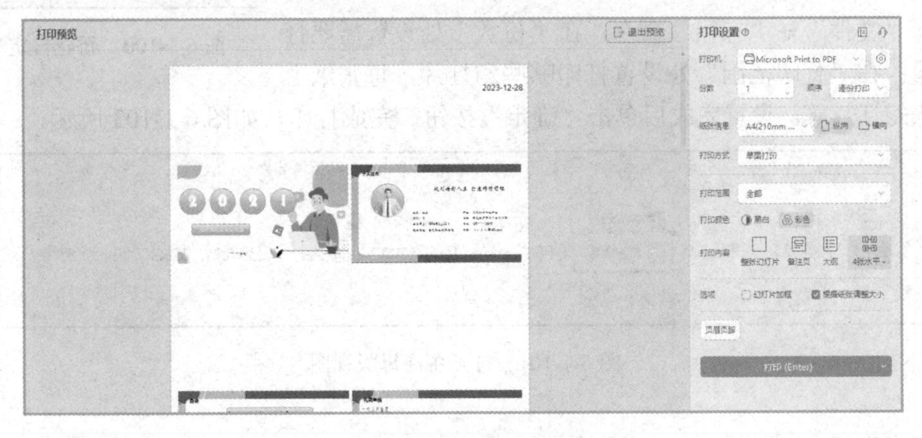

图 6-1-97　设置打印版式

【任务实施】

1. 自定义幻灯片放映

步骤①：单击“放映”→“自定义放映”按钮，在“自定义放映”对话框中单击“新建”按钮，如图 6-1-98 所示。

步骤②：在“定义自定义放映”对话框中设置“幻灯片放映名称”为“自我分析”，“在演示文稿中的幻灯片”中选择三张“认识自我”幻灯片，然后单击“添加”按钮，将三张幻灯片添加到“在自定义放映中的幻灯片”中，然后单击“确定”按钮，如图 6-1-99。

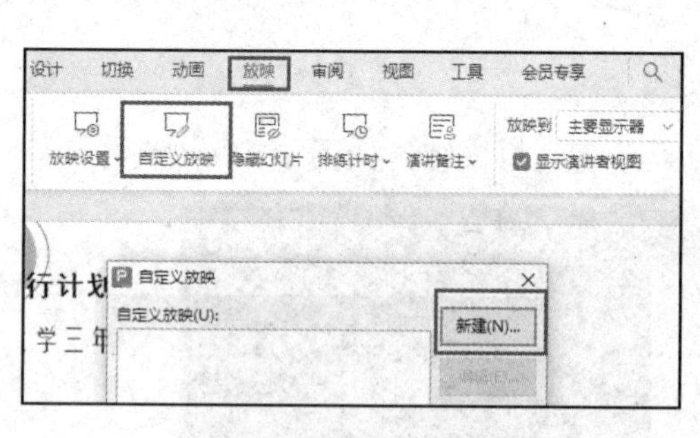

图 6-1-98　自定义放映

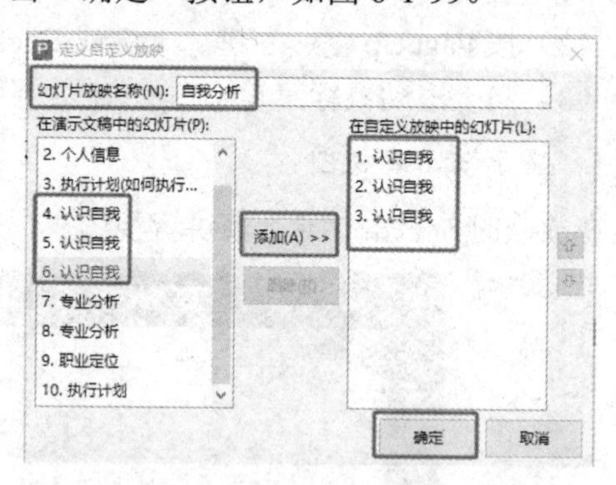

图 6-1-99　“定义自定义放映”对话框

步骤③：当需要单独播放“认识自我”三张幻灯片时，可以单击“放映”→“自定义放映”按钮，在“自定义放映”对话框中选择“自我分析”，单击“放映”按钮，就会单独放映“认识自我”三张幻灯片，如图 6-1-100 所示。

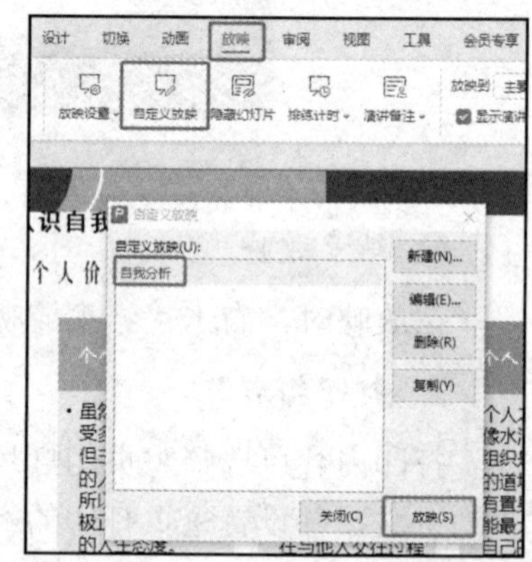

图 6-1-100　新建自定义放映

2. 打印幻灯片

步骤①：选中第十张幻灯片，单击“视图”→“备注母版”按钮，打开备注母版视图，如图 6-1-101 和图 6-1-102 所示。

步骤②：在备注母版视图中设置带有备注内容的幻灯片的打印效果，该视图中可以修改备注页打印时的方向、大小和页眉页脚打印情况等；设置完成后，单击“关闭”按钮关闭母版视图。

3. 打印文档

选择“文件”→“打印”命令，在“份数”处设置需要打印的数量；在“打印范围”处设置打印哪些幻灯片，每张纸上打印几张幻灯片等，设置完成后单击“确定”按钮，完成打印，如图 6-1-103 所示。

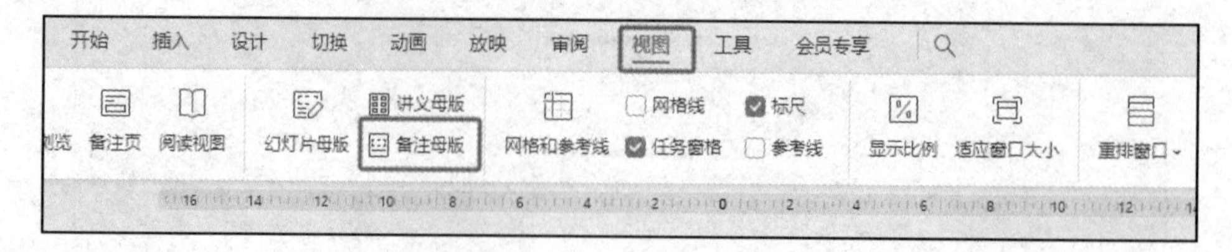

图 6-1-101　打开备注母版视图

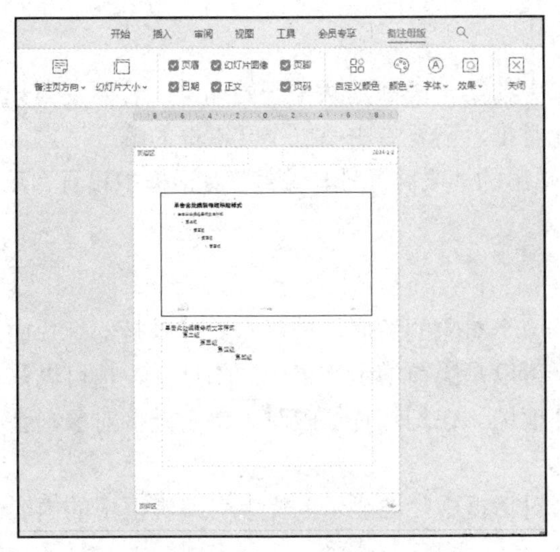

图 6-1-102　备注母版视图

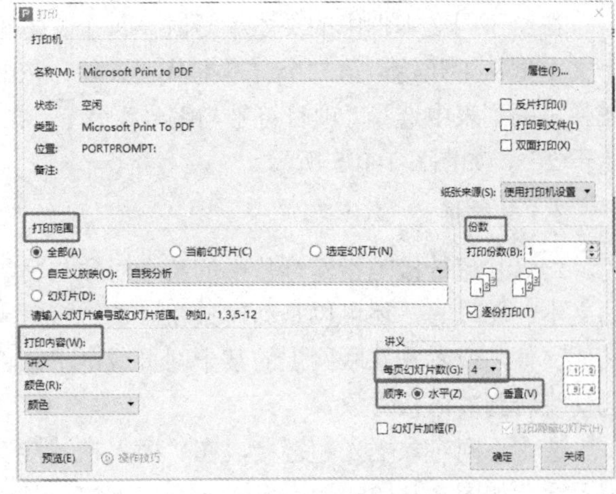

图 6-1-103　设置打印效果

【项目总结】

本子项目通过制作个人规划演示文稿，介绍了如何使用 WPS 演示来制作幻灯片、添加超链接和动作按钮、设置页眉和页脚、设置主题、设置放映方式和打印演示文稿等。如果需要在幻灯片之间进行跳转，可以使用超链接和动作按钮实现幻灯片之间的交互效果。

【知识拓展】

1. 使用对齐功能

对齐功能有三种模式：相对于幻灯片、相对于对象组、相对于后选对象。

（1）相对于幻灯片是指所选择的对象以幻灯片边缘为参考对齐。例如，在这种模式下，如果单击左对齐，那么所选择的对象将对齐到幻灯片的左侧边缘。

（2）相对于对象组是指以所选的对象对齐，不管其在幻灯片中的什么位置。例如，在这种模式下，如果设置左对齐，那么将以所选择对象的左侧边缘对齐。

（3）相对于后选对象是指以所选对象中最右侧和最下方的对象对齐。

还有一些其他对齐方式，如图 6-1-104 所示。常用的有以下几种：

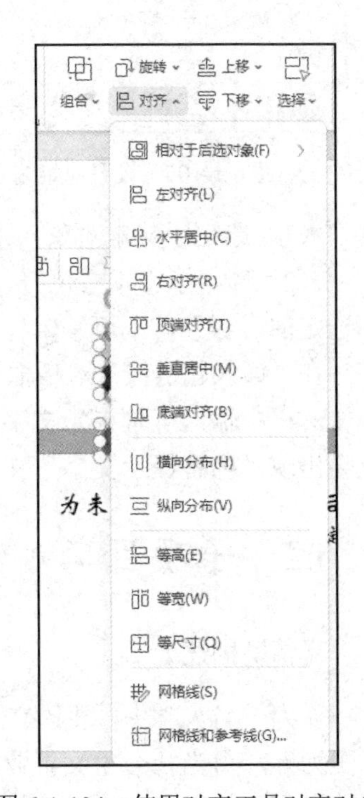

图 6-1-104　使用对齐工具对齐对象

- ❖ 水平居中：所有对象在垂直方向对齐。
- ❖ 右对齐：所有对象在右侧对齐。
- ❖ 顶端对齐：所有对象在顶端对齐。
- ❖ 垂直居中：所有对象在水平方向对齐。
- ❖ 底端对齐：所有对象在底端对齐。
- ❖ 横向分布：所有对象横向等距排列。
- ❖ 纵向分布：所有对象纵向等距排列。

2. 给文本框编辑起始编号

在给不同文本框中的文本编号时，每个文本框中的第一段都是从 1 开始编号；若要使第一个文本框从 1 开始，第二个文本框从 2 开始，依此类推，需要右击第二个文本框的编号“1”，在弹出的列表中选择“项目符号与编号”命令，在弹出的“项目符号与编号”对话框中设置“开始于 2”，如图 6-1-105 所示。

3. 超链接

幻灯片超链接是指幻灯片中的某个对象与另外一个对象的关联。链接对象可以是幻灯片中的文本、图片等，还可以是动作按钮。被链接对象可以是当前演示文稿中的幻灯片，也可以是其他文件，或者是互联网上的某个网页或电子邮件地址。在幻灯片放映时，单击链接对象，会自动跳转到被链接对象。

选中不同对象插入超链接，在“插入超链接”对话框中“要显示的文字”编辑框中的内容也不同，如图 6-1-106 所示。

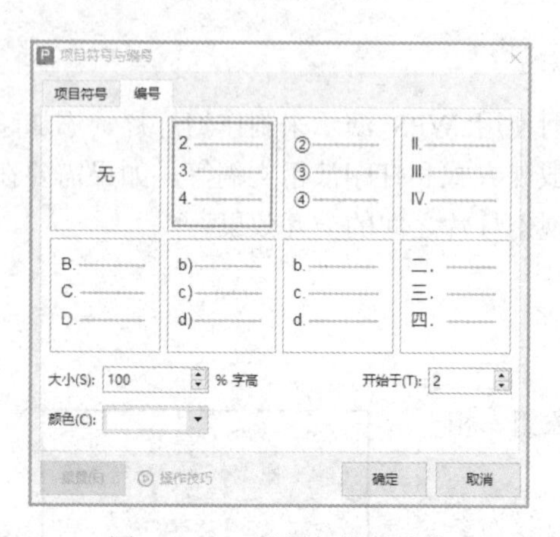

图 6-1-105　设置起始编号值

图 6-1-106　“插入超链接”对话框

（1）选定了文本对象，则“要显示的文字”编辑框的内容为选定的文本，并可以编辑。

（2）选定了文本占位符、文本框、图片等，则“要显示的文字”编辑框的内容为“在文档中选定的内容”，不可编辑。

在“插入超链接”对话框中单击“屏幕提示”按钮，弹出“设置超链接屏幕提示”对话框，在文本框中输入屏幕提示文字。在幻灯片放映视图中，把鼠标移动到带链接的对象上时，屏幕上会出现“屏幕提示文字”文本框中指定的文字。

6.2　子项目二　制作主题党日活动演讲幻灯片

6.2 子项目二课件

【情境描述】

作为一名大学生，要树立正确的党史观，学史明理、学史增信、学史崇德、学史力行，勇当社会主义事业接班人。在此，我们开设一场主题党日活动，作为主讲人的你需要制作一份关于庆祝建党 100 周年演示文稿，应怎样制作呢？

【问题提出】

（1）如何使用幻灯片母版统一幻灯片样式？

（2）如何排版更美观？

（3）如何制作流程图？

（4）如何给幻灯片添加艺术字，并修改艺术字样式？

（5）如何添加视频文件？

（6）如何给幻灯片对象添加动画交互效果？

（7）如何给幻灯片添加切换效果？

（8）如何添加图表？

（9）如何给幻灯片加密以保护文档？

6.2.1　任务一　在母版中设置幻灯片背景

【情境和任务】

情境：通过观察，我们发现从第二张幻灯片开始，每张幻灯片的背景样式都是相同的，为了避免每次新建一张幻灯片时都重复制作幻灯片背景，我们应该如何做呢？有没有简便的方法来制作统一格式的背景呢？

任务：在母版中设置幻灯片背景样式。

【相关资讯】

1. 排版

排版不是将图片、文字放在 WPS 演示页面中，凭感觉调整一下位置，而是充分使用参考线、网格线、标尺、对齐功能，甚至是插件来精准排版，熟练以后就会发现排版不再靠感觉，而是靠技巧。

2. 幻灯片母版

幻灯片母版存储了幻灯片的模板信息，包括字形、占位符的大小、主题和背景等。幻灯片母版的主要用途是使用户能方便地进行全局更改，如替换字形、添加背景等，并使更改应用到演示文稿中的所有幻灯片中，做统一格式修改。

单击“视图”→“幻灯片母版”按钮，打开幻灯片母版视图，左边的窗格为幻灯片缩略图窗格，第一个较大的为 WPS 母版缩略图，如图 6-2-1 所示，其余的为版式缩略图。

3. 幻灯片母版占位符

幻灯片母版中有以下占位符：标题占位符、对象占位符、日期占位符、页脚占位符和编号占位符。我们可以对占位符位置和大小进行修改，也可以对占位符中的对象进行修改；必要时可以插入占位符。

4. WPS 演示中的 3 种母版

幻灯片母版中所有更改都会影响基于该母版的幻灯片；母版中某一版式更改，都会影响基于该版式的所有幻灯片。WPS 演示有 3 种母版：幻灯片母版、讲义母版和备注母版。

（1）幻灯片母版：是幻灯片层次结构中的顶层幻灯片，用于存储有关演示文稿的主题和幻灯片版式的信息，包括前景、颜色、字体、效果、占位符的大小和位置等。

（2）讲义母版：设置讲义的统一格式，主要用于设置打印的效果。

（3）备注母版：如果幻灯片中有备注内容，在打印时需要一同打印，可以使用打印备注页内容。

【任务实施】

1. 在母版视图中设置标题幻灯片背景

步骤①：新建空白 WPS 演示文稿，打开幻灯片母版视图，单击幻灯片母版视图左侧缩略图中的母版缩略图，如图 6-2-2 所示。

图 6-2-1　WPS 母版缩略图

图 6-2-2　母版缩略图

步骤②：设置幻灯片页面大小。单击“设计”→“幻灯片大小”下拉按钮，选择“自定义大小”命令，打开“页面设置”对话框，设置页面宽度为 34cm、高度为 19cm，单击“确定”按钮，如图 6-2-3 所示，然后单击“确保合适”按钮，如图 6-2-4 所示。

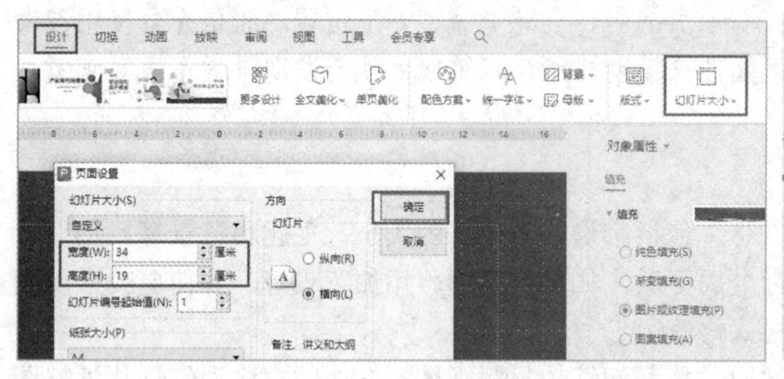

图 6-2-3　幻灯片大小

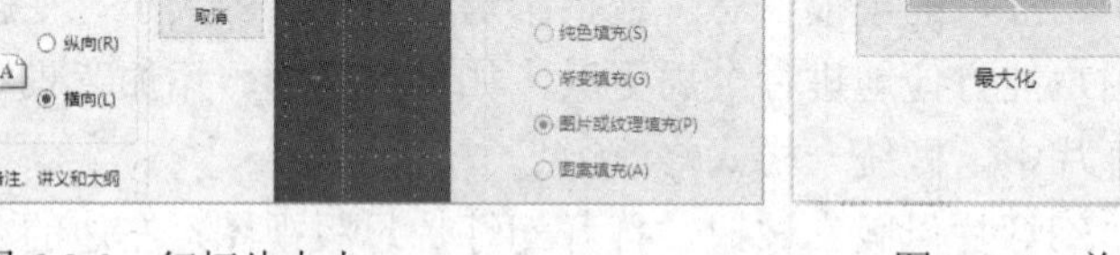

图 6-2-4　单击“确保合适”按钮

单击“设计”→“背景”下拉按钮，选择“背景填充”命令，弹出“对象属性”窗口，选中“图片或纹理填充”单选按钮，在“图片填充”处选择“本地文件”选项，如图 6-2-5 所示。打开“选择纹理”窗口，找到图片“标题背景.jpg”，单击“打开”按钮，如图 6-2-6 所示。

步骤③：在幻灯片母版缩略图中分别插入素材库中的“背景 1.jpg”和“背景 2.jpg”两张图片，两张图片摆放位置如图 6-2-7 所示。分别右击两张图片，在弹出的下拉菜单中选择“置于底层”命令，如图 6-2-8 所示。向下移动标题占位符，缩小对象占位符大小。根据需要调整左侧其他幻灯片母版中标题的位置和对象占位符大小。

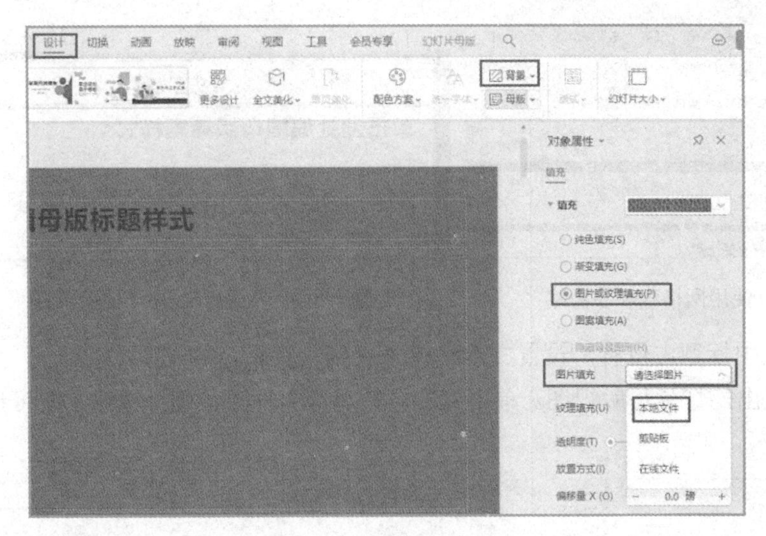

图 6-2-5　“对象属性”窗口

图 6-2-6　选择背景图片

图 6-2-7　图片摆放位置

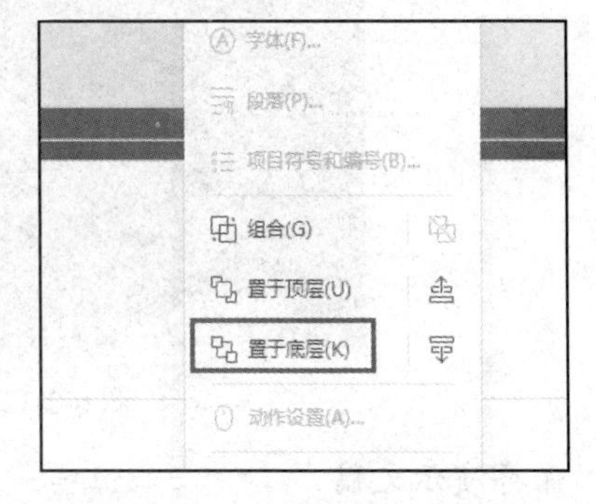

图 6-2-8　设置“置于底层”

步骤④：在“背景 1.jpg”图片处插入横排文本框，输入文本内容“党史学习”，并将文本格式设置为“深红色，黑体，32 磅”。

步骤⑤：在“视图”中选中“网格线”和“参考线”复选框，如图 6-2-9 所示。移动“党史学习”文本框，使其在垂直参考线左侧。使用网格线和参考线可以精准调整对象位置。

步骤⑥：在“党史学习”文本框右侧插入素材库中的图片“小图标.png”，效果如图 6-2-10 所示。

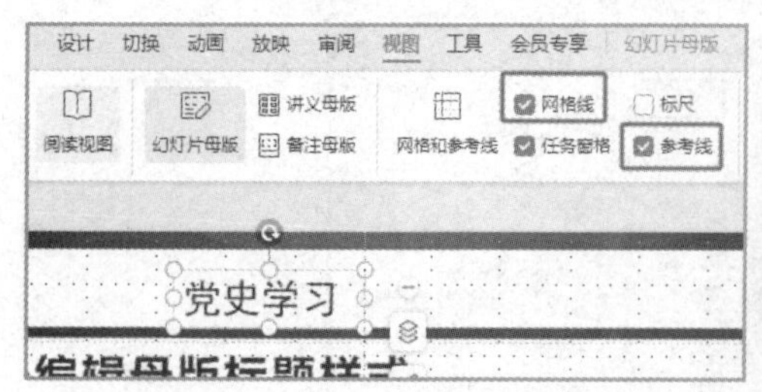

图 6-2-9　使用网格线和参考线

图 6-2-10　插入图标

步骤⑦：选中标题占位符，设置文本格式为“华文行楷，44 磅，红色”。

步骤⑧：退出幻灯片母版视图。单击“幻灯片母版”→“关闭”按钮，即可退出母版视图，如图 6-2-11 所示。

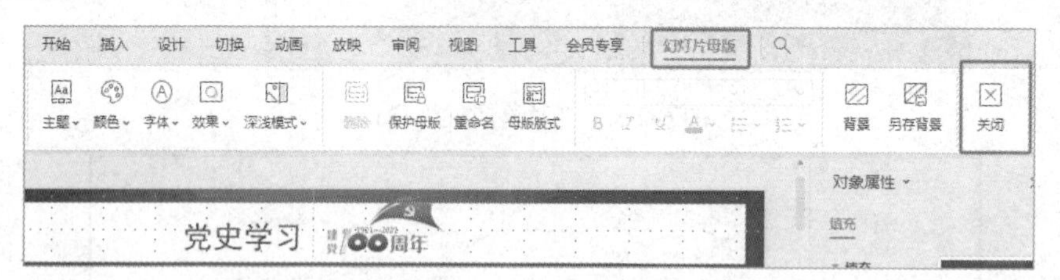

图 6-2-11　关闭母版视图

2. 设置标题幻灯片背景

如图 6-2-12 所示，选中标题幻灯片，单击“设计”→“背景”按钮，在弹出的“对象属性”窗口中选中“隐藏背景图形”复选框，此时两个白色背景图片在标题幻灯片中不予显示。

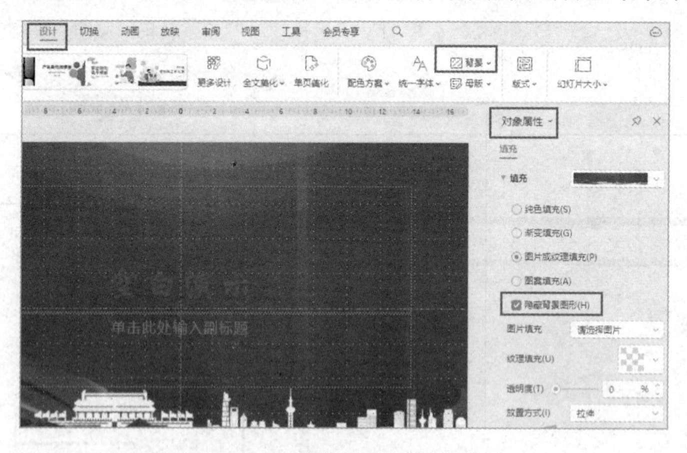

图 6-2-12　隐藏标题幻灯片背景

3. 保存演示文稿

选择“文件”→“保存”命令，在“另存为”对话框中选择文件保存路径，设置文件名为“学习党史”，选择文件类型为“WPS 演示文件”。

6.2.2　任务二　制作 12 张幻灯片

【情境和任务】

情境：幻灯片背景已经制作完成，背景决定了整个演示文稿的风格，接下来我们就要基于背景制作每一张幻灯片的具体内容。

任务：制作 12 张幻灯片。

【相关资讯】

1. 使用图表

在演示文稿中可以插入图表，以增加数据的可读性，特别是演示文稿的每张幻灯片的演示时间不长，观众不可能详细读取数据，使用图表更一目了然；与 WPS 表格中一样，WPS 演示也可以编辑图表标题、坐标轴、网格线以及绘图区等。

2. 示意图

示意图类似于图表，但图表是对数据的精确表示，而示意图是传达数据变化趋势。演示文稿不同于 WPS 表格文件，有时不需要精确表达数据变化，只需要向观众传达数据变化趋势而已，此时可以制作示意图，不仅美观，而且也能达到突出主题的目的。

3. 插入视频

视频是 WPS 演示中特殊的内容元素，其作用是图片、文字、图形无法取代的。视频通过动态的画面，结合声音，真实生动地进行展示，即富有感染力，又能增强演示文稿的说服力。但是插入视频不是为了博人眼球，而是要讲究目的、讲究技巧地带给观众好感。

【任务实施】

1. 制作第一张幻灯片

步骤①：在标题占位符中输入“百年恰是风华正茂”，设置字体大小为 88 磅。

步骤②：选中“百年恰是风华正茂”文本，单击“文本工具”→“文本填充”下拉按钮，选择“更多设置”命令，如图 6-2-13 所示，弹出“对象属性”窗口。

步骤③：在“对象属性”窗口中选择“文本选项”选项卡，选中“渐变填充”单选按钮，选择渐变样式：射线渐变（从左上角），设置停止点 1 为黄色，位置为 15%，停止点 2 为白色，位置为 50%，停止点 3 为黄色，位置为 90%，如图 6-2-14 所示。

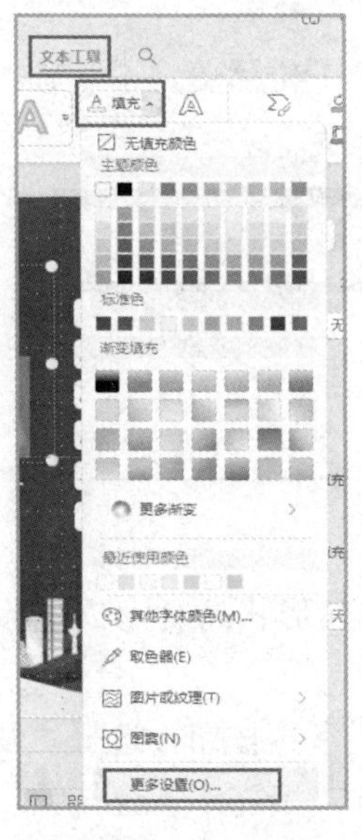

图 6-2-13　打开“对象属性”窗口

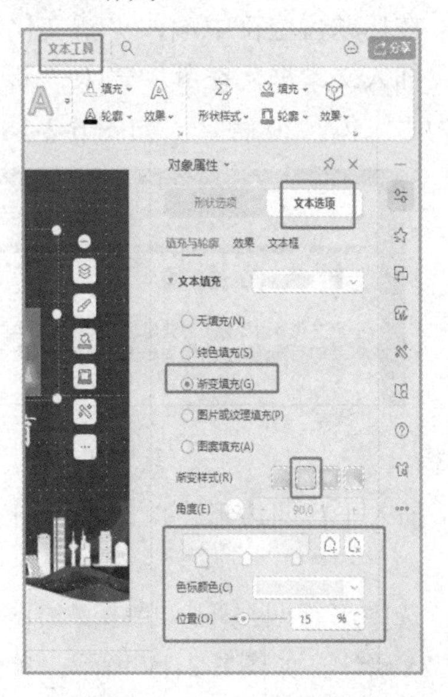

图 6-2-14　设置文本填充

选中文本“百年恰是风华正茂”，单击“文本工具”→“效果”下拉按钮，选择“发光”→橙色，11pt发光，着色3效果，如图6-2-15所示。

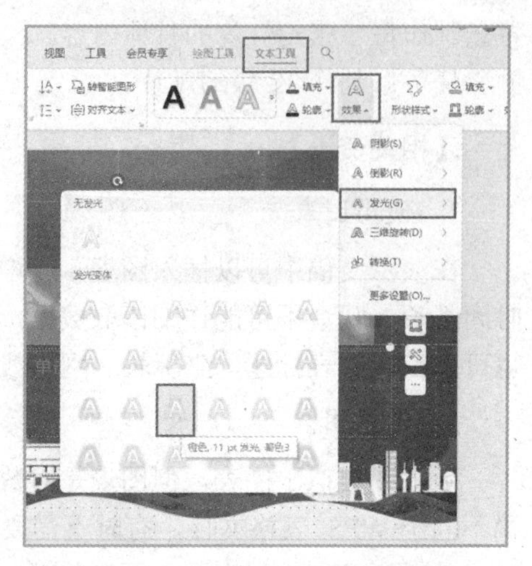

图6-2-15　设置艺术字发光效果

步骤④：在副标题占位符中输入“2021党支部庆祝建党100周年党史教育”，并将文本格式设置为“华文行楷，44磅，黄色”。

步骤⑤：选中副标题“2021党支部庆祝建党100周年党史教育”，单击“文本工具”→“效果”下拉按钮，选择“阴影”命令，在“外部”栏中选择“左下斜偏移”效果，如图6-2-16所示。

步骤⑥：在第一张幻灯片中插入“党徽.jpg”图片，拖动党徽将其放置在垂直参考线、第一条和第二条水平网格线中间位置，第一张幻灯片效果如图6-2-17所示。

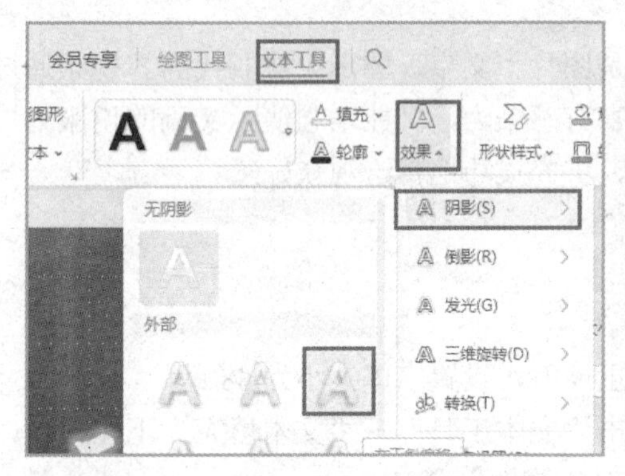

图6-2-16　给文本内容添加阴影效果

图6-2-17　第一张幻灯片效果

2. 制作第二张幻灯片

步骤①：新建一张幻灯片，版式为“仅标题”。

步骤②：在标题占位符中输入“新文化运动”。

步骤③：插入文本框，在其中输入“新文化运动打破了……传播奠定了基础。”，并将文本格式设置为“宋体，20磅”，如图6-2-18所示。

图6-2-18　标题和文本框效果

步骤④：插入平行四边形，单击“绘图工具”按钮，修改其形状高度为2厘米、宽度为16厘米。

步骤⑤：选中平行四边形，单击“绘图工具”→“轮廓”下拉按钮，选择“红色”→“线型”选择“2.25磅”，如图6-2-19所示。单击“绘图工具”→“填充”下拉按钮，选择“无填充颜色”命令。

步骤⑥：在平行四边形中输入文本“四个提倡、四个反对”，并将文本格式设置为“32 磅，红色”。选中该文本，单击“开始”→“分散对齐”按钮，将“四个提倡、四个反对”文字分散对齐，如图 6-2-20 所示。

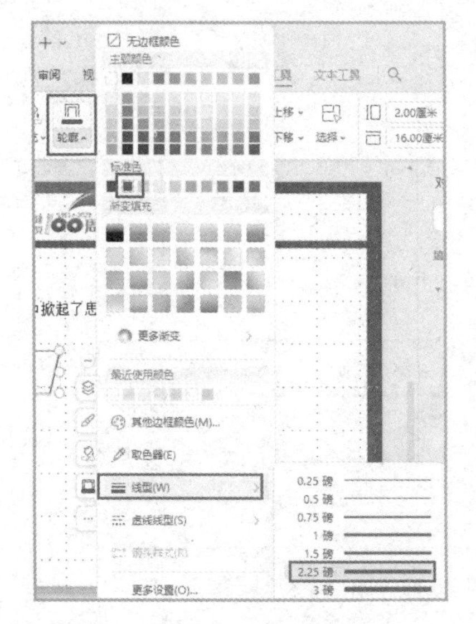

图 6-2-19　设置形状轮廓

图 6-2-20　设置文本分散对齐

步骤⑦：插入两张图片。在第二张幻灯片中插入图片“新文化运动 1.jpg”和“新文化运动 2.jpg”，放置到适当位置，如图 6-2-21 所示。

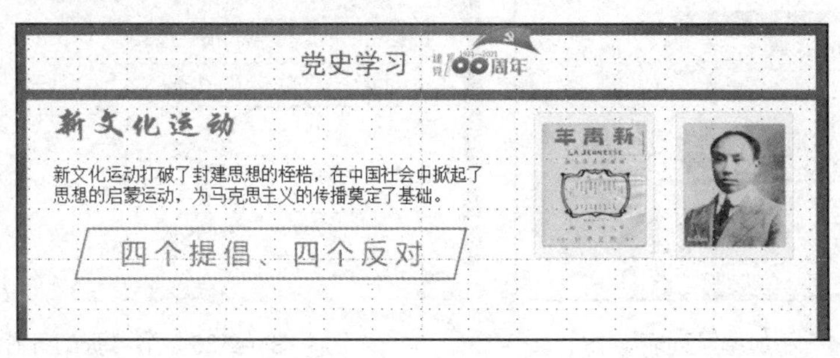

图 6-2-21　插入图片

步骤⑧：在下方插入 4 条横线，为了使横线长度一致，可以先画一条，修改其长度为 28 厘米，再复制横线。使第一条横线对齐倒数第三条平行网格线，第四条横线对齐倒数第一条平行网格线。同时选中 4 条横线，单击“绘图工具”→“对齐”下拉按钮，选择“纵向分布”和“左对齐”命令，使 4 条横线间距相等，如图 6-2-22 所示。

步骤⑨：插入文本框，设置文本框边框为“无边框”，填充色为 “无填充颜色”，输入素材中的文本“提倡民主，反对专制。……反对旧文学。”，并将其文本格式设置为“仿宋，24 磅，倾斜”；单击“开始”→“段落”按钮，打开“段落”对话框，选择“缩进和间距”选项卡，修改行距为“固定值”，设置值为“40 磅”，单击“确定”按钮，如图 6-2-23 所示。

步骤⑩：选中文本“提倡民主……反对旧文学。”，给段落添加编号，如图 6-2-24 所示。适当调整文本框大小，使每段文字在一行显示，将文本框放置到合适位置，第二张幻灯片效果如图 6-2-25 所示。

图 6-2-22　对齐横线

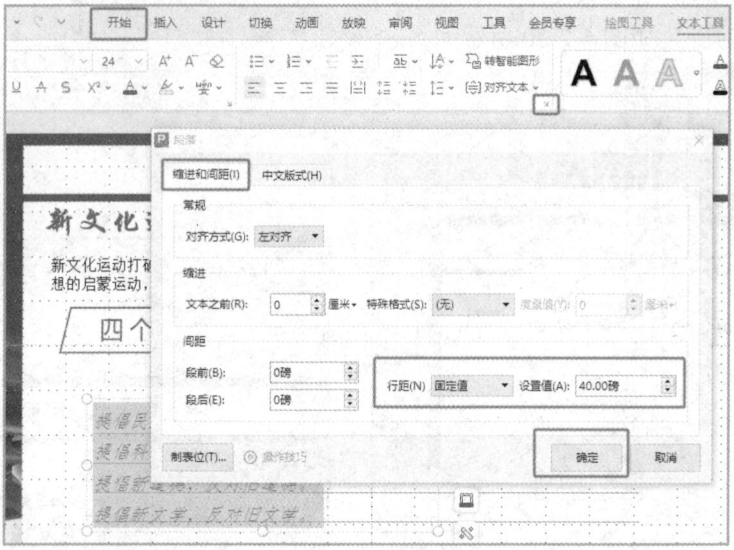

图 6-2-23　设置行距

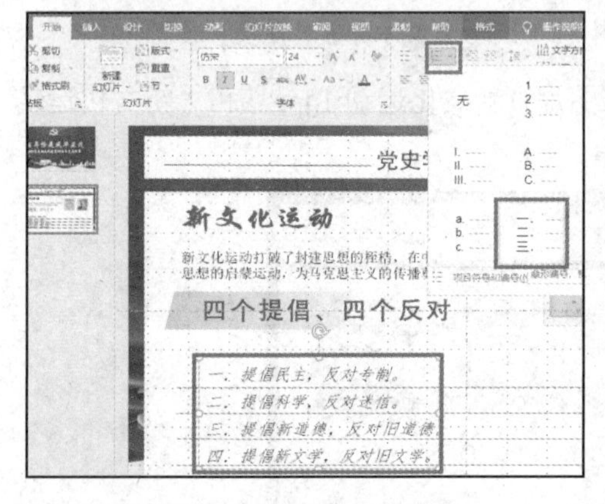

图 6-2-24　添加编号列表

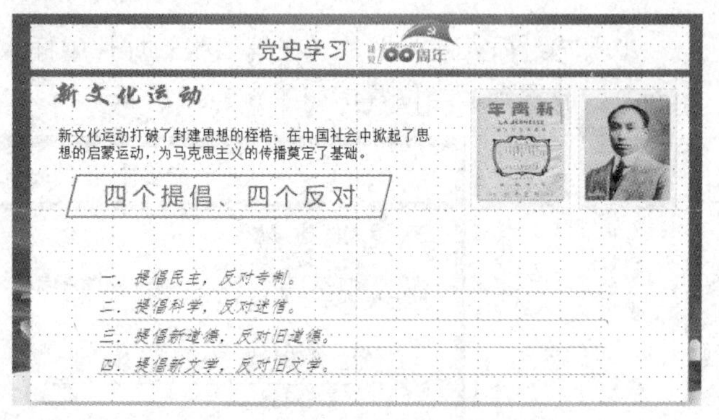

图 6-2-25　第二张幻灯片效果

3. 制作第三张幻灯片

步骤①：新建幻灯片，版式为“图片与标题”。

步骤②：在标题占位符中输入“五四运动”。

步骤③：在标题占位符下方的对象占位符中输入素材中的文本“1919 年 1 月 18 日，……为中国共产党的成立准备了条件。”，并将其文本格式设置为“仿宋，20 磅”。

步骤④：选中“1919 年 1 月 18 日……成立准备了条件”文本，单击“文本工具”→“项目符号”下拉按钮，如图 6-2-26 所示，在弹出的列表中选择“实心正方形项目符号”选项，给 3 段文字添加项目符号。

步骤⑤：在幻灯片左侧添加图片。单击对象占位符中的“图片”按钮，弹出“插入图片”对话框，选择图片“五四运动 1.jpg”，单击“打开”按钮，即可插入一张图片，适当调整图片大小。

步骤⑥：选中图片单击“图片工具”→“边框”下拉按钮，选择“图片边框”→“更多边框”命令，在打开的“对象美化”窗口中，选择“边框”→筛选“免费”边框→单击合适边框，如图 6-2-27 和图 6-2-28 所示，完成后第三张幻灯片效果如图 6-2-29 所示。

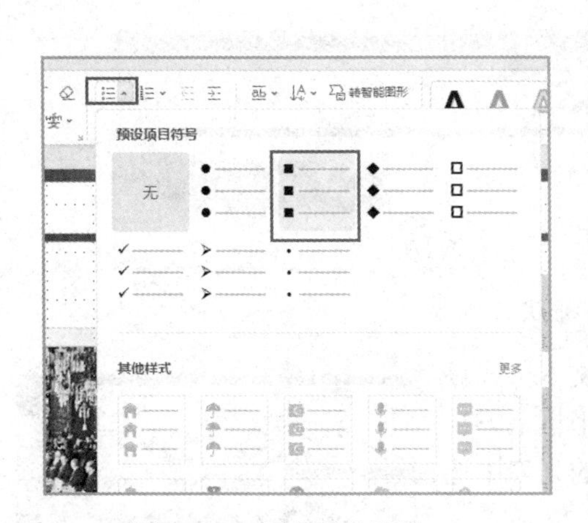

图 6-2-26　添加项目符号

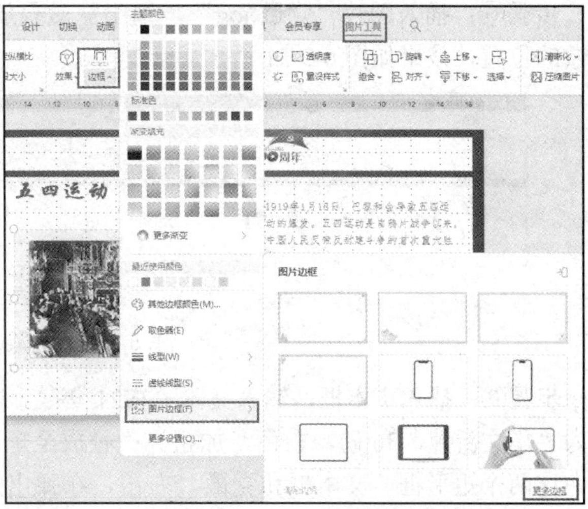

图 6-2-27　打开“对象美化”窗口

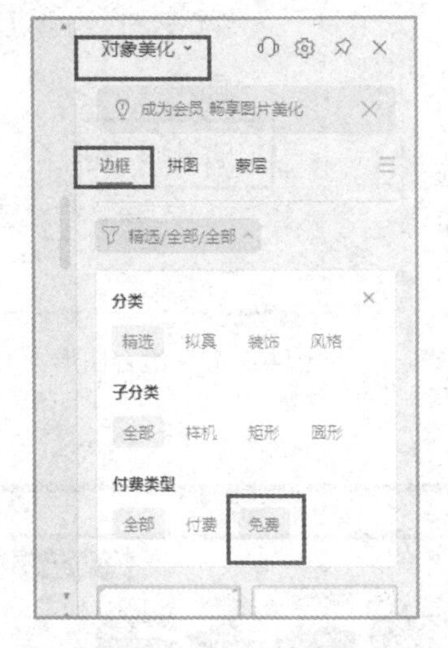

图 6-2-28　选择边框

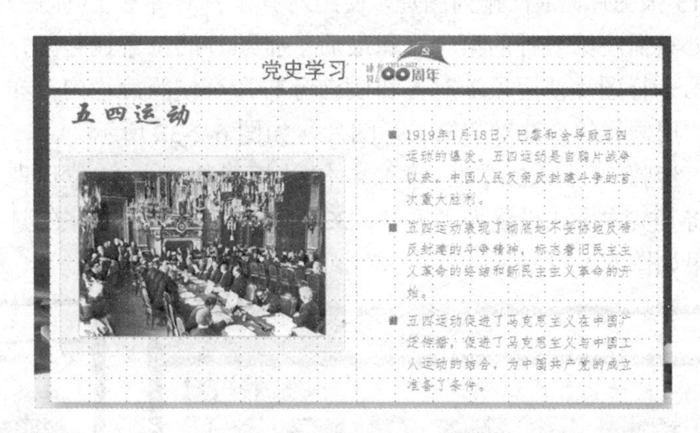

图 6-2-29　第三张幻灯片效果

4. 制作第四张幻灯片

步骤①：新建一张幻灯片，版式为“仅标题”。在标题占位符中输入“中共一大召开”。

步骤②：在幻灯片右侧插入矩形框，并设置形状高度为 2cm、宽度为 7cm。填充色为“白色，背景 1，深色 35%”；形状轮廓为“无轮廓”。

步骤③：再插入一个矩形，并设置形状高度为 1.5cm、宽度为 6.5cm；形状轮廓为“无轮廓”；在“填充”下拉列表中选择“其他填充颜色”选项，在弹出的“颜色”对话框中设置如下：颜色模式：RGB；红色：220；绿色：50；蓝色：15。单击“确定”按钮，如图 6-2-30 所示。

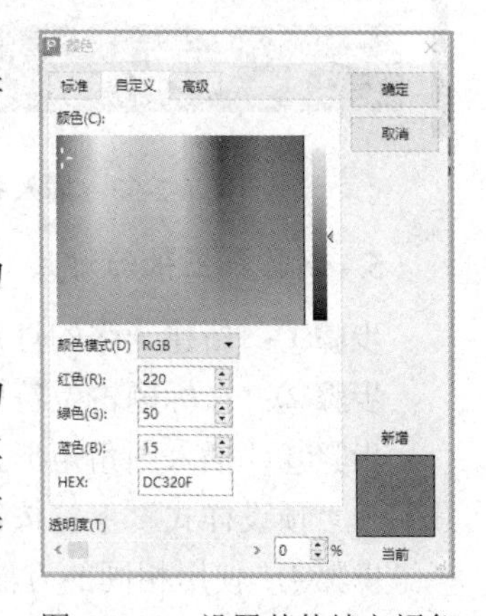

图 6-2-30　设置其他填充颜色

步骤④：选中两个矩形，使用对齐工具中“水平居中”和“垂直居中”按钮，使两个矩形中心对齐。

步骤⑤：插入图片“党徽.jpg”，缩小党徽叠放至矩形框上面，按键盘中的方向键微调党徽的位置，效果如图 6-2-31 所示。

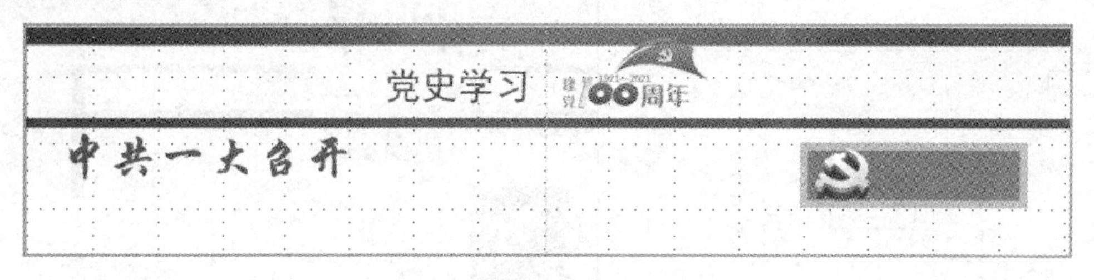

图 6-2-31　党徽和形状

步骤⑥：插入文本框，输入文本“1921 年”，文本格式设置为“华文新魏，36 磅，白色，加粗”；叠放至矩形框上方，选中这两个矩形框、文本框和党徽，右击，在弹出的列表中选择“组合”命令，将 4 个对象组合在一起，如图 6-2-32 所示。组合后的图形可以作为一个整体对象进行移动操作。

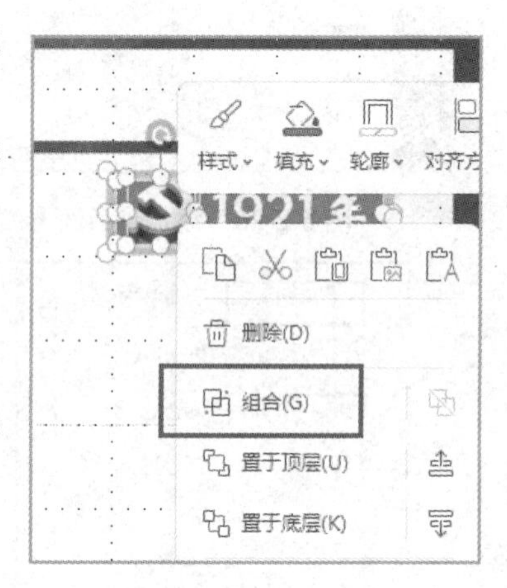

图 6-2-32　组合图形

步骤⑦：插入图片“中共一大 1.jpg”至“中共一大 13.jpg”，共 13 张图片，依次排列图片，使用对齐工具对齐这 13 张图片，此处只需将第一行的第一张和最后一张照片的位置调整好，选中第一行图片使用顶端对齐和横向分布命令使照片均匀分布即可，用同样的方法对齐第二行图片，如图 6-2-33 所示。

步骤⑧：插入文本框，输入文本“出席党的一大 13 位代表”，并将其文本格式设置为“隶书，32 磅，红色”，第四张幻灯片效果如图 6-2-34 所示。

图 6-2-33　插入并对齐图片

图 6-2-34　第四张幻灯片效果

5. 制作第五张幻灯片

步骤①：新建一张幻灯片，版式为“仅标题”。

步骤②：在标题占位符中输入“长征胜利”。

步骤③：插入圆角矩形，设置形状高度为 1.5cm、宽度为 4 cm；选中矩形，单击“绘图工具”→“预设样式”下拉按钮，选择“填充-实线-阴影”样式，如图 6-2-35 所示。

步骤④：使用相同的方法插入向右的箭头，设置形状高度为 1 cm、宽度为 3 cm；样式为“填充-实线-阴影”，绿色，如图 6-2-36 所示，复制矩形和箭头，如图 6-2-37 所示排列。

步骤⑤：选中第二行箭头，单击“绘图工具”→“旋转”下拉按钮，在下拉列表中选择“水平翻转”命令，如图 6-2-38 所示，使用旋转工具调整其他箭头方向，效果如图 6-2-39 所示。

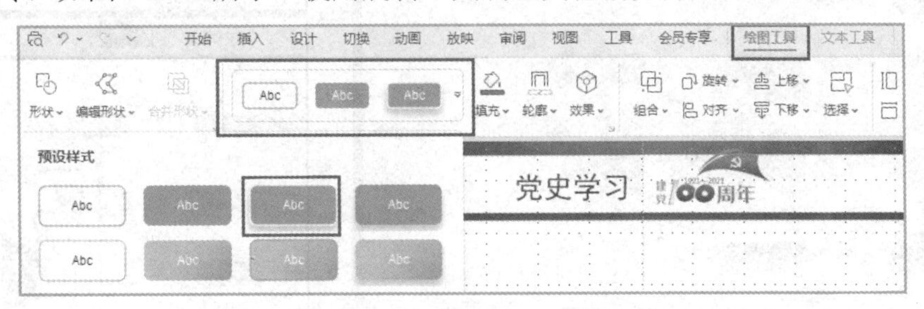

图 6-2-35　给矩形添加样式

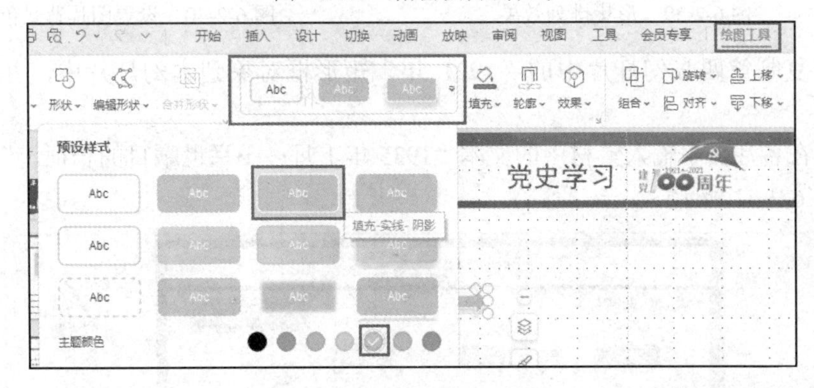

图 6-2-36　给箭头添加样式

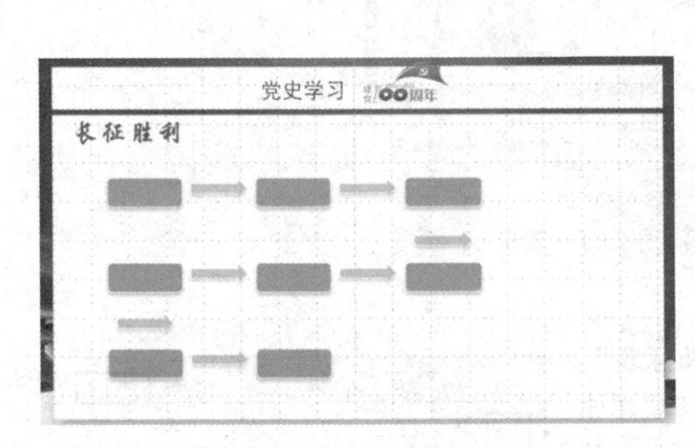

图 6-2-37　添加图形效果

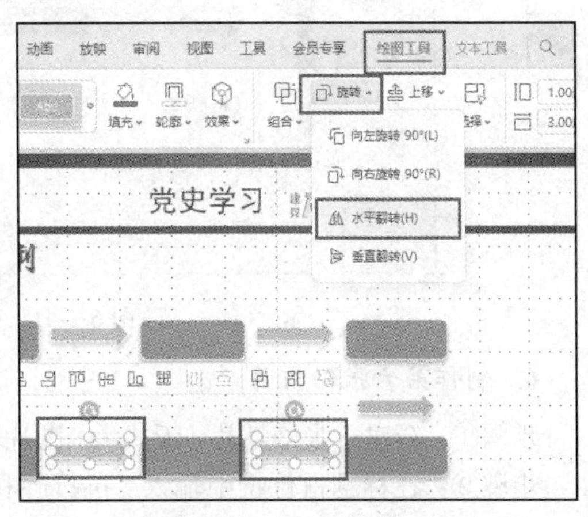

图 6-2-38　改变箭头方向

提示：此处可以使用对齐工具，使矩形框和箭头上下左右对齐，同时使用键盘上的方向键进行微调；在使用对齐工具时，应以网格线和参考线作为参考，分别对齐行和列。

步骤⑥：在矩形中分别输入文本“瑞金”“血战湘江”“遵义会议”“强渡大渡河”“飞夺泸定桥”“爬雪山”“过草地”“延安”，并将文本格式设置为“白色，20 磅”，适当调整矩形框大小，使文字在一行显示。

步骤⑦：插入图片“长征 2.jpg”，选中图片，单击“图片工具”→“设置透明色”按钮，在图片的白色背景处单击，删除图片背景色，如图 6-2-40 所示。

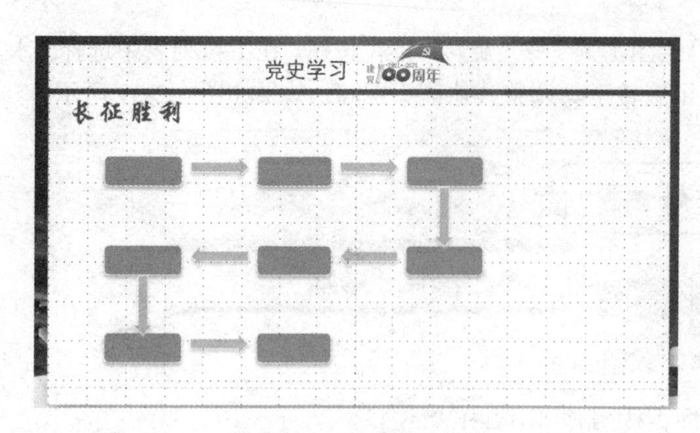

图 6-2-39　形状排列效果

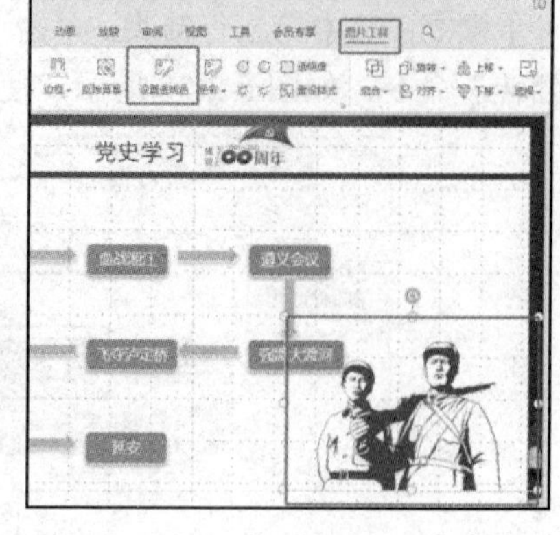

图 6-2-40　设置图片背景色为透明色

步骤⑧：复制第四张幻灯片中的“1921 年”矩形框对象到本幻灯片中，并修改年份为 1935 年。

步骤⑨：在备注页中输入素材中的文本“1935 年 1 月……举世瞩目的长征。”，第五张幻灯片效果如图 6-2-41 所示。

图 6-2-41　第五张幻灯片效果

6. 制作第六张幻灯片

步骤①：新建一张幻灯片，版式为“图片和标题”。

步骤②：在标题占位符中输入“抗日胜利”。单击左侧对象占位符“插入图片”按钮，插入图片“抗日战争胜利.png”，并适当调整图片大小。

步骤③：选中图片，单击“图片工具”→“效果”下拉按钮，选择“倒影”→“紧密倒影，接触”效果，如图 6-2-42 所示。

步骤④：复制第四张幻灯片中的“1921 年”矩形框对象到本幻灯片，并修改年份为“1945”。

步骤⑤：在文本占位符中输入素材中的文本“1945 年 9 月 2 日在美国军舰‘密苏里’号……成为中国人民抗日战争胜利纪念日。”，并适当调整文本格式。

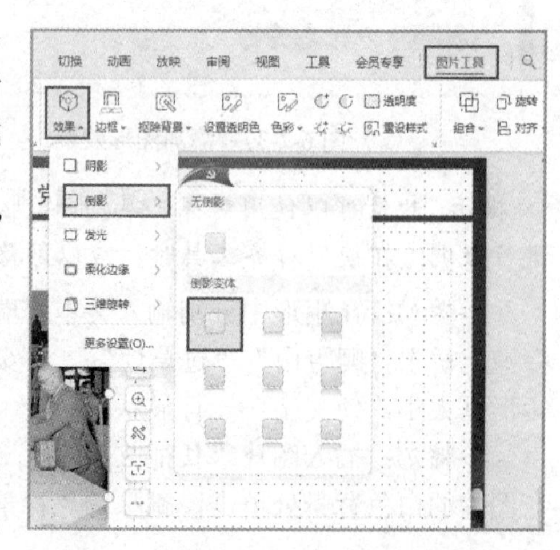

图 6-2-42　设置图片效果

将“1945 年 9 月 2 日……在投降书上签字。”文本格式设置为“仿宋，20 磅，红色”，其余文本的文本格式设置为“仿宋，20 磅，黑色”，第六张幻灯片效果如图 6-2-43 所示。

图 6-2-43　第六张幻灯片效果

7. 制作第七张幻灯片

步骤①：新建一张幻灯片，版式为“仅标题”。

步骤②：在标题占位符中输入“中华人民共和国成立”。

步骤③：复制第六张幻灯片的年份矩形框到第七张幻灯片中，将年份改为“1949”。

步骤④：插入艺术字。单击“插入”→“艺术字”按钮，在弹出的列表中选择第二行第四列的艺术字样式，在艺术字占位符中输入“开国大典”，并将文本格式设置为“隶书，80 磅”。

步骤⑤：如图 6-2-44 所示，选中艺术字，单击“文本工具”→“效果”下拉按钮，选择“转换”→“朝鲜鼓”效果。

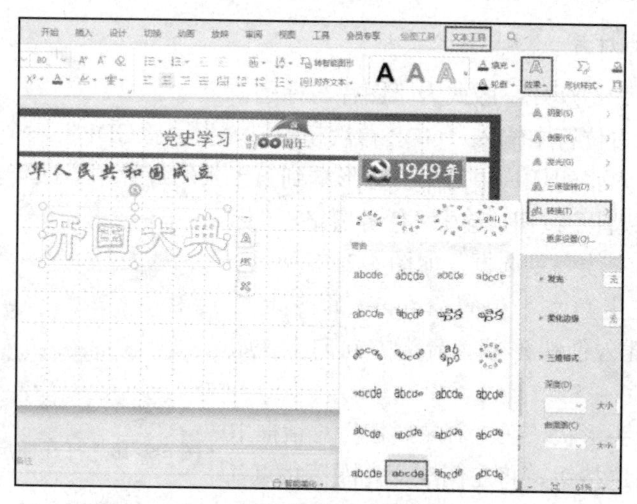

图 6-2-44　设置艺术字“朝鲜鼓”效果

步骤⑥：插入图片“开国大典 1.png”和“开国大典 2.png”，调整大小，并放置在合适的位置。

步骤⑦：插入文本框，输入素材中的文本“1949 年 10 月 1 日……富强的新中国。”，效果如图 6-2-45 所示。

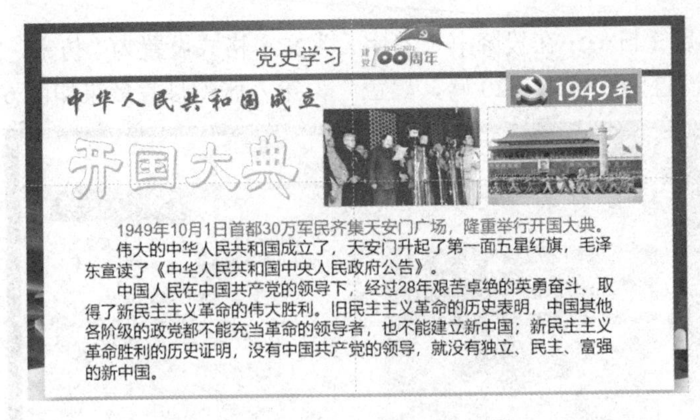

图 6-2-45　第七张幻灯片效果

8. 制作第八张和第九张幻灯片

用上述方法制作第八张和第九张幻灯片，如图 6-2-46 和图 6-2-47 所示。

图 6-2-46　第八张幻灯片效果

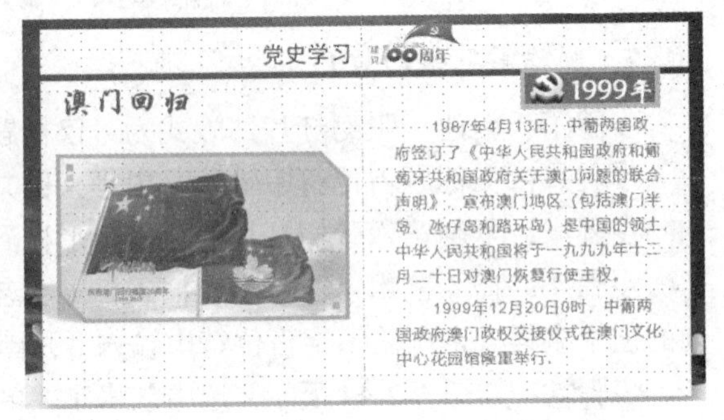

图 6-2-47　第九张幻灯片效果

9. 制作第十张幻灯片

步骤①：新建一张幻灯片，版式为“图片与标题”。

步骤②：在标题占位符中输入“GDP 首次超越日本”，“GDP”三个字母字体为 Calibri。

步骤③：复制第六张幻灯片中的年份矩形框到第十张幻灯片中，改年份为“2010”。

步骤④：单击“视图”按钮，选中“任务窗格”“标尺”“网格线”“参考线”复选框，如图 6-2-48 所示。

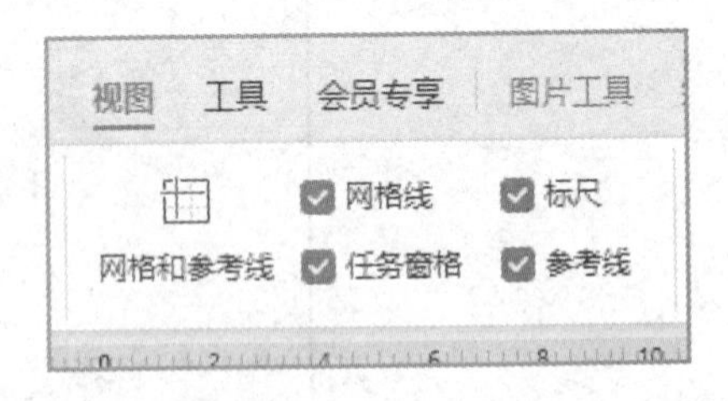

图 6-2-48　打开标尺、网格线和参考线功能

步骤⑤：在距左上角水平位置 14cm、距左上角垂直位置 2.5cm 处插入箭头形状，箭头方向向上，如图 6-2-49 所示。

步骤⑥：选中箭头形状，在“对象属性”对话框中选中“渐变填充”单选按钮，将左侧渐变光圈停止点 1 设置为红色，位置为 0；右侧渐变光圈停止点 2 设置为白色，位置为 100，删除多余的停止点，如图 6-2-50 所示。

步骤⑦：设置箭头形状轮廓为“无边框颜色”，高度为 10cm、宽度为 0.5cm。

步骤⑧：复制箭头，选中新复制的箭头，单击“绘图工具”→“旋转”下拉按钮选择“向右旋转 90°”命令，如图 6-2-51 所示。

步骤⑨：设置新复制的箭头的形状高度为 14cm，并放置到合适位置，效果如图 6-2-52 所示。

图 6-2-49　插入箭头形状

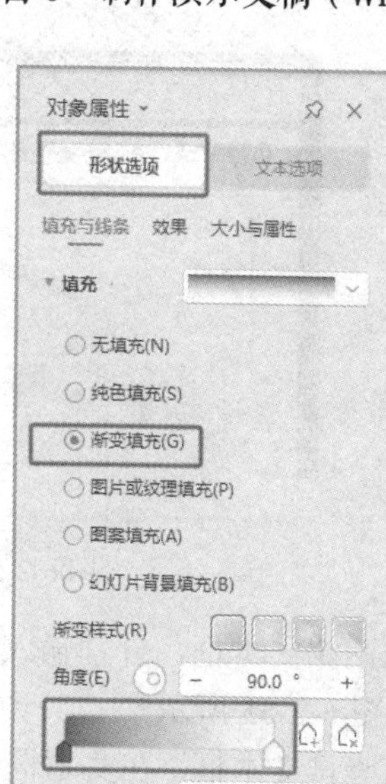
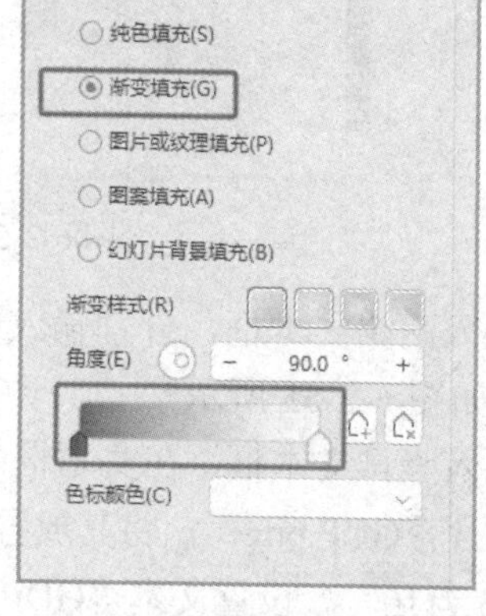

图 6-2-50　设置渐变色光圈颜色

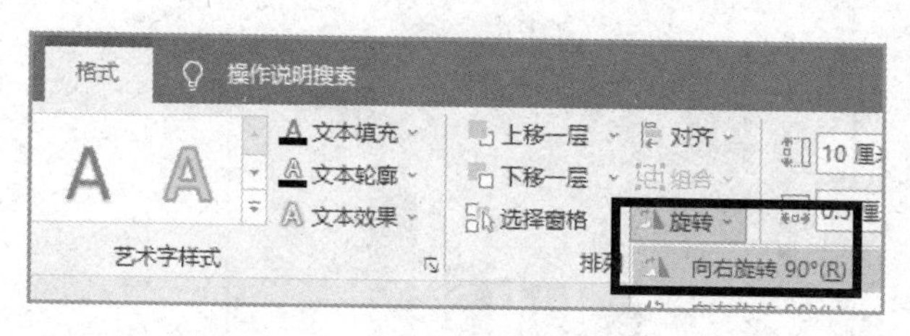

图 6-2-51　设置箭头形状方向

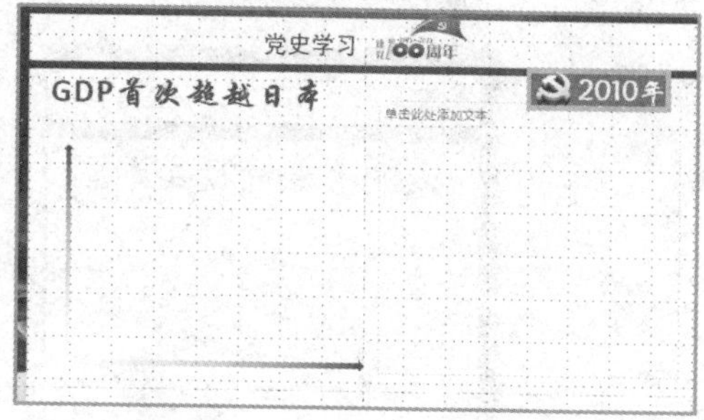

图 6-2-52　绘制两个相互垂直的箭头

步骤⑩：再次复制箭头，设置箭头宽度为 1cm，选中并拖动按钮，调整箭头方向，如图 6-2-53 所示。

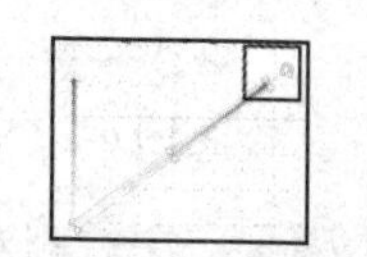

图 6-2-53　绘制斜上方箭头

步骤⑪：绘制矩形 1。插入矩形，设置形状高度为 2cm，宽度 1.5cm；设置矩形渐变填充样式为“线性渐变（向下）”，填充颜色为“灰色”至“白色”从上向下线性渐变；形状轮廓为“无边框颜色”。

步骤⑫：绘制矩形 2，设置形状高度为 3cm，宽度 1.5cm；选中矩形 1，单击“绘图工具”→“格式刷”按钮，鼠标变为刷子形状，在矩形 2 上单击，令矩形 2 与矩形 1 相同样式。

步骤⑬：绘矩形 3 和矩形 4。绘制矩形 3、矩形 4，设置矩形 3 的形状高度为 3.5cm，宽度 1.5cm，矩形 4 的形状高度为 4cm，宽度 1.5cm；使用相同的方法设置矩形 3 和矩形 4 的样式。

步骤⑭：绘矩形 5。绘制矩形 5，设置其形状高度为 6cm，宽度 1.5cm，设置矩形填充色为“红色”至“白色”从上向下线性渐变。

步骤⑮：选中 5 个矩形，使用对齐工具中的“横向分布”命令使 5 个矩形间距相等，效果如图 6-2-54 所示。

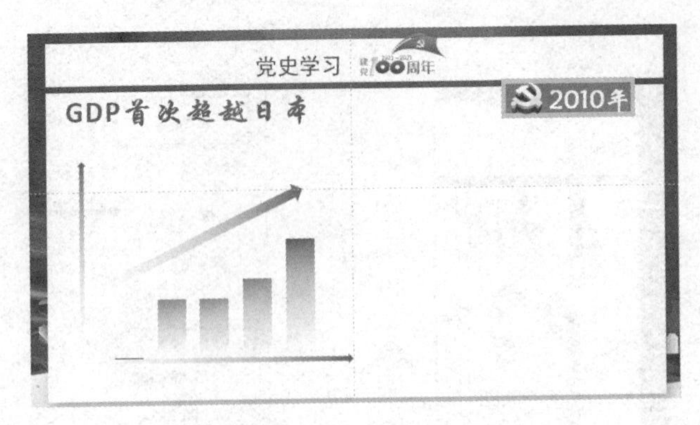

图 6-2-54　绘制示意图效果

步骤⑯：插入两个文本框，分别输入年份“1978”和“2018”，分别放置到矩形 1 和矩形 5 的下方，效果如图 6-2-55 所示。

步骤⑰：插入竖排文本框，在文本框中输入“国内生产总值（万元）”，适当调整其位置。插入素材库中图片“GDP.png”，将其放置到合适位置。插入两个文本框，分别输入“GDP 世界第二”和“91.93 万亿”。设置文本“GDP 世界第二”格式为“24 磅，微软雅黑，红色”；设置文本“91.93 万亿”格式为“20 磅，微软雅黑，红色”，放置到合适位置，效果如图 6-2-56 所示。

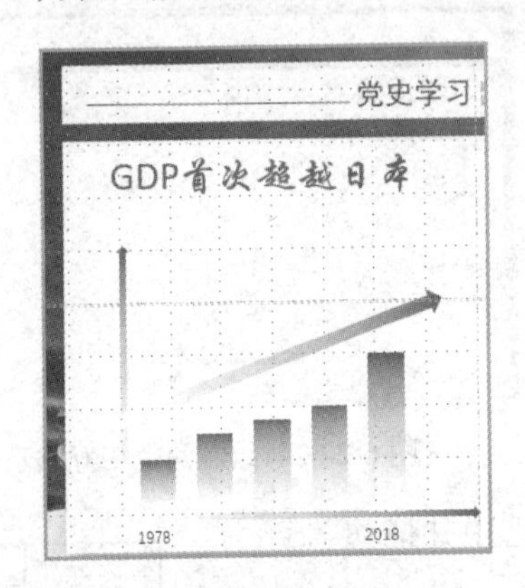

图 6-2-55　插入年份文本框

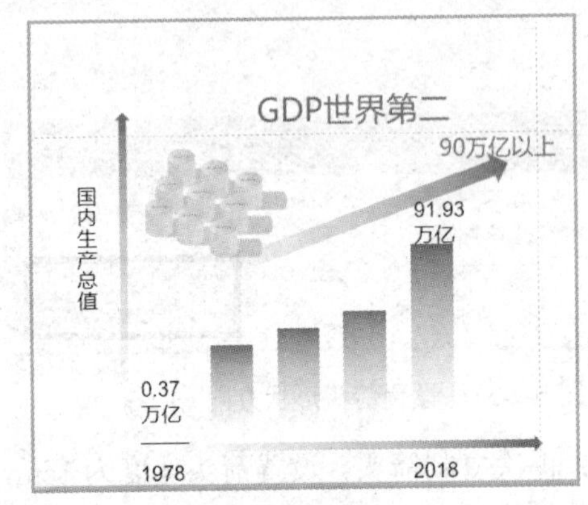

图 6-2-56　示意图最终效果图

步骤⑱：在右侧对象占位符中输入文本“长达三十多年……决策的正确性和前瞻性。”，适当调整文本格式，第十张幻灯片效果如图 6-2-57 所示。

图 6-2-57　第十张幻灯片效果

10. 制作第十一张幻灯片

步骤①：新建一张幻灯片，版式为“标题和内容”。

步骤②：在标题占位符中输入“党员队伍不断壮大”。

步骤③：在对象占位符中单击“插入图表”按钮，如图 6-2-58 所示，在弹出的“插入图表”对话框中选择“折线图”命令，如图 6-2-59 所示。

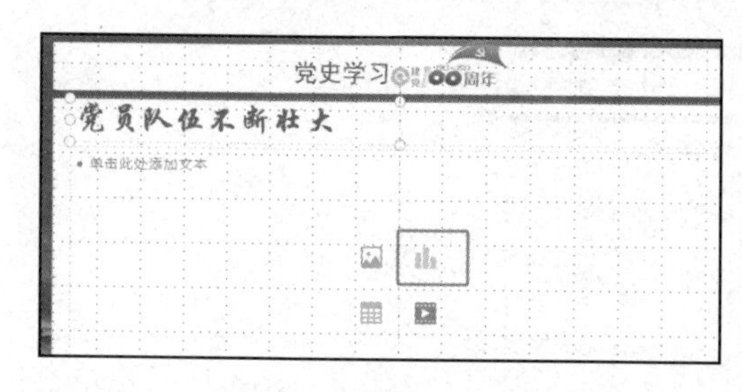

图 6-2-58　“插入图表”按钮

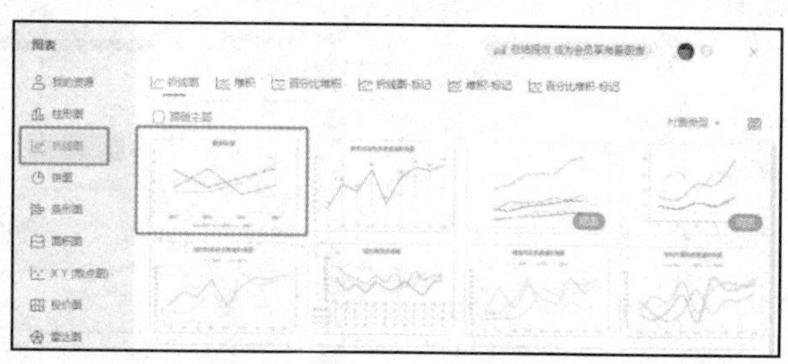

图 6-2-59　“插入图表”对话框

步骤④：单击“图表工具”→“编辑数据”按钮，打开“WPS 演示中的图表”窗口。输入如图 6-2-60 所示数据，并调整数据框大小。

	A	B	C	D
1	统计年份	人数（万）	系列 2	系列 3
2	1921年	0.0057	2.4	2
3	1928年	4	4.4	2
4	1940年	80	1.8	3
5	1950年	500	2.8	5
6	1961年	1700		
7	1969年	2200		
8	1980年	3800		
9	1990年	4900		
10	2000年	6451		
11	2010年	8026.9		
12	2021年	9514.8		
13				
14				

图 6-2-60　“WPS 演示中的图表”窗口

步骤⑤：数据输入完成后，在“WPS 演示中的图表”窗口中单击“关闭”按钮，返回 WPS 演示窗口，效果如图 6-2-61 所示。

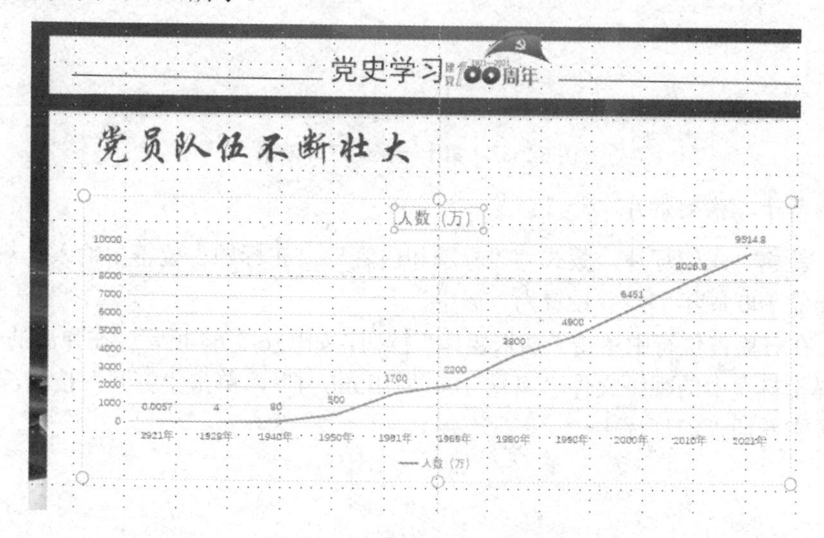

图 6-2-61　输入数据后的图表

步骤⑥：修改图表标题为“中国共产党党员人数（万）”。选中图表，单击“图表工具”→“添加元素”下拉按钮，选择“数据标签”→“上方”命令，如图 6-2-62 所示，此时会在图表中显示数据值，第十一张幻灯片效果如图 6-2-63 所示。

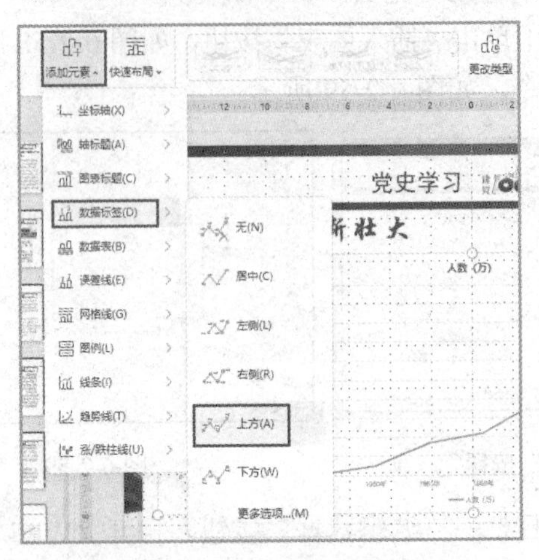

图 6-2-62　为图表添加数据标签

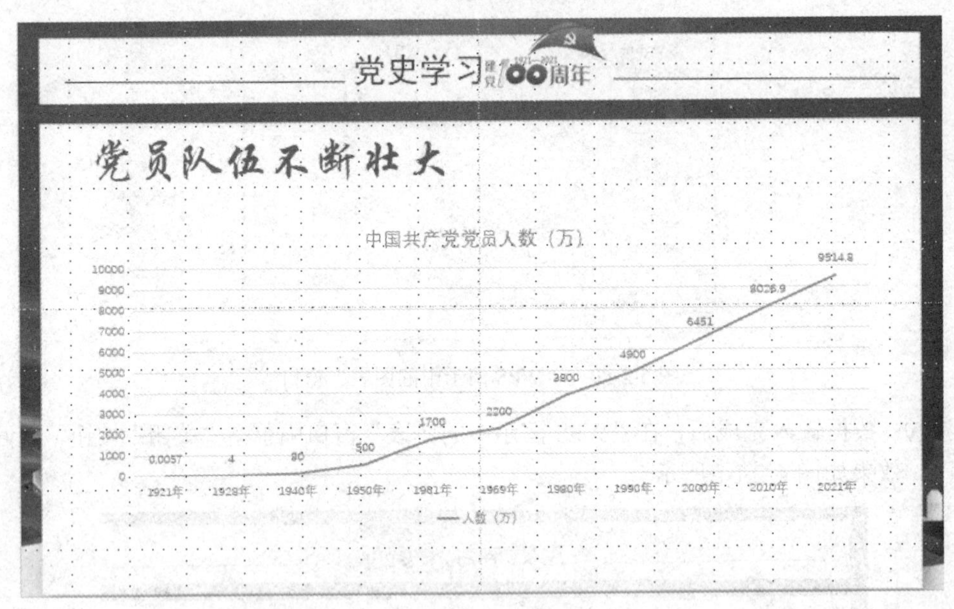

图 6-2-63　第十一张幻灯片效果

11．制作第十二张幻灯片

步骤①：新建一张幻灯片，版式为“标题和内容”。在标题占位符中输入“热烈庆祝中华人民共和国建党 100 周年”，并设置为“居中”。

步骤②：在对象占位符中单击“插入媒体”按钮，如图 6-2-64 所示，在弹出的“插入视频”对话框中选择素材库中的视频文件“建党 100 周年.mp 4”，单击“打开”按钮，如图 6-2-65 所示，将视频文件插入幻灯片中。

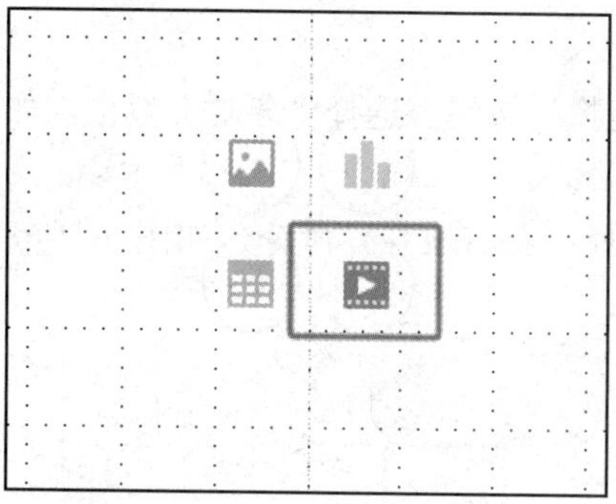

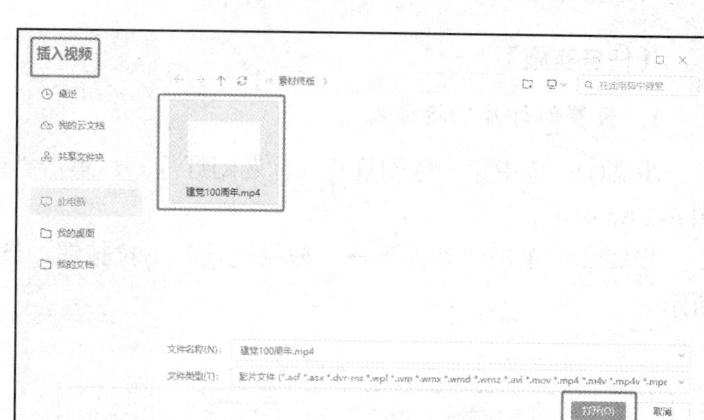

图 6-2-64　“插入媒体”按钮

图 6-2-65　“插入视频”对话框

步骤③：选中视频文件，单击“视频工具”→“开始”下拉按钮，选择“自动”命令，并选中“全屏播放”复选框，在幻灯片放映时，视频文件将自动播放，第十二张幻灯片效果如图 6-2-66 所示。

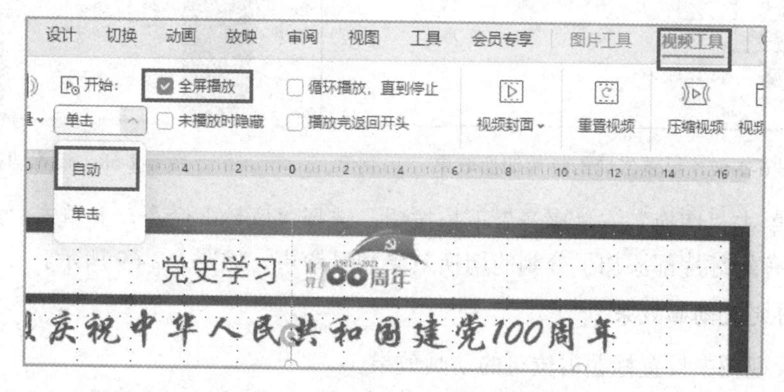

图 6-2-66　第十二张幻灯片效果

6.2.3　任务三　为幻灯片添加动画效果

【情境和任务】

情境：为了增加演示文稿的交互效果，可以为幻灯片添加动画效果来突出重点，控制信息流，并增加演示文稿的趣味性。

任务：为幻灯片添加动画效果。

【相关资讯】

1. 幻灯片切换效果

幻灯片切换效果是指从一张幻灯片切换到另外一张幻灯片时的过渡方式。在“切换”功能选项卡中可以选择切换效果；在“声音”选项处可以设置切换幻灯片时的声音效果；另外，还可以设置是单击鼠标切换幻灯片还是一定时间后自动切换幻灯片。

2. 添加动画

可以给幻灯片内容（包括占位符、文本框、图片、形状等对象）添加动画效果；动画效果分为进入、强调、退出、路径 4 类；还可以设置动画的播放方式、动画的顺序和声音等效果。

【任务实施】

1. 设置幻灯片切换方式

步骤①：选中第一张幻灯片（标题幻灯片），单击“切换”按钮，选择“分割”效果，如图 6-2-67 所示。

步骤②：单击“切换”→“效果选项”下拉按钮，选择“左右展开”命令，如图 6-2-68 所示。

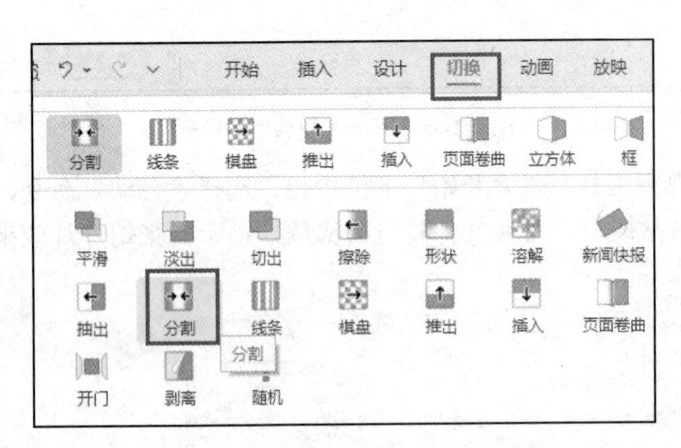

图 6-2-67　设置当前幻灯片切换效果

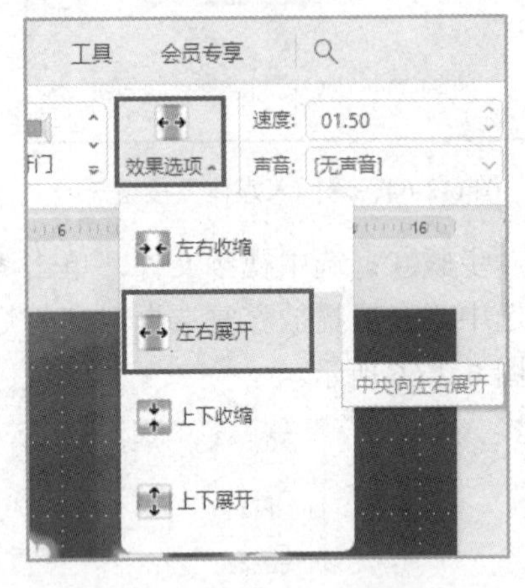

图 6-2-68　设置切换效果

步骤③：单击“切换”→“声音”下拉按钮，选择“风铃”命令，并单击“应用到全部”按钮，此时所有幻灯片都添加了分割的切换效果和风铃声，如图 6-2-69 所示。

2. 添加自定义动画效果

1）在母版视图中设置标题占位符的动画效果

步骤①：打开“幻灯片母版”视图，选中第一张幻灯片母版缩略图中的标题占位符，单击“动画”按钮，选择“进入”→“擦除”效果，如图 6-2-70 所示。

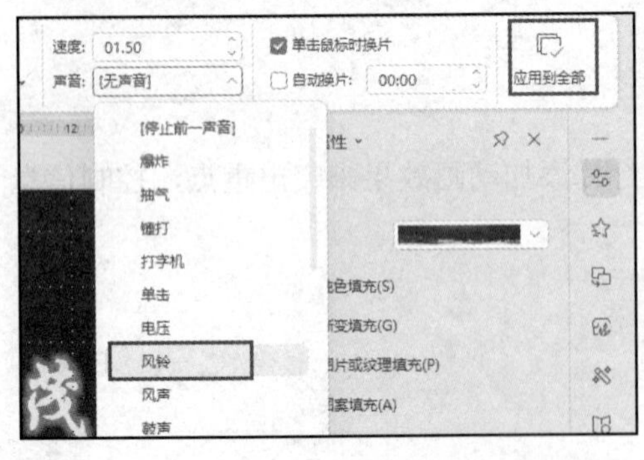

图 6-2-69　设置幻灯片切换声音和全部应用

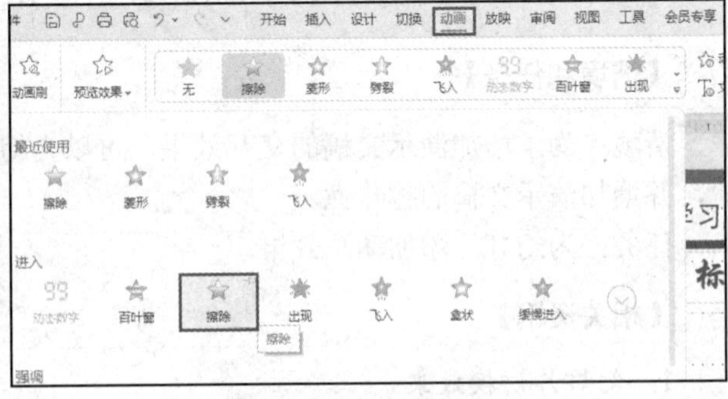

图 6-2-70　添加进入动画

步骤②：单击“动画”→“动画属性”下拉按钮，选择“自顶部”命令，如图 6-2-71 所示。开始方式为“在上一动画之后”，如图 6-2-72 所示。

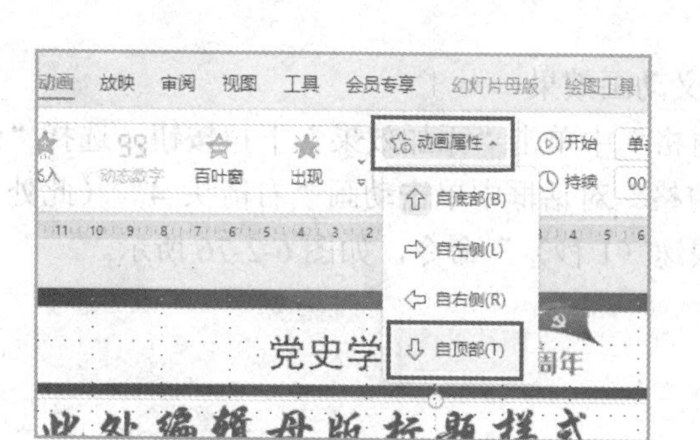

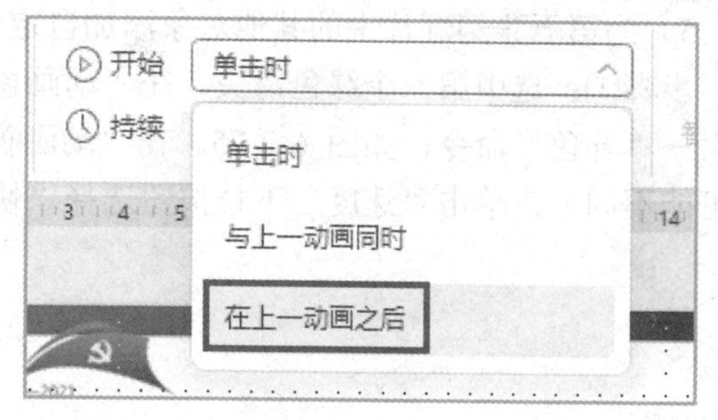

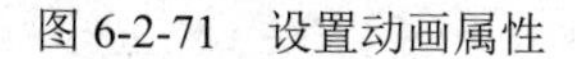
图 6-2-71　设置动画属性

图 6-2-72　设置动画开始方式

步骤③：标题动画制作完成后，退出母版视图。此时可以放映视图观看动画效果，会发现每张幻灯片的标题占位符都添加了动画效果。

2）为第一张幻灯片中的其他对象添加自定义动画效果

选择副标题占位符，单击“动画”按钮，选择“飞入”效果，设置开始方式为“上一动画之后”，打开“动画窗格”对话框，在对话框中可以看到已经添加两个动画了，并且在副标题占位符左上角出现动画编号“0”。

3）为第二张幻灯片中的其他对象添加自定义动画效果

步骤①：选中第二张幻灯片中下方的第一条横线，单击“动画”按钮，选择“擦除”效果，“动画属性”选择“自左侧”。

步骤②：选中第一条横线，双击“动画刷”按钮，如图 6-2-73 所示，此时鼠标指针变为白色箭头和一个刷子形状，在第二条横线上单击，即可将第一条横线的动画复制到第二条横线上；使用相同的方法将动画复制到第三、第四条横线上，单击“动画刷”按钮，关闭动画刷工具。

步骤③：在“动画窗格”对话框中选中“直线连接符 10、11 和 12”（此处名称可能不同），设置开始方式为“与上一动画同时”，如图 6-2-74 所示。

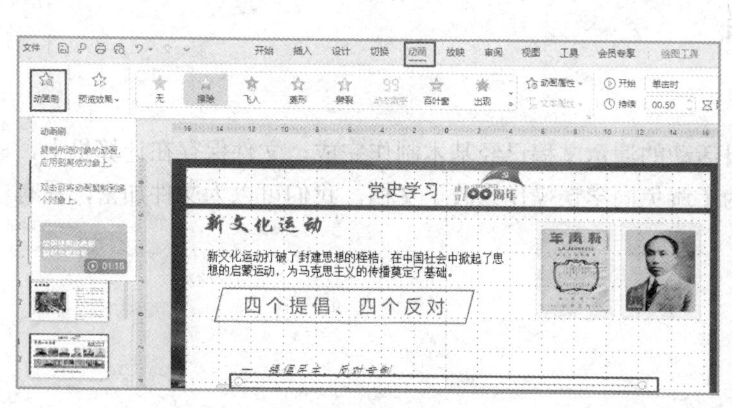

图 6-2-73　“动画刷”工具

图 6-2-74　设置动画开始方式

步骤④：使用相同的方法为“提倡民主，反对专制”文本框添加“飞入”的进入效果，动画属性设置为“自左侧”。

4）为第四张幻灯片中的其他对象添加自定义动画效果

选中第四张幻灯片，选中“毛泽东照片”，为其添加进入动画效果“飞入”，开始方式为“上一动画之后”；双击动画刷，使用动画刷工具将动画效果复制到其他照片上。

5）为第五张幻灯片中的其他对象添加自定义动画效果

步骤①：选中第一个绿色箭头，在“动画窗格”中单击“添加效果”下拉按钮，选择“强调”→“补色”命令，如图 6-2-75。在“动画窗格”对话框中单击动画“右箭头 4”（此处名称可能不同），单击“速度”下拉按钮选择“快速（1 秒）”命令，如图 6-2-76 所示。

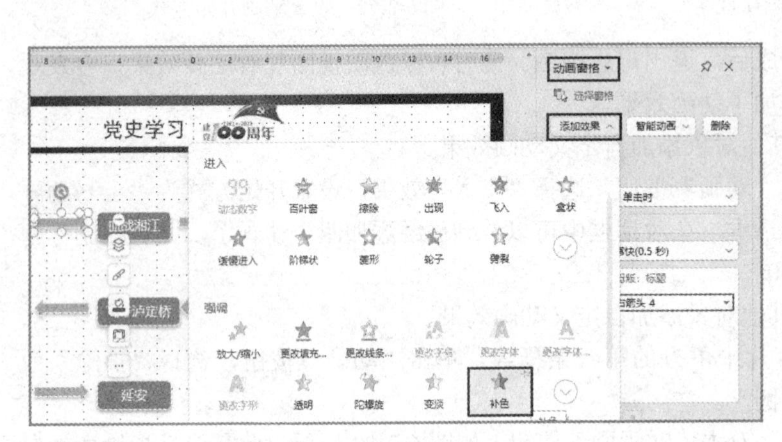

图 6-2-75　添加强调动画效果

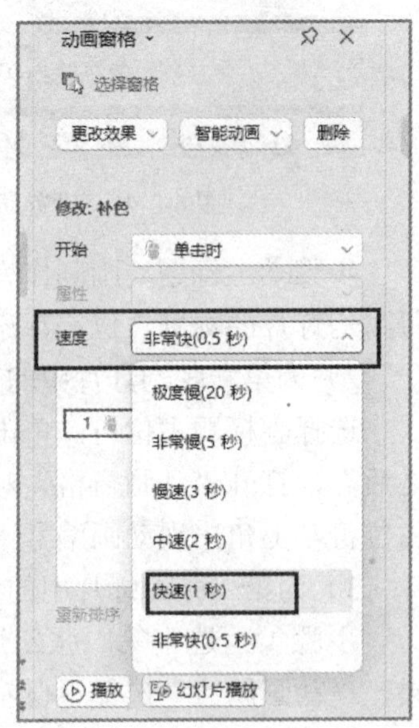

图 6-2-76　设置动画速度

步骤②：复制动画效果，根据演讲顺序，依次复制到其他箭头上。

步骤③：可根据实际情况给其他幻灯片添加动画效果。

6）设置幻灯片播放方式

单击“放映”→“从头开始”按钮，播放所有的幻灯片，观看幻灯片的播放效果。

6.2.4　任务四　保护文档

【情境和任务】

情境：到目前为止，主题党日活动的演示文稿已经基本制作完成。文件保存在计算机上，可是难免有同学借你的计算机，为了避免同学误操作修改了文档，我们可以为文件加密，只有输入密码才能编辑文档。

任务：给文档加密。

【任务实施】

给文档设置密码操作步骤如下。

打开 WPS 演示文档，选择“文件”→“另存为”→“加密”命令，如图 6-2-77 所示，在弹出的“密码加密”对话框中设置“打开文件密码”或“修改文件密码”，单击“应用”按钮，如图 6-2-78 所示。

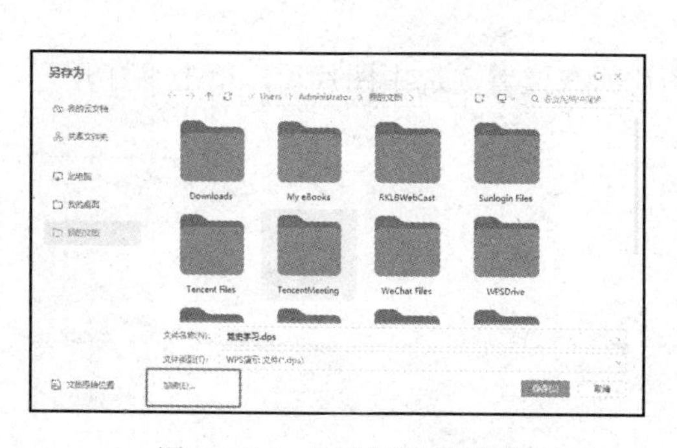

图 6-2-77　“另存为”对话框

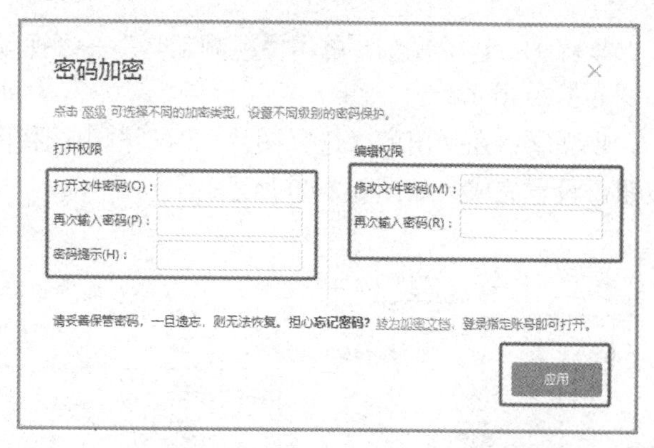

图 6-2-78　“密码加密”对话框

提示： 打开文件密码是只有输入密码后才能打开文档；修改文件密码是只有输入密码后才可以编辑文档。

【项目总结】

通过本子项目的学习，我们主要掌握了使用母版快速统一样式、添加切换效果和动画效果等方法，使幻灯片更加生动有趣，有效缓解观众视觉疲乏，也具有突出作者观点的作用。除此之外，我们还学习了在幻灯片中插入视频、插入图表等方式丰富幻灯片内容。

【知识拓展】

1. 幻灯片母版中的占位符

（1）标题占位符：设置幻灯片标题格式。
（2）对象占位符：设置各种对象的样式。
（3）日期占位符：插入日期的位置。
（4）页脚占位符：设置页脚的内容和样式。
（5）编号占位符：插入幻灯片编号和设置其样式。

2. 幻灯片母版中占位符的修改

（1）更改字体或项目符号。
（2）更改占位符大小和位置。
（3）更改占位符背景样式。
（4）插入新的占位符。

3. 更改幻灯片母版的特点

（1）更改幻灯片母版后，实际内容不变。
（2）幻灯片母版中的修改会影响整个幻灯片的样式。
（3）幻灯片母版中，一个版式的母版改变，该版式的幻灯片样式也随之改变。
（4）修改完母版样式后应关闭幻灯片母版，退出母版视图，到普通视图中修改内容。

4. 视频外观设置

插入演示文稿中的视频缩放大小时应将鼠标移动到视频的 4 个角的控制点处拖动，以免引起视频变形。插入视频后可以选择一张图片作为视频的封面图片，操作步骤如下。

步骤①：选中视频，单击“视频工具”→“视频封面”下拉按钮，选择“来自文件”命令，如图 6-2-79 所示。

步骤②：在弹出的“选择图片”对话框中选择图片所在位置，选中图片后，单击“打开”按钮，设置完成，如图 6-2-80 所示。

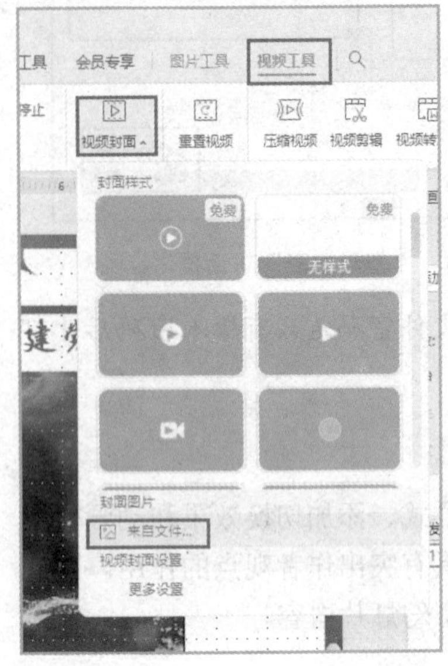

图 6-2-79 “来自文件”命令

图 6-2-80 选择文件中的图片作为视频封面

步骤③：还可以根据需要剪辑视频，如图 6-2-81 和图 6-2-82 所示。

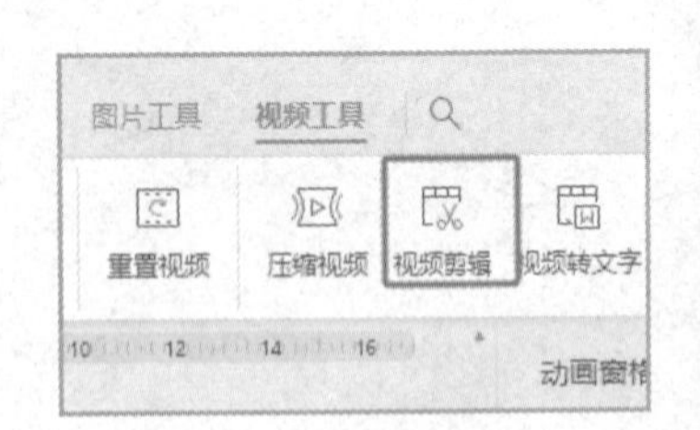

图 6-2-81 视频剪辑命令

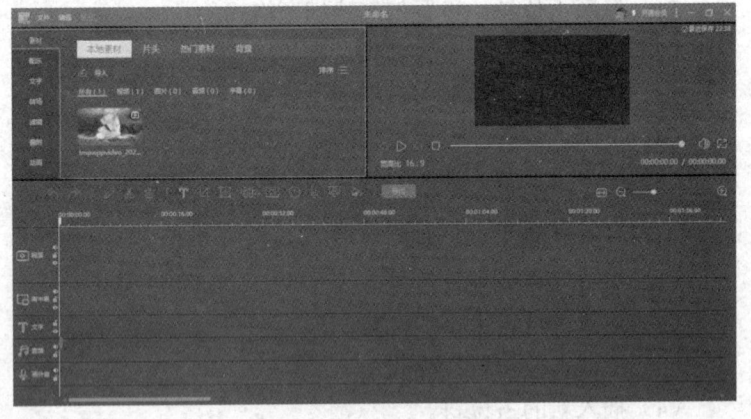

图 6-2-82 视频剪辑窗口

5. 添加动画的对象

可以对演示文稿中占位符中的项目、段落或单个项目符号列表添加动画，可以给一个对象添加多种动画。设置动画时应注意：如果没有选定文本，则为当前占位符的所有文本设置相应的动画效果；如果选定了文本，则为选定文本设置相应的动画效果。

（1）进入：在幻灯片放映时，对象进入屏幕的效果。

（2）强调：在幻灯片放映时，给已经在幻灯片上的对象添加动作，起到突出强调的作用。

（3）退出：在幻灯片放映时，给已经在幻灯片上的对象添加退出屏幕的效果。

（4）动作路径：设置对象的运动轨迹，设置动作路径后会有一条线表示对象运动的路径。

（5）可以在动画窗格中设置动画的顺序，默认动画是按照“动画窗格”中从上到下的顺序播放；可以选中其中的一个动画效果，拖动鼠标移动它的位置，从而改变动画播放顺序，如图 6-2-83 所示。

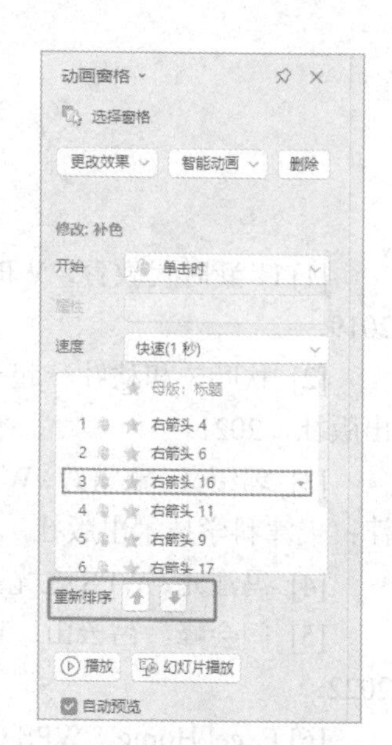

图 6-2-83　“动画窗格”对话框

6. 控制动画开始方式

（1）单击时：在幻灯片放映时，单击鼠标开始动画。

（2）与上一动画同时：顾名思义，与前一动画同时进行，不需要单击鼠标。

（3）上一动画之后：上一动画完成后自动播放。

7. 幻灯片切换其他常用操作

（1）取消幻灯片切换效果：在切换效果列表中选择“无切换”命令，可取消切换效果。

（2）在切换效果中选择“随机”命令，该切换效果不是一个特定的切换效果，而是随机选择一种效果切换。

（3）选中“单击鼠标时换片”和“自动换片”复选框，则在幻灯片放映时，即使没到设定时间，单击鼠标也可以切换幻灯片，或者即使没单击鼠标，到了时间也会自动切换幻灯片，即两个条件满足其一则切换幻灯片。

参考文献

[1] IT 新时代教育．WPS Office 办公应用从入门到精通[M]．北京：中国水利水电出版社，2019．

[2] 秋叶．和秋叶一起学秒懂 WPS：演示文稿+数据处理+文字处理[M]．北京：人民邮电出版社，2021．

[3] 郭绍义，戴雪婷．WPS Office 办公应用从入门到精通（高效办公 完全自学教程）[M]．天津：天津科学技术出版社，2022．

[4] 冯注龙．WPS 之光：全能一本通 Office 办公三合一[M]．北京：电子工业出版社，2021．

[5] 闫会峰，吕云山．WPS Office 2019 高级应用案例教程[M]．北京：人民邮电出版社，2022．

[6] Excel Home．WPS Office 应用大全[M]．北京：北京大学出版社，2023．

[7] 刘平．WPS Office 办公软件实例教程（微课版）[M]．北京：清华大学出版社，2021．

[8] 博蓄诚品 ．WPS 函数与公式速查大全[M]．北京：化学工业出版社，2023．

[9] Excel Home．WPS 表格实战技巧精粹[M]．北京：北京大学出版社，2021．

[10] 韩丽，张旭．WPS Office 高级应用与设计标准教程[M]．北京：清华大学出版社，2023．

[11] 凤凰高新教育．WPS Office 高效办公：数据处理与分析[M]．北京：北京大学出版社，2022．

[12] 凤凰高新教育．WPS Office 高效办公：文秘与行政办公[M]．北京：北京大学出版社，2022．

[13] 文杰书院．WPS Office 高效办公入门与应用（微课版）[M]．北京：清华大学出版社，2022．

[14] 徐靳．用 WPS 让 PPT 飞起来：工作型 PPT 设计从入门到精通[M]．北京：北京大学出版社，2023．